化学工业标准汇

胶带 2006

中化化工标准化研究所
中国标准出版社第二编辑室　编

中国标准出版社

图书在版编目（CIP）数据

化学工业标准汇编．胶带．2006/中化化工标准化研究所，中国标准出版社第二编辑室编．—北京：中国标准出版社，2006

ISBN 7-5066-4133-X

Ⅰ．化…　Ⅱ．①中…②中…　Ⅲ．①化学工业-标准-汇编-中国②胶带-标准-汇编-中国

Ⅳ．TQ-65②TQ336．2-65

中国版本图书馆CIP数据核字（2006）第048607号

中国标准出版社出版发行
北京复兴门外三里河北街16号
邮政编码:100045
网址 www.bzcbs.com
电话:68523946　68517548
中国标准出版社秦皇岛印刷厂印刷
各地新华书店经销
*
开本 880×1230　1/16　印张 34.75　字数 960 千字
2006年8月第一版　2006年8月第一次印刷
*
定价 143.00 元

出版说明

我社曾于2003年出版了《化学工业标准汇编　胶带2003》，近年来相关标准发生了一定的变化——制定了新的标准、部分标准被修订、部分标准发布了修改单，为了汇编内容更加全面、有效，方便读者查阅和使用，我们此次编辑出版了《化学工业标准汇编　胶带2006》。本次汇编汇集了截至2006年2月底发布的有关国家标准和化工行业标准，共收集国家标准52项(其中包括2个国家标准修改单)、化工行业标准23项。

本汇编收集的国家标准的属性已在目录上标明(GB或GB/T)，年代号用四位数字表示。鉴于部分国家标准或行业标准是在国家标准清理整顿前出版的，现尚未修订，故正文部分仍保留原样；读者在使用这些标准时，其属性以目录上标明的为准(标准正文"引用标准"中标准的属性请读者注意查对)。

本汇编目录中，凡标准名称用括号注明原国家标准号的行业标准，均由国家标准转化而来，这些标准因未另出版行业标准文本(即仅给出行业号，正文内容完全不变)，故本汇编中正文部分仍为国家标准。与此类似的专业标准转化为行业标准的情况也照此处理。

本汇编中的标准，由于出版年代的不同，其格式、计量单位以及技术术语存在不尽相同的地方。本次汇编时只对原标准中技术内容上的错误以及其他明显不妥之处作了更正。

标准号中括号内的年代号，表示在该年度确认了该标准，但没有重新出版。

由于编者的时间和水平有限，书中不当之处，请读者批评指正。

中国标准出版社
2006年5月

目　录

ICS 83.140.01
G 42

GB

中华人民共和国国家标准

GB/T 524—2003
代替 GB/T 524—1989,GB/T 6760～6761—1986

平型传动带

Flat transmission belt

2003-03-05 发布　　　　2003-08-01 实施

中华人民共和国
国家质量监督检验检疫总局　发布

前　言

本标准修改采用英国标准 BS 351:1976(1985)《橡胶、巴拉塔胶、塑料制普通用途织物骨架平型传动带规范》(英文版)。

本标准代替 GB/T 524—1989《普通平带》、GB/T 6760—1986《平带的层间粘合强度测定方法》、GB/T 6761—1986《平带全厚度拉伸强度和伸长率测定方法》三个标准。

本标准根据 BS 351:1976(1985)重新起草。

本标准与 BS 351:1976(1985)主要技术差异及原因如下:

——删除了对巴拉塔胶制平型传动带的规定,因国内无此胶种;

——删除了平带尺寸的规定,而采用 ISO 22:1991 对平带尺寸的规定,即靠拢国际标准;

——删除了"传动带设计参数与计算"、"询问及订货时应提供的数据"两个附录,因国内产品标准无此要求;

——根据国内具体情况,减少了试验取样数目;

——根据国内标准要求,增加了标志、包装、运输、贮存的规定。

本标准与 GB/T 524—1989 相比主要变化如下:

——将 GB/T 6760—1986、GB/T 6761—1986 的内容以附录形式纳入本标准(见附录 A,附录 B);

——增加了"全厚度拉伸强度和伸长率的测定"、"粘合强度测定"两个附录(附录 A、附录 B),删除了"厚度横向差的测量方法"和"平带适用条件"两个附录(1989 年版的附录 A、附录 B);

——增加了适用范围,即对由帆布和整体织物构成的橡胶和塑料平带都适用(见第 1 章);

——增加了对抗静电平带的要求(见 5.4);

——删除了原标准外观质量具体要求(见 1989 年版的 4.3);

——增加了试验取样数目(见第 6 章)。

本标准的附录 A、附录 B 为规范性附录。

本标准由中国石油和化学工业协会提出。

本标准由化学工业胶带标准化技术归口单位归口。

本标准起草单位:湖南醴陵东亚橡胶股份有限公司、青岛橡胶工业研究所。

本标准主要起草人:杨清文、田育武、韩德深、李健、李春玲。

本标准所代替标准的历次版本发布情况:

GB 524—1965,GB 524—1974,GB 524—1989;GB 6760—1986;GB 6761—1986。

平　型　传　动　带

1　范围

本标准规定了以纤维织物及织物粘合材料（如橡胶、塑料）制成的平型传动带（简称“平带”）的材料、结构、规格、要求、试验方法、检验规则及标志、包装、贮存和运输。本标准适用于具有织物结构，用于在规定使用条件下传递动力的平带。

2　规范性引用文件

下列文件中的条款通过本标准的引用而成为本标准的条款。凡是注日期的引用文件，其随后所有的修改单（不包括勘误的内容）或修订版均不适用于本标准，然而，鼓励根据本标准达成协议的各方研究是否可使用这些文件的最新版本。凡是不注日期的引用文件，其最新版本适用于本标准。

GB/T 532　硫化橡胶或热塑性橡胶与织物粘合强度的测定（GB/T 532—1997，idt ISO 36：1993）

GB/T 4489　平型传动带的尺寸与公差（GB/T 4489—2002，ISO 22：1991 MOD）

GB/T 11210　硫化橡胶抗静电和导电制品电阻的测定（GB/T 11210—1989，eqv ISO 2878：1987）

GB/T 17200　橡胶塑料拉力、压力、弯曲试验机　技术要求（GB/T 17200—1997，idt ISO 5893：1993）；

3　材料与结构

3.1　平带由涂覆有橡胶和塑料的一层或数层布或整体织物构成，整个平带应采用统一的方法硫化或熔合为一体。用帆布制成的平带称为帆布平带，帆布平带可以采用包边式或切边式结构，如图 1 所示（以含四层帆布的平带为例）。

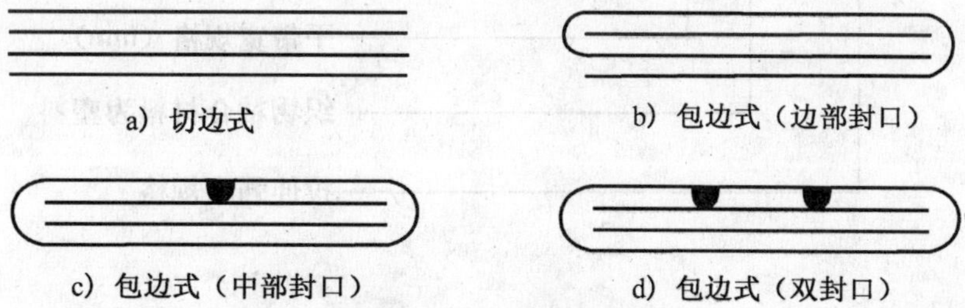

a）切边式　　b）包边式（边部封口）

c）包边式（中部封口）　　d）包边式（双封口）

图 1　帆布平带结构示意

3.2　对于包布式结构平带，一般以无封口面为传动面（即使用时与带轮接触的平带面）。

4　分类与标记

4.1　拉伸强度规格

平带拉伸强度系指全厚度拉伸强度。平带拉伸强度规格如表 2 第一栏所示。

4.2　宽度规格

平带宽度规格的分类如表 1 所示。

表 1　平带宽度规格

单位为毫米

宽度公称值	16	20	25	32	40	50	63
	71	80	90	100	112	125	140
	160	180	200	224	250	280	315
	355	400	450	500			

4.3 标记

4.3.1 有端平带的标记包含按以下内容(见示例1)：

a) 拉伸强度规格；

b) 平带宽规格；

c) 织物粘合材料的类型：通用橡胶材料用“R”表示，氯丁胶材料用“C”表示，塑料材料用“P”表示。当织物粘合材料为橡胶时，可省略此项标记；

d) 产品标准编号。

示例1：

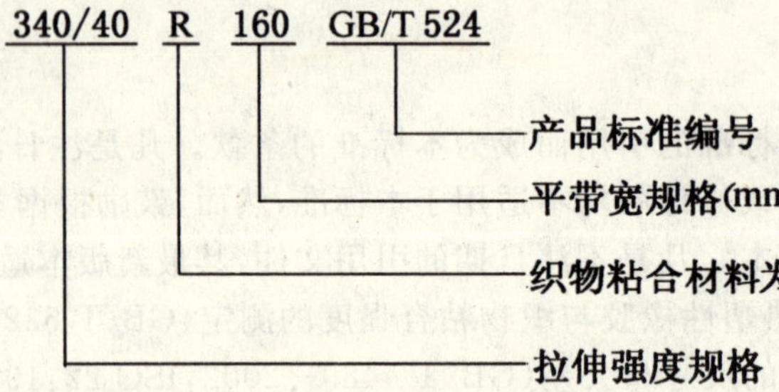

4.3.2 环形平带的标记除包括4.3.1的内容外，还应增加内周长度规格(见示例2)。

示例2：

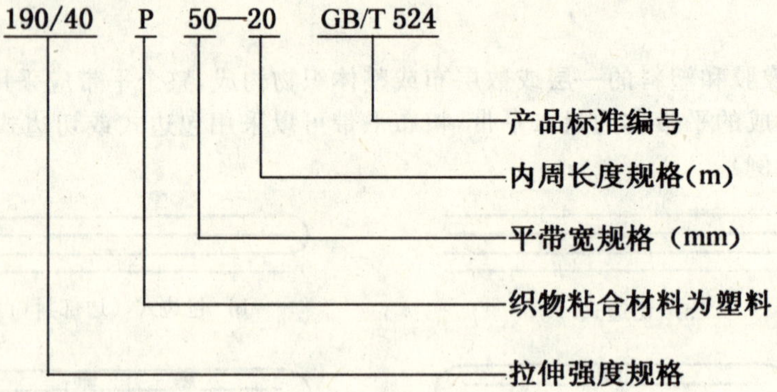

5 要求

5.1 尺寸要求

按GB/T 4489的规定执行。

5.2 帆布平带的布层横向接头

帆布横向接头的接缝应与平带的纵向成45°～70°角，外层不得有接头。两接头之间的最小距离如下：

a) 位于内层同层时，最小距离为15 m；

b) 位于两相邻层时，最小距离为3 m；

c) 位于两非相邻层时，最小距离为1.5 m。

5.3 织物

所用织物应织造均匀、牢固，不含杂质且没有打结、瘤节、捻度不匀等疵点。

表 2 全厚度拉伸强度规格和要求

拉伸强度规格	拉伸强度纵向最小值/(kN/m)	拉伸强度横向最小值/(kN/m)
190/40	190	75
190/60	190	110
240/40	240	95
240/60	240	140
290/40	290	115
290/60	290	175
340/40	340	130
340/60	340	200
385/60	385	225
425/60	425	250
450	450	
500	500	
560	560	

注：斜线前的数字表示纵向拉伸强度规格(以 kN/m 为单位)；斜线后的数字表示横向强度对纵向强度的百分比(简称"横纵强度比"，省略"%"号)；没有斜线时，数字表示纵向拉伸强度规格，且其对应的横纵强度比只有 40%一种。

5.4 防静电性

只有在需方订货时提出这一要求的情况下，才对该性能按 GB/T 11210 进行试验，平带的表面电阻应不大于按下式计算的值：

$$R_{max} = \frac{100}{8W}$$

式中：

R_{max}——允许的平带表面电阻最大值，单位为兆欧(MΩ)；

W——平带宽，单位为毫米(mm)。

5.5 参考力伸长率

应按附录 A 中规定的试验方法对该性能进行试验，成品平带的参考力伸长率(即在相当于平带的纵向拉伸强度规格的力的作用下的伸长率)应不超过 20%。

5.6 全厚度拉伸强度

应按附录 A 中规定的试验方法对该性能进行试验，成品平带的全厚度拉伸强度应不小于拉伸强度规格所对应的全厚度拉伸强度值(见表 2)。

5.7 粘合强度

按附录 B 中规定的试验方法对该性能进行试验，以棉纤维为主制成的平带层间粘合强度应不小于 3.0 kN/m。其他材料和结构的平带的粘合强度要求由供需双方商定。

6 取样

为了检验产品是否符合本标准而对每批产品抽样的数目如表 3 所列。每块样品应具有全厚度且长度不小于 600 mm。

检验应由供方进行，除非需方在订货时另有要求。

表 3 取样数目

同一类型及规格的带的订货长度/m	取样数目
≤1 000	1
>1 000～≤3 500	2
每增 3 000	增加 1

7 标志、包装、运输、贮存和使用条件

7.1 标志

每条平带的非工作面上均应有下列标志：

a) 产品名称及商标；

b) 标记；

c) 产品执行标准编号；

d) 生产日期(或编号)；

e) 合格标记；

f) 生产企业名称、地址等。

7.2 包装

平带应成卷捆扎，浅色制品应有包装。

7.3 运输、贮存和使用条件

7.3.1 平带在运输和贮存中应保持清洁，避免阳光直射和雨雪浸淋，防止与酸、碱、油类和有机溶剂等影响橡胶质量的物质接触。

7.3.2 贮存时，平带应离开发热装置 1 m 以上，库房内温度应保持在(－18～＋40)℃，相对湿度应保持在 50%～80%。

7.3.3 贮存期间产品应成卷放置，并每季翻动一次。

7.3.4 按所采用聚合物的不同，平带应在下列环境温度中使用：

a) 除氯丁胶以外的橡胶(普通用途型)　　－35℃～65℃

b) 氯丁胶　　－27℃～65℃

c) 热塑性塑料　　0℃～50℃

7.3.5 在符合本标准规定的包装、运输、贮存和使用条件下，在平带制成后一年的贮存期内，平带的物理机械性能应符合 5.5、5.6、5.7 的规定。

附 录 A
（规范性附录）
全厚度拉伸强度和伸长率的测定

A.1 装置

所用拉伸试验机应符合以下要求：

a) 试验机所测力的精度应符合 GB/T 17200 中对一级试验机规定的要求；

b) 试验机的量程应选择得使待测力处于全量程的 15%～85%范围内；

c) 对于拉伸强度试验，试验机应具备力的自动绘图仪或最大力的指示器；

d) 力的施加应是平稳的，动夹持器的运动速度应为(100±5) mm/min，试验机的功率应能在试验机的最大量程内保持该速度恒定；

e) 试样的夹持方法应保证在试验中试样不歪斜、不打滑、不夹破，可采用图 A.1 所示的平带横齿的夹持器。对很厚的平带可采用图 A.2 所示的双格夹持器；

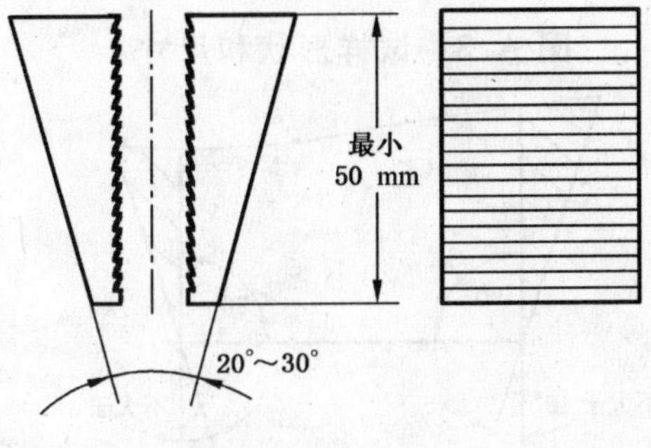

图 A.1 单格夹持器

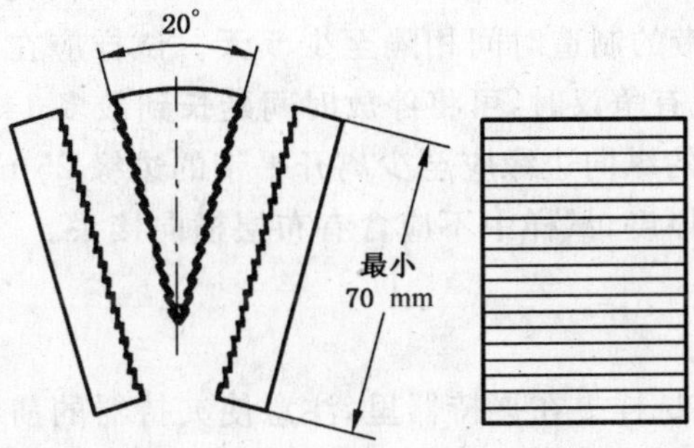

图 A.2 双格夹持器

f) 夹持器的运动应是灵活的，无不应有的摩擦力并能准确对中。

A.2 试样

每一试样均应符合图 A.3 所示的形状和尺寸，冲裁时应采用刃角小于 18°的合适的冲裁刀(见图 A.4)。

单位为毫米

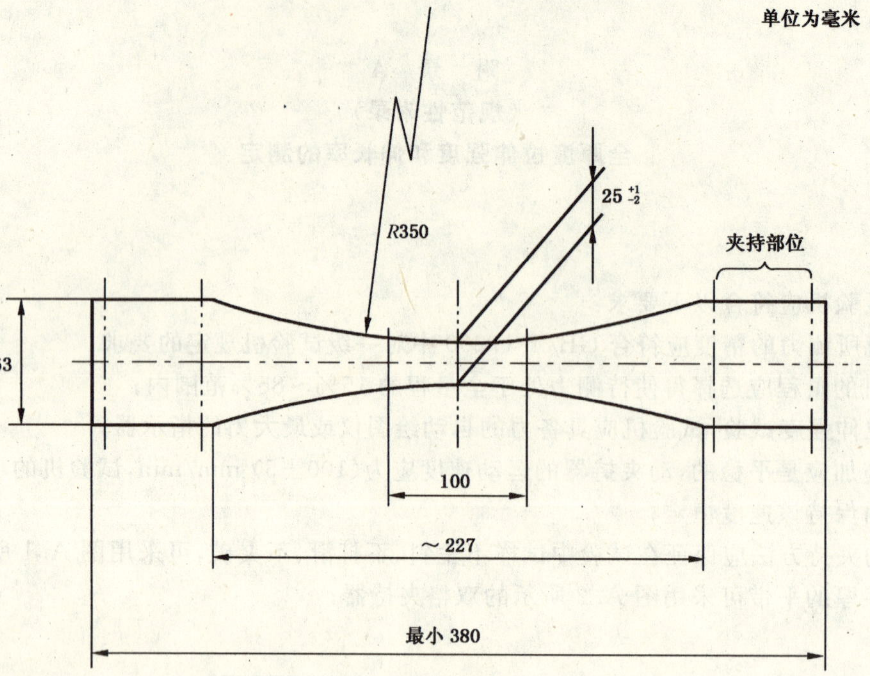

图 A.3 试样形状和尺寸

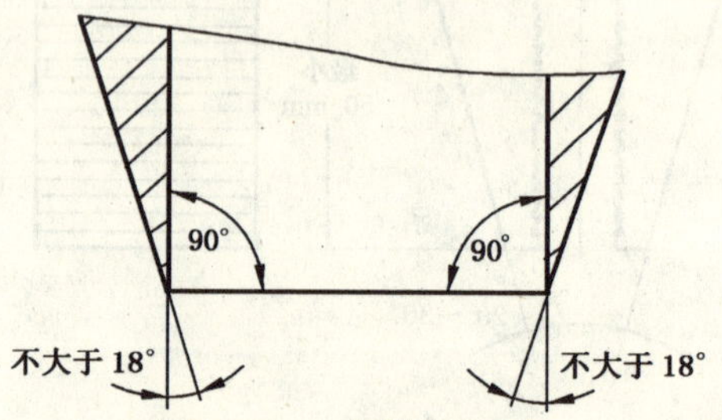

图 A.4 冲裁刀刃角

A.3 试样制备

A.3.1 如果平带宽度足够大，应切取 6 个试样，3 个纵向的，3 个横向的；如果平带宽度不够大，则只切取 3 个纵向试样；切取时间与平带的制造时间相隔至少 5 天。试样应在(20±2)℃的温度和(65±5)%的相对湿度下停放至少 3 天。遇有争议时，可将停放时间延长到最多 14 天。

A.3.2 每块试样的中部标线段的纵向边缘应至少离开平带的边缘 25 mm，该段应避开外部封口处。

A.3.3 试样的厚度应是平带的厚度，试样中不应含有布层横向接头。

A.4 程序

在试样最窄处测量宽度。将试样夹在夹持器里，注意使夹持器的前缘夹在试样最宽段并使其轴线与夹持器中心线相重合。试样两端最好从夹持器后缘露出一段。

启动试验机，让动夹持器以规定速度运动，直至试样拉断。记录该瞬间所施加的最大拉力。对纵向试样来说，还应测出参考力伸长率。

断裂发生在试样标线以外的测试结果视为无效，如需要这种试验结果，在记录时应注明是"夹断"。

A.5 结果的表示

A.5.1 拉伸强度

每个试样的拉伸强度以记录的最大拉力与测量宽度的商来表示，其测量宽度为试样中部标线段最窄处上、下宽度的平均值。平带的纵向和横向拉伸强度分别用各自的三次测试值的平均值表示。

A.5.2 伸长率

平带的参考力伸长率以纵向试样的三个参考力伸长率值的平均值表示。

A.6 试验报告

试验报告应包括下列内容：

a) 平带的产品名称、标记及制造单位；

b) 纵向试样的拉伸强度；

c) 横向试样的拉伸强度；

d) 纵向试样的参考力伸长率；

e) 停放温度和时间；

f) 试验室温度和相对湿度；

g) 试验日期；

h) 试验者。

附 录 B
（规范性附录）
粘合强度测定

B.1 范围

粘合强度的测定仅适用于多布层平带。

B.2 装置

所用拉伸试验机应符合附录 A 的要求，唯夹持器运动速度为(100±10) mm/min。试验机应具备力的自动绘图仪。其固有频率、惯性和阻尼特性应使绘图仪能记录剥离力的振荡波形。

B.3 试样

试样应是边缘整齐的矩形条，宽(25±1.0) mm，长 300 mm。

B.4 试样制备

试样在试验前应按照 GB/T 532 中的规定进行停放。

试验采用：

a) 两对纵向试样；

b) 两对横向试样，如果平带宽度允许。

每对试样在试验样品上的位置应尽量隔开。

B.5 程序

在试样的一面从一端剥开最外层，剥开长度约 75 mm。将剥开端的两半分别夹在两夹持器上，以 100 mm/min±10 mm/min 的夹持器移动速度进行剥离，记录 100 mm 长度上的剥离力曲线。试验中试样应不受支撑。

对同一试样的下一层重复上述试验，一直剥到试样中层为止。对同一对试样中的另一试样从另一面开始重复上述试验，使这一对试样中的每一层间都得到一个剥离力曲线。

对第二对试样重复上述试验。

如果平带宽度允许，则切取两对横向试样重复上述试验。

B.6 曲线处理

将曲线上各次振荡的前沿中点及后沿中点连接成一条新的曲线。该曲线的平均高度可用一条平行于横轴的直线表示，该直线可用目测法或采用合适的绘画工具画出。以该直线的高度代表平均剥离力。

B.7 结果的表示

B.7.1 平均剥离力与试样宽度之比，称为平均粘合强度(简称粘合强度)，其单位为 N/mm。

B.7.2 试验结果包括：

a) 纵向试样全部测得的粘合强度的平均值；

b) 横向试样全部测得的粘合强度的平均值。

B.8 试验报告

试验报告的内容包括：

a） 平带的名称、规格和制造单位；

b） 试验温度和相对湿度

c） 停放温度和时间；

d） 试验结果；

e） 试验日期；

f） 试验者。

前 言

本标准是根据日本工业标准JIS K 6323—1989《一般传动用普通V带》对GB/T 1171—89《普通V带》进行修订的。在技术内容上本标准根据上述日本工业标准对A型和B型V带补充了疲劳寿命规定。按不同的疲劳寿命规定值和物理机械性能规定值将V带分为一等品和合格品。一等品等效采用JIS K 6323—1989标准，合格品技术要求则是根据国情并参考JIS K 6323—1989而制定。对粘合强度的要求参照国外公司标准对本标准加以补充。

自本标准从生效之日起，代替GB/T 1171—89。

本标准由中华人民共和国化学工业部提出。

本标准由青岛橡胶工业研究所归口。

本标准起草单位：上海胶带股份有限公司。

本标准主要起草人：郑凝、陈金祥。

中华人民共和国国家标准

一 般 用 普 通 V 带

Classical V-belts for general use

GB/T 1171—1996

代替 GB/T 1171—89

1 范围

本标准规定了一般用普通V带(以下简称V带)的产品分类、要求、抽样、试验方法及标志、标签、包装、运输和贮存规则。

本标准适用于一般机械传动装置用的普通V带。一般用普通V带不适用于汽车、农机等特殊机械传动。

2 引用标准

下列标准所包含的条文,通过在本标准中引用而构成为本标准的条文。本标准出版时,所示版本均为有效。所有标准都会被修订,使用本标准的各方应探讨使用下列标准最新版本的可能性。

GB/T 3686—83 三角带全截面拉伸性能试验方法

GB/T 3687—89 V带的层间粘合强度试验方法

GB/T 3688—83 三角带线绳与橡胶粘合强度试验方法

GB/T 11544—89 普通V带和窄V带尺寸(eqv ISO 4184—1980)

GB/T 15328—94 普通V带疲劳试验方法 无扭距法(eqv JIS K 6323—1989)

3 产品分类

3.1 结构型式

V带的结构如图1所示,由包布、顶胶、抗拉体、底胶等部件构成,按抗拉体的结构分为绳芯V带(如图1a)和帘布芯V带(如图1b)两种类型。

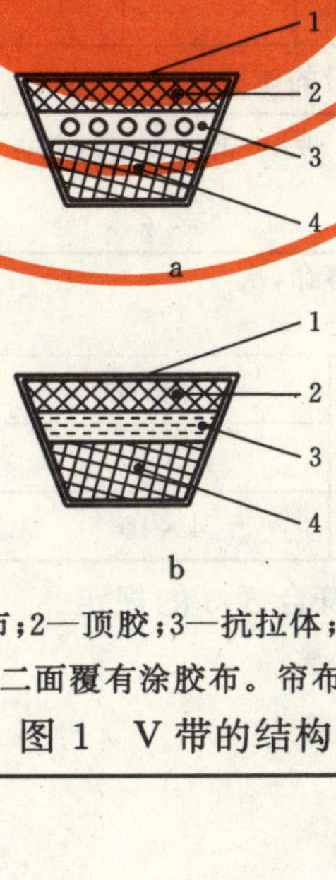

1—包布;2—顶胶;3—抗拉体;4—底胶

注:绳芯V带可以仅在其上下二面覆有涂胶布。帘布芯V带Z、A、B、C型可无顶胶。

图1 V带的结构

国家技术监督局1996-10-28批准　　　　1997-06-01实施

3.2 规格系列

V 带规格系列按 GB/T 11544 中普通 V 带规格执行。

3.3 标记

V 带标记示例：

A 1 400 GB/T 1171

——标准号

——基准长度(1 400 mm)

——型号(A)

4 要求

4.1 V 带的横截面为梯形，高与节宽之比约为 0.7，楔角为 40°，其基准长度、截面露出高度和配组差等尺寸要求均应符合 GB/T 11544 的规定。

4.2 V 带的物理机械性能应符合表 1 的规定。

表 1

型号	拉伸强度，kN ≥		参考力伸长率，% ≤			线绳抽出强度，kN/m ≥		帘布层间粘合强度，kN/m ≥
	一等品	合格品	一等品	合格品 绳芯	合格品 帘布芯	一等品	合格品	合格品
Z	1.2		7	8	9	12	9	—
A	2.4					12		
B	3.5							
C	5.9		8	9	10	18		4.5
D	10.8							
E	14.7					22		
注：V 带帘布层间粘合强度只做 C、D、E 型带的试验。								

4.3 V 带疲劳试验结果应符合表 2 规定，疲劳试验仅适用于 A 型和 B 型 V 带。

表 2

型号	疲劳寿命，次 ≥		24 h 中心距变化率，% ≤	
	一等品	合格品	一等品	合格品
A	10^7	3×10^6	2	3.5
B		4×10^6		4

4.4 V 带的一等品和合格品外观质量应符合表 3 的规定。

表 3

序号	缺陷名称	要　　求
1	带角包布破损	外包布每边累计长度不超过带长的 30%(至多涉及一层胶布)
2	鼓泡	不允许有
3	包布搭缝脱开	
4	带身压偏	
5	海绵	
注：不符合表中任何一条均为不合格品。		

5　抽样

5.1　出厂检验

5.1.1　V 带应由制造厂的质检部门验收。

5.1.2　V 带应逐条进行尺寸和外观质量检查。

5.1.3　V 带的合格品出厂检验项目包括尺寸、外观质量和物理机械性能检查。

5.1.4　V 带的一等品出厂检验项目包括尺寸、外观质量、物理机械性能和疲劳性能检查。

5.1.5　同种型号、同种材质的 V 带以不多于 100 000 Am 为一批，在每批产品中，应抽取足够样品进行出厂检验规定项目的检查，但每周不得少于一次。

注：Am 是普通 V 带的计量单位。1 Am 等于 1 m 长度的 A 型 V 带或与 1 m 长度的 A 型 V 带体积相同的其他型号的 V 带。

5.1.6　若 V 带物理机械性能中有一项不符合本标准一等品(合格品)要求，则应在该批产品中另取双倍试样对不合格项目进行复验，两个试验结果中有一个仍不合格，则该批产品为不合格。

5.1.7　对同样型号同种材质的 V 带每次应抽取二条试样进行 V 带疲劳试验。在疲劳试验中，若试验结果有一项不符合本标准要求，则应在该批产品中另取二条试样对不合格项目进行复验，两个试验结果中有一个仍不合格，则该批产品为不合格(或降等级)。

5.1.8　V 带的 Z、C、D、E 型中某一型号在其同种材质的 A、B 型号疲劳试验结果均达到本标准一等品要求，它的各项性能指标又达到本标准一等品规定要求时，则同时期该批产品亦可视为一等品。

5.2　型式检验

5.2.1　V 带型式检验每半年至少进行一次。

5.2.2　V 带型式检验时，应检验本标准第 4 条要求中全部内容。

6　试验方法

6.1　V 带的尺寸测量按 GB/T 11544 进行。

6.2　V 带拉伸强度和参考力伸长率按 GB/T 3686 进行，参考力按表 4 规定。

表 4

截型	Z	A	B	C	D	E
参考力，kN	0.8	1.4	2.4	3.9	7.8	11.8

6.3　V 带帘布层间粘合强度试验按 GB/T 3687 进行。平均剥离力的测定采用“A”法与“B”法均可，但在对产品进行仲裁试验时，必须采用“A”法。

6.4 V带线绳抽出试验按 GB/T 3688 进行。

6.5 V带疲劳试验按 GB/T 15328 规定进行，但合格品 B 型 V 带的张紧力为 0.39±0.01 kN。

7 标志、标签、包装、贮存、运输

7.1 标志

每条V带应有水洗不掉的明显标志，包括下述内容：

a） 制造厂名或商标；

b） 标记；

c） 配组代号；

d） 制造年、月。

7.2 标签和包装

V带应按型号和基准长度捆扎。每捆中带的标记和配组代号应相同，并采用合适的包装袋或包装箱对产品进行包装。在袋或箱内应附有用硬纸板或塑料薄膜制做的标签，其上应包括以下内容：

a） 制造厂名或商标；

b） 标记和带的抗拉体材质；

c） 袋或箱内带的条数；

d） 制造年、月；

e） 质量等级和质检部门合格章。

7.3 贮存和运输

7.3.1 V带在运输贮存中应避免阳光直射或雨雪浸淋，保持清洁；防止与酸、碱、油类及有机溶剂等影响V带质量的物质接触；防止机械损伤并距离发热装置 1 m 以外。

7.3.2 贮存时，库房内温度宜保持在－18～＋40℃之间；相对湿度宜保持在 50%～80%之间；贮存期间要避免使带承受过大重量而变形，最好将带悬挂在月牙形的架子上或平整地放在货架上。

7.4 在遵守本标准 7.3 条的情况下，制造方保证产品自制造日起在不超过一年的贮存期内其物理机械性能仍符合本标准规定。

中华人民共和国国家标准

UDC 678.4.067
:622.6-3
:678.016

运输带导电性规范和试验方法

GB 3684—83

Conveyor belts — Electrical conductivity — Specification and method of test

本标准规定了运输带的最大电阻和相应的测量方法。

本标准是用来保证使运输带有足够的导电性以把在使用中形成的静电荷传导出去。

本标准是参照ISO 284—1982《运输带——导电性——规范和试验方法》制订的。

1 规范

电阻值不大于 $3 \times 10^8 \Omega$（300 MΩ）。

2 试验原理

使电流在规定电压下经电极流过运输带试样同一表面上两块具有一定形状及尺寸的区域之间，测其电阻值。

3 试验装置

3.1 绝缘材料板，稍大于试样。

3.2 两个黄铜电极，一个为圆柱形，一个为环形，其尺寸和质量如图1所示，每个电极的底面应磨平抛光。每个电极各自与绝缘导线相连。

3.3 电阻测试仪，量程为 $10^3 \sim 10^{10} \Omega$，最大误差为±5%，直流电源的电压范围为50～1000V。

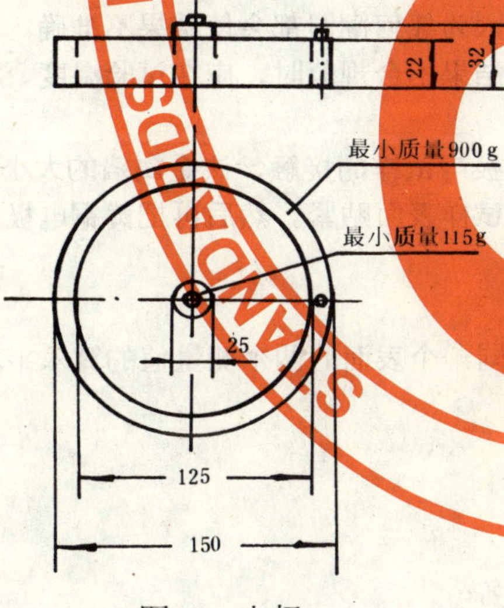

图 1 电极

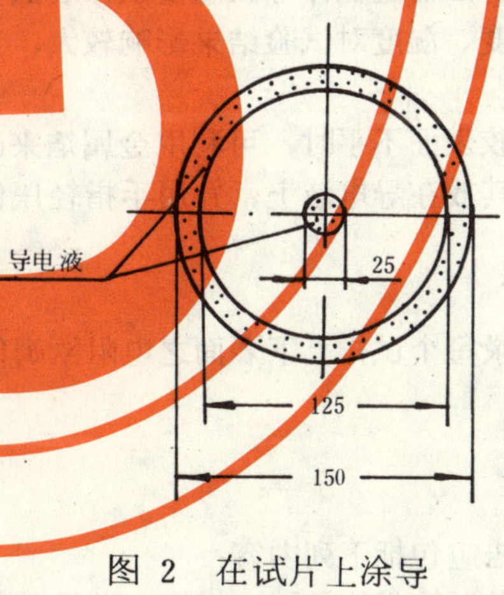

图 2 在试片上涂导电液部位示意

4 试样

4.1 形状和尺寸

试样为正方形，取自具有完整厚度的运输带，带有覆盖胶，边长不小于300mm，厚度为带的厚度。

国家标准局1983-05-14发布　　　　1984-03-01实施

4.2 数量

采用两个试样。

4.3 制备

4.3.1 用一块沾有活性白土的干净布，将试样的两个表面擦净，然后清除试样上的粉末，用一块用蒸馏水沾湿的干净布擦试，最后用干净布擦干。

4.3.2 在试样的一个表面涂以聚乙二醇导电溶液（或导电性至少与之相同的其他导电液）。所涂两块面积分别与两个电极底面的尺寸相同（如图2）。

必须注意保证涂液面积的准确性，而对中心对称性的要求则不严格。

4.3.3 导电溶液配方如下：

无水聚乙二醇（分子量为600）：800质量份；

水：200质量份；

软皂（符合中华人民共和国药典）：1质量份。

4.4 停放

经过上述处理的试样在温度为23 ± 2 ℃，相对湿度为60％～70％的条件下停放至少2 h。

5 试验条件

试验的温度和相对湿度条件同4.4条。

6 试验程序

将制备好的试样放在绝缘材料板上，使涂有导电液的一面向上，将铜电极的底面擦净，放在试样上涂有导电液的相应部位。将外电极接地或接于测量仪表的低压端，内电极接在仪表的高压端上。通入电压经1 min后，即记录试样的电阻值。然后在试样的另一面上重复上述试验步骤。

弯曲变形的试样须采取措施将其压平。

所选用的电压应当能使它在试样中所消耗的功率不大于1 W。

注意不要因靠近试样呼吸而使试样表面受潮，因为任何潮湿都会使结果不准确。

由于温度、湿度对试验结果影响较大，当试验结果不合规范时，应在试验温度、湿度上限条件下重做试验。

当覆盖胶表面不平时，可利用金属箔来改善电极与试样的接触，该金属箔的大小与两块电极的底面相同。将其放在导电液上，并用手指轻压使其与试样表面贴紧。然后再把黄铜电极放在金属箔上。

7 试验结果

分别记录每个试样上下表面之电阻欧姆值。取同一个表面的两个测量值的算术平均值作为该表面的电阻。

8 试验报告

试验报告应包括下列内容：

a. 试验运输带的品种、规格、批号及制造厂名；

b. 试验室温度和相对湿度；

c. 试验结果；

d. 试验过程中的异常现象；

e. 试验日期；

f. 试验者。

附加说明：

本标准由中华人民共和国化学工业部提出，由青岛橡胶工业研究所归口。
本标准由青岛橡胶工业研究所负责起草。
本标准主要起草人张秀香。
本标准是参照ISO 284—1982 制订的。

中华人民共和国国家标准

输送带酒精喷灯燃烧性能规范和试验方法

GB/T 3685—1996

代替 GB 3685—83

Conveyor belts—Flame retardation—Specifications and test method

本标准A法等效采用国际标准ISO 340:1988《输送带难燃性规范和试验方法》。

1 主题内容与适用范围

本标准规定了输送带酒精喷灯燃烧试验方法及相应的难燃性规范。

本标准规定的试验方法系一种实验室条件下的小规模试验方法，其试验结果不一定和其他不同条件下的着火性或火焰自行蔓延性有相关性。

本标准主要适用于各种类型难燃输送带。

2 引用标准

GB/T 9886 橡胶火焰试验术语

3 术语

本标准所用的术语见GB/T 9886。

4 难燃性规范

4.1 A法

4.1.1 火焰持续时间(移开喷灯后)

每组(6个)试样的测定值总和不得大于45 s;其中任何单个值不得大于15 s。

4.1.2 不复燃性

通风(以速度为1.5 m/s的空气流吹20 s以上)后不复燃[1]。

4.2 B法

4.2.1 全厚度试样

每组(6个)试样的明焰与炽燃总持续时间的平均值不得大于3 s;其中任何单个值不得大于10 s。

4.2.2 无覆盖层试样

采用说明：

1) ISO无该条内容。

国家技术监督局1996-06-12批准　　1996-11-01实施

每组(9 个)纵向试样或每组(9 个)横向试样的明焰与炽燃总持续时间的平均值不得大于 5 s;其中任何单个值不得大于 15 s。

5 试验方法

5.1 方法原理

在规定时间内,以一定温度的酒精喷灯火焰,按规定条件燃烧试样后移去喷灯,测定试样继续燃烧的时间,然后再在试样离开火焰后,对已熄燃的试样通风或不通风,观察是否复燃。

5.2 试样

5.2.1 试样数量

5.2.1.1 A 法

a. 全厚度试样 6 个(3 个纵向,3 个横向);

b. 无覆盖层试样 6 个(3 个纵向,3 个横向)。

5.2.1.2 B 法

a. 全厚度试样 6 个;

b. 无覆盖层试样:9 个纵向试样和 9 个横向试样。

5.2.2 试样尺寸与表面要求

5.2.2.1 A 法

试样为长 200 mm 宽 25 mm 的矩形,各切割面应光滑,无松散纤维和多余的胶料,试样上不得沾有油污等影响燃烧效应的异物[1]。

5.2.2.2 B 法

试样为长 150 mm 宽 25 mm 的矩形,试样表面要求与 4.2.2.1 条相同。

5.2.3 试样切取位置

A 法和 B 法各个试样均彼此间隔,切取不可连续进行[2]。

5.2.4 无覆盖层试样的加工

制备无覆盖层试样可采用剥离的方法除去覆盖层;若无效果时,可采用刀割或打磨方法,当采用打磨时,要小心勿使试样过热,达到织物组织基本裸露而又不使其受损坏的程度即可。

5.3 酒精喷灯

图 1 和附录 B 中对酒精喷灯的结构与操作条件、燃料、容器及长度为 1.5 m 的燃料软管作出了规定。

5.4 环境条件

试验要在挡风的空间或燃烧箱中进行,燃烧箱的结构如图 2a 所示。并配备可以移动喷灯和试样支架的装置(如图 2b)。

采用说明:

1〕ISO 和 BS 均无该条内容。

2〕ISO 无该条内容。

尺寸单位:mm

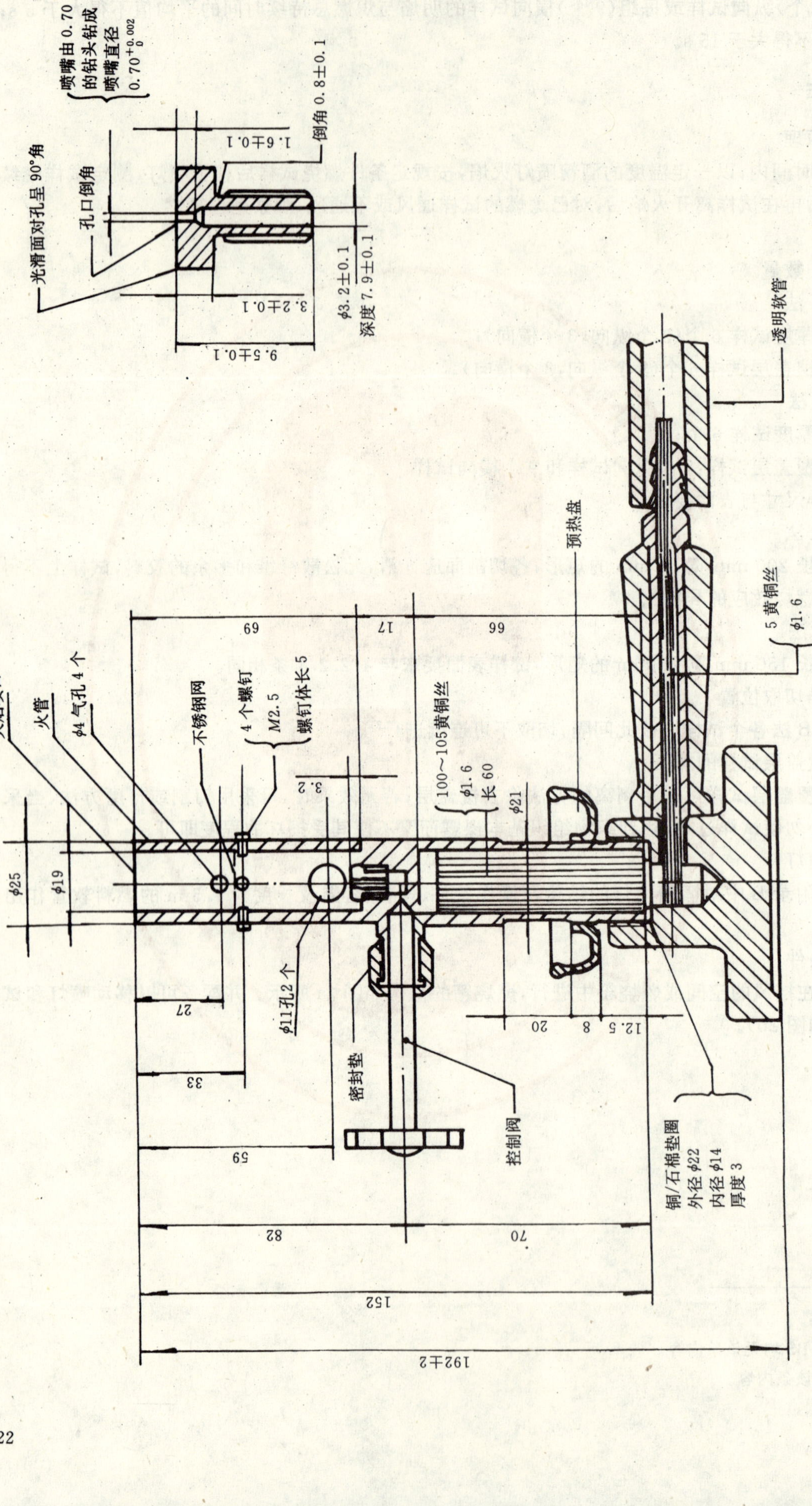

图 1 酒精喷灯

其余:长度公差:±0.5
直径公差:±0.1

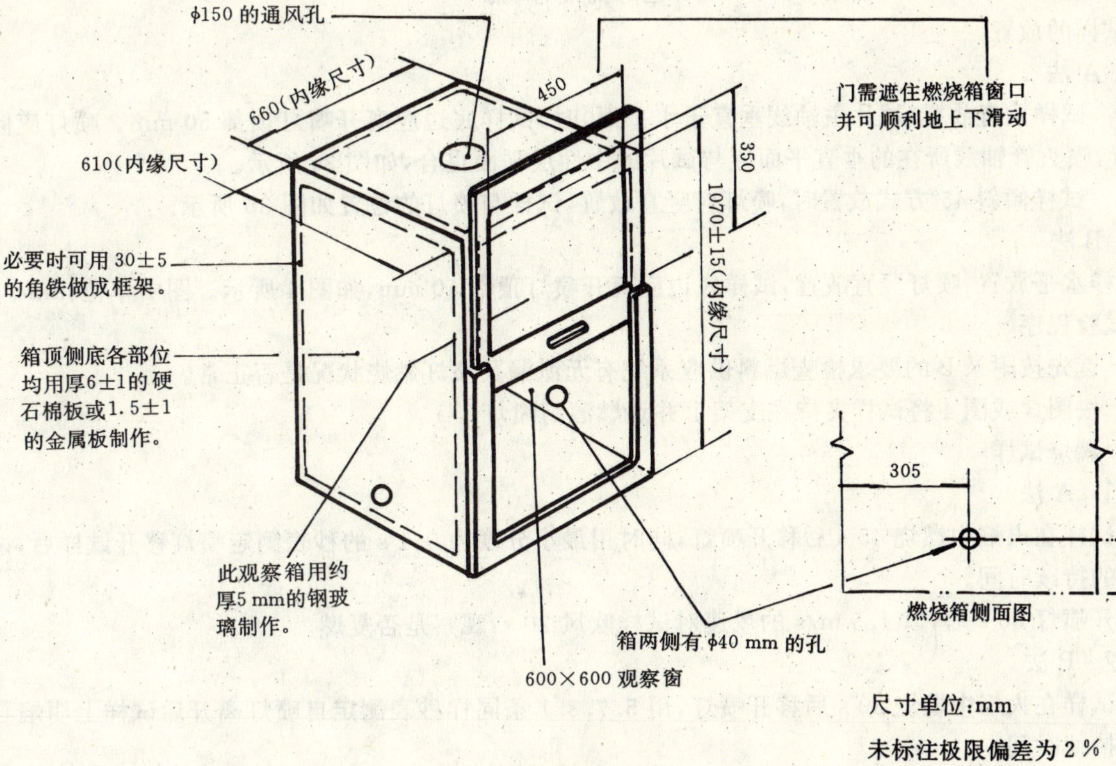

a　燃烧箱

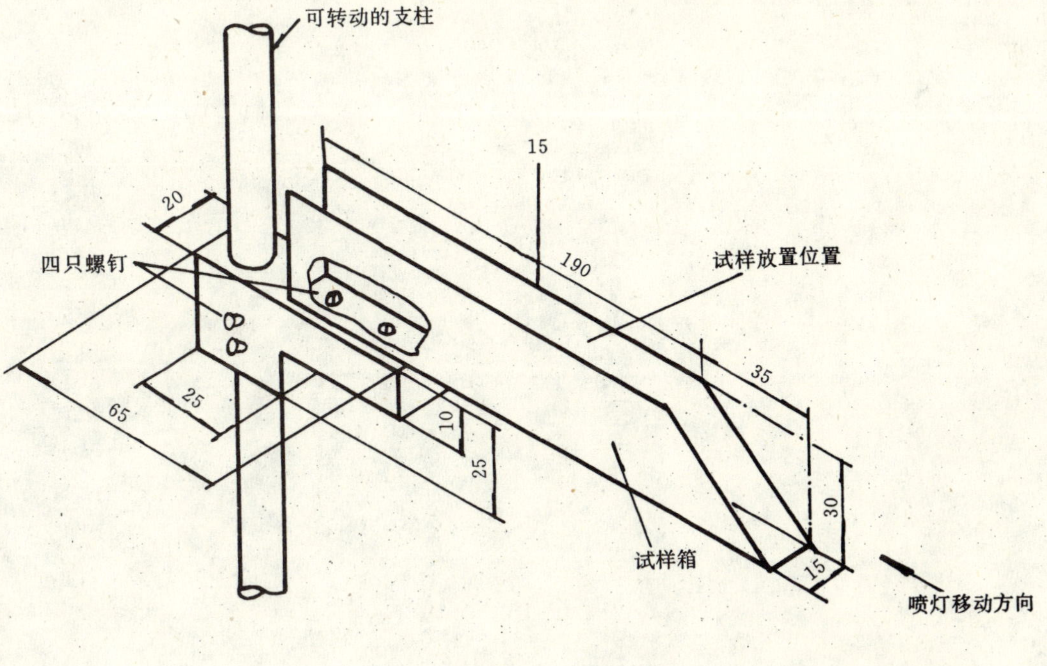

b　试样支架

图 2　燃烧箱及试样支架

5.5 燃料

燃料应为5%(V/V)甲醇和95%(V/V)乙醇的混合物。

5.6 试样的放置

5.6.1 A法

a. 试样垂直放置(试片主轴线垂直于水平面)时,试样底边应离开喷灯顶部50 mm。喷灯应倾斜45°放置,喷火管轴线所在的垂直平面应与试片的中性层平面重合,如图3a所示。

b. 试样倾斜45°方式放置时,喷灯应竖直放置,试样与喷灯的位置如图3b所示。

5.6.2 B法

试样水平放置,喷灯竖直放置,试样底边应离开喷灯顶部50 mm,如图4所示。图中单位:mm。

5.7 试验程序

5.7.1 首先按附录B的要求检查燃料供应系统有无泄漏及喷灯燃烧状况是否正常。

5.7.2 按图3或图4将试样夹持在支架上并点燃酒精喷灯。

5.7.3 燃烧试样

5.7.3.1 A法

将试样在火焰中燃烧45 s后移开喷灯,同时用最小分度为0.1 s的秒表测定喷灯移开试样后,试样上火焰的持续时间。

移开喷灯60 s后,以1.5 m/s的风速对试样吹风20 s,观察是否复燃。

5.7.3.2 B法

将试样在火焰中燃烧30 s后移开喷灯,用5.7.3.1条同样秒表测定自喷灯离开后试样上明焰与炽燃的总持续时间。

5.7.4 在燃烧过程中试样与喷灯的距离始终应符合图3或图4的要求,如发现试样弯曲等异常变化应及时进行调整,如无法调整试验结果作废,另取试样补作试验[1]。

采用说明:

1] ISO和BS均无该条内容。

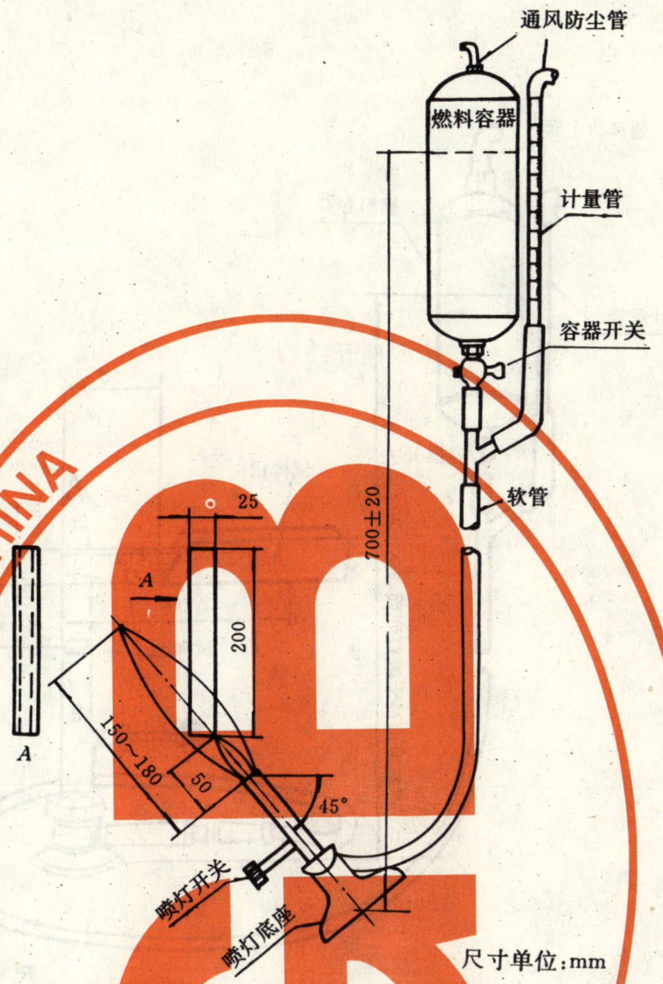
通风防尘管
燃料容器
计量管
容器开关
软管
25
A
200
700±20
150～180
50
45°
A
喷灯开关
喷灯底座
尺寸单位:mm

a

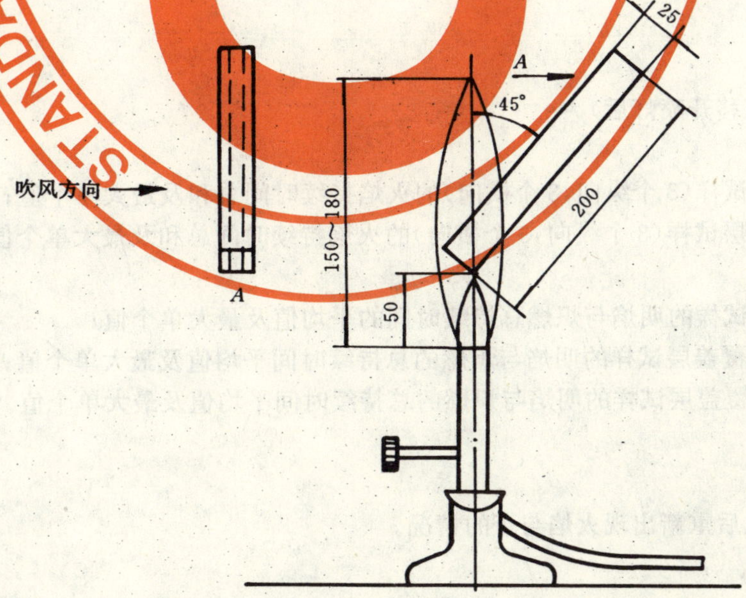
25
A
45°
200
吹风方向
150～180
50
A

b

图 3

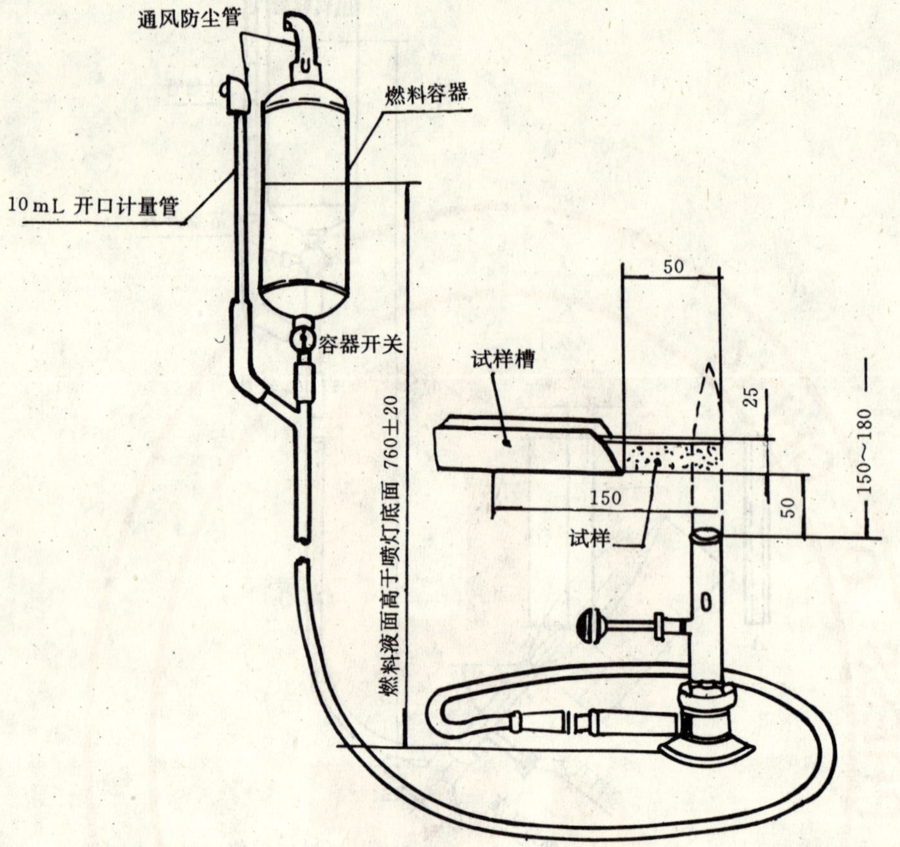

图 4

6 结果表示

6.1 火焰持续时间(移开喷灯后)

6.1.1 A 法

a. 6 个全厚度试样(3 个纵向,3 个横向)的火焰持续时间总和及最大单个值;

b. 6 个无覆盖层试样(3 个纵向,3 个横向)的火焰持续时间总和及最大单个值。

6.1.2 B 法

a. 6 个全厚度试样的明焰与炽燃总持续时间的平均值及最大单个值;

b. 9 个纵向无覆盖层试样的明焰与炽燃的总持续时间平均值及最大单个值;

c. 9 个横向无覆盖层试样的明焰与炽燃的总持续时间平均值及最大单个值。

6.2 火焰不重现性

A 法

记录试样经吹风后重新出现火焰与否的情况。

7 试验报告

试验报告中应包括以下内容:

a. 产品名称,型号及制造厂名;

b. 所采用的方法及试片放置方式；

c. 试验结果；

d. 试验中的异常现象；

e. 试验日期；

f. 试验者。

附 录 A
钢丝绳难燃输送带试样的制备
（补充件）

A1 主题内容与适用范围

本附录规定了钢丝绳难燃输送带试样的制备。

A2 试样尺寸

A2.1 A法

长度：200 mm；

宽度：钢丝绳间距的两倍；

厚度：全厚度。两侧边缘应是相邻钢丝绳间胶料的中间部位。

A2.2 B法

长度：150 mm；

宽度：25 mm 其他与A2.1条相同。

A2.3 试样数量

A法和B法的试样数量均为纵向试样。

A2.4 试样制备

制备试样时纵向用刀切割，横向宜采用无齿锯切割。试样的表面要求与本标准5.2.2条相同。

附 录 B
酒精喷灯的装置要求、操作、维修方法
（补充件）

B1 主题内容与适用范围

本附录规定了用来评价输送带难燃性的操作条件。

B2 装置要求

喷灯尺寸如图1所示，喷灯的喷嘴采用0.70 mm的钻头钻成直径为（0.7±0.02）mm的孔，在使用过程中气孔以上的喷火管会被腐蚀成锥形表面，只要其内径和总高度不变时仍可使用。

B2.1 喷灯各部件材料

喷灯零件的材料应符合以下要求：

a. 喷火管：黄铜（品级：CuZn39P63合金）；

b. 丝网：不锈钢网眼尺寸500 μm（30目）；

c. 底座：钢。

B2.2 接头密封材料

喷灯接头的密封材料应符合以下要求：

a. 喷火管底座：全封闭式铜/石棉密封环，外径22 mm，内径14 mm，厚3 mm；

b. 通断控制阀固定螺母：聚四氟乙烯带（PTFE）；

c. 通断控制阀密封压盖:石棉环;

d. 喷嘴密封材料位于喷嘴和喷嘴座顶面之间:PTFE 带捻成绳状并缠绕在喷嘴颈部。

B2.3 燃料容器

容器的容量为 1 000 mL,装有最小分度 0.1 mL 的侧管截止阀和一段透明 PVC 软管(见图 3,图 4)。

B3 喷灯的操作

B3.1 安装

将燃料容器安装在喷灯上,调节容器中的燃料量使液面到喷嘴灯底座的底面中心间的高度差为(760±2) mm,在整个试验期间必须保持这一液面高度。

B3.2 喷灯的点燃

将通控制阀关闭,而燃料容器截止阀开启,检验燃料流量是否为零。

向预热盘中添加燃料,使液量达到预热盘总容量的四分之三,然后将这些燃料点燃。

当预热盘中的燃料燃尽时,立即将通断控制阀完全开启(至少旋转整圈),在喷灯火管顶部占燃喷灯并使火焰稳定 10 min。

B3.3 喷灯燃烧状态的检验

待喷灯火焰稳定后,关闭燃料容器截止阀,用带有刻度的侧管向喷灯供应燃料,同时用侧管测定流量最少 1 min。该流量应为(2.55±0.15) mL/min。

B4 喷灯故障

B4.1 泄漏

如果燃料流量超过上述规定值时就存在着泄漏,该故障可出现在喷灯和燃料供应系统的任何连接部位。

B4.2 堵塞

当燃料流量低于上述规定时就是因燃料中的固体杂质等原因引起的堵塞。

B5 故障的排除

当喷灯出现上述故障时,可通过更换密封带、拆卸喷灯、清洗喷嘴等方法来排除故障,应特别指出的是,清洗喷嘴时应注意勿使喷孔扩大,严禁用“通条”进行疏通,正确的清洗方法有以下两种:

a. 使用安装有毛细管(穿过小孔)的气溶胶容器对喷孔进行吹风清洗。

b. 利用钻头尾部对喷孔进行疏通,为防止损伤喷孔出口,应手执钻头从喷孔入口插入。

附加说明：

本标准由中华人民共和国化学工业部提出。
本标准由青岛橡胶工业研究所归口。
本标准由青岛第六橡胶厂负责起草。
本标准主要起草人孙秀敏、丁冰、韩德深。

本标准B法等效采用英国标准BS 3289—90《井下用织物芯输送带》。

前　言

本标准等效采用日本工业标准 JIS K6323:1995《一般传动用普通 V 带》中拉伸试验部分。

本标准对 GB/T 3686—1983《三角带全截面拉伸性能试验方法》进行了修订,将试验速度由原标准的 100 mm/min 改为 50 mm/min,测伸长率的标距由原标准的 200 mm 改为 100 mm。

本标准自实施之日起,代替 GB/T 3686—1983。

本标准由中华人民共和国化学工业部提出。

本标准由化工部胶带标准化技术归口单位归口。

本标准起草单位:青岛橡胶工业研究所、河南省尉氏县橡胶厂、宁波同步带总厂、新疆生产建设兵团第三运输公司橡胶厂。

本标准主要起草人:韩德深、刘晓丽、林齐福、王大明。

本标准于 1983 年 5 月首次发布。

中华人民共和国国家标准

V带拉伸强度和伸长率试验方法

V-belts—Tensile strength and elongation test method

GB/T 3686—1998

代替 GB/T 3686—1983

1 范围

本标准规定了V带全截面拉伸强度、参考力伸长率和拉断伸长率的试验方法。

本标准适用于各种V带。

2 引用标准

下列标准所包含的条文，通过在本标准中引用而构成为本标准的条文。本标准出版时，所示版本均为有效。所有标准都会被修订，使用本标准的各方应探讨使用下列标准最新版本的可能性。

HG/T 2369—1992 橡胶塑料拉力试验机技术条件

3 装置

3.1 试验采用的拉力试验机应符合 HG/T 2369 的要求。

3.2 夹持器应能保证试样固定良好，在整个试验过程中既不发生打滑也不发生夹断现象。

3.3 在读出或记录拉力数值时，误差不得大于 2%。

3.4 拉断试样所需的力应不小于量程的 15%，不大于量程的 85%。

3.5 夹持器移动速度为 50 mm/min±10%。

4 试样

4.1 试样为一段全截面的V带，长 250 mm 以上。

4.2 试样数量为三个，取自一根样品带。如不能取下三个试样的短带则取两个，但应在试验报告中注明。

4.3 在试样上标出测定伸长率用的两条标线，标线间的距离（简称标距）为 100 mm。

4.4 试样在试验前应在试验温度（23℃±2℃）下停放 24 h 以上。

4.5 对C、D、E型带，必要时可将试样夹持部位带芯周围橡胶切除后进行试验。

5 程序

5.1 将试样两端分别夹于试验机两个夹持器上，试样纵向中心线与力线方向一致。

5.2 以 50 mm/min 的速度对试样进行连续拉伸。

5.3 当拉力增至参考力时即断裂发生时，分别记录该瞬间的拉力和标距。

5.4 如试样在夹持部分断裂，应追加试样补做试验。

国家质量技术监督局 1998-10-19 批准　　　　1999-04-01 实施

6 结果的说明

6.1 试验结果包括拉伸强度和参考力伸长率或拉断伸长率。

6.2 参考力伸长率或拉断伸长率按下式计算：

$$r = \frac{L_r - L_o}{L_o} \times 100$$

式中：r——参考力伸长率或拉断伸长率，%；

L_o——试样的初始标距，mm；

L_r——拉力增至参考力或试样断裂时的标距，mm。

6.3 各项试验结果均以三个试样计算出的算术平均值表示，精确至规定值最低位的下一位。对只能取两个试样的短带的试验结果以两个试样算术平均值表示。

7 试验报告

试验报告包含下列内容：

a）试验依据的标准的编号；

b）试验 V 带的品种、规格、批号及制造单位；

c）拉伸强度和伸长率的试验结果；

d）停放时间和试验室温度；

e）试验者和试验日期。

前　言

本标准等效采用国外先进公司技术条件中《V 带线绳粘合强度的试验》部分。

本标准对 GB/T 3688—1983《三角带线绳与橡胶粘合强度试验方法》进行了修订，将试样长度由原标准的 25 mm 改为 10 mm。

本标准自实施之日起，代替 GB/T 3688—1983。

本标准由原中华人民共和国化学工业部提出。

本标准由化工部胶带标准化技术归口单位归口。

本标准起草单位：青岛橡胶工业研究所、河北省辛集市橡胶厂、宁波同步带总厂、浙江天台天龙橡胶有限公司、新疆生产建设兵团第三运输公司橡胶厂。

本标准主要起草人：韩德深、申会杰、林齐福、徐和平、杨瑞玲。

本标准于 1983 年 5 月首次发布。

中华人民共和国国家标准

GB/T 3688—1998

代替 GB/T 3688—1983

V 带线绳粘合强度试验方法

V-belts—Cord adhesion test method

1 范围

本标准规定了 V 带中线绳与橡胶之间的粘合强度的试验方法。

本标准适用于各种线绳 V 带。

2 引用标准

下列标准所包含的条文，通过在本标准中引用而构成为本标准的条文。本标准出版时，所示版本均为有效。所有标准都会被修订，使用本标准的各方应探讨使用下列标准最新版本的可能性。

HG/T 2369—1992　橡胶塑料拉力试验机技术条件

3 原理

线绳与橡胶粘合强度是指线绳与底胶、顶胶之间的粘合强度，该数值关系到衡量 V 带动力传递和曲挠性能。为了测定粘合强度，从一定长度的 V 带中抽出一根位于中心的线绳，测定此过程中的最大抽出力。单位长度的最大抽出力即为粘合强度。

4 装置

4.1　试验采用的拉力试验机应符合 HG/T 2369 的要求。

4.2　上夹持器改用一支承试样的装置——支承器(见图 1)。图 1 中的支承器开口宽 2.2 mm，适用于线绳直径不大于 2.0 mm 的 V 带。线绳直径较大的 V 带的试验用支承器可参照上述规定执行。

4.3　下夹持器应能够牢固地夹住线绳，试验时的工作速度为 100 mm/min。

国家质量技术监督局 1998-10-19 批准　　　　1999-04-01 实施

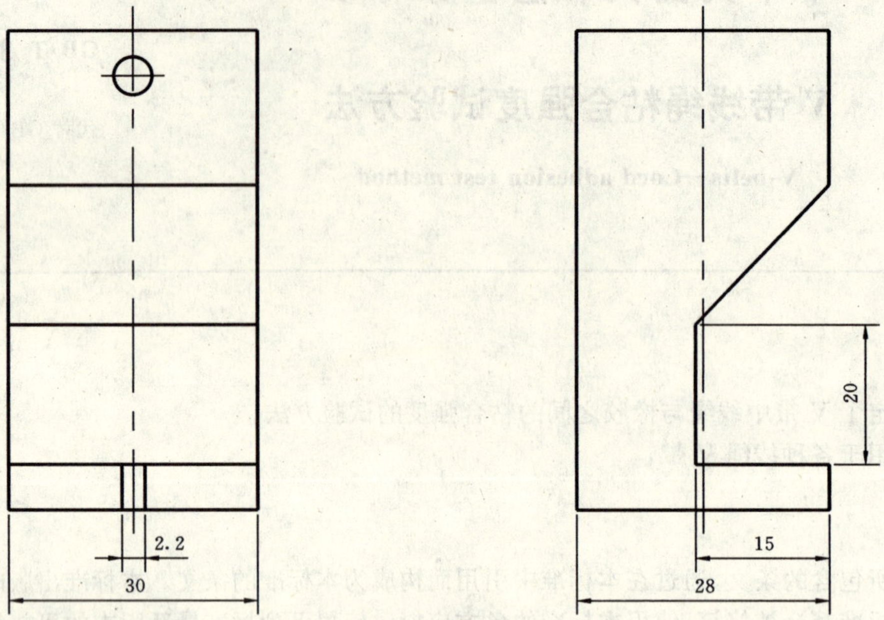

图 1　支承器

5　试样

5.1　从 V 带上切下大约 200 mm 长的试样五个。

5.2　对每个试样进行加工，即保留一段长 10 mm 完整的嵌入线绳的 V 带部分不变，将剩余部分中除一根中心线绳以外的其余材料切除，剥露后的中心线绳长度约为 180 mm。

5.3　试样应在试验温度 23℃±2℃条件下停放 24 h 以上。

6　程序

6.1　将试样放在支承器上，使剥露的中心线绳由支承器开口内下垂，将其线绳夹入下夹持器中，调整试样在支承器中的位置，使线绳位于开口宽度的中央，线绳中心与力线方向一致。

6.2　启动试验机，对线绳进行拉拔，直至完全抽出，记录拉拔过程中对试样施加的最大抽出力。

6.3　然后再对其余四个试样逐一进行试验。

7　结果说明

7.1　根据 10 mm 的线绳拔出长度和测定的最大拉拔力，计算出单位长度的最大拉拔力，即为粘合强度。

7.2　以五个试样粘合强度的算术平均值作为试验结果。

8　试验报告

试验报告包含下列内容：

a）试验依据的标准的编号；

b）试验 V 带的品种、规格、批号及制造单位；

c）粘合强度的试验结果；

d）停放时间和试验室温度；

e）试验者和试验日期。

中华人民共和国国家标准

织物芯输送带拉伸强度和伸长率测定方法

Conveyor belts of textile carcase—Test method for tensile strength and elongation

GB/T 3690—94

代替 GB 3690—83

本标准等效采用国际标准 ISO 283—1990《输送带全厚度拉伸强度和伸长率规范及试验方法》中试验方法部分。

1 主题内容与适用范围

本标准规定了织物芯输送带全厚度拉伸强度、参考力伸长率和拉断伸长率的测定方法。

本标准只适用于织物芯输送带。

2 定义[1]

2.1 全厚度拉伸强度：对全厚度试样做拉伸试验时，拉断试样所需的力与试样原宽度之比。

2.2 参考力伸长率：在拉伸试验中，当试样承受参考力时的伸长率。

2.3 拉断伸长率：在拉伸试验中，试样拉断时的伸长率。

3 试验仪器

试验仪器为满足下列要求的拉力试验机：

3.1 动夹持器的工作速度应为 100±10 mm/min，但在一次试验中速度应基本恒定。

3.2 夹持器应能保证试样固定良好，在整个试验过程中既不发生打滑也不发生夹断现象。

3.3 试验机的精度为误差不大于被测力的 2%或量程的 0.4%，取其中较大者。

本试验宜采用非惯性型测力计（如电子的或光学的）。当使用惯性型测力计时，应使被测力限于量程的 15%～85%。

4 试样

4.1 形状和尺寸

试样基本形状有三种，即 A 型、B 型和 C 型，分别如图 1、图 2 和图 3 所示。

采用说明：

1] ISO 283 无此项规定。

国家技术监督局 1994-01-02 批准　　　　1994-10-01 实施

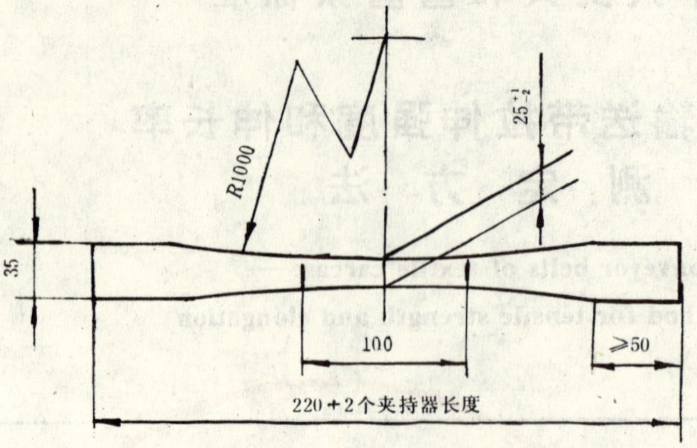

图 1　A 型试样

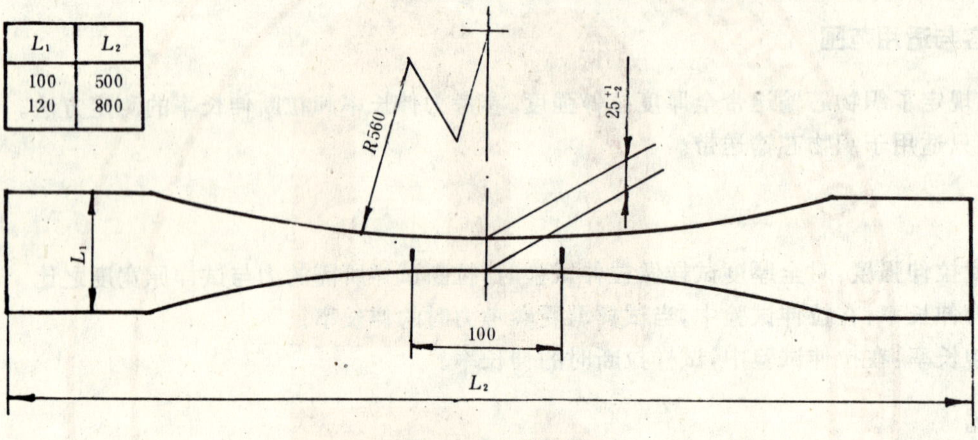

L_1	L_2
100	500
120	800

图 2　B 型试样

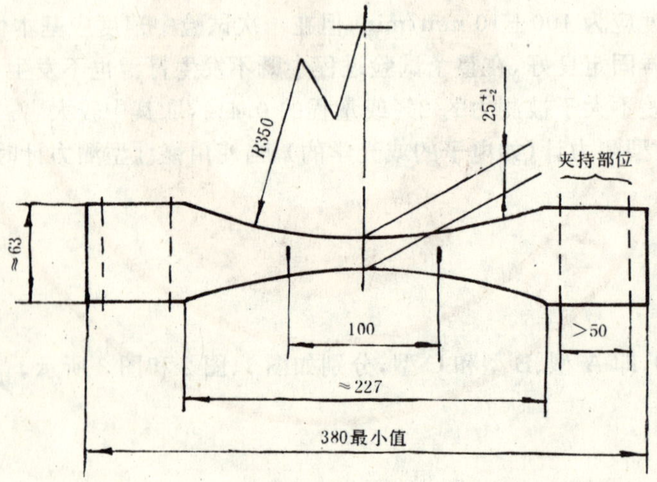

图 3　C 型试样

4.2　数量

3 个纵向试样。必要时，3 个横向试样。

4.3　制备方法

4.3.1　输送带试样应在离开带边至少 50 mm 且无接头的部位切取。试样的纵向边到样品的任何一条边的距离均不得小于 12 mm。纵向试样的纵向中心线应与带的纵向中心线平行，横向试样的横向中心线应与带纵向中心线垂直。

4.3.2 试样的切割面要整齐、平滑，力求与带面垂直，裁刀刃角不大于 18°(见图 4)，裁切前裁刀允许用水沾湿。

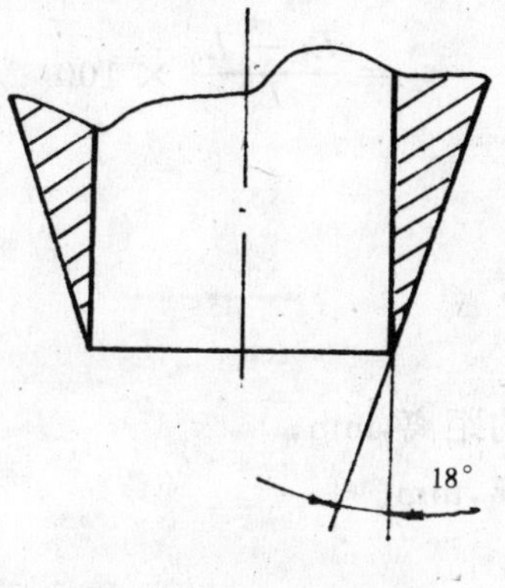

图 4 裁刀刃角

4.3.3 必要时，容许将试样的覆盖层磨平或去除。

4.3.4 在试样上与纵向中心线垂直，与中心等距地划两条标线，标距为 100 mm。

4.3.5 测量并记录试样的中部最窄处实际宽度，精确到 0.1 mm，取上下宽度的算术平均值作为试样中宽度。

5 试样状态调节1)

5.1 产品硫化与试验之间的时间间隔最短是 16 h，试验前试样在试验温度下进行不少于 3 h 的状态调节。遇有争议时，停放时间应延长到至少 14 d，具体时间由有关方面商定。

5.2 试验的温度条件为 23±2℃。

6 试验程序

6.1 将试样两端分别夹于试验机两个夹持器上，试样纵向中心线应与力线方向一致。当采用 A 型试样时，两夹持器间距应为 200±10 mm，当采用 B 型或 C 型试样时，夹持器外缘应位于试样末端大约 10 mm处。

6.2 以 100±10 mm/min 的速度对试样进行连续拉伸。

6.3 当拉力增至参考力及断裂发生时，分别记录下该瞬间拉力和标线间的距离。

6.4 断裂应发生在试样的两标线之间。若发现试样打滑，或断裂在标线外，或发现试样标线内有布层接头时，则该试样作废，另取试样重做试验。

7 试验结果

7.1 结果计算

7.1.1 全厚度拉伸强度按式(1)计算：

$$\sigma = \frac{F}{b} \qquad \cdots\cdots(1)$$

式中：σ——全厚度拉伸强度，N/mm；

F——试样拉断时的拉力，N；

b——试样的中宽度，mm。

采用说明：

1) ISO 283 规定，试样应从硫化后至少 5 d 的产品中选取，应在 23+2℃的温度和(50±5)%的湿度下进行 3 d 的状态调节。

7.1.2 参考力伸长率和拉断伸长率分别按式(2)、式(3)计算：

$$\varepsilon_1 = \frac{L_1 - L_0}{L_0} \times 100 \qquad \cdots\cdots(2)$$

$$\varepsilon_2 = \frac{L_2 - L_0}{L_0} \times 100 \qquad \cdots\cdots(3)$$

式中：ε_1——参考力伸长率，%；

ε_2——拉断伸长率，%；

L_0——试样的初始标距，mm；

L_1——拉伸至参考力时标线间的距离，mm；

L_2——试样拉断时标线间的距离，mm。

7.2 结果表示

7.2.1 织物芯输送带拉伸性能试验结果包括：

a. 对纵向试样：拉伸强度(取整数)、拉断伸长率(取整数)、参考力伸长率(取整数)；

b. 对横向试样：拉伸强度(取整数)。

7.2.2 拉伸性能中的各项均以3个试样计算结果的算术平均值作为试验结果。

8 试验报告

试验报告应包括下列内容：

a. 试验输送带的品种、规格、批号及制造厂名；

b. 试验结果；

c. 试验型号(注明是否带覆盖层进行试验)；

d. 停放时间；

e. 试验室温度；

f. 试验日期；

g. 试验者。

附加说明：

本标准由中华人民共和国化学工业部提出。

本标准由青岛橡胶工业研究所归口。

本标准由青岛橡胶工业研究所、沈阳胶带总厂负责起草。

本标准主要起草人张秀香、王素梅、韩德深、庄焱、汪运法。

ICS 21.220.10
G 42

中华人民共和国国家标准

GB/T 4489—2002
代替 GB/T 4489—1984

平型传动带的尺寸与公差

Flat transmission belts
—Dimensions and tolerances

(ISO 22:1991, Belt drives—Flat transmission beits and corresponding pulleys—Dimensions and tolerances, MOD)

2002-10-16 发布　　　　2003-04-01 实施

中华人民共和国
国家质量监督检验检疫总局　发布

前　言

本标准修改采用 ISO 22:1991《带传动　平型传动带及带轮　尺寸与公差》(英文版)。

本标准代替 GB/T 4489—1984《平型传动带宽度和长度》，因为国际上的发展原标准在技术上已过时。

本标准根据 ISO 22:1991 重新起草。

为了保证产品质量，本标准在采用国际标准时进行了补充，这些补充用垂直线标记，在它们所涉及的条款的页边空白处。

本标准与 ISO 22:1991 的主要差异及原因如下：

——删除第 4 章带轮和附录 A 带轮中凸部的规定，因为已有了相关的平型传动带带轮国家标准；

——增加了对有端平带长度偏差的规定，因为我国生产的平带大部分是有端带，同时也为了保证用户利益。

——根据 BS 351 增加了“环形带长度的测定(附录 A)”，统一规定，便于安装；

——增加了厚度横向差和试验方法的规定(附录 B)，防止传动中的平带跑偏；

——增加了平带的直线度的规定，防止传动中的平带跑偏。

为了便于使用，本标准还做了下列编辑性修改：

a)“本国际标准”一词改为“本标准”；

b) 删除国际标准的前言。

本标准与 GB/T 4489—1984 相比主要变化如下：

——对环形平带长度除了原标准的优选系列，还增加了第二系列(1984 年版的 2.1，本版的 2.1.3)；

——将带长度测量方法列入规范性附录 A(见附录 A)；

——删除了对带轮尺寸及其极限偏差的规定，平带宽度与轮宽的荐用对应关系列入资料性附录 C (1984 年版的第 1 章)；

——增加了平带厚度横向差及测量方法的规定(见附录 B)；

——增加了平带的直线度和测量方法的规定(见第 5 章)。

本标准的附录 A 和附录 B 为规范性附录，附录 C 为资料性附录。

本标准由国家石油和化学工业局提出。

本标准由化学工业胶带标准化技术归口单位归口。

本标准起草单位：青岛橡胶工业研究所、湖南醴陵东亚橡胶股份有限公司。

本标准主要起草人：韩德深、辛永录、杨清文、田育武。

本标准于 1984 年 6 月首次发布，本次为第一次修订。

平型传动带的尺寸与公差

1 范围

本标准规定了平型传动带(以下简称“平带”)的主要尺寸及其极限偏差和测量方法。

本标准适用于各种材料作骨架的平型传动带。

2 长度

2.1 环形带的长度

2.1.1 本标准规定的环形带长度是平带在正常安装张力下的内周长度,其测量方法见附录A。

2.1.2 平带的制造者应考虑正常安装张力下的长度与不受张力的长度之间的差别。这种差别的大小取决于平带的材料和制造方法。

2.1.3 特别推荐的平带长度(优选系列)如表1所示,选自符合R20优先数系。其他数值选自R40数系。

2.1.4 已接头环形带形式供货的平带的长度的偏差不得大于规定长度的0.5%。

2.2 有端平带长度

有端平带供货长度由供需双方协商确定,供货的有端平带可由若干段组成,其偏差范围为0%～+2%。最小长度应符合表2的规定。

3 宽度

平带的宽度采用误差不大于0.5 mm测长尺测量。

平带宽及其极限偏差如表3所示。平带宽等于或小于63 mm者,选自R10优先数系。平带宽大于63 mm者选自R20优先数系。

4 厚度横向差

厚度横向差其测量方法见附录B。横向厚度差应不大于平均厚度的10%。

5 直线度

平带的直线度应为:在10 m内不大于20 mm。

直线度测量方法如下:

将平带在平整面上展开平放,将一条10 m长的软线的一端靠在平带一边的任意一点,将软线拉直且将另一端靠在平带的同一边上,测量出两点之间的平带边到软线的最大距离,即为直线度值。

表 1　环形带的长度

单位为毫米

优选系列[a]	第二系列	优选系列[a]	第二系列
500	530	1 800	1 900
560	600	2 000	
630	670	2 240	
710	750	2 500	
800	850	2 800	
900	950	3 150	
1 000	1 060	3 550	
1 120	1 180	4 000	
1 250	1 320	4 500	
1 400	1 500	5 000	
1 600	1 700		

a　如果给出的长度范围不够用，可按下列原则进行补充：
——系列的两端以外，选用 R20 优先数系中的其他数；
——两相邻长度值之间，选用 R40 数系中的数（2 000 以上）。

表 2　有端平带最小长度的规定

平带宽度 b/mm	有端平带最小长度/m
$b \leqslant 90$	8
$90 < b \leqslant 250$	15
$b > 250$	20

表 3　平带宽及其极限偏差

单位为毫米

公称值	极限偏差	公称值	极限偏差
16 20 25 32 40 50 63	±2	140 160 180 200 224 250	±4
71 80 90 100 112 125	±3	280 315 355 400 450 500	±5

附 录 A
(规范性附录)
环形带长度的测定

A.1 原理

平带的长度以分段测量的加和值确定，即将平带放平，在不受拉力的情况下，沿平带的任一表面分段逐次测量长度，将各段长度相加，对环形带则用平带的厚度和制造者确定的正常安装张力下与不受张力下长度之差值加以修正。

A.2 程序

A.2.1 在平带的表面进行分段连续且尽量准确的长度测量，测量每一段时，应使该段平直且不受张力并标出测量的起止点。

A.2.2 每次测量应根据平带的长度规格分别符合 A.2.2.1 或 A.2.2.2 的要求。

A.2.2.1 对长度小于或等于 30 m 的平带，每段长度应为平带的公称长度的 1/3 到 1/4，但最后一段可以小于 1/4。

A.2.2.2 对长度大于 30 m 的平带，每段测量的长度应不小于 7.5 m 且不大于平带的公称长度的 1/3，但最后一段可以小于 7.5 m。

A.2.3 分别测量各段长度，求出各测量值之和，即为平带的节线长。

A.3 内周长度的计算

平带内周长度按式(A.1)计算：

$$L = L_p - \frac{\pi t}{1\,000} \qquad \cdots\cdots(A.1)$$

式中：

L——内周长度，单位为米(m)；

L_p——自由态节线长，单位为米(m)；

t——平带厚度，单位为毫米(mm)。

注 1：安装张力下的内周长度在考虑制造者确定的正常安装张力下与不受张力时的长度的差值。

注 2：式(A.1)适用于截面均匀对称、且没有筋槽等的平型传动带。虽然只有在均质材料的情况下上式才能严格准确，但对传动带来说可以认为是足够准确的。

附 录 B
（规范性附录）
平带的厚度及厚度横向差的测定

B.1 工具

平带厚度的测量工具为符合下述要求的转动指针式厚度计：

a）最小分度不大于 0.1 mm。

b）平型圆压头直径为 10 mm。

c）当试样硬度大于或等于 35IRHD 时，压头可对试样施加(22±5)kPa 的压力；当试样硬度小于 35IRHD，压头可对试样施加(10±2)kPa 的压力。

B.2 试样

试样应呈矩形，沿平带的横向切取，其长度为平带的全宽度，其宽度为 50 mm。按图 B.1 在试样表面上沿试样长度方向的中轴上标出三个测量点。

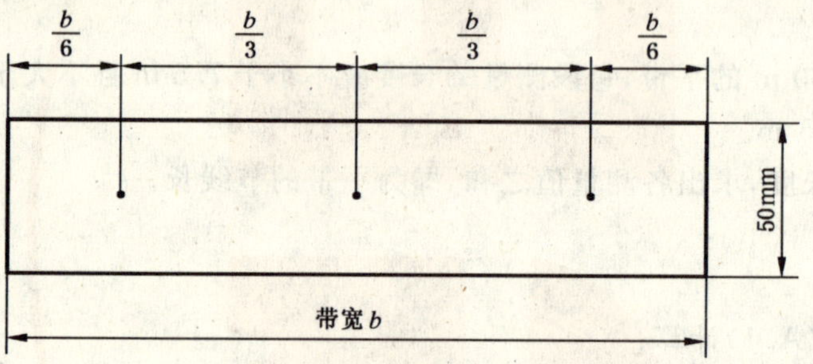

图 B.1 测量点的确定

B.3 程序

依次使厚度计压头对试样各测量点按 B.1 c)的要求施加压力，并测量厚度。

求出任意两个厚度测量值的差值(绝对值)，以所得两个差值中的较大值作为厚度横向差的测量结果。

求出三个厚度测量值的平均值，作为厚度测量结果。

附 录 C
(资料性附录)
平带宽度与轮宽的荐用对应关系

平带宽度与轮宽的荐用关系如表 C.1 所示。

表 C.1 平带宽度与轮宽荐用对应关系

单位为毫米

平带宽度	轮宽	平带宽度	轮宽
16	20	140	160
20	25	160	180
25	32	180	200
32	40	200	224
40	50	224	250
50	63	250	280
63	71	280	315
71	80	315	355
80	90	355	400
90	100	400	450
100	112	450	500
112	125	500	560
125	140		

中华人民共和国国家标准

输 送 带 尺 寸

GB/T 4490—94

Conveyor belts—Dimensions

代替 GB 4490—84

本标准等效采用国际标准 ISO 251—1987《输送带的宽度和长度》和 ISO 583—1990《织物芯输送带总厚度和覆盖层厚度公差(直接测量法)》。

1 主题内容和适用范围

本标准规定了输送带宽度、长度、总厚度及覆盖层厚度的尺寸与偏差及其测量方法。

本标准中总厚度和覆盖层的尺寸与偏差以及测量方法不适用于金属带芯的输送带。

2 引用标准

GB 2941 橡胶试样环境调节和试验的标准温度、湿度及时间

GB/T 5723 硫化橡胶和热塑橡胶 试验用试样和制品尺寸的测定

3 宽度

3.1 宽度及极限偏差

输送带的宽度及极限偏差应符合表 1 规定。

表 1

输送带宽度,mm	极限偏差	输送带宽度,mm	极限偏差
300 400 500	±5 mm	1 600 1 800 2 000 2 200 2 400 2 600 2 800 3 000 3 200	±1%
600 650 800 1 000 1 200 1 400	±1%		

注：输送带宽度 300～650 mm 的极限偏差也可按供需双方协商解决。[1]

3.2 测量方法

输送带的宽度采用测量误差不大于 1 mm 的钢尺进行测量，每个尺寸取 3 个测量值，取中位数为测量结果。

采用说明：

1] 表 1 下面注是后加上的，ISO 251—1987 中没有。

国家技术监督局 1994-12-22 批准　　　　1995-10-01 实施

4 长度

4.1 长度及极限偏差

4.1.1 输送带按结构形状分为有端带和环形带两种类型，其长度尺寸由供需双方协商确定。

4.1.2 不同类型输送带的长度极限偏差应符合表 2 规定。

表 2

输送带类型	输送带长度，m	极限偏差
环形带	≤15	±50 mm
	>15～20	±75 mm
	>20	±0.5%
有端带	由一段组成	$^{+2.5\%}_{0}$
	由若干段组成 每段长度	±5%
	各段长度之和	$^{+2.5\%}_{0}$

4.2 测量方法

4.2.1 采用测量误差不大于 1 mm 的钢尺测量。

4.2.2 有端带长度的测量

将带平放呈松驰状态，用钢尺测量带长。

4.2.3 环形带周长的测量

将带如图 1 所示放置在平整处，在带上标出 a、b、c、d 四点，使 $\overline{ab}=\overline{cd}$，测定 $\overline{ab}$ 段长度后，分别将 $\overline{ac}$ 段和 $\overline{bd}$ 段放平并测量长度，然后按下式计算带的中心周长（L_p）：

$$L_p = 2\,\overline{ab} + \overline{ac} + \overline{bd} \quad \cdots\cdots(1)$$

图 1 环形带测长

按以上方法测量 3 次，取中位数作为带的中心周长。然后按式(2)计算带的内周长（L_i）。

$$L_i = L_p - \frac{\pi d}{1000} \quad \cdots\cdots(2)$$

式中：L_i——带的内周长，m；

L_p——带的中心周长，m；

d——带的厚度，mm。

注：此公式适用于截面一致、对称的平面输送带。

5 覆盖层厚度

5.1 覆盖层厚度及极限偏差

输送带覆盖层厚度公称值由供需双方协商确定。

输送带覆盖层厚度极限偏差应符合表3规定。

表 3

上、下覆盖层厚度公称值,mm	极限偏差	
≤4	上偏差	不规定
	下偏差	0.2 mm
>4	上偏差	不规定
	下偏差	基本尺寸的5%

本规定仅适用于覆盖层厚度大于或等于1 mm的输送带,其覆盖层在试验中必须完全剥掉。

5.2 测量方法

5.2.1 温度

试验室温度按GB 2941标准执行。

5.2.2 量具

测量工具采用符合GB 5723规定的为转动指针式厚度计,最小刻度间距不大于0.1 mm,平型圆测足的直径为10 mm,测足对试样施加的压力为22±5 kPa或10±2 kPa。

5.2.3 试样

从全厚度的织物芯输送带上切取一块矩形试样,其尺寸如下:

a. 宽度:约50 mm;

b. 长度:等于带的全宽度。

5.2.4 程序

5.2.4.1 采用5.2.2规定的厚度计,按照GB 5723中方法A的规定,在下列数目(依带宽b而异)的测量点上测定试样总厚度d:

a. $b \leqslant 650$ mm　　3点;

b. 650 mm$< b \leqslant$1 200 mm　　5点;

c. $b >$1 200 mm　　8点。

测量点应在试样长轴(带的宽度方向)上等距分布(见图2)。

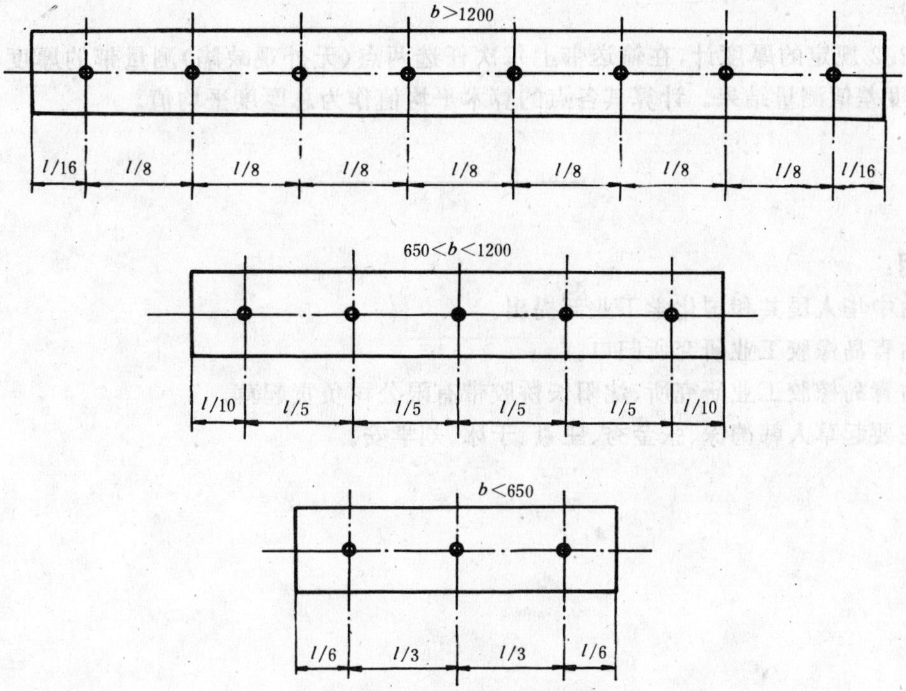

图 2 测量点的分布

5.2.4.2 将试样完全剥除上覆盖层，然后在相同的测量点上，分别测出各点的厚度 d_1。

将试样完全剥除下覆盖层，然后在相同的测量点上，分别测出各点的厚度 d_2。

注：任何不承受带张力的保护性物质（嵌入覆盖层）均应视为覆盖层的一部分而随覆盖层一起剥掉。

5.2.5 结果表示

5.2.5.1 按公式(3)、(4)计算每一个测量点上的上覆盖层厚度 e_1 和下覆盖层厚度 e_2。

$$e_1 = d - d_1 \quad \cdots\cdots(3)$$

$$e_2 = d_1 - d_2 \quad \cdots\cdots(4)$$

式中：d——带的总厚度，mm；

d_1——剥除上覆盖层后带的厚度，mm；

d_2——剥除上、下覆盖层后带的厚度，mm。

5.2.5.2 计算出各测量点（点数见图 2 规定）e_1 值的算术平均值（精确到 0.1 mm），作为上覆盖层厚度测量结果。

计算出各测量点（点数目见图 2 规定）e_2 值的算术平均值（精确到 0.1 mm），作为下覆盖层厚度测量结果。

6 总厚度

6.1 总厚度及总厚度差值

6.1.1 输送带的总厚度及极限偏差由供需双方协商确定。

6.1.2 输送带任意两点总厚度差值应符合表 4 规定。

表 4

两点总厚度测定值的平均值，mm	任意两点总厚度差值
≤10	不大于 1 mm
>10	不大于总厚度平均值的 10%

6.2 测量方法

采用 5.2.2 规定的厚度计，在输送带上每次任选两点(无外观缺陷)测量带的厚度，测量不少于 3 次，作为总厚度差值测量结果。计算其各点的算术平均值作为总厚度平均值。

附加说明：

本标准由中华人民共和国化学工业部提出。

本标准由青岛橡胶工业研究所归口。

本标准由青岛橡胶工业研究所、沈阳长桥胶带有限公司负责起草。

本标准主要起草人韩德深、张金秀、庄淼、于冰、刘学安。

前言

本标准等效采用国际标准 ISO 433:1991《输送带标志》,是国家标准 GB/T 5752—1992《输送带标志》的修订版。

本标准与 ISO 433:1991 的主要差异在于:

——本标准根据国际标准最终草案 ISO/FDIS 14890:1999《输送带 具有橡胶或塑料覆盖层的普通用途织物芯输送带》,补充了带芯材质字母代号。

本标准与 GB/T 5752—1992 的主要差异在于:

——本标准取消原标准中有而 ISO 433 中没有的 U、Q、Y、T、C、M、A 等带的基本性能字母代号。

——本标准按 ISO/FDIS 14890 规定带芯材质的字母代号,原标准字母代号是自定义的。

——原标准规定两标志纵向距离应小于 25 m,本标准等效采用 ISO 433 规定两标志纵向距离应小于 15 m。

本标准自实施之日起,代替 GB/T 5752—1992。

本标准由国家石油和化学工业局提出。

本标准由化学工业胶带标准化技术归口单位归口。

本标准由桐乡市双箭集团有限责任公司负责起草。

本标准主要起草人:沈耿亮、沈伟明、韩德深、李健。

ISO 前言

国际标准化组织(ISO)是由各国标准化团体(ISO 成员团体)组成的世界性的联合会,制定国际标准的工作是通过 ISO 技术委员会进行的。每个成员对已成立技术委员会的专业感兴趣,均有权参加该委员会,政府的或非政府的国际组织经过与 ISO 联系,也可参加这项工作。ISO 和国际电工组织(IEC)在所有的电工技术标准化方面紧密合作。

经技术委员会正式通过的国际标准草案分发给成员团体投票,发布一项国际标准至少需要 75%参加投票的成员团体表决通过。

国际标准 ISO 433 是由 ISO/TC 41 技术委员会[带轮与带(包括 V 带)]制定的。

本标准的第二版对第一版进行了技术修订,撤消并代替第一版(ISO 433:1982)。

中华人民共和国国家标准

GB/T 5752—2002

代替 GB/T 5752—1992

输送带标志

Conveyor belts—Marking

1 范围

本标准规定了输送带的标志内容、标志尺寸及标志位置。

本标准适用于各种输送带。

2 引用标准

下列标准所包含的条文,通过在本标准中引用而构成为本标准的条文。本标准出版时,所示版本均为有效。所有标准都会被修订,使用本标准的各方应探讨使用下列标准最新版本的可能性。

GB/T 3684—1983 运输带导电性规范和试验方法(neq ISO 284:1982)

GB/T 3685—1996 输送带酒精喷灯燃烧性能规范和试验方法(eqv ISO 340:1988)

GB/T 7984—2001 输送带 具有橡胶和塑料覆盖层的普通用途织物芯输送带(eqv ISO/FDIS 14890:1990)

GB/T 10822—1989 一般用途难燃输送带

3 术语定义

本标准采用下列术语。

3.1 包边带

制定宽度即为安装宽度的带边胶的输送带。

3.2 切边带

制造成一定宽度的带片后,再切割成安装宽度的不带边胶的输送带。

4 标志内容

标志的内容如下(在标志中依次出现)。

4.1 输送带的全厚度纵向拉伸强度的公称值,以 N/mm 为单位表示。

4.2 输送带的基本性能字母代号,见表 1。

表 1 输送带基本性能字母代号

字母代号	基本性能	有关标准
F	有或无覆盖层均耐火焰燃烧	GB/T 3685
J	有覆盖层时耐火焰燃烧	GB/T 3685
E	导电性(静电)	GB/T 3684
S	有或无覆盖层均耐火焰燃烧且有导电性(静电)	GB/T 10822
K	有覆盖层时耐火焰燃烧且有导电性(静电)	GB/T 10822

中华人民共和国国家质量监督检验检疫总局 2002-05-29 批准 2002-12-01 实施

表 1(完)

字母代号	基本性能	有关标准
H	用于强划裂工作条件	GB/T 7984
D	用于强磨损工作条件	GB/T 7984
L	用于一般工作条件	GB/T 7984

4.3 表示制造年月的四位数字。

4.4 标识生产厂的字母代号。

4.5 输送带的公称宽度,以 mm 为单位表示。

4.6 输送带的带芯材质和字母代号,见表 2[1]。

表 2 输送带带芯材质和字母代号

代号	带芯材质
B	棉纤维
Z	人造丝短纤维
R	人造丝长纤维
P	聚酰胺纤维
E	聚酯纤维
D	芳香族聚酰胺纤维
G	玻璃纤维
St	钢丝绳

4.7 分层织物芯输送带带芯层数,用阿拉伯数字表示。

4.8 输送带上、下覆盖层厚度,以 mm 为单位表示。

4.9 非标准化的数字符号,可由各生产厂 任选。

5 输送带标志的尺寸和位置

5.1 标志尺寸

5.1.1 字母的高度为 20～80 mm,对标志长度不加限定,可以排成两行。

5.1.2 对于覆盖层厚度大于或等于 2 mm 的输送带,字母最大深度为 1.5 mm。对于覆盖层厚度小于 2 mm的输送带,字母最大深度为覆盖层厚度的 50%。

5.2 标志位置

标志一般应做在输送带的承载面上。当用于特殊的、明确规定的用途时,也可做在带的非承载面上。

5.2.1 包边带标志

包边带的标志应呈纵向排列,距带边约 50～100 mm。标志在纵向上一边重复出现,也可在两个带边交替出现,两标志纵向间的距离应小于 15 m。如图 1、图 2 所示。

5.2.2 切边带标志

5.2.2.1 切边带的标志应呈横向排列,两标志间的纵向距离应小于 15 m。

5.2.2.2 切边带的标志应在其全宽度内多次重复出现,以便使切割后的每条输送带上均有完整的标志,如图 3、图 4 中所示。

采用说明:

1] 按 ISO/FDIS 14890:1999 规定的带芯材质字母代号加入本标准。

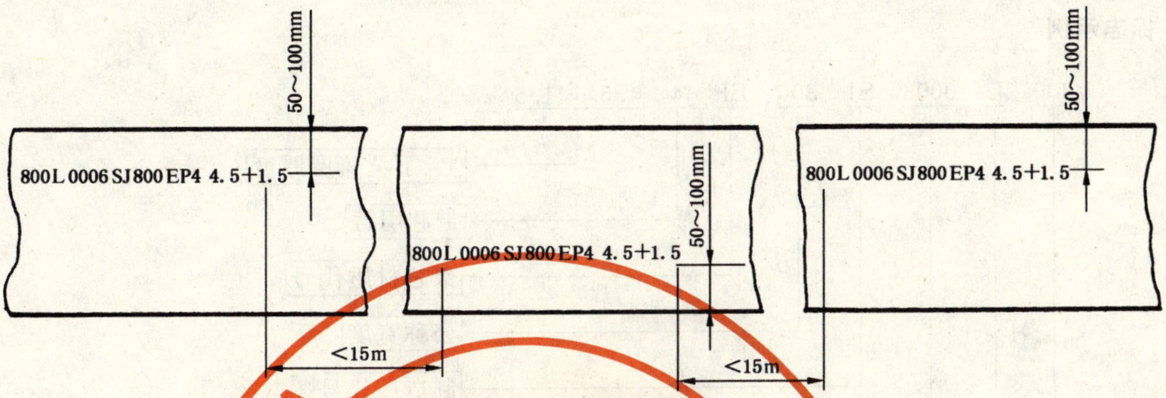

图 1

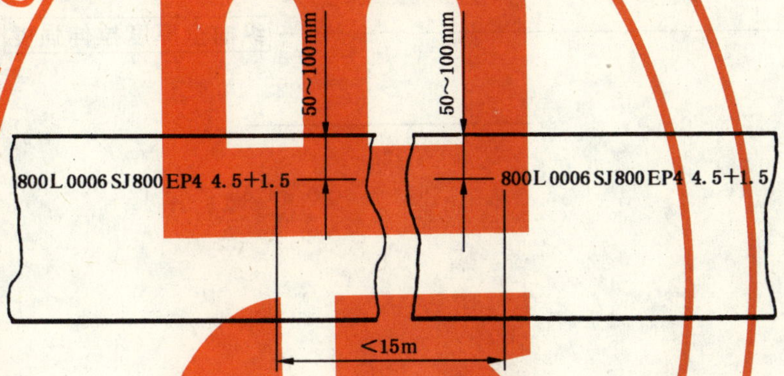

图 2

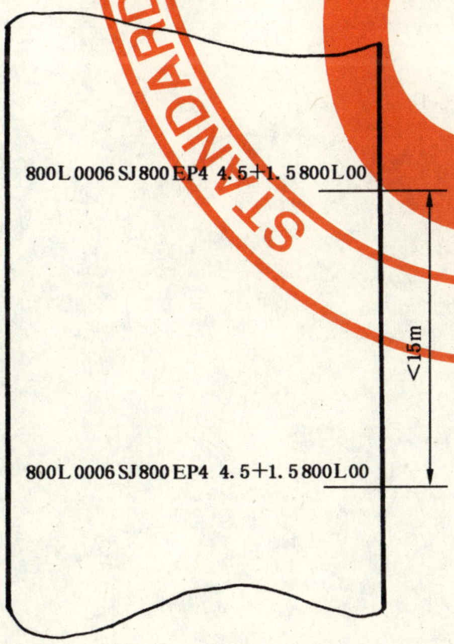

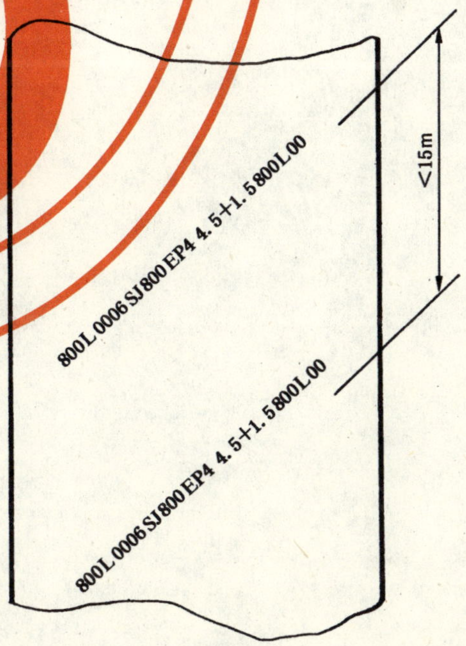

图 3 图 4

注：为避免标志在带表面承载部分模制得不规整，横向标志可用标志胶条，单独硫化。

5.2.3 输送带卷芯轴侧面上的标志由各生产厂自定。

6 标志示例

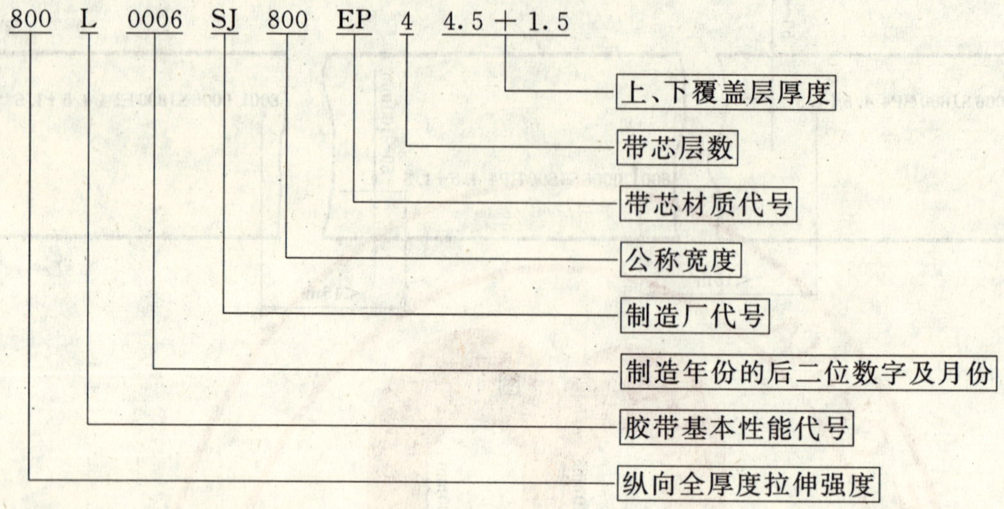

中华人民共和国国家标准

GB/T 5753—94

钢丝绳芯输送带覆盖层厚度的测定

代替 GB 5753—86

Steel cord conveyor belts—Cover thickness measurement

本标准等效采用国际标准 ISO 7590—1990《钢丝绳芯输送带覆盖层厚度的测定》。

1 主题内容与适用范围

本标准规定了钢丝绳芯输送带覆盖层厚度的测定方法。

本标准适用于覆盖层中含增强层或覆盖层中不含增强层的钢丝绳芯输送带覆盖层厚度的测定。

2 测定原理

在除去上、下覆盖层之前和之后，按规定的若干点上测定试样的厚度，然后用减法计算覆盖层厚度。

3 测定仪器

采用测量精度为 0.1 mm 的度盘式厚度计或百分表，平面圆测足的直径为 10 mm，测足对试样施加 22±5 kPa 的压力。

4 测定程序

4.1 试样规格

4.1.1 方法 A

沿输送带的全宽度切取一个试样，其尺寸如下：

a. 宽度：约 50 mm；

b. 长度：等于输送带的全宽度。

4.1.2 方法 B

在 4.3.2 条所述各点处，分别沿输送带的全宽度按下列尺寸切取一个试样：

a. 宽度：等于包含两根钢丝绳的宽度，如图 1 示；

b. 长度：约等于 150 mm。

单位：mm

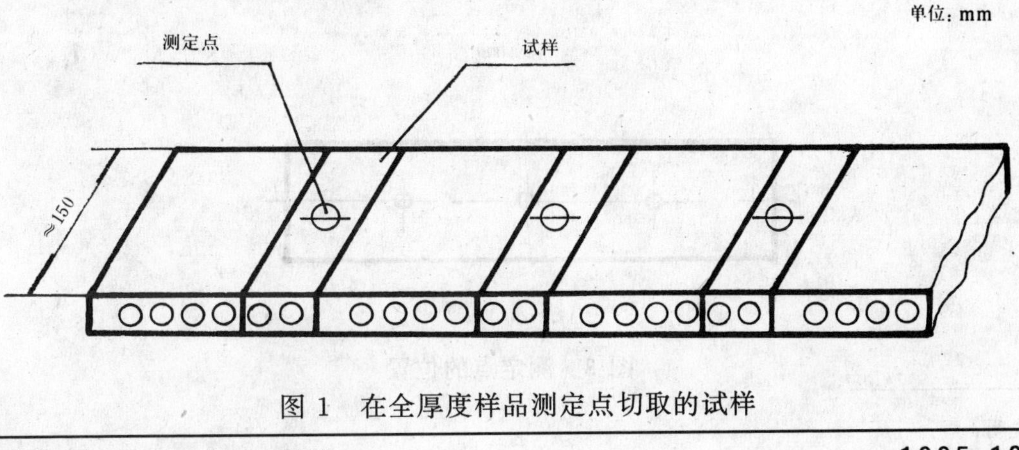

图 1 在全厚度样品测定点切取的试样

国家技术监督局1994-12-22批准

1995-10-01实施

按 4.3、4.4、4.5 条的顺序进行测量，测量中以刀子（如图 2 示）或其他适当方法将上、下覆盖层从钢丝绳上尽可能彻底除去。

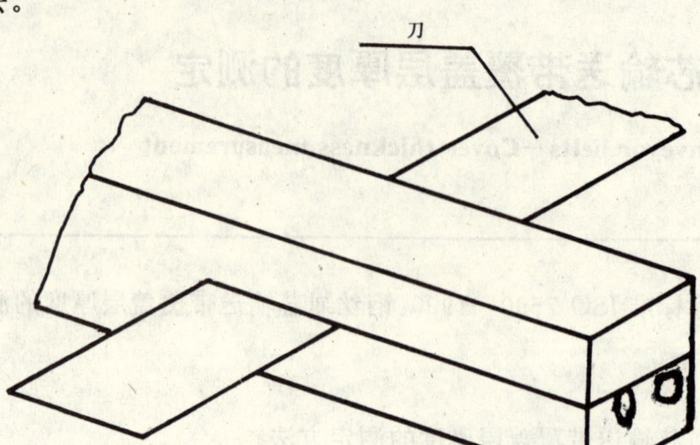

图 2　用刀切除覆盖层

4.2　试样数量

4.2.1　方法 A：一个试样

4.2.2　方法 B：三个试样

4.3　测量点

4.3.1　方法 A

在试样上按下述数量的点测量输送带的厚度：

a.　输送带宽度小于或等于 1 000 mm 的定 3 个点；

b.　输送带宽度大于 1 000 mm 的定 5 个点。

4.3.2　方法 B

各种规格输送带均定 3 个点[1]。

4.3.3　方法 A 和方法 B 的测量点均应在带宽上等距离分布。

4.4　测量总厚度

将 4.3 条确定测量点的试样，分别测量出总厚度 d，如图 3 示。

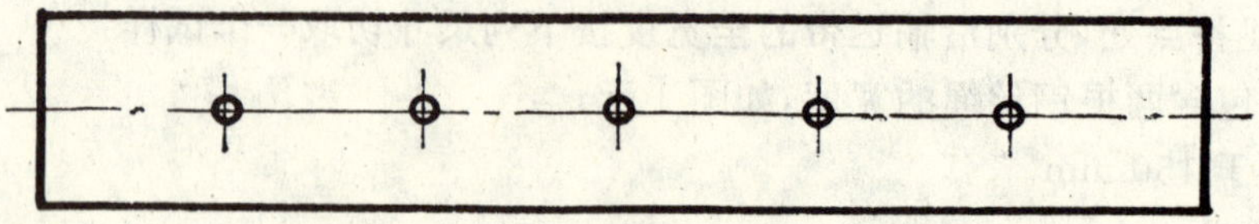

l>1000

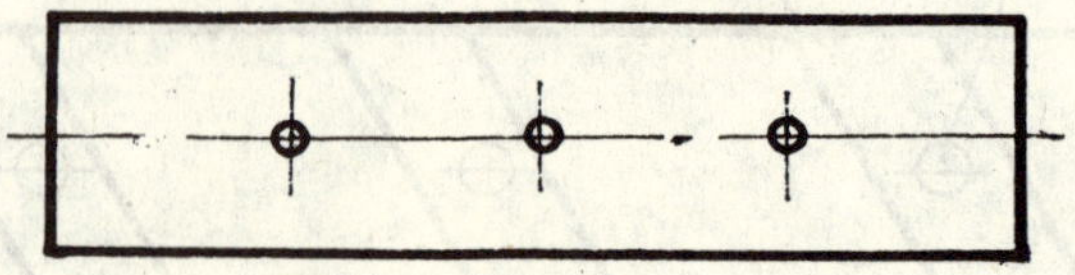

l≤1000

图 3　测定点的位置

采用说明：

1] ISO 7590—1990 的方法 B 规定输送带宽度大于 1 000 mm 的测量 5 个点。

4.5 上覆盖层厚度的测量

4.5.1 方法 A

4.5.1.1 在试样的每个测量点上用刀子或其他适当方法除去宽约为 20 mm 的覆盖层，如图 4 所示。钢丝绳上的覆盖层应清理得彻底，然后测量出每个点的厚度 d_1，测量应正好在钢丝绳上方进行，并应保证厚度计测足与钢丝绳表面接触或与钢丝绳层表面接触。

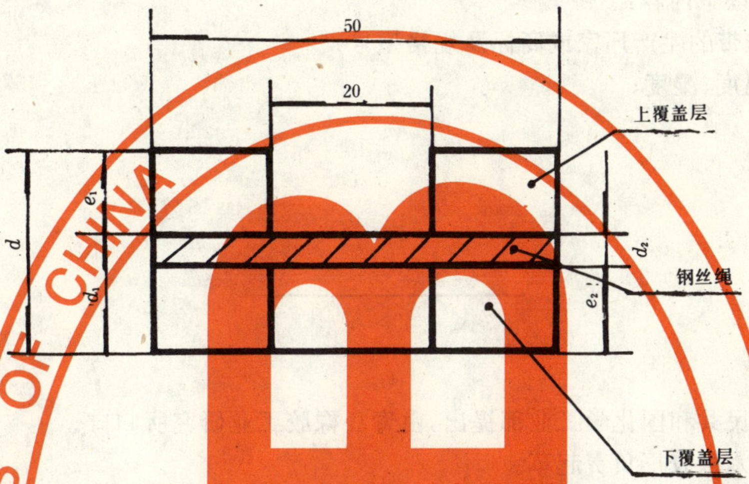

图 4 试样横截面

4.5.1.2 每个测量点的上覆盖层厚度 e_1，按式(1)计算：

$$e_1 = d - d_1 \quad \cdots\cdots (1)$$

式中：e_1 —— 试样上覆盖层厚度，mm；

d —— 试样总厚度，mm；

d_1 —— 试样去掉上覆盖层后的厚度，mm。

4.5.2 方法 B

4.5.2.1 将每个试样用刀子或其他适当方法除去上覆盖层，如图 2 所示。钢丝绳上的覆盖层应清理得彻底，然后用 4.5.1.1 条的同样方法分别测量出每个试样的厚度 d_1。

4.5.2.2 每个测量点的上覆盖层厚度 e_1 的计算公式同式(1)。

4.6 下覆盖层厚度的测量

4.6.1 方法 A

4.6.1.1 按 4.5 条规定除去试样测量点上的下覆盖层，然后测量出钢丝绳直径 d_2。

4.6.1.2 每测量点的下覆盖层厚度 e_2 按式(2)计算：

$$e_2 = d_1 - d_2 \quad \cdots\cdots (2)$$

式中：e_2 —— 试样下覆盖层厚度，mm；

d_1 —— 试样除去上覆盖层后的厚度，mm；

d_2 —— 钢丝绳直径，mm。

4.6.2 方法 B

4.6.2.1 按 4.5 条规定除去试样测量点上的下覆盖层，然后测量出钢丝绳直径 d_2。

4.6.2.2 每个测量点的下覆盖层厚度 e_2 的计算公式同式(2)。

上述各种厚度的测量值，应准确到小数点后一位有效数数。

5 结果计算

计算按 4.5 条和 4.6 条规定测得 3 点或 5 点的试样的厚度 e_1 和 e_2 的算术平均值，以 mm 为单位表示测量结果。

6 试验报告

试验报告应包括以下内容：

a）钢丝绳芯输送带的生产厂家或商标及规格型号；

b）试验的环境温度、湿度；

c）试验日期；

d）试验结果；

e）试验者。

附加说明：

本标准由中华人民共和国化学工业部提出，由青岛橡胶工业研究所归口。

本标准由青岛第六橡胶厂负责起草。

本标准主要起草人孙秀敏、齐建国。

ICS 83.140.01
G 42

中华人民共和国国家标准

GB/T 5754.2—2005/ISO 7622-2:1984
代替 GB/T 5754—1986

钢丝绳芯输送带　纵向拉伸试验
第2部分:拉伸强度的测定

Steel cord conveyor belts—Longitudinal traction test—
Part 2:Measurement of tensile strength

(ISO 7622-2:1984,IDT)

2005-09-15 发布　　2006-05-01 实施

中华人民共和国国家质量监督检验检疫总局
中国国家标准化管理委员会　发布

前　言

GB/T 5754《钢丝绳芯输送带　纵向拉伸试验》分为两个部分：

——第1部分：伸长率的测定；

——第2部分：拉伸强度的测定。

本部分为GB/T 5754的第2部分，本部分等同采用ISO 7622-2:1984《钢丝绳芯输送带　纵向拉伸试验　第2部分：拉伸强度的测定》(英文版)。

本部分代替GB/T 5754—1986《钢丝绳芯输送带纵向拉伸强度的测定》，因为国际上的发展原标准在技术上已过时。

本部分等同翻译ISO 7622-2:1984。

为便于使用，本部分做了下列编辑性修改：

a) "本国际标准"一词改为"本部分"；

b) 用小数点"."代替作为小数点的逗号","；

c) 删除国际标准的前言。

本部分与GB/T 5754—1986相比主要变化如下：

——删除推荐采用的滚珠横齿夹板式夹齿器(1986年版的第2章)；

——试样数量用3个代替原标准中的4个，计算3个试样拉断力的平均值(1986年版的3.1；本版的5.1和第7章)；

——删除原标准试样宽度包含3根钢丝绳(1986年版的3.1；本版的5.1)；

——增加中央钢丝绳两侧共有4根钢丝绳的A型试样(本版的5.2)；

——删除试样总长度不小于700 mm和1 000 mm两种规定(1986年版的3.1中的表1；本版的5.1)；

——用试样在制品制成后至少5 d裁取代替至少24 h裁取(1986年版的4.1；本版的第6章)。

本部分由中国石油和化学工业协会提出。

本部分由化学工业胶带标准化技术归口单位归口。

本部分起草单位：上海富大胶带制品有限公司、青岛橡胶工业研究所。

本部分主要起草人：郑凝、卢明明、陈金祥、辛永录。

本部分所代替标准的历次版本发布情况为：

——GB/T 5754—1986。

钢丝绳芯输送带　纵向拉伸试验
第2部分:拉伸强度的测定

1　范围

本部分规定了钢丝绳芯输送带纵向拉伸强度的测定方法。

本部分仅适用于钢丝绳芯输送带。

2　规范性引用文件

下列文件中的条款通过GB/T 5754的本部分的引用而成为本部分的条款。凡是注日期的引用文件,其随后所有的修改单(不包括勘误的内容)或修订版均不适用于本部分,然而,鼓励根据本部分达成协议的各方研究是否可使用这些文件的最新版本。凡是不注日期的引用文件,其最新版本适用于本部分。

ISO 471　橡胶试样状态调节和试验的标准温度、湿度和时间

3　原理

制备试样,使之在拉伸试验时只有一根钢丝绳承受拉力。试验进行到试样断裂为止。

4　装置

拉力试验机应符合下述要求:

a) 试验机所能施加的力与试样的强度相适应,试验机负荷能力应使最大试验负荷是试验机负荷能力的15%～85%;

b) 夹持器移动速度应能调到(100±10)mm/min并保持恒定;

c) 夹持器间距可调到不小于250 mm;

d) 夹持器的形式能保证试样夹持良好,使之在试验中完全没有滑动的可能。为此,推荐使用有齿部分长度不小于80 mm的横齿式夹持器(见图1)。

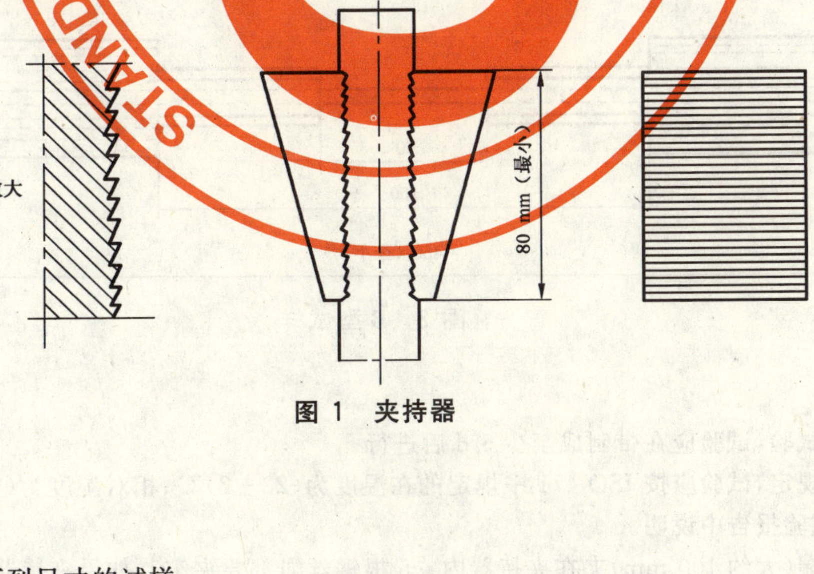

图1　夹持器

5　试样

5.1　一般要求

切取3个符合下列尺寸的试样:

a) 长度(沿带的纵向):不小于 450 mm,根据钢丝绳的强度而定;

b) 宽度:包含 5 根径向钢丝绳;

c) 厚度:带的厚度,包括上、下覆盖胶(两端可以打磨,使之在夹持器中夹持得更好)。如果带太厚以至试样无法夹牢,可以切取部分覆盖胶。

试样应在离带边不小于 50 mm 处,与带的轴线平行地切取。

可以在两种形式(A 和 B)的试样中选用一种。

5.2 A 型试样(见图 2)

A 型试样的制备方法如下:

a) 在试样中部 50 mm 长的一段上剥除覆盖胶和可能有的横向件,使 5 根径向钢丝绳两面裸露;

b) 用适当工具(例如剪床)剪断中央钢丝绳两侧的 4 根钢丝绳(注意不要损伤中央钢丝绳);

c) 用刀切掉中央钢丝绳裸露部分的残余橡胶,从而使钢丝绳与其包覆胶完全分离。

单位为毫米

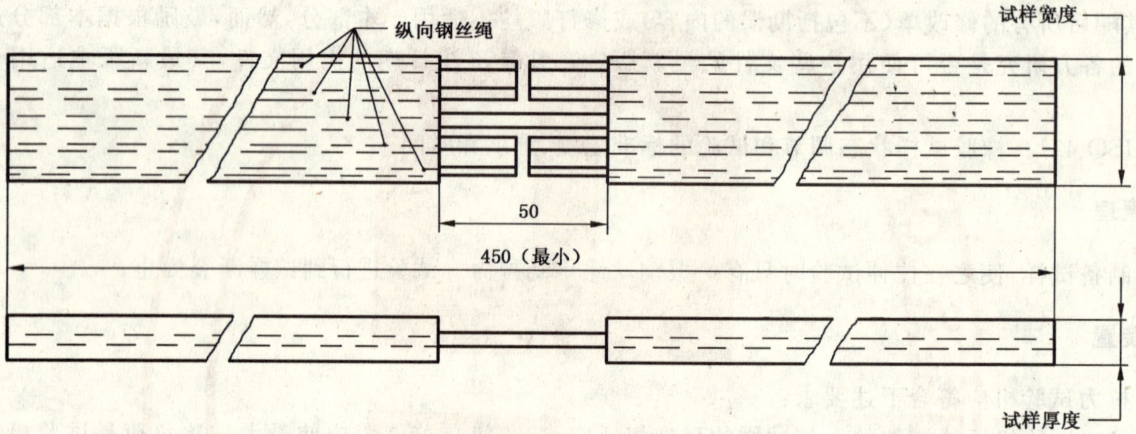

图 2 A 型试样

5.3 B 型试样(见图 3)

B 型试样的制备方法如下:

a) 在试样中部将两根靠近带边的钢丝绳除掉 150 mm;

b) 在试样中部将中央钢丝绳两侧的两根钢丝绳除掉 50 mm,注意事项与 5.2 相同。

单位为毫米

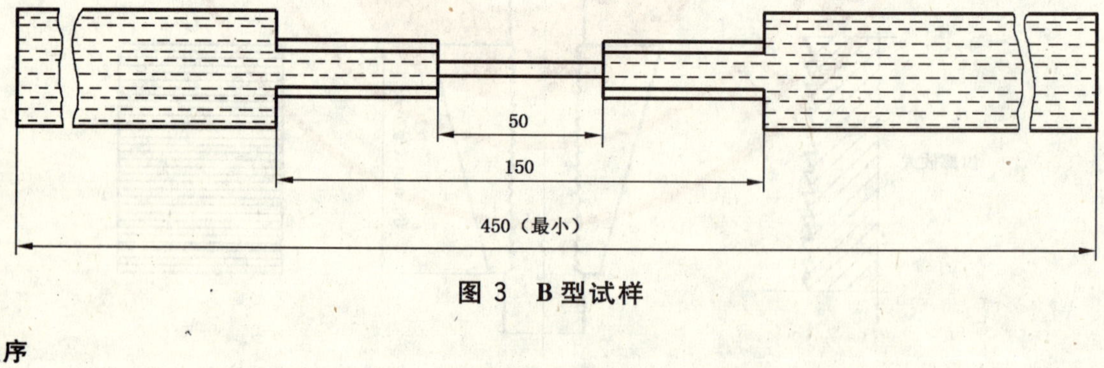

图 3 B 型试样

6 程序

进行 3 次试验,试验应在带制成至少 5 d 后进行。

除非另有规定,试验应按 ISO 471 中规定的在温度为(23±2)℃、相对湿度为(50±5)%的条件下进行,否则应在试验报告中说明。

将试样两端(大约 100 mm)夹在夹持器内。5 根钢丝绳都要夹牢。如果夹持器是自紧式的,应检查夹持器各零件是否活动自如。还应检查试样在夹持器中的安放位置是否适当。

启动试验机，以(100±10)mm/min 的夹持器移动速度拉伸试样。记录试样断裂时的拉力。

注：如果试样在夹持器内滑动，那么该次试验是无效的。

7 结果表示

带的纵向拉伸强度 R(单位为 N/mm)按式(1)计算：

$$R = \frac{F \times C}{b} \qquad \cdots\cdots(1)$$

式中：

F——拉断力的平均值，单位为牛顿(N)；

C——带的纵向钢丝绳数目；

b——带的公称宽度，单位为毫米(mm)。

注：上式的计算结果是被试带的拉伸强度的最大理论值，而不是实际拉伸强度(后者要小些)。实际拉伸强度的计算还要考虑钢丝绳间的协同效应，进行适当修正。

式(1)中的 F 按式(2)计算：

$$F = \frac{F_1 + F_2 + F_3}{3} \qquad \cdots\cdots(2)$$

式中：

F_1,F_2,F_3——3 个试样拉伸至断裂时受的拉力，单位为牛顿(N)。

8 试验报告

试验报告应包括下列内容：

a) 试验按 GB/T 5754.2—2005 进行；

b) 试验温度；

c) 每个试样拉断力单值及其平均值 F；

d) 按第 7 章计算的拉伸强度 R；

e) GB/T 5754.2—2005 未规定的操作细节以及可能影响试验结果的其他事项。

前 言

本标准等效采用国际标准 ISO 7623:1996《钢丝绳芯输送带—绳与覆盖胶粘合试验—原始状态下和热老化后试验》。

本标准与 ISO 7623:1996 的主要差异是:

——本标准对拉力试验机作了具体规定,而 ISO 7623:1996 未对拉力实验机进行具体规定,只规定采用符合 ISO 7622-2 要求的试验机;

——本标准对取样位置有所规定,而 ISO 7623:1996 未作要求。

本标准与 GB/T 5755—1986《钢丝绳芯输送带钢丝绳粘合强度的测定》相比,只采用平板硫化机热老化方法,取消原标准采用热老化箱加热老化方法。

本标准自实施之日起,代替 GB/T 5755—1986。

本标准由中华人民共和国原化学工业部提出。

本标准由化工部胶带标准化技术归口单位归口。

本标准由阜新橡胶有限责任公司负责起草。

本标准主要起草人:金桂菊,邢　磊,沙雪梅,李桂云,李洪星。

ISO 前言

ISO(国际标准化组织)是一个由各国标准化机构(ISO 成员团体)组成的世界性联合组织。制定国际标准的工作一般由 ISO 的各技术委员会组织进行。各成员团体如果对已建成技术委员会的某个方面感兴趣,就有权派代表参加该技术委员会组织的会议。一些与 ISO 有联系的国际组织(政府的或非政府的)也参加有关工作。在所有电工标准化事宜上,ISO 都与国际电工委员会(IEC)有着密切合作。

被各技术委员会采纳的国际标准草案都要分发给各成员团体进行表态投案。如果有至少 75%的成员团体投赞成票,则该草案就可以作为正式的国际标准出版。

国际标准 ISO 7623 是由 ISO/TC 41 技术委员会"带与带轮(包括 V 带)"的 SC3 分委员会"输送带"制定的。

本标准第 2 版代替了第 1 版(ISO 7623:1984),对其进行了技术性修改。

中华人民共和国国家标准

GB/T 5755—2000
eqv ISO 7623:1996

代替 GB/T 5755—1986

钢丝绳芯输送带钢丝绳粘合强度的测定

Steel cord conveyor belts—Cord-to-coating bond test

1 范围

本标准规定了钢丝绳芯输送带的钢丝绳与其包覆橡胶之间拔脱粘合强度(包括原始状态下粘合强度和热老化后粘合强度)的测定方法。

本标准适用于钢丝绳芯骨架的输送带。

2 试验原理

以恒定的机速对试样施加纵向拉伸力,测定把一根钢丝绳从试样中拔出来所需要的力。

3 试验装置

3.1 拉力试验机[1]

a) 试验机具有最大力指示装置和自动夹紧试样的夹具。该夹具对试样夹持良好,在整个试验过程中不打滑、不夹断钢丝绳,也无其他不适应的现象;

b) 试验机测力误差应小于量程的 0.4%;

c) 本项试验应采用非惯性测力计;当使用惯性测力计时,被测力应限于量程的 15%~85%之间;

d) 试验机速可调至(100±10)mm/min;

e) 两夹具的间距可调至 250 mm 以上。

3.2 平板硫化机

硫化机具有两个温度可调为(145±5)℃的热板,能对试样施加 1 MPa~5 MPa 的压力。

4 试样制备

4.1 原始状态下的试样

4.1.1 从输送带样品上切取三个具有下列尺寸的试样:

a) 长度(沿带的纵向):当绳直径小于或等于5 mm时,试样长度最小为 350 mm;当绳直径大于5 mm时,试样长度最小为 450 mm;

b) 宽度:应包含五根纵向钢丝绳;

c) 厚度:带的厚度(包括覆盖胶)。

4.1.2 试样应在离开带边至少 50 mm 且无钢丝绳接头的部位裁取,并且平行于带的纵向中心线。

采用说明:

1] ISO 7623:1996 规定采用符合 ISO 7622-2 要求的拉力试验机。

国家质量技术监督局 2000-08-28 批准　　2001-03-01 实施

4.1.3 三个试样的位置应在原带的宽度上均匀分布，不可过于集中[2]。

4.1.4 在试样中部，标出试验段的端线，试验段长度 L 按表 1 确定。

表 1 试验段长度 L 与绳直径 D 的关系 mm

绳径 D	$D \leqslant 2$	$2 < D \leqslant 5$	$D > 5$
长度 L	25±1	50±2	100±2

4.1.5 按图 1 和表 1 的要求用刀将试验段两侧至少各除掉 10 mm 长的覆盖胶及可能有的横向增强层，使五根钢丝绳裸露。

4.1.6 在试验段一侧，紧贴试验段端线将中央钢丝绳切断(见图 1)，在冲裁(冲断)时，应严格防止因冲裁而破坏试验段钢丝绳与橡胶的粘合状态。

4.1.7 在试验段另侧，紧贴该段端线将中央钢丝绳两边的其他四根钢丝绳切断(见图 1)。

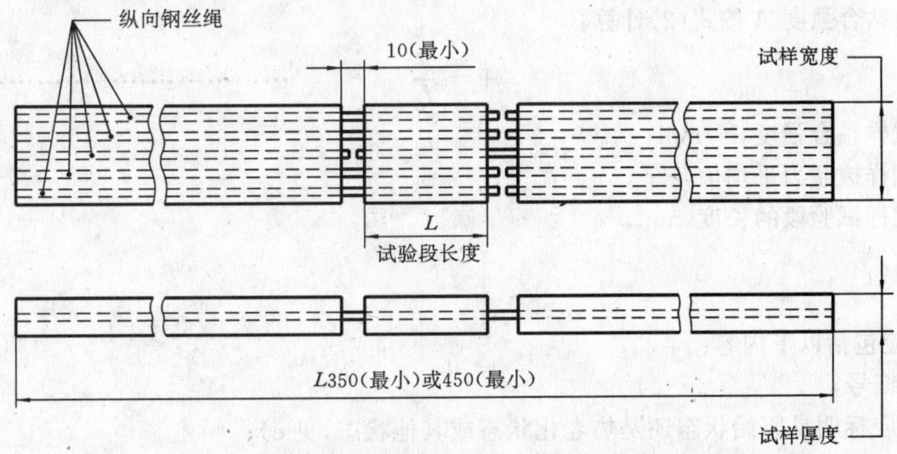

图 1 钢丝绳与覆盖胶粘合强度试验用试样

4.1.8 若因试样较厚，难以进入夹具时，可将试样两端大约 100 mm 被夹持部位的上、下层覆盖胶减薄。

4.2 老化试样

4.2.1 按 4.1.1～4.1.3 的要求裁取试样。

4.2.2 在符合 3.2 要求的平板硫化机的热板之间对带样进行加热，加热温度为(145±5)℃，加热时间为(150±1)min，试样表面压力约为 1 MPa，但不能超过 5 MPa。

注：在两热板之间垫上两个小于样带厚度(1±0.5)mm 的垫铁，以保证样带的表面压力。

4.2.3 待试样老化 150 min 后，将样带取出并置于室温下冷却 16 h 以上。

4.2.4 按 4.1.4～4.1.8 的要求对老化的试样进行加工。

5 停放和试验条件

5.1 试样应在带子生产后至少停放 2 天裁取，型式检验和仲裁试验时试样在带子生产后至少停放 5 天裁取，裁好后的试样应在温度为(23±2)℃及湿度为(50±5)%的条件下放置 3 h 以上，再进行拔脱试验。

5.2 试验应在温度(23±2)℃及相对湿度(50±5)%的条件下进行。

6 试验步骤

6.1 将试样两端分别夹在试验机的上、下夹具内，夹具间距为(250±10)mm。试样的钢丝绳轴线应与

采用说明：

2] ISO 7623:1996 未对裁样位置进行具体规定。

受力线相重合。

6.2 以(100±10)mm/min 的恒定机速进行连续的拉伸试验，读取试样钢丝绳拔脱时的最大负荷值，即为拔脱力。

6.3 对另外两个试样重复上述试验。

7 试验结果

7.1 试样拔脱力 F 的平均值按式(1)计算：

$$F = \frac{F_1 + F_2 + F_3}{3} \quad \cdots\cdots(1)$$

式中： F——试样拔脱力平均值,N；

F_1、F_2、F_3——分别为三个试样的拔脱力测量值,N。

7.2 试样拔脱粘合强度 A 按式(2)计算：

$$A = \frac{F}{L} \quad \cdots\cdots(2)$$

式中：A——试样粘合强度,N/mm；

F——试样拔脱力平均值,N；

L——试样试验段的长度,mm。

8 试验报告

试验报告应包括以下内容：

a) 本标准编号；

b) 试验带应标明是原始状态还是热老化状态或其他状态,见 e)；

c) 钢丝绳与其包覆橡胶之间的粘合强度,按 7.2 表示；

d) 试验温度、试验湿度；

e) 关于任何偏离 4.2 所述热老化条件的说明；

f) 试验日期；

g) 试验者。

中华人民共和国国家标准

UDC 621.867.21
:621.852
:001.4
GB 5756—86

输送带与传动带术语

Terms of conveyor belts and transmission belts

本标准规定了输送带与传动带专业常用的术语和定义。

1 带的品种与型式术语*

1.1 基本品种术语

1.1.1 带 belt

环绕在两个（或两个以上）带轮上，用以将运动、动力或物料从一个位置传递到另一位置的柔性条状物。

1.1.2 输送带 conveyor belt

安装在输送机上用以承载和输送物料的带。

1.1.3 传动带 transmission belt

带传动中用以传递运动和（或）动力的带。

1.1.4 胶带 rubber belt

用橡胶与其它材料复合制造的带。

1.2 输送带品种与型式术语

1.2.1 织物芯输送带 conveyor belt of textile construction

以织物为带芯抗拉体的输送带、包括多层芯输送带和整体织物芯输送带。

1.2.2 多层芯输送带 ply type conveyor belt

以两层或两层以上帆布或帘布构成带芯的输送带。

1.2.3 帆布芯输送带 duck conveyor belt

以帆布为带芯抗拉体的输送带。

1.2.4 帘布芯输送带 cord fabric conveyor belt

以帘布为带芯抗拉体的输送带。

1.2.5 整体织物芯输送带 solid woven conveyor belt

以整体织物**为带芯抗拉体的输送带。

1.2.6 绳芯输送带 cord conveyor belt

以绳为带芯抗拉体的输送带。

1.2.7 钢丝绳芯输送带 steel cord conveyor belt

以钢丝绳为带芯抗拉体的输送带。

1.2.8 切边输送带 cut edge conveyor belt; raw edge conveyor belt

将硫化后的大宽度带片沿纵向切割而制成的输送带。

1.2.9 耐油输送带 oil resistant conveyor belt

---

* 带的品种与型式术语除本标准所列外，尚可将标准术语组合而派生出另外的术语，如由“联组V带”和“窄V带”派生出“联组窄V带”。

** 整体织物是一种含有多层经、纬线，并交织成网状的特殊织物。

国家标准局1986-01-07发布　　　　1986-10-01实施

具有规定耐油性的输送带。

1.2.10 耐酸碱输送带　chemicals resistant conveyor belt

具有规定的耐酸、碱腐蚀性能的输送带。

1.2.11 耐冲击输送带　shock resistant conveyor belt

具有规定耐冲击性的输送带。

1.2.12 耐热输送带　heat resistant conveyor belt

具有规定耐热性的输送带。

1.2.13 导静电输送带　antistatic conveyor belt

具有规定导静电性的输送带。

1.2.14 难燃输送带　flame retardant conveyor belt

具有规定难燃性的输送带。

1.2.15 钢缆牵引输送带　steel cable conveyor belt

靠外在钢缆承托并牵引而运转的输送带。

1.2.16 挡边输送带　raised edge conveyor belt; flanged edge conveyor belt

带边部位制备有纵向挡边，以防止物料撒落的输送带。

1.2.17 横隔板输送带　raised rib conveyor belt ; cleated conveyor belt

覆盖层制备有等间距横向隔板，以对散装物料进行高倾角输送的输送带。

1.2.18 花纹输送带　patterned conveyor belt; rough top conveyor belt

覆盖层制备有凸起花纹，以增大带与物料间摩擦力的输送带。

1.2.19 筒式输送带　tubular conveyor belt

两侧边部位可卷起成为筒形，以防止物料撒落的输送带。

1.2.20 提升带　elevator belt

装有提斗，能对物料进行提升输送的输送带。

1.2.21 载人输送带　passenger conveyor belt

用以载人的输送带。

1.2.22 食品输送带　foodstuff conveyor belt

用以输送食品的输送带。

1.2.23 磁性输送带　magnetic conveyor belt

具有磁性，能吸附铁磁性物料进行高倾角输送的输送带。

1.3　传动带品种与型式术语

1.3.1 V带（三角带）　V-belt

横截面为等腰梯形的传动带，其工作面为两个侧面（参见图1 a～d）。

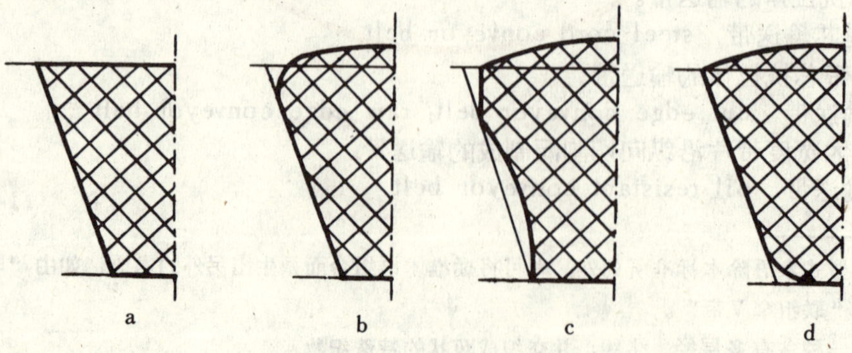

图 1

1.3.2 平带（平型传动带） flat transmission belt；flat belt

横截面为矩形或近似为矩形的传动带，其工作面为宽平面。

1.3.3 多楔带 V-ribbed belt

以平带为基体、内表面具有等距纵向楔的环形传动带，其工作面为楔的侧面（参见图2）。

图 2

1.3.4 同步带 synchronous belt

横截面为矩形或近似为矩形，带面具有等距横向齿的环形传动带（参见图3）。

图 3

1.3.5 双面同步带 double sided synchronous belt

内、外表面都具有等距横向齿的环形传动带。

1.3.6 六角带 hexagonal belt

横截面为六角形或近似为六角形的传动带，其工作面为四个侧面（参见图4）。

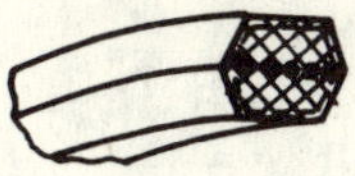

图 4

1.3.7 普通V带 classical V-belt

楔角为40°、相对高度约为0.7的V带。

1.3.8 窄V带 narrow V-belt

楔角为40°、相对高度约为0.9的V带。

1.3.9 宽V带 wide V-belt

相对高度约为0.3的V带。

1.3.10 半宽V带 half wide V-belt

相对高度约为0.5的V带。

1.3.11 大楔角V带 wide angle V-belt

楔角为60°的V带。

1.3.12 齿形V带 notched V-belt；cogged V-belt

具有均布横向齿的V带（参见图5）。

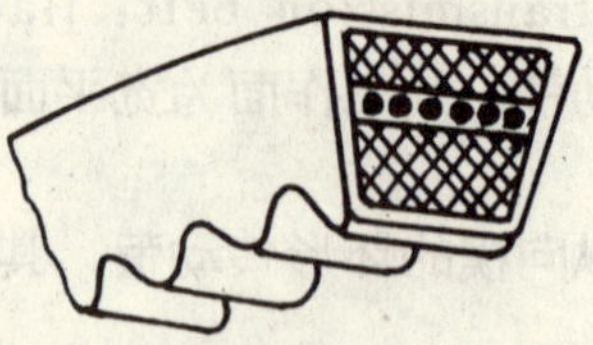

图 5

1.3.13 变速V带　variable speed V-belt

与节径可变的带轮配合使用能在一定范围内连续地改变传动速比的V带，其相对高度一般在0.5以下。

1.3.14 联组V带　joined V-belt

几条相同的普通V带或窄V带在顶面联为一体的V带组（参见图6）。

图 6

1.3.15 接头V带　open end V-belt

顶面具有供连接用的等间距贯穿孔的V带。

按需要截取一定长度的普通V带，用专用接头联接成的环形带（参见图7）。

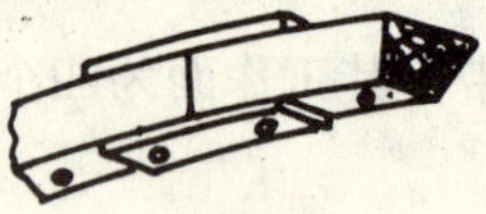

图 7

1.3.16 帘布芯V带　cord fabric V-belt

以帘布为抗拉体的V带。

1.3.17 绳芯V带　rope V-belt; cord V-belt

以绳为抗拉体的V带。

1.3.18 切边V带　cut side V-belt

侧面为切割面（即无包布）的V带。

1.3.19 汽车V带（风扇带）　automotive V-belt

专用于汽车、拖拉机等内燃机的V带。

1.3.20 导静电V带　antistatic V-belt

具有规定导静电性的V带。

1.3.21 变速平带　variable speed flat belt

与圆台形带轮配合使用能在一定范围内连续地改变传动速比的平带。

1.3.22 帆布芯平带　duck flat belt

以帆布为抗拉体的平带。

1.3.23 树脂片基平带　resin plate based flat belt

以合成树脂片为抗拉体的平带。

2 带的结构与加工术语

2.1 通用结构与加工术语

2.1.1 带芯 carcase；reinforcement；core

带中起骨架作用，使带具有一定强度和刚度的结构件，包括抗拉体和横向体。

2.1.2 抗拉体 tension element；tensile member

带中用以抵抗纵向拉力的纵向绳或经线与带的纵向平行的织物。

2.1.3 横向体 weft element

带中用以增加横向刚度或防止纵向撕裂的横向绳或经线与带的横向平行的织物。

2.1.4 绳胶 cord rubber

包在绳周围的胶。

2.1.5 对口胶 insert rubber；filler；fillet

在对接接缝中嵌入的胶条。

2.1.6 封口胶 saddle；butt strap

用来覆盖带的外层接缝的胶条。

2.1.7 接头 joint

带或其布层等的连接部位。

2.1.8 接头线 joint line

被连接两部分在宽平面上的分界线。

2.1.9 机械接头 mechanical joint

用机械连接件连接而成的接头。

2.1.10 硫化接头 vulcanized joint

用胶浆或胶料粘合并硫化而成的接头。

2.1.11 对接 butt joint

被连接两端互不搭叠的接头形式。

2.1.12 搭接 overlap joint

被连接两端互相搭叠的接头形式。

2.1.13 阶梯接头 steplike joint

接合面呈阶梯状的带接头。

2.1.14 斜面接头 slopelike joint

接合面呈斜面状的带接头。

2.1.15 纵向接头 longitudinal joint

接头线与带的纵向平行的布层接头。

2.1.16 横向接头 transverse joint

接头线与带的横向平行的布层接头。

2.1.17 接头长度 joint length

接头中被连接两端互相搭叠部分的长度。

2.1.18 接头角度 joint angle

接头线与带的纵向之间的夹角。

2.1.19 裁断角度 bias angle

裁断胶布时，裁断线与布的经线之间的夹角。

2.1.20 带坯 raw belt；green belt

已成型未硫化的带。

2.1.21 成型 assembling；building

将带的各结构件组合在一起使其成为带坯的过程。

2.1.22 开边式结构 open-edge ply arrangement

织物边部开放（即各层不包卷）的带芯结构（参见图8）。

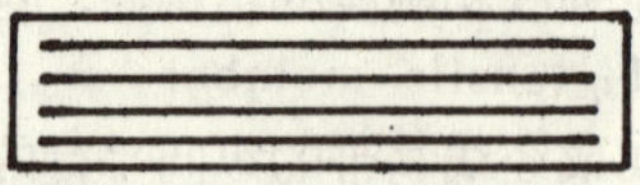

图 8

2.1.23 包边式结构 folded-edge ply arrangement

外层为包卷的一层或数层织物的带芯结构（参见图 9a和b）。

a　　　　　　b

图 9

2.1.24 环形带 endless belt

产品呈环形的带。

2.1.25 有端带 open-end belt

产品不呈环形（有两个带端）的带。

2.2 输送带结构与加工术语

2.2.1 承载面 carrying side

用来承载物料的带表面。

2.2.2 非承载面 non-carrying side；pulley side

用来传递驱动力的带表面。

2.2.3 覆盖层 cover

覆盖在带芯外面起保护作用的橡胶或塑料层。

2.2.4 上覆盖层 top cover；face cover

位于带的承载面的覆盖层。

2.2.5 下覆盖层 bottom cover；back cover

位于带的非承载面的覆盖层。

2.2.6 覆盖胶 rubber cover

由橡胶构成的覆盖层。

2.2.7 缓冲补强层 breaker ply

带中起改善粘合，缓和冲击，增加强度作用的网布或帘布层。

2.2.8 缓冲层 cushion breaker

带中位于覆盖层与带芯之间或带芯各层之间，起缓冲作用的胶层。

2.2.9 边胶 edge rubber

用以保护带芯边部的胶条。

2.2.10 增强带边 reinforced edge

嵌有布层以增加强度的带边。

2.2.11 耳胶 ear rubber

位于钢缆牵引输送带边部，用以限定钢缆位置的纵向槽形胶条。

2.2.12 带片 slab belt

用来切制切边输送带的大宽度带。

2.2.13 中梯式结构 step ply arrangement

带芯布层在承载面侧中部留有阶梯形空缺并以胶料填充的带芯结构（参见图10）。

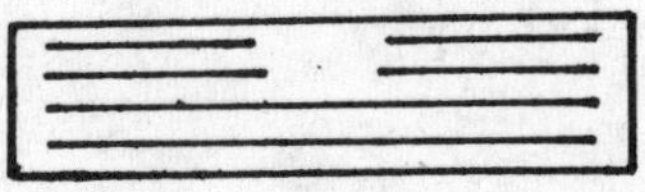

图 10

2.2.14 边梯式结构 edge-step ply arrangement

带芯布层下宽上窄，边部留有阶梯形空缺并以胶料填充的带芯结构（参见图11）。

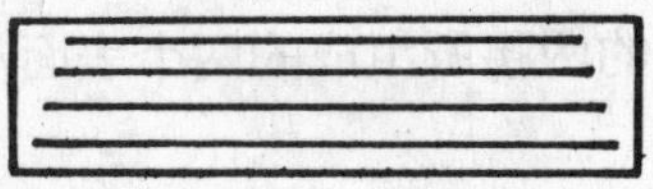

图 11

2.2.15 倒梯式结构 reverse-step ply arrangement

带芯布层上宽下窄，边部留有阶梯形空缺并以胶料填充的带芯结构（参见图12）。

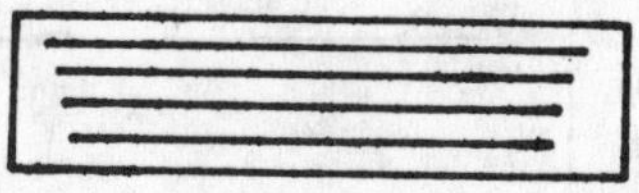

图 12

2.3 传动带结构与加工术语

2.3.1 工作面 working surface

传动时与带轮接触的带表面。

2.3.2 抗拉层（强力层） tension layer

V带中全部抗拉体及抗拉体之间的胶料构成的层（参见图13）。

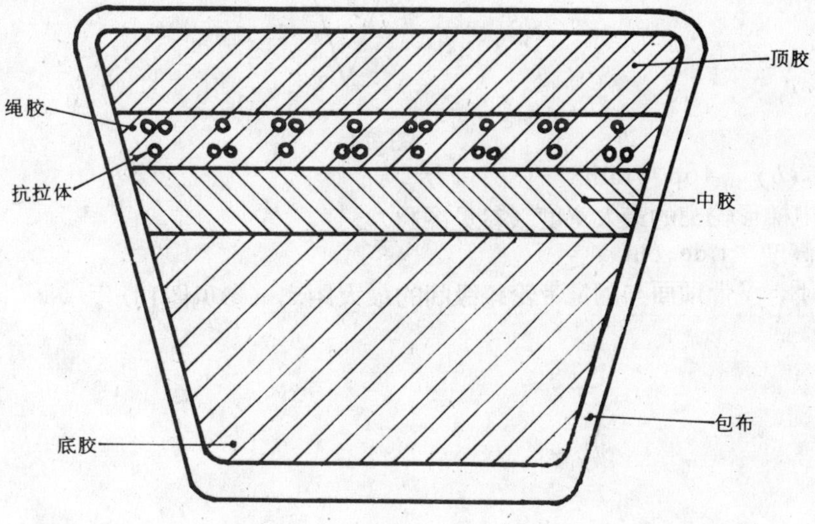

图 13

2.3.3 底胶（压缩胶） base rubber

V带中位于抗拉层以下，靠底面侧的胶层（参见图13）。

2.3.4 顶胶（伸张胶） top rubber

V带中位于抗拉层以上，靠顶面侧的胶层（参见图13）。

2.3.5 中胶（缓冲胶） cushion rubber

V带中位于抗拉层和底胶之间的胶层（参见图13）。

2.3.6 包布 wrapping fabric；jacket

包在带外面的胶布（参见图13）。

2.3.7 顶面 top

由V带各梯形（或近似梯形）截面的大底边组成的表面。

2.3.8 底面 base

由V带各梯形（或近似梯形）截面的小底边组成的表面。

2.3.9 侧面 side

由V带各梯形（或近似梯形）截面的两腰所组成的两个表面。

2.3.10 楔角（α） angle

V带两侧面延长线相交而成的角。

2.3.11 高度（h） hight

V带横截面中梯形轮廓的高度（参见图14）。

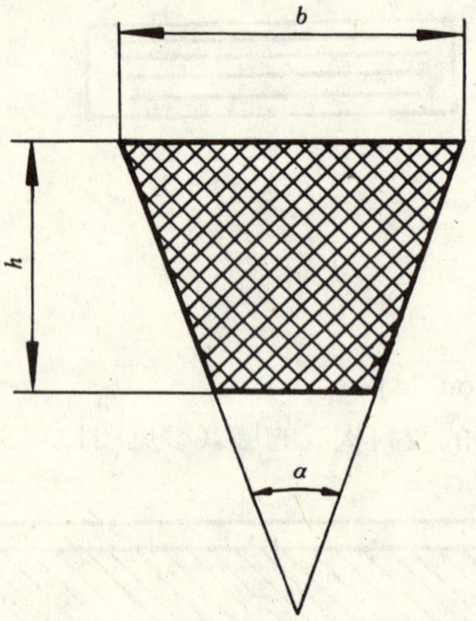

图 14

2.3.12 顶宽（b） top width

V带横截面中梯形轮廓的最大宽度（参见图14）。

2.3.13 露出高度 ride out

在规定拉力下，V带顶面与测量带轮轮缘间的最大距离（参见图15）。

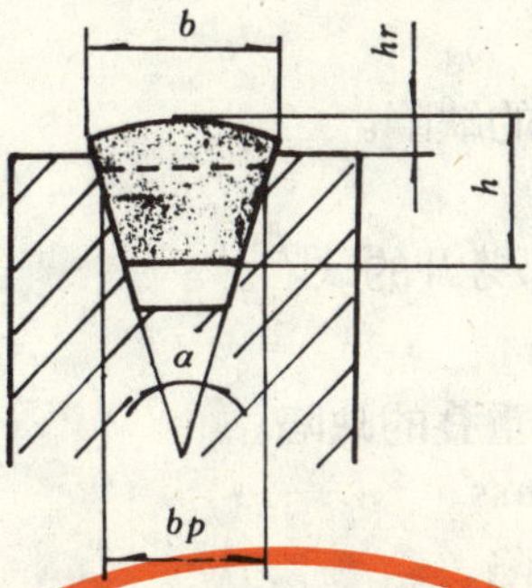

图 15

2.3.14 基准长度（L_d） datum length

V带在规定张紧力下，位于测量带轮基准直径* 上的周线长度。

2.3.15 有效长度（L_e） effective length

V带在规定张紧力下，位于测量带轮有效直径** 上的周线长度。

2.3.16 裁布 fabric dividing

将大幅布裁为或撕为所需宽度的窄条的操作。

2.3.17 贴合 fabric applying；laminating

将数层胶布粘在一起的操作。

2.3.18 配组带 matched belt set

长度偏差属于同一档次范围的数条同型号同规格V带。

2.3.19 配组 matching

将同型号同规格的V带按长度偏差档次范围搭配成配组带的操作。

2.3.20 组差 maximum length difference of belt set

一组带内各带长度差的最大值。

3 带的缺陷术语

3.1 鱼鳞纹 scalelike mark

带表面的鱼鳞状不平整缺陷。

3.2 纵波浪 longitudinal wave

带芯在纵向上起伏不平的缺陷。

3.3 横波浪 transverse wave

带芯在横向上起伏不平的缺陷。

3.4 露芯 bare core

不应外露的带芯外露的缺陷。

3.5 鼓泡 blister

因带内部存有气体而导致带表面局部鼓胀的缺陷。

3.6 明疤 scar；pit

---

* 基准直径就是轮槽基准宽度处带轮的直径。而基准宽度是表示槽形的轮廓宽度的一个无公差的规定值，该宽度通常和所配用V带的节面处于同一位置，其值应在规定的公差范围内与带的节宽一致。

** 有效直径就是轮槽有效宽度处带轮的直径，而有效宽度是表示槽形的轮廓宽度的一个无公差的规定值，该宽度通常位于轮槽两侧边的最外端。对于测量带轮和大多数机加工的带轮，有效宽度应在规定的公差范围内与轮槽实际顶宽一致。

带表面的疤痕。

3.7 重皮 rubber overlap

覆盖层表面形成互不粘合的数层的缺陷。

3.8 帘线劈缝 cord crack

帘布因纬线断线而导致经线局部劈开的缺陷。

3.9 帘线叠股 cord duplication

帘布因纬线断线而导致经线局部重叠的缺陷。

3.10 胶层海绵 rubber sponginess

胶层内部形成海绵样微孔群的缺陷。

3.11 布层打褶 plyoverlap

同层胶布局部打褶的缺陷。

3.12 模型痕迹 mould mark；press mark

带表面由于硫化模具上有伤痕而造成的不平整缺陷。

3.13 水布痕迹 cloth impression

带表面由水布造成的不平整缺陷。

3.14 带身扭曲 kinking；distortion

在正常放置条件下，带呈扭转变形状态的缺陷。

3.15 带边不直 dog leg；misalignment

在正常放置条件下，带边不直的缺陷。

3.16 带角过圆 corner over-round

带由于带坯体积不足而造成边角部位呈过大圆弧形的缺陷。

3.17 段间凸起 ridge at press overlap

采用分段硫化方法时，带的各硫化段交叠处出现凸起的缺陷。

3.18 脱开 separation；bond faillure

带的结构件之间局部粘合失效而分离的现象。

3.19 脱层 ply separation

布层间或布层与其它层的脱开现象。

4 带的性能及试验术语

4.1 全厚度试样 full-thickness test piece

保持成品带厚度的试样。

4.2 全截面试样 full-section test piece

保持成品带截面的试样。

4.3 全厚度拉伸强度* full-thickness tensile strength

对全厚度试样做拉伸试验时，拉断试样所需的力与试样原宽度之比。

4.4 全截面拉伸强度* full-section tensile strength

对全截面试样做拉伸试验时，拉断试样所需的力。

4.5 伸长率 elongation

带或其试样由拉伸应力引起的形变，其值用伸长增量与原长之比的百分数表示。

4.6 拉断伸长率 elongation at break

---

* 全厚度拉伸强度和全截面拉伸强度在不致发生语意混淆时，均可简称拉伸强度。

在拉伸试验中，试样拉断时的伸长率。

4.7 参考力 reference load

标称全厚度拉伸强度与规定系数及试样宽度的乘积，或标称全截面拉伸强度与规定系数的乘积。

4.8 参考力伸长率 elongation at reference load

在拉伸试验中，当试样承受参考力时的伸长率。

4.9 剥离力 stripping force

在剥离试验中，将试样相邻两层剥离开所需要的力。

4.10 层间粘合强度 ply adhesion

剥离力与试样宽度之比。

4.11 撕裂强度 tearing strength

在撕裂试验中，使试样撕裂所需要的力。

4.12 屈挠脱层试验 flex separation test

使试样按规定条件绕轮作往复屈挠运动至脱层达一定程度的试验。

4.13 初脱屈挠次数 flexing number at initial separation

在屈挠脱层试验中，试样开始出现脱层时的屈挠次数。

4.14 全脱屈挠次数 flexing number at full separation

在屈挠脱层试验中，试样开始出现全宽度脱层时的屈挠次数。

4.15 疲劳试验 fatigue test

使试样按规定条件运转至试样发生损坏的试验。

4.16 疲劳寿命 fatigue life

在疲劳试验中，试验带损坏达一定程度时的运转时间或回转次数。

4.17 难燃性 flame retardation

带不易发生燃烧或燃烧不易扩展的性能。

4.18 喷灯燃烧试验 burner flame test

使试样接触喷灯的火焰，然后撤离喷灯，观察试样是否燃烧及燃烧情况的试验。

4.19 续燃时间 flame duration

在喷灯燃烧试验中，撤离喷灯后试样火焰持续的时间。

4.20 滚筒摩擦试验 drum friction test

使滚筒在固定试样上摩擦转动，测定滚筒温度并观察试样破坏情况的试验。

4.21 导静电性 static conductivity

带的传导静电、防止发生火花放电的性能。

4.22 成槽性 troughability

输送带横向弯曲成槽形，以增大运量、减少物料撒落的性能。

4.23 成槽度 troughness

在成槽性试验中，试样最大挠度与试样原宽度之比。

4.24 接头强度指数 joint strength index

带的接头拉伸强度与带的标称拉伸强度之比，用百分数表示。

4.25 直线度 linearity

使带边在规定长度内完全包含在内部的两条平行线之间的距离。

附 录 A
汉语索引

V

X

Y

Z

附录 B
英文索引

A

B

C

S

T

V

W

附加说明：

本标准由中华人民共和国化学工业部提出，由青岛橡胶工业研究所归口。

本标准由青岛橡胶工业研究所负责起草。

本标准主要起草人罗光、江伟。

本标准在制订中参考了国际标准ISO 5284—1983《输送带术语对照表》、ISO 1081—1980《V带传动术语》和英国标准BS 3558：1980《橡胶术语》。

ICS 53.040.20
G 42

中华人民共和国国家标准

GB/T 6759—2002
代替 GB/T 6759—1986

织物芯输送带的层间粘合强度试验方法

Textile conveyor belts—Adhesive strength between constitutive elements—Test methods

(ISO 252-1:1999,Textile conveyor belts—Adhesive strength between constitutive elements—Part 1:Methods of test,IDT)

2002-10-16发布　　2003-04-01实施

中华人民共和国
国家质量监督检验检疫总局　发布

前　言

本标准等同采用ISO 252-1:1999《织物芯输送带　层间粘合强度　第1部分:试验方法》(英文版)。

本标准代替GB/T 6759—1986《输送带的层间粘合强度测定方法》。

本标准等同翻译ISO 252-1:1999。

为了便于使用,本标准作了下列编辑性修改:

a) 本"国际标准"一词改为"本标准";

b) 删除国际标准前言和引言。

本标准与GB/T 6759—1986相比主要变化如下:

——用"在输送带制成24 h后切取试样"代替原标准的"至少5 d才能切取试样"(1986年版的4.2;本版的5.1);

——删除状态调节要求在相对湿度(65±5)%的条件下进行(1986年版的4.2;本版的第6章);

——删除粘合层间的剥离力曲线处理方法(1986年版的第6章;本版的8.1);

——删除报告中全部试验所测得的粘合强度的最高峰值(1986年版的7.2.3g;本版的8.3.3)。

本标准由国家石油和化学工业局提出。

本标准由化学工业胶带标准化技术归口单位归口。

本标准起草单位:浙江天台天龙橡胶有限公司、青岛橡胶工业研究所。

本标准主要起草人:徐和平、卢明明、辛永录、陈苏云、杨石明。

本标准于1986年8月首次发布。

织物芯输送带的层间粘合强度试验方法

1 范围

本标准规定了输送带织物层之间、织物层与覆盖层之间的粘合强度的试验方法(包括A法和B法)。

本标准适用于织物芯输送带,不适用于钢丝绳芯输送带和拉伸强度小于160 N/mm的织物芯输送带。

注:可选择A法和B法中的任何一种试验方法。按A法计算的粘合力平均值可能与按B法计算的不同,且这两种方法在所有输送带结构中的适用范围也不完全重合。具体选择哪种试验方法应按有关产品标准规定执行。

2 规范性引用文件

下列文件中的条款通过本标准的引用而成为本标准的条款。凡是注日期的引用文件,其随后所有的修改单(不包括勘误的内容)或修订版均不适用于本标准,然而,鼓励根据本标准达成协议的各方研究是否可使用这些文件的最新版本。凡是不注日期的引用文件,其最新版本适用于本标准。

GB/T 532 硫化橡胶或热塑性橡胶与织物粘合强度的测定(idt ISO 36)

ISO 6133 橡胶和塑料撕裂强度及粘合强度多峰曲线的分析方法

3 原理

使用拉力试验机,以恒定速度将覆盖层与织物层剥离并将每一织物层与相邻织物层剥离,测定所需要的平均剥离力。

4 设备

适当功率的拉力试验机,其参数符合GB/T 532的要求。

5 试样

5.1 生产与试验取样的时间间隔

试样应在输送带制成至少24 h后切取。

5.2 形状和尺寸

试样应具有矩形截面,切割面整齐。试样宽度为(25±0.5)mm,长度至少为200 mm,可提供至少50 mm的夹持长度。如果需要且可能,可以将试样厚度减薄,以在试验中使剥离线尽量位于夹在两夹持器中的试样两部分的中心线所在的平面内(见图1)。上述试样两部分的最小厚度应保证其在试验中不致拉断。

5.3 数量

A法和B法均须有沿带的纵向和横向各切取的两对试样。

5.4 取样方法

试样应在距带边至少100 mm的部位切取。各试样的切取位置应尽量相距远些。

6 状态调节

试验前应将试样至少停放 24 h，该时间包括在下列规定温度下进行状态调节所需的 8 h。

一般气候条件下：(23±2)℃或(20±2)℃；炎热气候条件下：(27±2)℃。

试验应在与状态调节温度相同的温度下进行，试验与状态调节都不需要在一定的湿度下进行。

试样在状态调节和试验时的温度应在试验报告中加以说明。

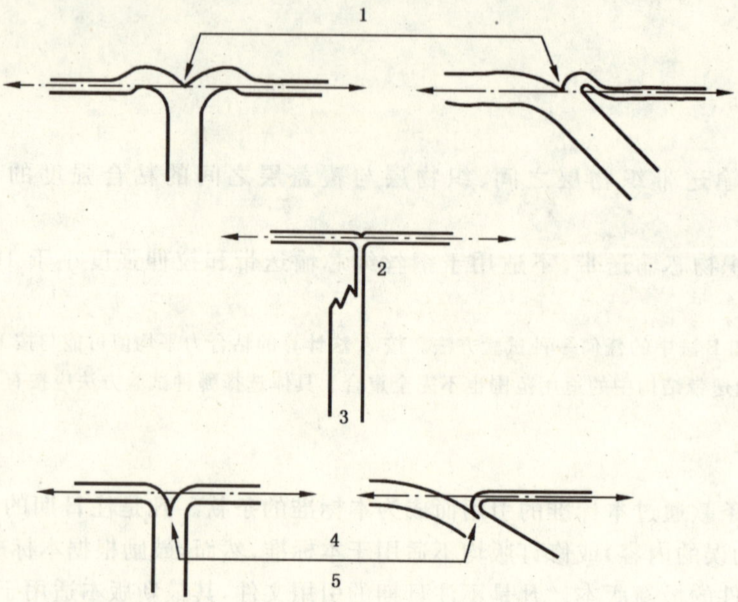

1——剥离线；

2——专门制备的试样；

3——正确剥离示意；

4——剥离线；

5——不正确剥离示意。

图 1 剥离线的位置

7 程序

7.1 **A 法**(见图 2)

在一个纵向试样的一端，使上覆盖层与第一织物层分离至少 50 mm，以供夹持器夹持。将分离的两夹持段夹入试验机夹持器。以(100±10)mm/min 的夹持器移动速度进行剥离试验，记录 100 mm 剥离中的剥离力曲线。试验中试样应不与除夹持器以外的物体接触。

按上述方法对该试样各织物层进行逐层剥离，试验一直进行到试样中层。

按上述方法对另一个纵向试样进行剥离试验，但从下层开始。

对另一对纵向试样进行同样的试验。

横向试样也按同样的方法进行试验。

7.2 **B 法**(见图 3)

在一个纵向试样的一端，使上覆盖层与第一织物层分离至少 50 mm，以供夹持器夹持。将分离的两夹持段夹入试验机夹持器。以(100±10)mm/min 的夹持器移动速度进行剥离试验，记录 100 mm 剥离中的剥离力曲线。试验中试样应不与除夹持器以外的物体接触。

按上述方法对该试样各织物层进行剥离试验，每次剥下两层。

按上述方法对另一个纵向试样进行剥离试验，但一开始是将上覆盖层连同第一织物层一起剥下。

对另一对纵向试样进行同样的试验，横向试样也按同样的方法进行试验。

注：在试样被剥离两部分的接触面以外发生的分离(如在覆盖层发生断裂)，均应视为构成带的部件本身的破坏，而不是部件之间的剥离。这些试验值应予记录，但不能代表试样的粘合强度。

图 2　采用 A 法时试样各层的剥离顺序(以 5 层织物为例)

图 3　采用 B 法时试样各层的剥离顺序(以 5 层织物为例)

8 结果表示

8.1 试验曲线处理

试验得到的粘合力多峰曲线分析与处理按 ISO 6133 进行。以中峰值力作为平均粘合力。

以平均粘合力(单位:N)除以试样公称宽度(单位:mm)所得的商作为试样的粘合强度试验结果(精确到 0.1 N/mm)。

8.2 平均值的计算

8.2.1 纵向试样

计算以下平均值:

a) 两对纵向试样的覆盖层(上、下覆盖层)剥离试验值的平均值;

b) 两对纵向试样的织物层剥离试验值的平均值。

8.2.2 横向试样

对两对横向试样进类似的计算。

8.2.3 计算结果的平均值

对包括纵向试样和横向试样在内的全部试样进行下列平均值的计算:

a) 全部覆盖层剥离试验值的平均值;

b) 全部织物层剥离试验值的平均值。

9 试验报告

试验报告应包括下列内容:

a) 关于试验按本标准进行的说明;

b) 被试带的标记;

c) 从输送带制成到试验的时间间隔;

d) 试样状态调节和试验中的温度及状态调节时间;

e) 试验方法(A 法或 B 法);

f) 纵向试样覆盖层试验结果平均值;

g) 纵向试样织物层试验结果平均值;

h) 横向试样覆盖层试验结果平均值;

i) 横向试样织物层试验结果平均值;

j) 全部试样覆盖层剥离曲线的最低峰值;

k) 全部试样织物层剥离曲线的最低峰值;

l) 关于试验中在达到规定剥离长度之前出现的被剥离两部件之一断裂的情况及断裂时记录的力值(见 7.2);

m) 试验日期。

ICS 83.140.01
G 42

中华人民共和国国家标准

GB/T 7983—2005/ISO 703-1:1999
代替 GB/T 7983—1987

输送带 横向柔性和成槽性 试验方法

Conveyor belts—Transverse flexibility and troughability—Test method

(ISO 703-1:1999,IDT)

2005-09-15 发布 2006-05-01 实施

中华人民共和国国家质量监督检验检疫总局
中国国家标准化管理委员会 发布

前　言

本标准等同采用ISO 703-1:1999《输送带　横向柔性和成槽性　第1部分:试验方法》(英文版)。

本标准代替GB/T 7983—1987《输送带成槽性试验方法》,因为国际上的发展原标准在技术上已过时。

本标准等同翻译ISO 703-1:1999。

为便于使用,本标准做了下列编辑性修改:

a) “本国际标准”一词改为“本标准”;

b) 用小数点“.”代替作为小数点的逗号“,”;

c) 删除国际标准的前言;

d) 6.1和6.2增加了脚注。

本标准与GB/T 7983—1987相比主要变化如下:

——由规定每个夹持器长度为150 mm代替原标准规定试样的夹持宽度不小于140 mm(1987年版的3.2;本版的5.2);

——删除夹持试样最小深度为15 mm(1987年版的5.3);

——删除吊线长度约为500 mm的规定(1987年版的3.3);

——删除试样数量2个(1987年版的4.1);

——用输送带生产出来后至少16 h才能切取试样,然后至少停放16 h,该时间包括在规定环境温度中8 h的状态调节,代替原标准中规定试样应在带制成至少5 d后切取,在试验前应将试样在温度(23±2)℃的环境中水平放置至少24 h(1987年版的4.2、4.4;本版的6.1、6.2);

——改正图中试样长度L标错的位置(1987年版的图1;本版的图2)。

本标准由中国石油和化学工业协会提出。

本标准由化学工业胶带标准化技术归口单位归口。

本标准起草单位:浙江双箭橡胶股份有限公司、青岛橡胶工业研究所。

本标准主要起草人:沈耿亮、刘从伟、沈会民、卢明明。

本标准所代替标准的历次版本发布情况为:

——GB/T 7983—1987。

输送带 横向柔性和成槽性 试验方法

1 范围

本标准规定了输送带的横向柔性(用成槽度来表示)的测定方法。

本标准不适用于 EN 873 规定的轻型输送带。

注:用本方法测定的横向柔性仅间接地涉及 ISO 178"塑料 弯曲性能的测定"规定的弯曲模量的倒数。而且也不考虑三点和四点弯曲所呈现出来的柔性差别,但它考虑弯曲应变和试样厚度。

2 规范性引用文件

下列文件中的条款通过本标准的引用而成为本标准的条款。凡是注日期的引用文件,其随后所有的修改单(不包括勘误的内容)或修订版均不适用于本标准,然而,鼓励根据本标准达成协议的各方研究是否可使用这些文件的最新版本。凡是不注日期的引用文件,其最新版本适用于本标准。

ISO 583-1 织物芯输送带 总厚度和各层厚度 第1部分:试验方法

EN 873 轻型输送带 基本性能及其应用

3 符号

F_1——试样的垂直挠度,单位为毫米(mm)(见图1和图2);

F——考虑带厚后的试样最大垂直挠度,单位为毫米(mm);

L——试样平放时的长度,单位为毫米(mm);

注:它等于被试验输送带的全宽度。

e——试样厚度,单位为毫米(mm)(见图2)。

4 原理

取一段横向全宽度(L)带子作为试样,将试样两端悬吊起来。悬吊时试样承载面向上且使两端上缘位于同一水平面上。

在试样自身重量作用下,通过测量试样最大垂直挠度(F)来确定带的成槽性(横向柔性)。以 F/L 的比值来表示。

5 装置(见图1)

5.1 两根水平的刚性棒,简便地支撑。两支撑点之间的长度应大于试样试验长度(L)。

5.2 两个夹持器,用以夹住试样两端。夹持器长度为 150 mm,并具有足够的刚度,保证试样在宽度上不弯曲,同时不施加能影响试样挠度的任何弯曲力矩。

5.3 四根等长的钢丝悬线,其两端带有可调的钩子,用以钩住水平棒和夹持器。

注:试验中调整悬线的垂直性时,水平棒和夹持器不能阻碍可调钩子的自由移动。

5.4 测量挠度(F_1)的尺寸精确到 mm(见图1)。

单位为毫米

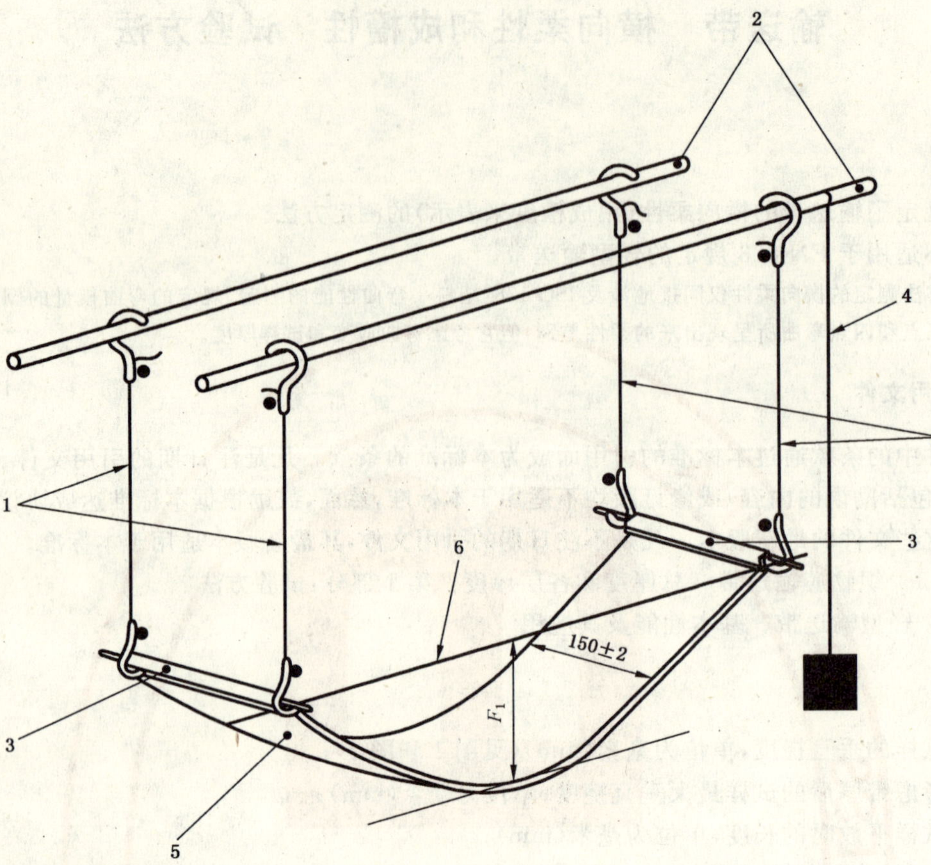

1——四根钢丝悬线；
2——两根水平的钢棒；
3——两个夹持器，每个夹持器150 mm长；
4——铅垂线；
5——试样(见6.1)；
6——基准线。

图1 测量成槽性(横向柔性)的试验装置

6 试样

6.1 试样的准备[1)]

输送带生产出来停放16 h以上方能取试样。

试样应符合下列条件：

a) 形状：长方体(L×150 mm×e)；

b) 长度(L)：被试验输送带平放时的全宽度，单位为毫米(mm)；

c) 宽度(沿带的纵向)：150 mm；

d) 厚度(e)：输送带的全厚度，单位为毫米(mm)。

6.2 试样的状态调节

试样制成后至少16 h才开始试验，该时间包括下列规定温度之一的8 h状态调节：

1) 若引用本标准的产品标准未规定该试验的试样数量，则宜取2个试样。

——(23±2)℃[2]或者(20±2)℃(仅控制气候适中时的温度);

——(27±2)℃(仅控制炎热气候时的温度)。

试验应在与状态调节相同的温度下进行,状态调节和试验不需要控制湿度。

试样进行状态调节和试验的温度应在试验报告中说明。

7 程序

试验前,要确保夹持器能自由旋转且不对试样施加任何弯曲力。

测量试样的平放长度(L),单位为毫米(mm)。

按 ISO 583-1 测量试样厚度,单位为毫米(mm)。

安装试样,使试样承载面向上并以平置状态夹入悬吊着的夹持器内,让试样在自身的重力作用下下垂,由平形变为槽形。

调整试验装置,使悬吊力在整个试验期间保持垂直。5 min 后,测量试样的垂下挠度(F_1)(见图 2),F_1 加上测出的试样厚度 e 值的一半即为 F 值,单位为毫米(mm)。

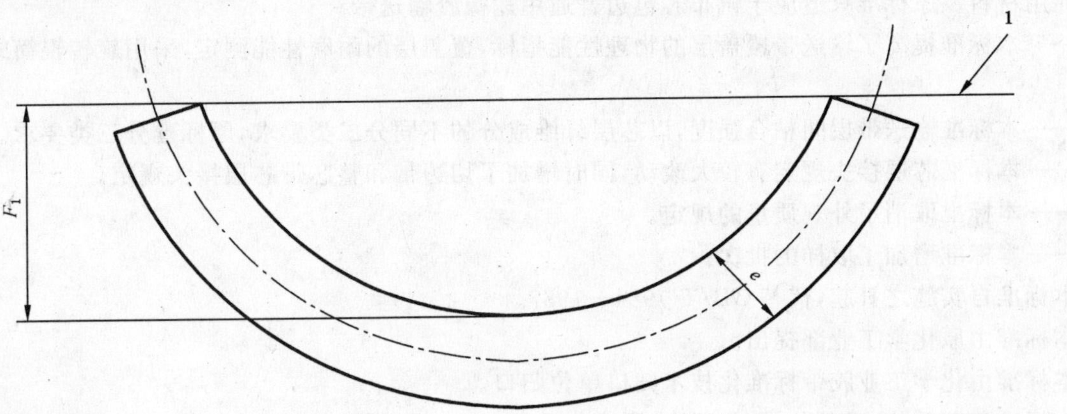

1——基准线。

图 2 挠度 F_1 的测定

8 结果计算及表示

由下式计算 F 值

$$F = F_1 + 0.5e$$

测量结果以 $\frac{F}{L}$ 形式表示。

9 试验报告

试验报告包括下列内容:

a) 试验按本标准进行;

b) 被试验输送带的标志(例如型号、生产者);

c) 试样长度(L)(见第 3 章);

d) 比值 $\frac{F}{L}$;

e) 试样厚度(e)(见第 3 章);

f) 状态调节和试验温度(见 6.2);

g) 试验日期、试验中心和试验者签名。

---

2) 仲裁鉴定采用的温度。

前 言

本标准是等效采用国际标准最终草案 ISO/FDIS 14890:1999《输送带 具有橡胶或塑料覆盖层的普通用途织物芯输送带》,对国家标准 GB/T 7984—1987《普通用途织物芯输送带》进行修订而成。

本标准与 ISO/FDIS 14890 主要差异:

——ISO/FDIS 14890 标准条款后面,有三个提示附录,根据我国的情况,这三个提示附录给的附加信息,不应包括在本标准之内,因此,将三个提示的附录删掉了。

——本标准增加了输送带的直线度。

——对检验规则、标志、包装、储存与运输作了规定。

本标准与 GB/T 7984—1987 的主要差异:

——本标准适用于整芯、单层芯、双层芯、多层芯包边或切边输送带,其覆盖层可以是橡胶、塑料或橡塑并用材料。原标准只适应于帆布芯包边普通用途橡胶输送带。

——本标准提高了输送带覆盖层的物理性能指标,覆盖层的耐磨性能测定,采用旋转辊筒式磨耗机法。

——本标准输送带层间粘合强度,以芯层纤维成分的不同分二类要求,原标准分三类要求。

——本标准芯层接头规定有较大改动,同时增加了切边带和整芯带芯层接头规定。

——本标准取消了外观质量的规定。

——本标准增加了取样的批次。

本标准自实施之日起,代替 GB/T 7984—1987。

本标准由原化学工业部提出。

本标准由化学工业胶带标准化技术归口单位归口。

本标准起草单位:青岛胶带(集团)有限责任公司。

本标准主要起草人:孙连生、刘儒栋、孙秀敏、况成珺、韩德深。

中华人民共和国国家标准

GB/T 7984—2001

代替 GB/T 7984—1987

输送带　具有橡胶或塑料覆盖层的普通用途织物芯输送带

Conveyor belts—Specification for rubber or plastics covered conveyor belts of textile construction for general use

1 范围

本标准规定了在平形或槽形托辊上使用的具有橡胶或塑料覆盖层的普通用途织物芯输送带(简称普通输送带)的规格型号、技术要求、试验方法、检验规则、标志和包装。

本标准不适用于耐热、耐油、难燃、耐酸碱和食品输送等特殊用途的输送带。

2 引用标准

下列标准所包含的条文,通过在本标准中引用而构成为本标准的条文。本标准出版时,所示版本均为有效。所有标准都会被修订,使用本标准的各方应探讨使用下列标准最新版本的可能性。

GB/T 528—1998　硫化橡胶或热塑性橡胶拉伸应力应变性能的测定(eqv ISO 37:1994)

GB/T 2941—1991　橡胶试样环境调节和试验的标准温度,湿度及时间(eqv ISO 471:1983)

GB/T 3512—1983　橡胶热空气老化试验方法

GB/T 3690—1994　织物芯输送带拉伸强度和伸长率测定方法(eqv ISO 283:1990)

GB/T 4490—1994　输送带尺寸(eqv ISO 251:1987)

GB/T 5752—1992　输送带标志(neq ISO 433:1991)

GB/T 6759—1986　输送带的层间粘合强度测定方法(eqv ISO/DP 252:1985)

GB/T 7983—1987　输送带成槽性试验方法

GB/T 9867—1988　硫化橡胶耐磨性能的测定(旋转辊筒磨耗机法)(neq ISO 4649:1985)

HG/T 3056—1986(1997)　输送带贮运和搬运通则

3 术语

3.1 整芯带

以整体织物作带芯的输送带,整体织物是由多层经、纬线构成且在织造中各层互相交织或由另外的接结线结合为一体的织物。

3.2 单层芯带

带芯由一层织物构成的输送带。

3.3 双层芯带

带芯由两层织物构成且两层织物由足够厚的弹性体中间层粘合在一起的输送带。

3.4 多层芯带

带芯由多层织物构成且相邻织物由弹性体中间层粘合在一起的输送带。

3.5 包边带

中华人民共和国国家质量监督检验检疫总局 2001-04-29 批准　　2001-10-01 实施

制造宽度即为安装宽度的带边胶的输送带。

3.6 切边带

制造成一定宽度的带片后，再切割成安装宽度的不带边胶的输送带。

3.7 参考力

参考力等于带的公称全厚度纵向拉伸强度的10％乘以试样中部宽度基本值所得的力。

4 产品分类

4.1 结构

普通输送带的带芯由一层或多层织物构成或由整体带芯织物构成，带芯材料应经橡胶或塑料浸渍或压延挂胶。带芯层外应有覆盖层，必要时可以在带芯层与覆盖层之间或覆盖层内部加设贴胶网眼布或帘布缓冲层，缓冲层厚度计入覆盖层厚度，而不计入带芯层厚度。

注：输送带的外表面一般应由具有规定厚度和性能的弹性体材料构成，但其一面或两面也可根据用途和运输负荷情况由挂胶或不挂胶的织物构成。

4.2 订货用标记

示例

GB/T 7984　400　1200　EP　5　1000　4＋2　L

- L——覆盖层性能等级代号
- 4＋2——上、下覆盖层厚度，mm
- 1000——纵向全厚度拉伸强度，N/mm
- 5——带芯层数
- EP——带芯材质代号
- 1200——宽度，mm
- 400——长度，m
- GB/T 7984——标准代号

4.3 带芯织物材质代号按 GB/T 5752 执行。

5 要求

5.1 尺寸偏差

5.1.1 带的长度、宽度、总厚度和覆盖层厚度偏差应符合 GB/T 4490 标准的要求。

5.1.2 整芯带总厚度按 GB/T 4490 标准规定的测量方法进行，整芯带总厚度测定值的平均值不大于 10 mm 时，带的最大厚度和最小厚度之间的差值应不大于 1.5 mm，大于 10 mm 时，差值应不大于平均值的 15％。

5.2 布层接头

5.2.1 横向接头

5.2.1.1 横向接头应与带的中心线呈 45°～70°夹角。

5.2.1.2 每 100 m 长度输送带，其外层每层应不超过一个横向接头。

5.2.1.3 每 100 m 长度输送带，其内层每层应不超过两个横向接头。

5.2.1.4 同一布层的横向接头间距不小于 5 m。

5.2.1.5 不同布层上横向接头间距不小于 3 m。

5.2.1.6 单层芯带、双层芯带和整芯带带芯织物不允许有横向接头。

5.2.2 纵向接头

5.2.2.1 纵向接头至带芯边缘的距离不小于 100 mm。

5.2.2.2 不同布层的纵向接头间距不小于 100 mm。

5.2.2.3 带宽允许同一布层有两个纵向接头时，两个接头间距不小于 300 mm。

5.2.2.4 单层芯带和整芯带，带芯织物不允许有纵向接头。

5.2.2.5 切边带纵向接头的最多个数在表 1 中给出。

表 1

带宽，mm	外层	内层
≤1 200	0	1
>1 200，≤1 600	1	2
>1 600，≤2 000	2	2
>2 000	2	3

5.3 物理性能

5.3.1 覆盖层的物理性能

覆盖层物理性能应符合表 2 的要求，老化试验(70℃×168 h)后，覆盖层拉伸强度变化率和拉断伸长率变化率的值应不大于老化前测定值的 25%。

表 2

类型	拉伸强度 MPa，≥	拉断伸长率%，≥	磨耗量 mm^3，≤
H	24.0	450	120
D	18.0	400	100
L	15.0	350	200

注

1 当覆盖层厚度为 0.8 mm～1.6 mm 时，试样厚度可以是切出的最大厚度，此时，拉伸强度和拉断伸长率允许比表中值低 15%以内。

2 H—强划裂工作条件；D—强磨损工作条件；L—一般工作条件。

5.3.2 全厚度拉伸强度

带的纵向全厚度拉伸强度值应不小于指定带型号在表 3 中所示值。最小全厚度拉伸强度(N/mm)＝指定带型号。

表 3

指定带型号							
	160	200	250	315	400	500	630
	800	1 000	1 250	1 600	2 000	2 500	3 150

5.3.3 伸长率

带的全厚度纵向参考力伸长率应不大于 4%。

5.3.4 层间粘合强度

5.3.4.1 采用合成纤维织物作带芯时，带的层间粘合强度应符合表 4 的要求。

表 4

项 目	布层间	覆盖层与带芯之间	
		覆盖层厚度 0.8～1.5 mm	覆盖层厚度 >1.5 mm
全部试样平均值,N/mm,⩾	4.5	3.2	3.5
全部试样最低峰值,N/mm,⩾	3.9	2.4	2.9
注：所有试样最高峰值不得超过 20 N/mm			

5.3.4.2 采用含天然纤维的织物作带芯时,带的层间粘合强度应符合表 5 的要求。

表 5

项 目	布层间	覆盖层与带芯之间	
		覆盖层厚度 0.8～1.5 mm	覆盖层厚度 >1.5 mm
全部试样平均值,N/mm,⩾	3.2	2.1	2.7
全部试样最低峰值,N/mm,⩾	2.7	1.6	2.2
注：所有试样最高峰值不得超过 20 N/mm			

5.3.5 成槽度

带的成槽度应符合表 6 的要求。

表 6

侧托辊槽形角,(°)	20	25	30	35	40	45	50	55	60
成槽度,⩾	0.08	0.10	0.12	0.14	0.16	0.18	0.20	0.23	0.26

5.4 直线度

带的直线度应符合表 7 的规定,测量次数为三次。

表 7

带宽及带长	直线度
带宽不大于 500 mm 或带长不大于 20 m	5 m 带长内不大于 25 mm
带宽大于 500 mm 且带长大于 20 m	7 m 带长内不大于 25 mm

6 试验方法

6.1 带的尺寸测量,按 GB/T 4490 规定进行检验。

6.2 带的覆盖层拉伸性能试验按 GB/T 528 规定进行检验,试样尺寸采用 2 型(狭小平行部分宽 4.0 mm±0.1 mm)哑铃状裁刀裁切试样。

6.3 带的覆盖层耐磨耗性能按 GB/T 9867 规定进行检验。

6.4 带的覆盖层的热空气老化试验按 GB/T 3512 规定进行检验。

6.5 带的全厚度拉伸强度和伸长率按 GB/T 3690 规定进行检验。

注：合成纤维织物作带芯的输送带,推荐采用 B 型试样,含有天然纤维织物作带芯的输送带,推荐采用 C 型试样。

6.6 带的层间粘合强度按 GB/T 6759 标准中的 A 法进行检验。

6.7 带的成槽度按 GB/T 7983 规定进行检验。

6.8 带的直线度测定 将带在平整面上展开放平,沿带边的任意部位将 1 根 7 m 长的线拉直,并使线两端位于带边上,所测带边到直线的最大垂直距离即为直线度。带宽不大于 500 mm 或带长不大于20 m 的带拉 1 根 5 m 长的线。

7 检验规则

7.1 对带进行质量认证和质量仲裁时，应检验第5章要求的全部项目。

7.2 在一个生产批量中按表8的规定抽取一定数量的样品进行带的出厂检验，应检验带的长度、宽度、总厚度、全厚度拉伸强度和伸长率、覆盖层物理性能(不包括老化性能)和层间粘合强度。

表 8

带长度,m	样品数量
≤500 m	1
>500 m～1 000 m	2
>1 000 m～2 000 m	3
>2 000 m～3 000 m	4
>3 500 m～5 000 m	5
>5 000 m～7 000 m	6
>7 000 m～10 000 m	7

8 标志、包装、储存与运输

8.1 带的标志按GB/T 5752执行。

8.2 带在芯轴上卷缠整齐，用覆盖物包扎牢固。

8.3 产品出厂应附有质量检验合格证。

8.4 带的储存和运输按HG/T 3056执行。

ICS 83.140.01
G 42

中华人民共和国国家标准

GB/T 7985—2005/ISO 505:1999
代替 GB/T 7985—1987

输送带　织物芯输送带抗撕裂扩大性试验方法

Conveyor belts—Method for the determination of the tear propagation resistance of textile conveyor belts

(ISO 505:1999,IDT)

2005-09-15 发布　　2006-05-01 实施

中华人民共和国国家质量监督检验检疫总局
中国国家标准化管理委员会　发布

前　言

本标准等同采用ISO 505:1999《输送带　织物芯输送带抗撕裂扩大性试验方法》(英文版)。

本标准代替GB/T 7985—1987《输送带带芯抗撕裂性试验方法》,因为国际上的发展原标准在技术上已过时。

本标准等同翻译ISO 505:1999。

为便于使用,本标准做了下列编辑性修改:

a) “本国际标准”一词改为“本标准”;

b) 用小数点“.”代替作为小数点的逗号“,”;

c) 删除国际标准的前言、引言;

d) 6.1增加了脚注。

本标准与GB/T 7985—1987相比主要变化如下:

——增加宽度为300 mm的试样(本版的5.2);

——以带制成后至少24 h(包括8 h状态调节)后进行试验代替带制成至少6 d后制备并进行3 d的停放;增加两种状态调节和试验的环境条件;增加了遇争议时的72 h状态调节规定(1987年版的3.2、3.5;本版的6.1);

——直接引用ISO 6133:1998,按其规定的五种方法进行曲线分析代替原标准规定的一种方法进行曲线分析(1987年版的第5章;本版的6.4)。

本标准由中国石油和化学工业协会提出。

本标准由化学工业胶带标准化技术归口单位归口。

本标准起草单位:浙江双箭橡胶股份有限公司、青岛橡胶工业研究所。

本标准主要起草人:沈耿亮、赵少英、沈会民、卢明明。

本标准所代替标准的历次版本发布情况为:

——GB/T 7985—1987。

输送带　织物芯输送带抗撕裂扩大性试验方法

1　范围

本标准规定了测定织物芯输送带全厚度带或带芯抗初始撕裂进一步扩大性能的试验方法。

本标准主要适用于有发生纵向撕裂危险的设施用织物芯输送带。

2　规范性引用文件

下列文件中的条款通过本标准的引用而成为本标准的条款。凡是注日期的引用文件，其随后所有的修改单(不包括勘误的内容)或修订版均不适用于本标准，然而，鼓励根据本标准达成协议的各方研究是否可使用这些文件的最新版本。凡是不注日期的引用文件，其最新版本适用于本标准。

ISO 6133　橡胶和塑料　撕裂强度和粘合强度测定中多峰曲线的分析

3　原理

通过给定速度的拉伸试验来测定试样的初始撕裂扩大所需之力。

4　装置

试验装置为满足下列要求的拉伸试验机：

a)　试验机的量程应使所测力在量程上限的90%以内；

b)　夹持分离速度可调至(50±10)mm/min；

c)　夹持器的间距应至少可调至300 mm。

本试验机应带有自动绘制撕裂力曲线的记录装置。

5　试样

5.1　取样方法

试样应沿带的纵向且在离开带边不小于50 mm的部位切取。

5.2　形状和尺寸

形状：矩形。

长度：300 mm。

宽度：(100±1)mm。

厚度：全厚度带或除掉覆盖层的全厚度带芯的厚度。

注：如果试样未破裂而是纬线被拉出，则试样宽度宜增加到300 mm。

5.3　数量

采用两个试样：一个用于A夹持法，一个用于B夹持法(见图4)。

5.4　准备

如果试验要求在没有覆盖层的情况下进行，则应将试样的覆盖层剥除或磨除。

如果有缓冲层，则只在试样中间20 mm的宽度(纵轴两侧各10 mm)上夹持区以外范围内剥除覆盖层，但勿损伤缓冲层(见图1)。

单位为毫米

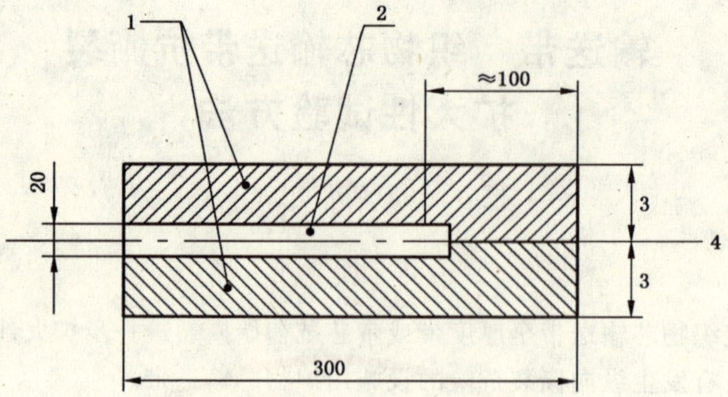

1——有覆盖层部分；

2——除掉覆盖层部分；

3——50 或者 150(见 5.2)；

4——切割线。

图 1　有缓冲层的试样

将试样从一端中央沿纵向切开约 100 mm(见图 2)。

单位为毫米

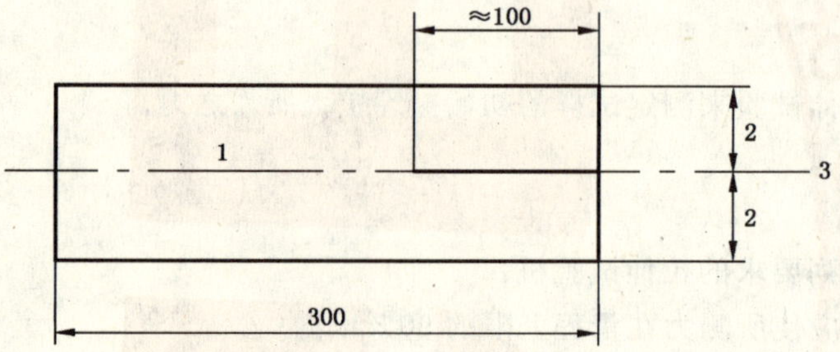

1——没有覆盖层；

2——50 或者 150(见 5.2)；

3——切割线。

图 2　无缓冲层的试样

必要时可在试样的切口端对称地切去两角，使其成为适合夹持的楔形(见图 3)。切除长度不得超过切口长度，处理后的切口端宽度应等于夹持器的容许宽度。

单位为毫米

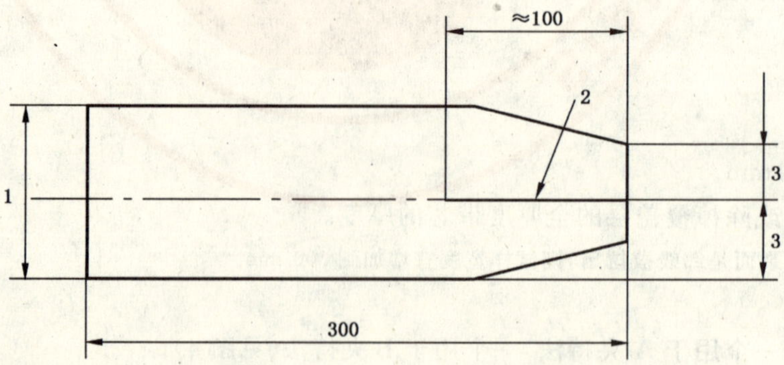

1——300 或者 100(见 5.2)；

2——切割线；

3——见 5.4。

图 3　楔形试样

单位为毫米

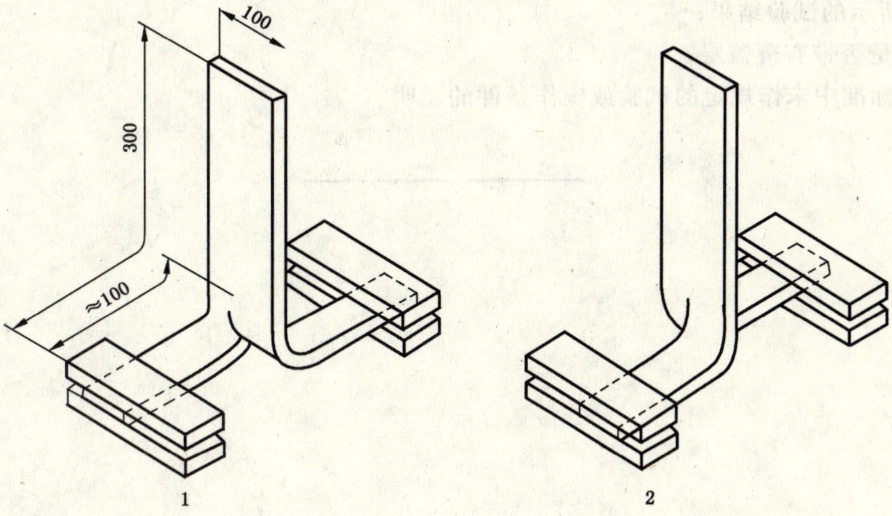

1——A 夹持法；
2——B 夹持法。

图 4 试样两切口端的夹持

6 试验方法

6.1 试样的状态调节

试验应在带制成至少 24 h 后进行。该时间包括 8 h 的状态调节。状态调节的环境应符合下列条件之一：

——温度：(20±2)℃，相对湿度：(65±5)%；

——温度：(23±2)℃，相对湿度：(50±5)%[1)]；

——温度：(27±2)℃，相对湿度：(65±5)%。

试验应在与状态调节相同的环境条件下进行。

试样的状态调节和试验环境条件应在试验报告中说明。

如遇争议，状态调节时间应为 72 h。

6.2 试验条件

试验时的温度和湿度条件与 6.1 相同。

6.3 程序

将试样的两个切口端夹在拉伸试验机的夹持器上(一次按 A 夹持法，一次按 B 夹持法，如图 4 所示)，切口位于夹持器中央。

将夹持器的分离速度调至(50±10)mm/min，开始试验直至裂口扩大至少 100 mm。

在此过程中试验机带有的记录装置自动绘出撕裂力曲线。

6.4 结果表示

抗撕裂性试验的多峰曲线分析按 ISO 6133 规定进行。峰值的中位数即为一个试样的平均撕裂力。

先分别表示出每一个试样的平均撕裂力，再表示出两个试样的平均撕裂力的算术平均值。

6.5 试验报告

试验报告应指明试验引用本标准，并且包括下列内容：

---

1) 仲裁鉴定采用的温度和相对湿度。

a） 试验带的标记；

b） 试样状态调节和试验所采用的温度和相对湿度；

c） 6.4 所示的试验结果；

d） 试样是否带有覆盖层；

e） 对本标准中未作规定的试验或操作条件的说明。

前　　言

本标准等效采用英国国家标准 BS 3289:1990《矿井用织物芯输送带(包括燃烧特性)》附录 G.1《滚筒摩擦试验》。

本标准与原标准比较在滚筒壁厚、滚筒中轴外径、热电偶室的尺寸方面有所变化。

本标准从生效之日起,同时代替 GB 7986—87。

本标准由中华人民共和国化学工业部提出。

本标准由青岛橡胶工业研究所归口。

本标准起草单位:青岛橡胶工业研究所、江苏省煤矿研究所、辽宁阜新橡胶总厂、煤炭工业部徐州输送带维修中心。

本标准主要起草人:辛永录、刘念喜、蔡鹏、金桂菊、袁晓光。

本标准于 1987 年 6 月 4 日首次发布。

中华人民共和国国家标准

GB/T 7986—1997

输送带滚筒摩擦试验方法

代替 GB 7986—87

Conveyor belts—Drum friction—Method of test

1 范围

本标准规定了测定输送带抗滚筒摩擦致燃性能的试验方法。

本标准适用于织物芯阻燃输送带的滚筒摩擦试验，其他阻燃输送带可参照执行。

2 原理

使输送带试样以180°包角包覆在试验装置的滚筒上，并承受规定的拉力。滚筒按规定速度转动，从而造成输送带试样与滚筒之间的摩擦。测量滚筒表面温度，同时观察试验中是否出现明焰或炽燃。

3 装置

输送带滚筒摩擦试验机见图1。该试验机包括以下主要部分。

3.1 滚筒

滚筒(见图2)采用45钢制作，其外径为210 mm±1 mm，沿长度各处的直径差值不得大于1 mm。滚筒安装在水平轴上，在各种载荷下的转速均应保持为200±5 r/min。为此，需采用功率至少7.5 kW的电机驱动之。

允许滚筒在试验中有所磨耗，只要壁厚不小于6 mm即可。

3.2 测温系统

测温系统由热电偶、引电器和温度记录仪组成。

滚筒温度测量装置主要由一个镍铬-镍铝铠装热电偶构成。热电偶的公称外径为2 mm，并用卡套螺纹固定于滚筒外壳上的热电偶室内，安装在滚筒内部沿长度的中部，其测量端距滚筒表面的间距不得大于0.5 mm。

应注意对热电偶有效“冷端”温度的补偿或将其预先测出而在记录结果时加以修正。

注

1 建议在滚筒上安装三个热电偶，以备热电偶发生故障时替换之用。

2 热电偶安装方式如图2所示。

3 应定期检查引电器是否正常。这一点可通过测定试验机空转时的滚筒温度显示值有无变化而得知。

国家技术监督局1997-10-14批准　　1998-04-01实施

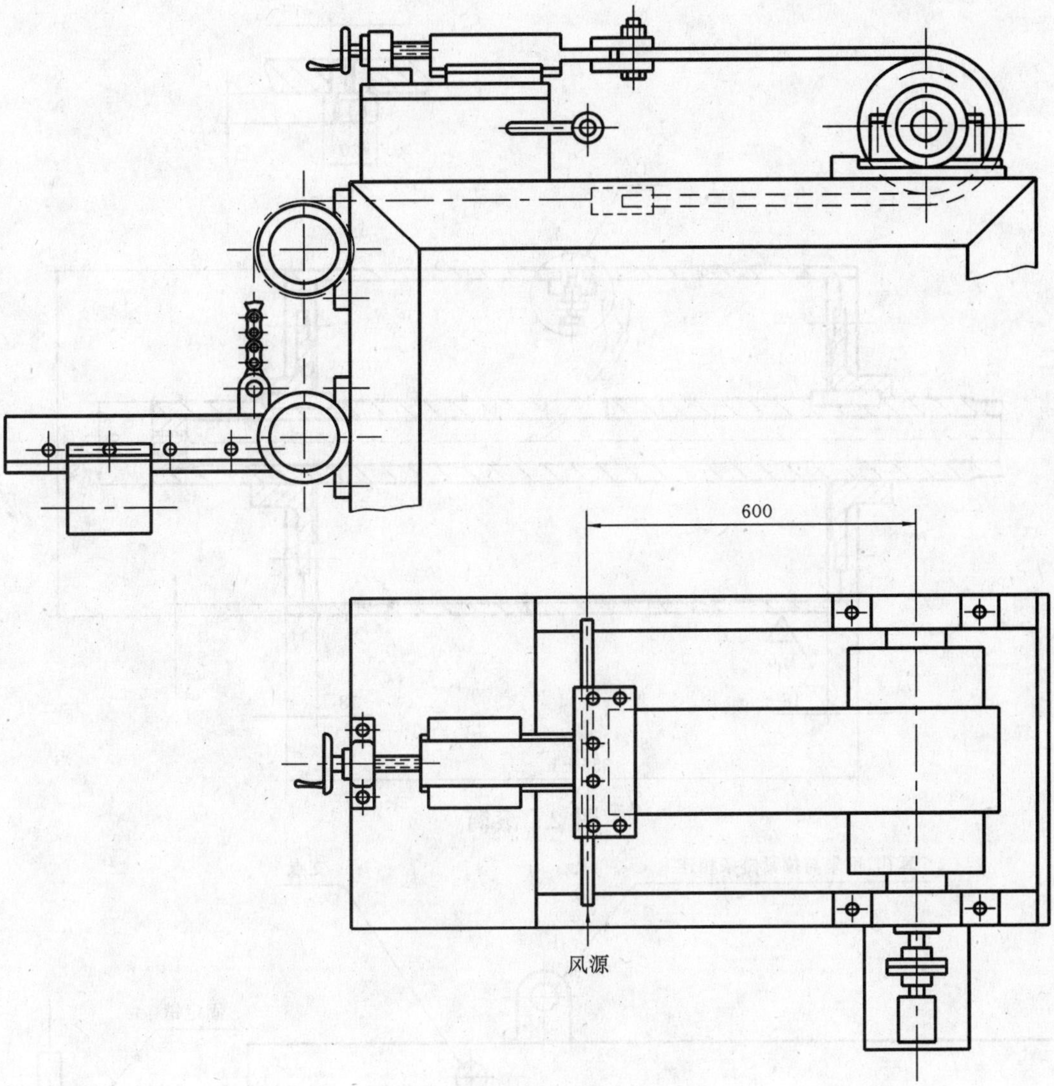

图 1　滚筒摩擦试验装置

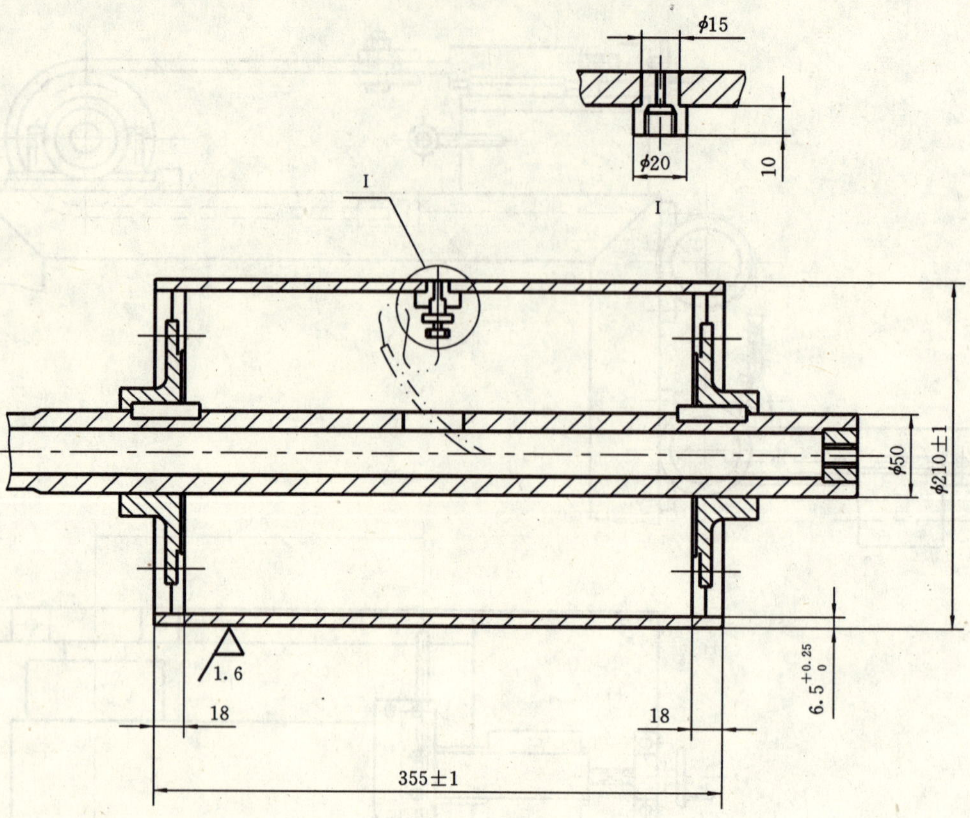

图 2　滚筒

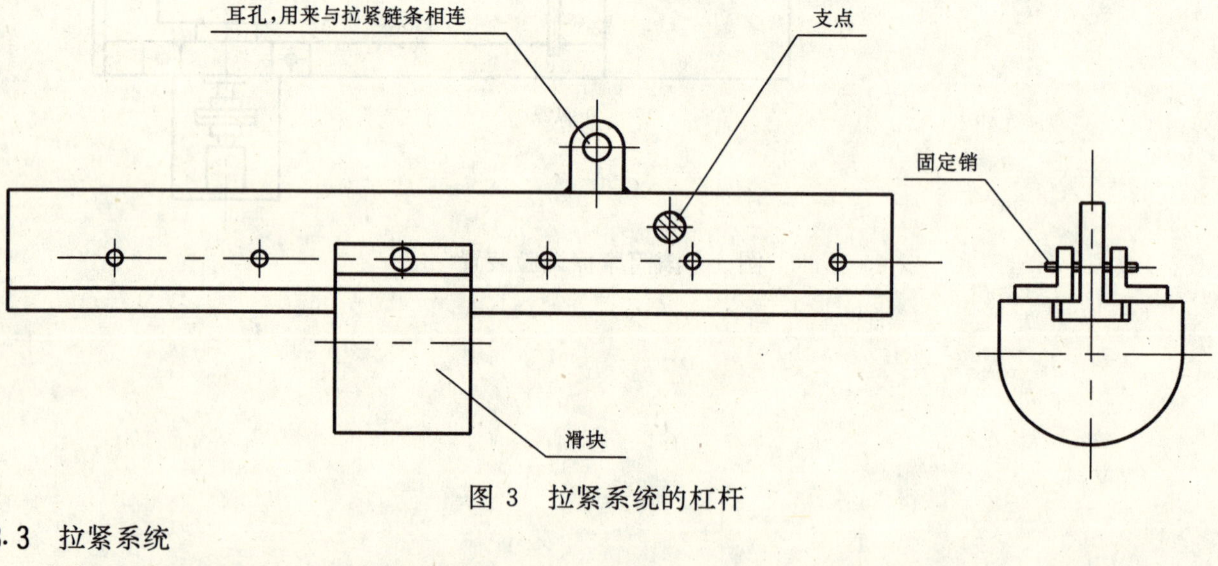

图 3　拉紧系统的杠杆

3.3　拉紧系统

拉紧系统用以在试验中对试样施加拉力,它主要包括一个带有滑块的杠杆和两个夹持器。通过调整滑块在杠杆上的位置,拉力系统可对试样施加 6.2 条规定的拉力。拉紧系统的杠杆如图 3 所示。只要能对试样施加 6.2 条规定的拉力,允许使用其他加力方式。

3.4　吹风系统

吹风系统由风源和吹风管等组成。

吹向滚筒的空气流的速度应为 2.0±0.1 m/s,其温度应在室温范围,但不得低于 5℃,否则不得进行试验。

空气流是从与压缩空气源相接的风管上的预先钻制的单排小孔中吹出的风管水平安装在滚筒未被试样包覆的一侧,即在试样上下分支之间、与滚筒中心线等高且相距 600 mm 的位置上。风管上的小孔朝向滚筒。

应采用测量误差不大于±5%的风速计定期对风速进行检查。检查时，风速计放在风管与滚筒之间、与风管等高且距滚筒表面 200 mm 的位置上。

3.5 抽风系统

抽风系统由风机和风罩组成。

抽风系统用来抽走因试样摩擦而产生的烟尘，其在上述测风速位置处所引起的风速应不大于 0.5 m/s。

4 试样

从带的样品上沿带的纵向(即平行于带长)切取宽 150 mm、长不小于 750 mm、厚度为输送带的全厚度的矩形试样。

5 试验次数

5.1 对于上、下覆盖层厚度和材料相同的带，进行六次试验：三次有风试验，三次无风试验。

5.2 对于上、下覆盖层厚度或材料不同的带，进行八次试验：

a) 先对上、下覆盖层各进行一次有风试验和无风试验；

b) 对在 a)程序所包含的四次试验中取得最差结果的那一覆盖层再进行两次有风试验和两次无风试验。

6 程序

6.1 一般要求

每个试样试验之前，用砂布或合适工具对滚筒表面进行彻底的擦拭，以除去上次试验留下的试样残渣和灰尘，使其光滑明亮。每次开始试验的滚筒温度不得超过 30℃。

6.2 无风试验

将试样以 180°包角包覆滚筒，使待试验的覆盖层接触滚筒。将试样一端刚性地固定在一个夹持器中，另一端固定在图 1 所示的拉紧装置上。对试样施加 343 N 的拉紧力。起动试验机，使滚筒以 200±5 r/min的转速按图 1 中箭头所示方向转动。保持 343 N 的拉紧力，直至试样断裂。如试验 60 min 时试样仍未断裂，则在试验机不停转的情况下按下述要求依次增加拉紧力：

a) 在连续试验的 30 min 内，采用 686 N 的拉紧力(即增加 343 N)；

b) 如进行完 a)程序后试样仍未断裂，在继续试验的 30 min 内，采用 1 029 N 的拉紧力(即增加 343 N)；

c) 如进行完 b)程序后试样仍未断裂，在继续试验的 10 min 内，采用 1 372 N 的拉紧力(即增加 343 N)；

d) 如进行完 c)程序后试样仍未断裂，采用 1 715 N 的拉紧力(即增加 343 N)继续试验直至试样断裂。

在整个试验过程中注意观察试样上是否出现明焰或炽燃现象，并自动记录滚筒温度。

当出现任何一种下列情况时，在任何拉力情况下均可停止试验：

a) 出现超出规范的试验结果；

b) 当试样断裂后，将试样的两断裂端置于 3.4 所述的空气流中，直至其上出现明焰或炽燃现象，或可以肯定其上将不会出现明焰或炽燃现象时为止。

注：为避免试验开始时因滚筒被试样包紧而不能起动，可适当减小施加在试样自由端的拉紧力。此时，拉紧力被减小的程度应尽量小，而且 343 N 的拉紧力应尽量快速、平稳地完全施加到试样上。

6.3 有风试验

在施加3.4所述空气流的情况下按6.2的程序进行试验。

7 试验结果

记录下述试验结果：

a）每次试验中试样是否出现明焰或炽燃现象；

b）每次试验中出现的滚筒表面最高温度；

c）试样断裂时所用的试验时间(以min为单位)。

8 试验报告

试验报告包括以下内容：

a）样品带的品种、规格、批号及制造厂家；

b）试验结果；

c）试验结束时的拉力；

d）试验室温度；

e）试验日期；

f）试验者。

前　言

本标准非等效采用德国标准 DIN 22131 T1—1988《普通用途钢丝绳芯输送带　第 1 部分:尺寸和技术要求》,增加了钢丝绳芯输送带的高强度规格、大宽度规格和覆盖层性能等级规格,等效采用了 DIN 22131 T4—1988《普通用途钢丝绳芯输送带　第 4 部分:接头尺寸与技术要求》,增加了钢丝绳芯输送带接头尺寸与技术要求的内容。本标准试验方法所执行的国家标准与 DIN 22131 T3—1988《普通用途钢丝绳芯输送带　第 3 部分:试验》和国际标准均相同。

为使我国钢丝绳芯输送带标准内容与国外先进标准接轨,提高国际市场的竞争力,满足国内用户的要求,本标准与原标准相比,在技术内容上有较大变化。提高了覆盖层的物理性能指标,提高了钢丝绳拉伸强度和粘合强度的指标,增加了带覆盖层与带芯层粘合强度的要求,本标准保留的原 GB/T 9770—1988 中实践证明适合我国国情的 St 3150 以下强度规格的尺寸,与日本工业标准 JIS K 6369—1994《钢丝绳芯输送带》中的尺寸一致。

本标准自实施之日起,代替 GB/T 9770—1988。

本标准的附录 A 和附录 B 都是标准的附录。

本标准由国家石油和化学工业局提出。

本标准由化学工业胶带标准化技术归口单位归口。

本标准起草单位:青岛第六橡胶厂。

本标准主要起草人:孙连生、逄　健、况成捃。

中华人民共和国国家标准

GB/T 9770—2001

普通用途钢丝绳芯输送带

代替 GB/T 9770—1988

Steel cord conveyor belts for general use

1 范围

本标准规定了普通钢丝绳芯输送带(以下简称带)的分类、技术要求、试验方法、检验规则、标志、包装和带接头。

本标准适用于工作环境温度为－20℃～40℃的钢丝绳芯输送带。

2 引用标准

下列标准所包含的条文,通过在本标准中引用而构成为本标准的条文。本标准出版时,所示版本均为有效。所有标准都会被修订,使用本标准的各方应探讨使用下列标准最新版本的可能性。

GB/T 528—1998 硫化橡胶或热塑性橡胶拉伸应力应变性能的测定(eqv ISO 37:1994)

GB/T 3512—1983 橡胶热空气老化试验方法

GB/T 4490—1994 输送带尺寸(eqv ISO 251:1987)

GB/T 5752—1992 输送带标志(neq ISO 433:1991)

GB/T 5753—1994 钢丝绳芯输送带覆盖层厚度的测定(eqv ISO 7590:1990)

GB/T 5754—1986 钢丝绳芯输送带纵向拉伸强度的测定(neq ISO 7622-2:1984)

GB/T 5755—1986 钢丝绳芯输送带钢丝绳粘合强度的测定(neq ISO 7623:1996)

GB/T 7983—1987 输送带成槽性试验方法

GB/T 9867—1988 硫化橡胶耐磨性能的测定(旋转辊筒式磨耗机法)(neq ISO 4649:1985)

GB/T 17044—1997 钢丝绳芯输送带覆盖层与带芯层粘合强度试验方法(eqv ISO 8094:1984)

HG/T 3056—1986 输送带储存和搬运通则(eqv ISO 5285:1978)

3 产品分类

3.1 产品规格

钢丝绳芯输送带按纵向拉伸强度、宽度和覆盖层性能区分规格(见表1、表2)。

3.1.1 强度规格　带的强度规格用字母“St”和纵向拉伸强度(N/mm)的标称值表示,其系列在表1中给出。

3.1.2 宽度规格　带的宽度规格以毫米(mm)为单位表示,其系列在表2中给出。

3.1.3 覆盖层性能　覆盖层性能在表3中给出。

中华人民共和国国家质量监督检验检疫总局 2001-04-29 批准　　2001-10-01 实施

表 1

项　目	St630	St800	St1000	St1250	St1600	St2000	St2500	St3150	St3500	St4000	St4500	St5000	St5400
纵向拉伸强度,N/mm	630	800	1000	1250	1600	2000	2500	3150	3500	4000	4500	5000	5400
钢丝绳最大公称直径,mm	3.0	3.5	4.0	4.5	5.0	6.0	7.2	8.1	8.6	8.9	9.7	10.9	11.3
钢丝绳间距,mm	10±1.5	10±1.5	12±1.5	12±1.5	12±1.5	12±1.5	15±1.5	15±1.5	15±1.5	15±1.5	16±1.5	17±1.5	17±1.5
上覆盖层厚度,mm	5	5	6	6	6	8	8	8	8	8	8	8.5	9
下覆盖层厚度,mm	5	5	6	6	6	6	6	8	8	8	8	8.5	9

表 2

宽度规格 mm	钢丝绳根数												
	St630	St800	St1000	St1250	St1600	St2000	St2500	St3150	St3500	St4000	St4500	St5000	St5400
800	75	75	63	63	63	63	50	50	50				
1000	95	95	79	79	79	79	64	64	64	64	59	55	55
1200	113	113	94	94	94	94	76	76	77	77	71	66	66
1400	133	133	111	111	111	111	89	89	90	90	84	78	78
1600	151	151	126	126	126	126	101	101	104	104	96	90	90
1800		171	143	143	143	143	114	114	117	117	109	102	102
2000			159	159	159	159	128	128	130	130	121	113	113
2200						176	141	141	144	144	134	125	125
2400						193	155	155	157	157	146	137	137
2600						209	168	168	170	170	159	149	149
2800									194	194	171	161	161

表 3

等级代号	拉伸强度,MPa ≥	扯断伸长率,% ≥	磨耗量,mm^3 ≤
D	18	400	90
H	25	450	120
L	20	400	150
P	14	350	200

注：D—强磨损工作条件下；H—强划裂工作条件下；L—一般工作条件下；P—耐油、耐热、耐酸碱、耐寒和一般难燃的输送带

3.2 标记

标记示例：

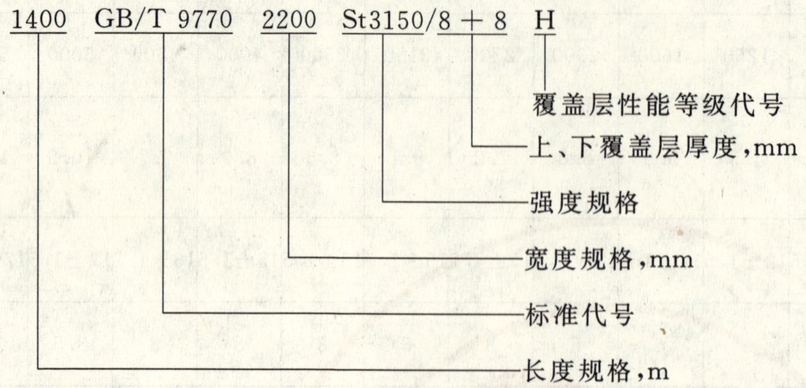

4 技术要求

4.1 结构

按本标准生产的带由芯胶、钢丝绳、覆盖层和边胶构成。带的断面结构及各部分名称在图1中示出。

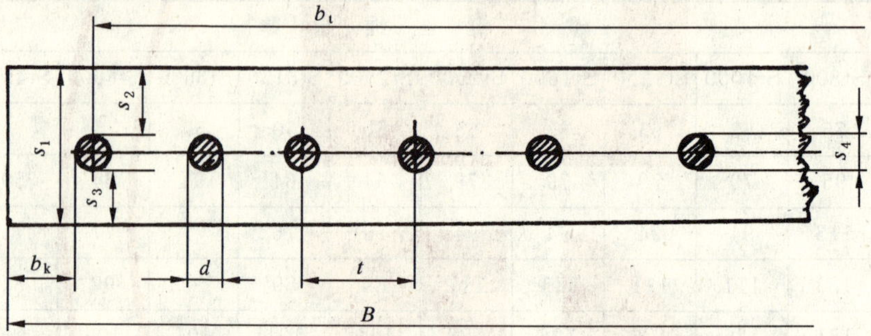

B—带的宽度；b_t—两端钢丝绳之间的中心距离；b_k—边胶宽度；d—钢丝绳直径；s_1—带的厚度；s_2—上覆盖层厚度；s_3—下覆盖层厚度；s_4—带芯厚度($s_4=d$)；t—钢丝绳间距

图1 带的断面结构图

注：带覆盖层可以加织物(用字母T表示)或金属(用字母S表示)作为横向增强层。

4.2 钢丝绳的配置与接头

4.2.1 钢丝绳的配置

带芯的左捻钢丝绳和右捻钢丝绳应交替配置，钢丝绳的根数应符合表2的规定。

4.2.2 钢丝绳的接头

在带的制造长度内，带芯中钢丝绳的接头应符合如下规定。

4.2.2.1 两边部各1根钢丝绳不得有接头。

4.2.2.2 有接头的钢丝绳根数不得多于总根数的2%。

4.2.2.3 一根钢丝绳的接头，不得多于一处，且应距带端10 m以上。

4.2.2.4 任意两根钢丝绳的接头，在长度方向上的距离不得小于10 m。

4.3 尺寸偏差

4.3.1 带的长度和宽度的偏差应符合GB/T 4490的要求。

4.3.2 覆盖层厚度，下偏差为0.5 mm。

4.3.3 带厚度的极限偏差及均匀性。

4.3.3.1 带厚度的极限偏差，只规定下偏差；厚度不大于20 mm的带，为－1.0 mm，厚度大于20 mm的带，为－1.5 mm。

4.3.3.2 带厚度的均匀性，即带厚度的最大测定值与最小测定值之差不大于平均厚度的10%。

4.3.4 单个钢丝绳间距超出间距极限偏差1.5 mm的钢丝绳根数，不大于总根数的5%。

4.3.5 带芯钢丝绳在带厚度方向的偏心值不得大于1.5 mm。偏心值大于1.0 mm但不大于1.5 mm的钢丝绳根数不得超过总根数的5%。

4.3.6 带的边胶宽度应不小于15 mm。

4.4 物理性能

4.4.1 覆盖层物理性能应符合表3要求。热空气老化试验(70℃×168 h)后覆盖层拉伸强度变化率和扯断伸长率变化率为－25%～＋25%。

4.4.2 覆盖层与带芯层粘合强度应不小于12 N/mm。

4.4.3 钢丝绳的拉伸强度不小于表4的规定。

表 4　　kN

带强度规格	钢丝绳拉伸强度	带强度规格	钢丝绳拉伸强度
St630	6.93	St3150	51.98
St800	8.8	St3500	57.70
St1000	13.2	St4000	66.00
St1250	16.5	St4500	79.20
St1600	21.12	St5000	93.50
St2000	26.4	St5400	101.0
St2500	41.25		

4.4.4 钢丝绳的粘合强度应符合表5的规定。

表 5　　N/mm

带强度规格	钢丝绳粘合强度，≥		带强度规格	钢丝绳粘合强度，≥	
	热老化前	热老化后		热老化前	热老化后
St630	60	55	St3150	140	130
St800	70	65	St3500	145	140
St1000	80	75	St4000	150	145
St1250	95	90	St4500	165	160
St1600	105	95	St5000	175	170
St2000	105	95	St5400	180	175
St2500	130	120			

4.4.5 成槽度　带的成槽度应符合表6的要求。

表 6

侧托辊槽形角，(°)	成槽度，≥
20	0.08
25	0.10
30	0.12
35	0.14
40	0.16
45	0.18
50	0.20
55	0.23
60	0.26

4.4.6 直线运行性 带在安装有完善的对准装置的输送机上运行时，在空载和中等负载下，带的跑偏量应符合以下要求：带宽小于或等于 800 mm 者，跑偏量不得超过 40 mm；带宽大于 800 mm 者，跑偏量不得超过带宽的 5%或者 75 mm(取较小者)。

5 试验方法

5.1 带的覆盖层拉伸性能试验按 GB/T 528 规定进行检验。试样尺寸采用 2 型(狭小平行部分宽 4.0 mm±0.1 mm)哑铃状裁刀裁切试样。

5.2 带的覆盖层耐磨耗性能按 GB/T 9867 规定进行检验。

5.3 带的纵向拉伸强度按 GB/T 5754 规定进行检验。

5.4 钢丝绳粘合强度按 GB/T 5755 规定进行检验。

5.5 带的宽度、长度尺寸按 GB/T 4490 规定进行检验。

5.6 带厚度、带厚度的均匀性和覆盖层厚度按 GB/T 5753 规定进行检验。

5.7 钢丝绳芯输送带边胶宽度的测定，是在带的断面上测量从靠边胶的钢丝绳外侧到带边缘的距离。

5.8 带的钢丝绳间距测定按附录 A(标准的附录)执行。

5.9 带的钢丝绳在带厚度方向上的偏心值测定按附录 B(标准的附录)执行。

5.10 带的覆盖层的热空气老化试验按 GB/T 3512 规定进行检验。

5.11 带的覆盖层与带芯层粘合强度，按 GB/T 17044 规定进行检验。

5.12 带的成槽度按 GB/T 7983 规定进行检验。

6 检验规则

6.1 在一个生产批量中抽取一定数量的样品进行带的出厂检验，应取数量如表 7 所示。

表 7

带　长　度	样品数量
≤500 m	1
>500 m～1 000 m	2
>1 000 m～2 000 m	3
>2 000 m～3 000 m	4
>3 500 m～5 000 m	5
>5 000 m～7 000 m	6
>7 000 m～10 000 m	7

6.2 产品出厂时，应检验带的断面结构、覆盖层物理性能(不包括老化性能)、钢丝绳的拉伸强度和粘合强度、覆盖层与带芯层的粘合强度。

6.3 型式检验时，应检验本标准规定的全部技术要求内容。

7 标志、包装、储存与运输

7.1 带的标志按 GB/T 5752 执行。

7.2 带在芯轴上卷缠整齐，用覆盖物包扎牢固。

7.3 产品出厂应附有质量检验合格证。

7.4 带的储存和运输按 HG/T 3056 执行。

8 带接头尺寸与技术要求

8.1 基本要求

8.1.1 结构

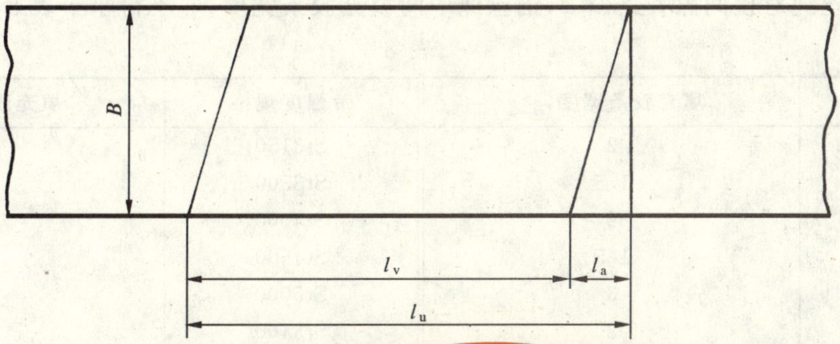

B—带的宽度；l_v—接头长度；l_u—制作接头的长度；l_a＝0.3B

图 2　接头长度和制作接头的长度

接头长度和几何结构的设计取决于钢丝绳直径 d；钢丝绳间距 t；钢丝绳的拉伸强度 F_{bs}；钢丝绳粘合强度 F_a。

为了带在辊筒上弯曲时，减轻带接头处的应力，钢丝绳端部应错位。通常采用斜接头，但也允许直接头。

接头长度 l_v 中包含以下几种长度（见图 3）：

——钢丝绳偏移长度 l_q；

——不同组阶梯的错位长度 l_p；

——最小的阶梯长度 l_{st}。

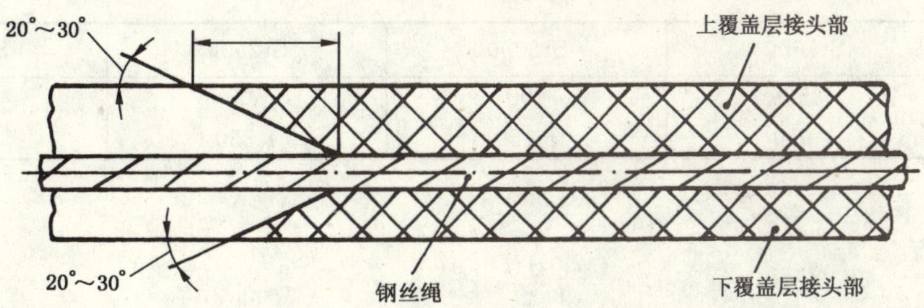

图 3　接头示意图（以 3 阶段接头为例）

带接头中钢丝绳对接间隙 $l_s \geqslant 3 \times d$，钢丝绳中间填充胶条宽度 S_G 不得小于表 8 中的规定值。

表 8

mm

带强度规格	填充胶条宽度，≥	带强度规格	填充胶条宽度，≥
St630	2	St3150	1.9
St800	1.5	St3500	2.6
St1000	2	St4000	2.3
St1250	1.5	St4500	2.3
St1600	3	St5000	2.7
St2000	2	St5400	2.3
St2500	2.5		

8.1.2 一阶接头

一阶接头的最小阶梯长度和接头长度在表 9 中给出，一阶接头结构在图 4 中示出。

表 9

mm

带强度规格	St630	St800	St1000	St1250
最小阶梯长度 l_{st}	250	300	300	350
接头长度 l_v	350	400	600	650

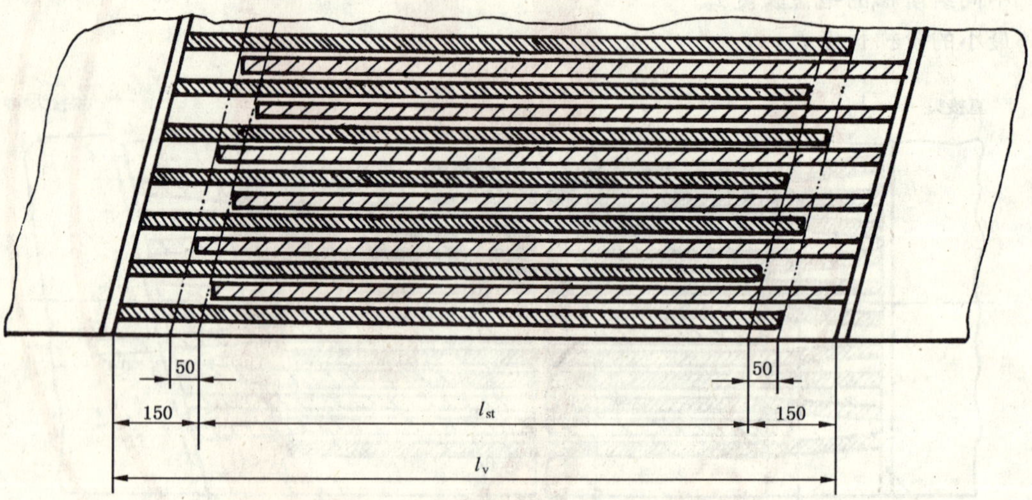

图 4 一阶接头结构示意图

8.1.3 二阶接头

二阶接头的最小阶梯长度和接头长度在表 10 中给出，二阶接头结构在图 5 中示出。

表 10

mm

带强度规格	St1600	St2000	St2500	St3150
最小阶梯长度 l_{st}	350	400	500	650
接头长度 l_v	1 050	1 150	1 350	1 650

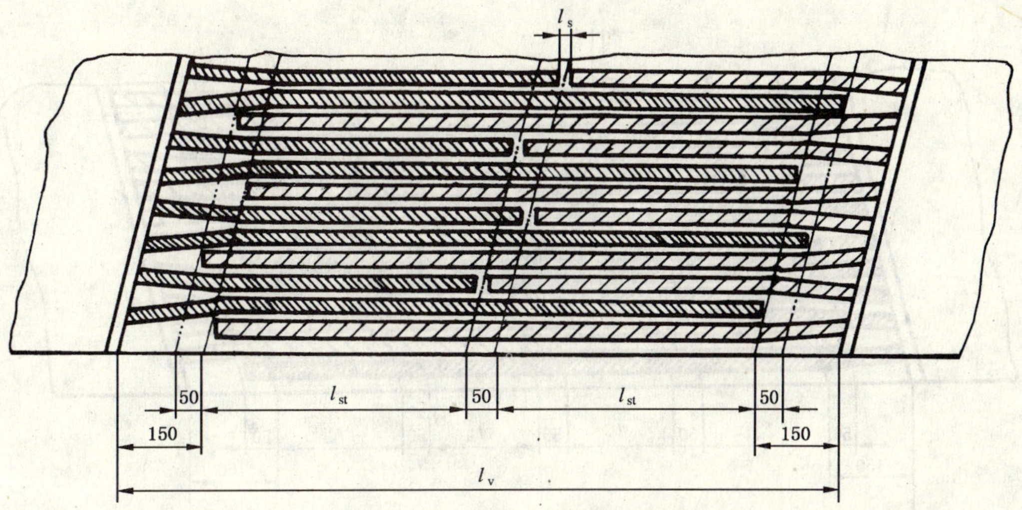

图 5　二阶接头结构示意图

8.1.4　三阶接头

三阶接头的最小阶梯长度和接头长度在表 11 中给出，三阶接头结构在图 6 中示出。

表 11　mm

带强度规格	St3500	St4000	St4500
最小阶梯长度 l_{st}	650	750	800
接头长度 l_v	2 350	2 650	2 800

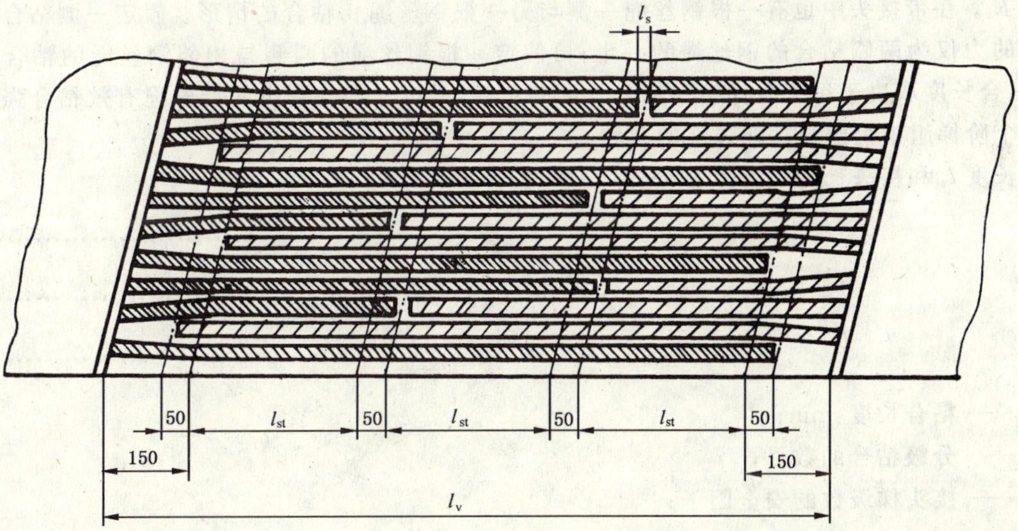

图 6　三阶接头结构示意图

8.1.5　四阶接头

四阶接头的最小阶梯长度和接头长度在表 12 中给出，四阶接头结构在图 7 中示出。

表 12　mm

带强度规格	St5000	St5400
最小阶梯长度 l_{st}	900	1 000
接头长度 l_v	4 050	4 450

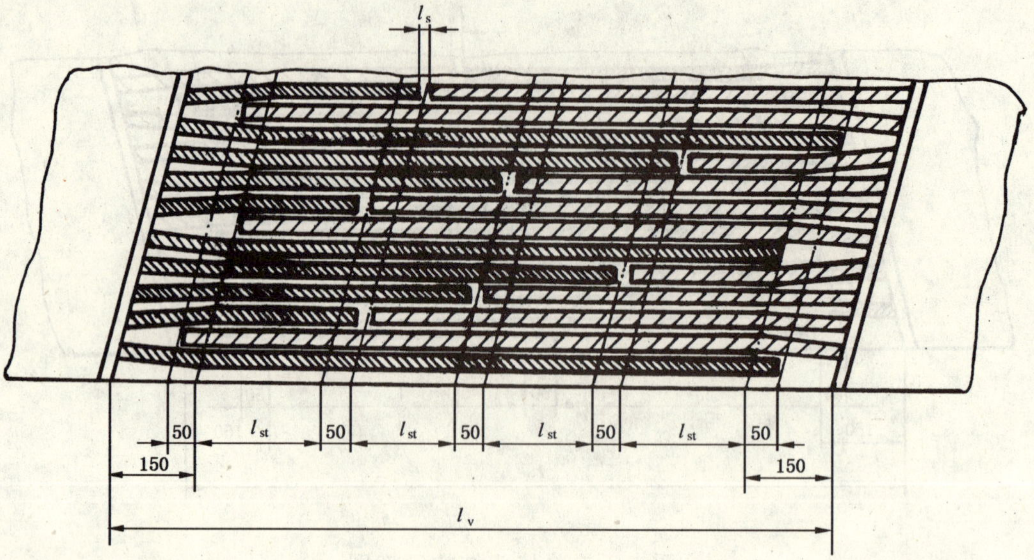

图 7　四阶接头结构示意图

8.1.6　其他接头设计

只要按下述带接头计算方法，就可设计与本标准给出的结构图和阶梯长度不同的带接头，设计不同的带接头需要接头制作者与使用者之间协商。在采用与本标准给出的结构图不同的接头设计时，应通过对钢丝绳粘合长度的计算或通过动态试验对接头设计可用性加以验证。计算方法见下面公式。

计算钢丝绳粘合长度 l_{Anb}时应注意：在一根钢丝绳两侧与相邻钢丝绳粘合的试样上，测出钢丝绳的粘合强度 F_a。在带接头中也有一根钢丝绳一侧与另一根钢丝绳相粘合的情形。假定一侧粘合的钢丝绳所能传递的力仅为两侧粘合的钢丝绳的一半；再假定一根钢丝绳的两侧与相邻钢丝绳的粘合长度不一致，而其粘合长度取决于每个阶梯组中粘合长度的总和，根据总和与测出的钢丝绳有效粘合强度的乘积不小于每个阶梯组中钢丝绳拉伸强度的总和。

阶梯长度 l_{st}和接头长度 l_v 分别按公式(1)和(2)计算：

$$l_{st}=\frac{\Sigma l_{Anb}}{n_b}S_v \quad \cdots\cdots(1)$$

$$l_v=n_{st}\cdot l_{st}+(n_{st}-1)l_p+2l_q \quad \cdots\cdots(2)$$

$$\Sigma l_{Anb}=\frac{2\cdot F_{bs}\cdot n_{st}\cdot 10^3}{F_a\cdot\varphi} \quad \cdots\cdots(3)$$

式中：l_{Anb}——粘合长度，mm；

n_b——分级粘合的数目；

S_v——接头梯级数的安全因子；

n_{st}——梯级数；

F_{bs}——钢丝绳的拉伸强度，kN；

F_a——钢丝绳的粘合强度，N/mm。

公式(3)中的 φ 是考虑钢丝绳拉伸强度 F_a 与填充胶条宽度 S_G 之间关系的因子，S_G 按式(4)计算，其最大值为 5 mm。

$$S_G=\frac{t}{\frac{n_{st}+1}{n_{st}}}-d \quad \cdots\cdots(4)$$

S_G 值不得小于 1.5 mm。有效粘合强度等于粘合强度 F_a 乘以因子，而 φ 可按式(5)计算：

$$\varphi=0.4+0.2\,S_G-0.018\,S_G{}^2 \quad \cdots\cdots(5)$$

接头安全因子 S_v 的取值随一个阶梯组中所含阶梯数的不同而不同即：一阶和二阶接头：$S_v=1.1$；三阶接头：$S_v=1.2$；四阶接头：$S_v=1.3$。

阶梯长度 l_{st} 应圆整为与之最接近 50 mm 的下一个整倍数。

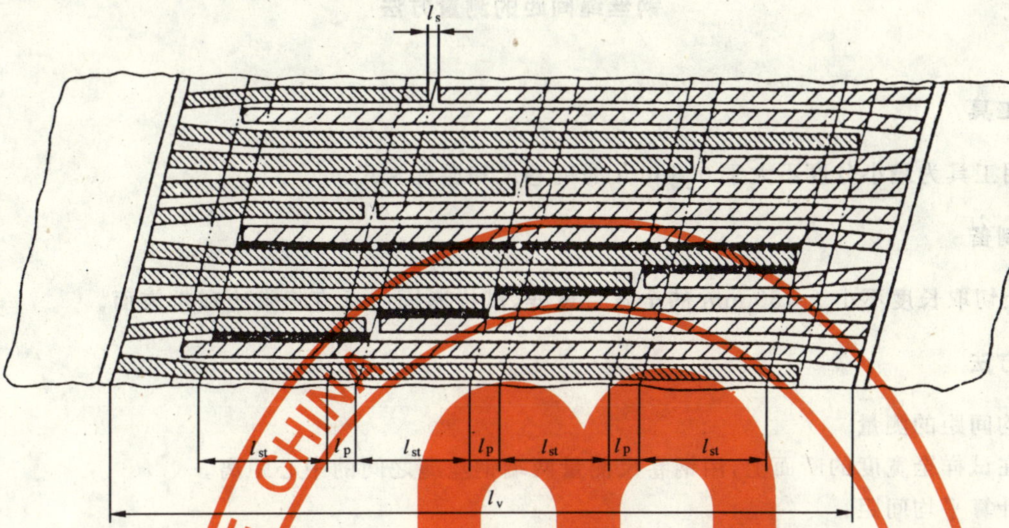

图 8　以四阶接头为例，一个阶梯组中 8 处粘合

8.2　接头材料的要求

接头材料应根据输送带生产厂的有关说明书确定，对覆盖层性能等级为 P 的输送带，应使用与其性能相一致的胶料制作。

8.3　带接头的制作方法

关于带接头的制作方法和硫化条件，应向带的生产厂咨询。

制作接头时使用的平板硫化机的热板，在长度方向上应每侧比接头超出至少 150 mm，在宽度方向上应每侧比输送带超出至少 50 mm。热板压力应尽可能均匀且至少达到 1 MPa。

附 录 A
（标准的附录）
钢丝绳间距的测量方法

A1 测量工具

测量用工具为最小分度不大于 0.5 mm 的钢卷尺和游标卡尺。

A2 试样制备

从带上切取长度不小于 150 mm 的全宽带试样，试样断面应垂直于带边和带表面。

A3 测量方法

A3.1 平均间距的测量

A3.1.1 在试样全宽度的断面上，用钢卷尺测量两端钢丝绳之间的中心距离。

A3.1.2 计算平均间距：

$$平均间距 = \frac{两端钢丝绳之间的中心距离}{钢丝绳根数 - 1}$$

A3.2 单个间距的测量

在试样全宽度的断面上，任选位置测量单个间距，所测量间距的个数不少于绳总根数的 5%。

附 录 B
（标准的附录）
钢丝绳在带厚度方向上偏心值的测定

B1 试样制备

从带上切取长度不小于 150 mm 的全宽度试样，在试样的上覆盖层上，采取适当的方法，沿全带宽垂直于带边，开出一条约 8 mm 宽的槽，使钢丝绳上缘完全暴露。

B2 测量方法

以 0.1 mm 的精确度测量每根钢丝绳上缘到上覆盖层表面的距离 S。

B3 计算

求出各 S 值的平均值，并求出各 S 值与平均值的差值 Δ。将所有差值按三个等级分组，即：

$$|\Delta| \leqslant 1 \text{ mm}$$
$$1 \text{ mm} < |\Delta| \leqslant 1.5 \text{ mm}$$
$$|\Delta| > 1.5 \text{ mm}。$$

数出每组数值的个数。

ICS 21.220.10
G 42

中华人民共和国国家标准

GB/T 10715—2002
代替 GB/T 10715—1989

带传动 多楔带、联组V带及包括宽V带、六角带在内的单根V带抗静电带的导电性：要求和试验方法

Belt drives—V-ribbed belts, joined V-belts and V-belts including wide section belts and hexagonal belts—Electrical conductivity of antistatic belts: Characteristics and methods of test

(ISO 1813:1998, MOD)

2002-10-16 发布 2003-04-01 实施

中华人民共和国国家质量监督检验检疫总局 发布

前言

本标准修改采用ISO 1813:1998《带传动　多楔带、联组V带及包括宽V带、六角带在内的单根V带　抗静电带的导电性:要求和试验方法》(英文版)。

本标准代替GB/T 10715—1989《抗静电环形V带导电性规定值和试验方法》,因为国际上的发展,原标准在技术上已过时。

本标准根据ISO 1813:1998重新起草。

本标准与ISO 1813:1998的技术性差异是引用的国际标准被不是等同于该国际标准的国家标准替代。

为便于使用,本标准做了下列编辑性修改:

a)　"本国际标准"一词改为"本标准";

b)　用小数点"."代替作为小数点的逗号",";

c)　删除国际标准的前言;

d)　图6按照我国制图规定修改。

本标准与GB/T 10715—1989相比主要变化如下:

——增加了多楔带、联组V带、宽V带、六角带的抗静电要求和试验方法(见第1章);

——在原标准实验室方法的基础上又增加了工厂试验方法(见第7章);

——增加了单根带测试用固定电极(见图3);

——实验室状态的相对湿度由(50±5)%代替原标准的(65±5)%(1989年版的6.3;本版的8.1)。

本标准的附录A为资料性附录。

本标准由国家石油和化学工业局提出。

本标准由化学工业胶带标准化技术归口单位归口。

本标准起草单位:青岛橡胶工业研究所。

本标准主要起草人:辛永录、李春玲、赵少英。

本标准于1989年首次发布,本次为第一次修订。

带传动　多楔带、联组V带及包括宽V带、六角带在内的单根V带抗静电带的导电性：要求和试验方法

1　范围

本标准规定了抗静电的环形的多楔带、联组V带及包括宽V带、六角带在内的单根V带的最大电阻及其试验方法。

本标准仅适用于拟在有爆炸或着火危险的场合中使用的新带。设立该试验是为了保证带具有足够的导电性以泄放其在运行中产生的电荷。

在产品控制试验中，由国家标准或有关方面的协议确定是对一批带的每一条都进行试验还是对每一批带按一定百分数抽取一部分带进行试验。

注：对产品验收试验，带的生产厂宜确定须采用哪一种电极和导电涂覆材料。

2　规范性引用文件

下列文件中的条款通过本标准的引用而成为本标准的条款。凡是注日期的引用文件，其随后所有的修改单（不包括勘误的内容）或修订版均不适用于本标准，然而，鼓励根据本标准达成协议的各方研究是否可使用这些文件的最新版本。凡是不注日期的引用文件，其最新版本适用于本标准。

GB/T 2941　橡胶试样环境调节和试验的标准温度、湿度及时间(eqv ISO 471)

GB/T 10821　农业机械用V带尺寸(eqv ISO 3410)

GB/T 11544　普通V带和窄V带尺寸(neq ISO 4184)

GB/T 12733　工业用变速宽V带尺寸(eqv ISO 1604)

GB/T 13352　汽车V带尺寸(neq ISO 2790)

GB 13552　汽车多楔带(eqv ISO 11749，ISO/DIS 9981)

GB/T 13575.1　带传动　普通V带传动(neq ISO 4183)

GB/T 16588　工业用多楔带及带轮尺寸(PH、PJ、PK、PL和PM型)(eqv ISO 9982)

GB/T 17197　带传动　联组普通V带轮(有效宽度制)(eqv ISO 5291)

ISO 4183　带传动—普通V带和窄V带—带轮(基准宽度制)

ISO 5290　带传动—联组窄V带带轮—槽型：9 J、15 J、20 J、25 J(有效制)

3　导电性规定

在进行生产控制试验(即工厂试验，按第7章进行)时，所得电阻值应不大于7.4规定的适当表格中所列的数值。

在进行验收试验(即实验室试验，按第8章进行)时，所得电阻值应不大于按8.6规定的公式计算的数值。

4　原理

使用绝缘电阻测试仪在规定条件下测定带在一定长度上的电阻，如果带的导电性足够高(即所测电阻不大于规定值)，则认为该带适合用作抗静电带。

5 试验设备和材料

5.1 绝缘电阻测试仪

所用绝缘电阻测试仪应符合以下要求：公称开路电压500 V(直流)，可对试样以不大于3 W的功率施加不小于40 V的电压，以±5%的精确度测定其电阻。

对试样施加规定电压的时间应不超过进行试验所需要的时间，以避免试样过热。

注：对于电阻大于10^5 Ω的情况，可使用公称开路电压为1 000 V的绝缘电阻测试仪。

5.2 试验电极

试验电极为两个低电阻金属电极(最好是黄铜)，其与带接触表面的最小宽度为25 mm。两个电极固定在绝缘底座上，两电极公称距离为100 mm(见图1)。

5.2.1 单根V带(传动表面)测试用电极

单根V带试验用固定电极的槽形接触表面的尺寸应与V带所配用的带轮轮槽尺寸相同。其槽角应由带的生产厂家根据带的型号和设计特点的不同而规定(见图3)。

为使本标准能与前版标准保持一定的连续性，本版标准对可替代固定式电极的可转式电极(普通V带和窄V带用)仍予保留。可转式电极可围绕一个与带的传动用侧表面平行的转轴自由转动，以有利于带与电极的良好接触(见图5、图6和表A.1)。

可转式电极不适应于多楔带和联组V带。

5.2.2 多楔带(传动表面)测试用电极

多楔带用电极的槽形接触表面的尺寸应与带所配用带轮的轮槽尺寸相同(见图4)。电极应含四个槽。

对楔数大于4的多楔带，为使所有的楔都接受试验，需移动带以改变带与电极的相对位置。

5.2.3 联组V带(传动表面)测试用电极

当把联组V带作为一个整体进行测试时，联组V带测试用电极的槽形接触表面的尺寸应与带所配用的带轮的轮槽尺寸相同。其槽角应由带的生产厂家根据带的型号和设计特点的不同而规定(见图4)。

测试组成联组V带的各根V带的电极应包含两个V形槽，其槽角亦由带的生产厂家根据带的型号和设计特点来规定。

对于包含两根以上V带的联组带，可使用上述二槽电极并通过改变与电极接触的V带而依次进行测试。

5.3 试验压力

试验设备包括一个能按1牛顿每毫米公称带宽的大小对带施加向下的压力的装置(见图1)，以保证带与电极的紧密接触。该力可借助一个杠杆来施加。图2所示是一种可达到此目的的典型装置。

对联组V带来说，上述规定压力应施加于联组V带中每次接受测试的各条V带(见图4)。可认为电极两槽的间距等于带的顶宽。

6 试样

试样为整根的环形多楔带、联组V带或单根V带。

7 生产控制试验方法(工厂法)

7.1 状态调节和试验条件

试验应在产品硫化后至少停放24 h进行。试验温度为15℃～30℃。

7.2 试验程序

将带保持非张紧状态安装在两试验电极上。按5.3要求对带的顶面施加压力以保证带与电极间的良好接触。应注意不要对着试验表面呼吸，因为试验表面凝聚的水气将影响试验结果的准确性。

在对两电极施加规定电压 5 s±1 s 后用绝缘电阻测试仪测量带的电阻（以 Ω 为单位）。

7.3 试验次数

对长度不大于 2 000 mm 的带，试验次数如下：

——对单根 V 带应沿带长选两点进行试验；

——对六角带（即双面 V 带）应沿带长在每面选取两点进行试验；

——对联组 V 带，如将其作为一个整体来试验，则沿带长任选两点进行试验；如需对其中每一条 V 带都试验，则沿每一条 V 带的带长任选两点进行试验（参见表 3 的脚注 1）。

——对标准宽度不超过 20 楔的多楔带应沿带长任选两点进行试验（参见表 2 的脚注 1）。

对长度大于 2 000 mm 的带，每增加 1 000 mm，增选一个测量点。

7.4 带的电阻规定值

在 7.3 所述的每一次测量中，测量的电阻值均不得大于表 1、表 2、表 3 的规定值。

对有标志的带，其导电性应符合表 1、表 2、表 3 的规定。

8 验收试验方法（实验室法）

8.1 状态调节和试验条件

状态调节和试验均采用 GB/T 2941 规定的 23/50 环境条件，即温度（23±2）℃，相对湿度（50±5）%。

8.2 涂导电液

为使金属电极与带之间具有尽量小的接触电阻，应在电极表面涂导电液。导电液可由以下两种中任选一种：

a) 导电性银漆或胶体石墨：室温干燥型，干膜表面电阻率低于 10 Ω·m；

b) 由下列成分组成的导电液：

——分子量为 600 的无水聚乙二醇，800 份；

——水，200 份；

——湿润剂，1 份；

——氯化钾，10 份。

在选择后一种导电液时，电极接触表面应被导电液完全湿润并使此状态持续至试验终了。

8.3 准备

让带保持非张紧状态，在按 GB/T 2941 规定的 23/50 标准环境中停放不少于 2 h。然后立即用干净干布蘸着干硅藻土擦拭带的两侧面以使其与电极间有良好的电接触。

清除带上所有的硅藻土粉剂，再用布蘸着蒸馏水进一步擦拭，然后用干净干布擦干。操作中应注意勿使带受到伸长。

立即在带的两个接触区涂导电液（见 8.2），带的接触区长度应与电极长度相同（25 mm），两接触区之间应有 100 mm±6 mm 的干燥区。

8.4 试验程序

试验应按 GB/T 2941 的规定在 23/50 的标准环境中进行。

将电极擦拭干净。将带保持非张紧状态安装到试验电极上，使电极与带上已涂湿的接触区接触。

在安装和试验的整个过程中均应注意不使带的表面发生变形。按 5.3 要求对带的顶面施加压力以保证带与电极间的良好接触。

应注意不要对着试验表面呼吸，因为试验表面凝聚的水气将影响试验结果的准确性。在对两电极施加规定电压 5 s±1 s 后用绝缘电阻测试仪测量带的电阻（以 Ω 为单位），所加电压应不小于 40 V。

测量带的两接触区在带宽方向上的总接触长度（l）及间距（L）。

8.5 试验次数

在带的全长上以大致相等的间距测量至少五次。

注：如果带的长度较短，无法按标准要求测量五次，则测量次数可适当减少。

8.6 带的电阻规定值

表1、表2和表3中列出的电阻 R(以 Ω 为单位)是按式(1)计算的：

$$R \leqslant 6 \times 10^5 \frac{L}{l} \quad \cdots\cdots (1)$$

式中：

L——带两接触区间距，mm；

l——沿带宽方向的总接触长度，mm；

l 值的计算方法如下：

——窄V带：带的梯形截面的两腰长度之和；

——多楔带：每楔的两侧面宽度之和乘以楔数；

——联组V带的背面：电极宽度与带宽度中的较小者；

——联组V带：每一单根V带的梯形截面的两腰接触长度之和乘以联组带中包含的V带根数。

8.5所述试验中每一个电阻测量单值均不得大于规定值。

表1 单根V带(包括六角带)传动表面的最大电阻

最大电阻/MΩ	工业用V带				农用V带	
	普通V带 GB/T 13575.1 GB/T 11544	窄V带 ISO 4183 GB/T 11544	宽V带 GB/T 12733	汽车窄V带 GB/T 13352	宽V带 GB/T 10821	六角带 GB/T 10821
8						
7.1	Y					
6.3						
5.6						HAA
5			W16			
4.48	Z					HBB
4			W20			
3.6	A	SPZ	W25	AV10	HG	
3.2						HCC
2.8		SPA	W31.5	AV13	HH	
2.5	B					
2.24			W40		HI	HDD
2	C	SPB				
1.8			W50			
1.6		SPC			HJ	
1.42	D		W63		HK	
1.26					HL	
1.2					HM	
1.12	E		W80		HN	
1					HO	
0.9			W100			

注1：两接触区之间的距离 L＝100 mm。

注2：电极形式见图3、图4、图5和图6。

表 2　多楔带传动表面的最大电阻

MΩ

楔　　数[1]	多楔带(GB 13552,GB/T 16588)				
	PH	PJ	PK	PL	PM
3	9	5.6	3.2	—	—
4	6.7	4.14	2.5	1.6	0.8

注 1：两接触区之间的距离 L=100 mm。

注 2：电极形式见图 4。

1) 对楔数大于 4 的多楔带，为使所有的楔都接受试验，需移动带以改变带与电极的相对位置。

表 3　联组 V 带传动表面的最大电阻

MΩ

每条联组带的 V 带根数[1]	联组窄 V 带(ISO 5290)				联组普通 V 带(GB/T 17197)			
	9J	15J	20J	25J	AJ	BJ	CJ	DJ
2	1.8	1.26	1	0.8	1.8	1.26	1	0.71

注 1：两接触区之间的距离 L=100 mm。

注 2：电极形式见图 4。

1) 对于包含两根以上 V 带的联组带，使用上述二槽电极通过改变与电极接触的 V 带而依次进行测试。

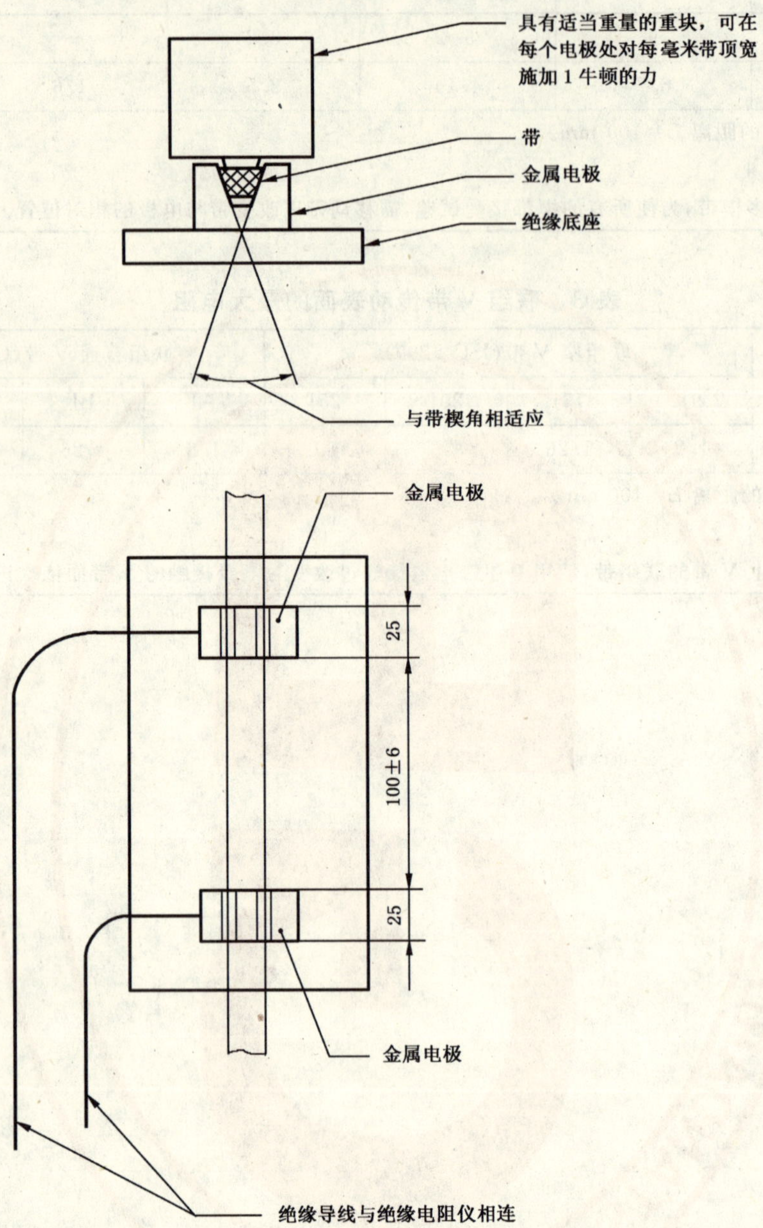

图 1　用于测试带的电阻的装置

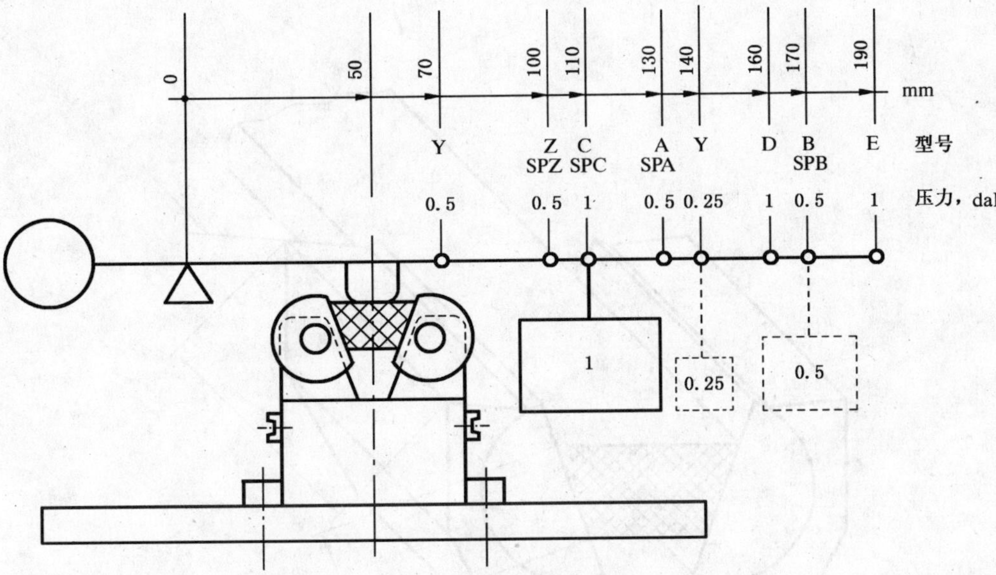

图 2　压力施加装置(示例)

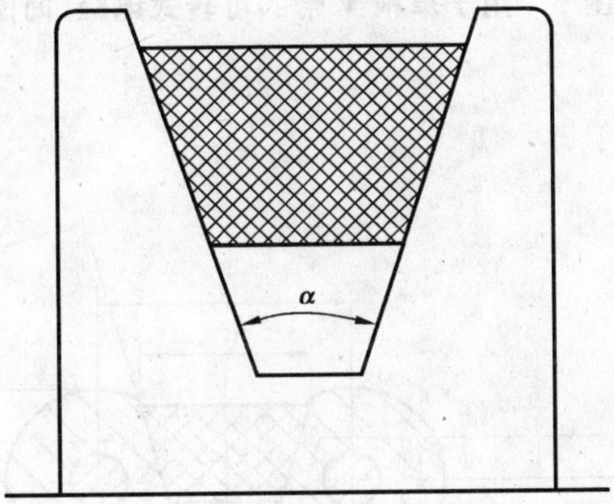

图 3　单根带测试用固定电极

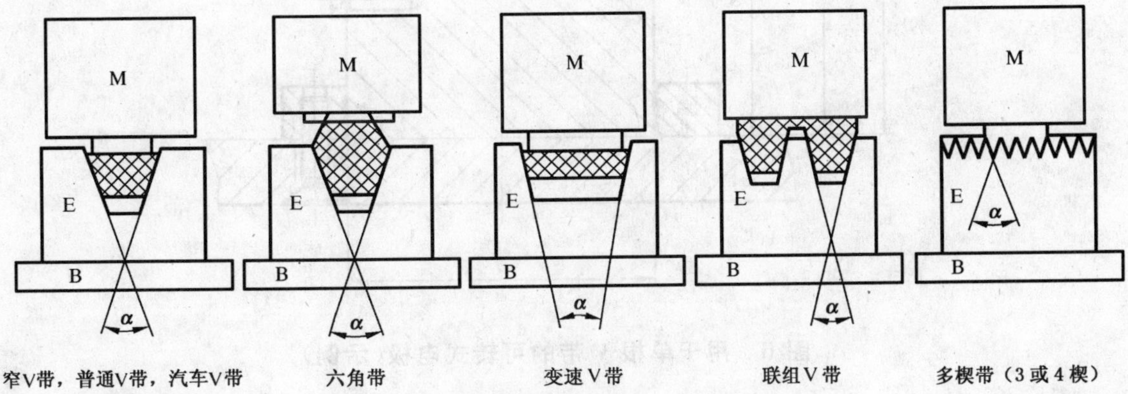

B——绝缘底座；

E——电极；

M——具有适当重量的重块，可在每个电极处对每毫米带顶宽施加1牛顿的力。

图 4　带的电阻测试用电极

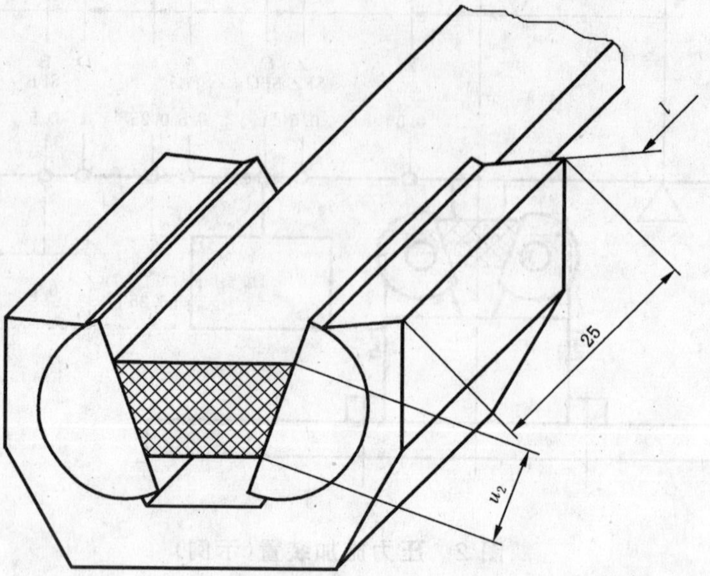

图 5　用于单根 V 带的可转式电极(简图)

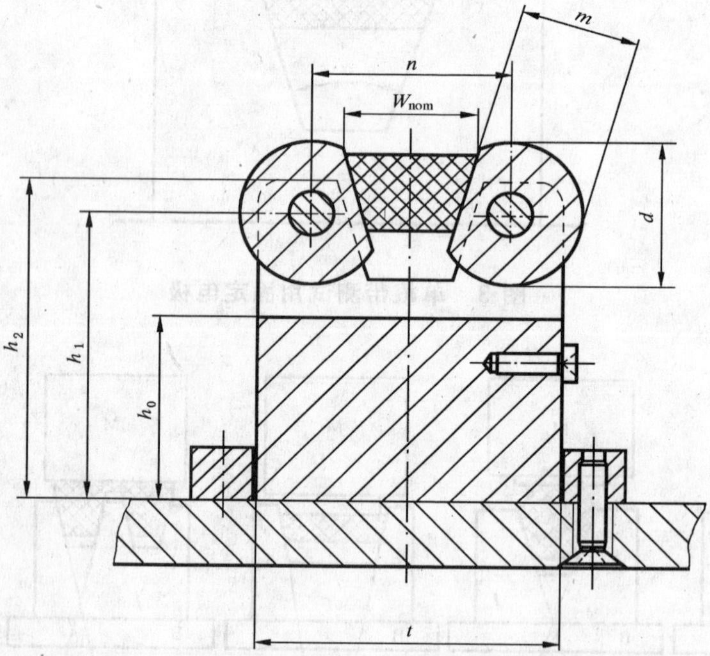

图 6　用于单根 V 带的可转式电极(示例)

附 录 A
（资料性附录）
用于试验单根带的可转式电极

对于图 6 所示的可转式电极推荐采用表 A.1 所示的尺寸。

表 A.1 荐用尺寸

mm

型号	*b*	*d*	*m*	*n*
符合 GB/T 13575.1 和 GB/T 11544 的普通 V 带				
Y	6	16	15	18
Z	10	20	18	23
A	13	20	18	25
B	17	25	20	27
C	22	25	20	31
D	32	31.5	25	42
E	40	40	30	50
符合 ISO 4183 和 GB/T 11544 的窄 V 带				
SPZ	10	20	18	22
SPA	13	20	18	24
SPB	17	25	20	26
SPC	22	25	20	29

前　言

本标准等效采用国际标准 ISO 12046:1995《同步带传动　汽车同步带物理性能试验方法》。对 ISO 12046:1995未规定的同步带试样宽度 19.1 mm 是根据日本汽车标准 JASOE 110—1992《汽车发动机用同步带试验方法》予以补充。本标准较 GB/T 10716～10719—1989 增加了带背硬度、耐高温性、耐低温性、耐油性、耐臭氧性、耐水性试验项目。

本标准自实施之日起，代替 GB/T 10716～10719—1989。

本标准由中华人民共和国原化学工业部提出。

本标准由原化工部胶带标准化技术归口单位归口。

本标准起草单位：宁波伏龙同步带有限公司。

本标准主要起草人：林齐福、陆红芬。

ISO 前言

ISO(国际标准化组织)是一个由各国标准化机构(ISO 成员团体)组成的世界性联合组织。制定国际标准的工作一般由 ISO 的各技术委员会组织进行。各成员团体如果对已建立技术委员会的某个方面感兴趣,就有权派代表参加该技术委员会组织的会议。一些与 ISO 有联系的国际组织(政府的或非政府的)也参加有关工作,在所有电工标准化事宜上,ISO 都与国际电工委员会(IEC)有着密切合作。

被技术委员会使用的国际标准草案要分发到各成员团体以进行表决。若参加表决的成员团体中至少有 75%投了赞成票,则该草案变为国际标准出版。

国际标准 ISO 12046 是由 ISO/TC 41 技术委员会“带与带轮(包括 V 带)”的 SC4 分委员会“同步带传动”制定的。

中华人民共和国国家标准

汽车同步带物理性能试验方法

Synchronous belt drives—Automotive belt—Determination of physical properties

GB/T 10716—2000
eqv ISO 12046:1995
代替 GB/T 10716～10719—1989

1 范围

本标准规定了汽车同步带(即用于驱动汽车发动机的一些部件如凸轮轴、燃料喷射泵、平衡轴的同步带)的物理性能试验方法。这些试验方法可用来说明同步带的静态性能,但带的适用性还要通过动态试验和里程试验来考察。

2 引用标准

下列标准所包含的条文,通过在本标准中引用而构成为本标准的条文。本标准出版时,所示版本均为有效。所有标准都会被修订,使用本标准的各方应探讨使用下列标准最新版本的可能性。

GB/T 531—1999 橡胶袖珍硬度计压入硬度试验方法(idt ISO 7619:1986)

GB/T 1690—1992 硫化橡胶耐液体试验方法(neq ISO 1817:1985)

3 试验原则

通过对试验方法的标准化来评价汽车同步带的物理性能。这些试验方法与齿型无关。

4 试验项目

试验项目如表1所示。

表1 试验项目

试验项目	相关条款号
带背硬度	6.1
拉伸强度	6.2
包布粘合强度	6.3
芯绳粘合强度	6.4
齿体剪切强度	6.5
耐高温性	6.6
耐低温性	6.7
耐油性	6.8
耐臭氧性	6.9
耐水性	6.10

国家质量技术监督局 2000-07-31 批准　　2001-03-01 实施

5 试验条件

5.1 标准环境条件

试验室的标准环境条件为：温度(25±5)℃；相对湿度(65±20)%。实际环境条件应在试验报告中记录。

5.2 试样的标准条件

试样的试验应在产品硫化后至少 24 h 以后进行。试验前至少 1 h 内，试样应置于符合标准环境条件的室内。

5.3 试验结果的修约

每项试验的结果应按表 2 分别修约到适当位数再作记录。

5.4 试验报告

每项试验的试验报告均应包括以下内容：

a) 样带的齿数、节距、齿型和宽度；

b) 样带的主要原材料；

c) 样带的生产批次；

d) 试验日期；

e) 样带数量；

f) 试验温度、相对湿度；

g) 试验机型式。

表 2 试验结果的修约

项　　目	单　　位	测定值最低有效数位	试验结果最低有效数位
带背硬度	度(邵氏 A)	个位	个位
拉伸强度	N/mm	十位	百位
包布粘合强度	N/mm	个位	个位
芯绳粘合强度	N	十位	十位
齿体剪切强度	N/mm	十位	十位

示例：

测定值最低有效数位在十位：3474→3470，3475→3480

试验结果最低有效数位在百位：3440→3400，3450→3500

6 静态试验

6.1 带背硬度试验

6.1.1 试样

试样可为完整的环形带，也可为从样带上切下的长度大于 100 mm 的一段带。

6.1.2 试验程序

采用符合 GB/T 531 的邵尔 A 硬度计进行试验。将试样放在平台上(有齿面向下)，测定齿体上方的带背硬度。

6.1.3 结果表示

按下例所示，计算沿带纵向五个不同部位的硬度测定值的平均值并加以修约。

例：

$$\frac{74+75+75+74+74}{5}=74.4\rightarrow 74$$

$$\frac{75+75+75+74+74}{5}=74.6\rightarrow 75$$

6.2 拉伸强度试验

6.2.1 试样可为宽 19.1 mm[1] 的完整环形带，也可为长度大于 250 mm、宽度为 19.1 mm 的带段。对于宽度小于 19.1 mm 的同步带，可直接用样带的宽度作为试样宽度。

6.2.2 试验程序

将环形的样带以有齿面向外撑挂在两个等直径平带轮上。带轮直径为 114 mm，可自由转动。以 (50±5)mm/min的带轮分离速度对样带施加拉力，直至样带拉断。

如果采用两段切开的带段作为试样，则试验时试样夹在每一夹持器内的长度应大于 50 mm，而两夹持器之间的间距应大于 150 mm，以(50±5)mm/min 的夹持器分离速度对试样施加拉力，直至试样断裂。对第二个试样按同样的要求进行试验。

6.2.3 结果表示

当采用环形带作为试样时，以测量值的二分之一作为计算拉力；当采用切开的带段作为试样时，以两个测量值中的较小值作为计算拉力。对前一情况来说，当断裂发生在样带的包绕带轮部位时，试验无效；对后一情况来说，当断裂发生在试样的被夹持部位时，试验无效。另外，在试验报告中应指出是采用环形的样带进行试验还是采用非环形的试样进行试验。

6.2.4 结果计算

拉伸强度按式(1)计算：

$$T = \frac{F}{b} \qquad \cdots\cdots(1)$$

式中：T——拉伸强度，N/mm；

F——试样计算拉力，N；

b——试样宽度，mm。

6.3 包布粘合强度试验

6.3.1 试样

从样带上切取两段长度大于 100 mm，宽度为 19.1 mm[2] 的带段作为试样。对于宽度小于 19.1 mm 的同步带，可直接用样带的宽度作为试样宽度。

用手工将试样一端的包布剥开足够长的夹持部分。

6.3.2 试验程序

将试样的夹持部分分别夹在拉力试验机的两夹持器中，以剥离面朝向试验者，以第一齿根位于两夹持器之间，如图 1 所示。

启动试验机，以(50±5)mm/min 的夹持器分离速度对试样施加拉力，使包布从带的表面剥离，同时记录三个连续齿的剥离力。试验中，如包布断裂或出现裂口，则试验无效。

6.3.3 结果表示

对齿体部位的包布粘合强度和齿根部位的包布粘合强度应分别表示，均表示为单位试样宽度上的包布剥离力[见式(2)]。对齿体包布粘合强度来说，以两个试样试验中所得到的六个峰值中的最小值作为粘合强度计算包布剥离力；对齿根包布粘合强度来说，以两个试样的第一齿根结束时谷值中的较小值作为粘合强度计算包布剥离力。以上规定均参见图 2。

采用说明：

1] ISO 12046:1995 中未作规定，根据日本汽车标准 JASO E110—1992《汽车发动机用同步带试验方法》予以补充。

2] ISO 12046:1995 中未作规定，根据 JASO E110—1992 予以补充。

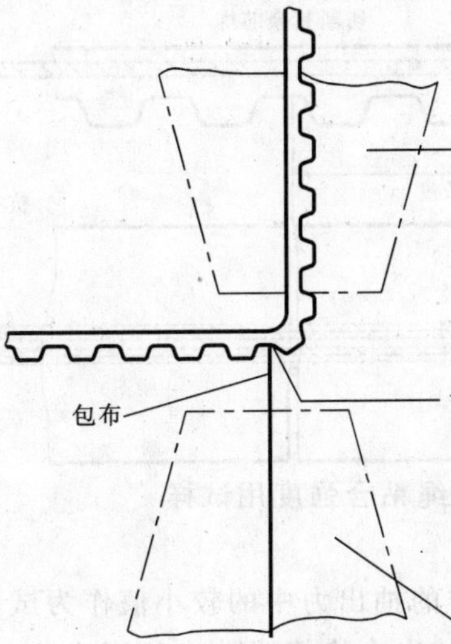

图 1 粘合强度试样的安装

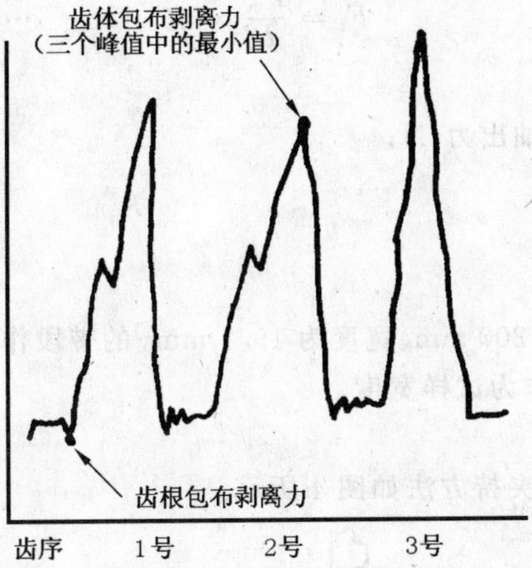

图 2 三个连续齿的粘合强度试验曲线

6.3.4 结果计算

包布粘合强度按式(2)计算：

$$\delta = \frac{F}{b} \qquad \cdots\cdots(2)$$

式中：δ——包布粘合强度，N/mm；

F——包布剥离力，N；

b——试样宽度，mm。

6.4 芯绳粘合强度试验

6.4.1 试样

从样带上切取两段长度大于 100 mm 的带段作为试样。在试样上相距(30±3)mm 的两处进行局部切断(见图 3)，以将两根中部芯绳抽出(另见 6.4.2)。

6.4.2 试验程序

将试样夹在拉力试验机的两夹持器中。

起动试验机，以(50±5)mm/min 的夹持器分离速度对试样施加拉力，直至两根芯绳被抽出。如果芯绳没有被抽出而是被拉断了，则应另取试样并将切断长度适当减小以保证两根芯绳能被完整抽出。

按同样要求对第二个试样进行试验。

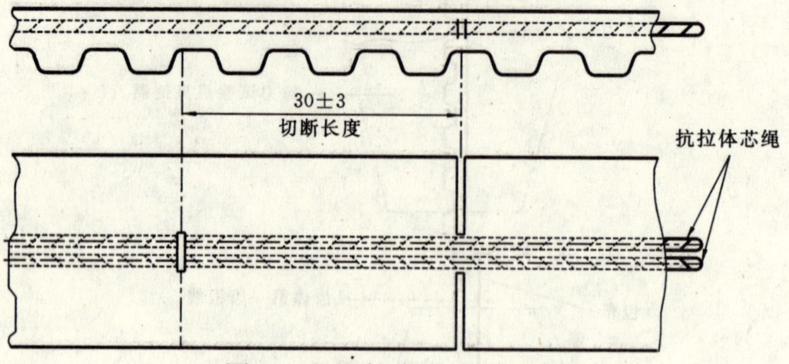

图 3　芯绳粘合强度用试样

6.4.3　结果表示

对切断长度为 30 mm 的试样，以两个试样的抽出力中的较小值作为试验结果；对于切断长度不足 30 mm 的试样，按式(3)将实际抽出长度下的抽出力换算成抽出长度为 30 mm 时应有的抽出力，并按 5.3 对该值进行修约，作为试验结果。

$$F_t = \frac{F_m}{L} \times 30 \quad \cdots\cdots(3)$$

式中：F_t——芯绳粘合强度，N；

F_m——实际抽出长度下的抽出力，N；

L——实际抽出长度，mm。

6.5　齿体剪切强度试验

6.5.1　试样

从样带上切取一段长度大于 200 mm、宽度为 19.1 mm[1] 的带段作为试样。对于宽度小于 19.1 mm 的同步带，可直接用样带的宽度作为试样宽度。

6.5.2　试验设备

试验用齿体剪切装置及试样夹持方法如图 4 所示。

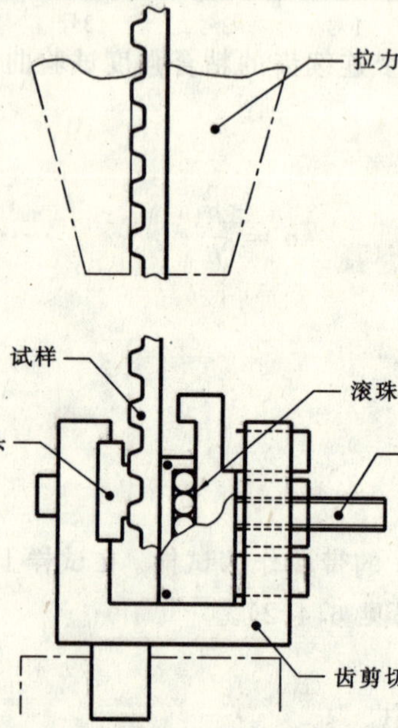

图 4　齿体剪切装置及试样夹持

采用说明：

1] ISO 12046:1995 中未作规定，根据日本汽车标准 JASO E110—1992《汽车发动机用同步带试验方法》予以补充。

ZA 型和 ZB 型同步带用齿剪切头的结构尺寸如图 5 和表 3 所示。

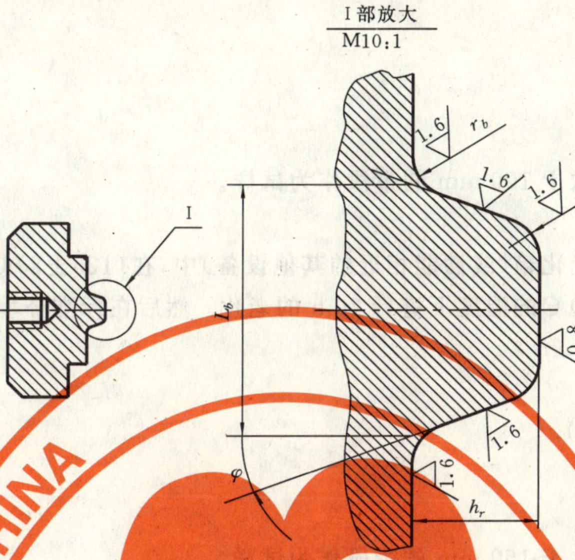

图 5　齿剪切头

表 3　齿剪切头尺寸

mm

带型号	h_r ±0.02	L_b ±0.03	r_t ±0.02	r_b ±0.02	ϕ ±0.5°
ZA	1.91	6.27	0.51	0.51	20°
ZB	2.29	5.09	1.02	1.02	20°

6.5.3　试验程序

将试样夹持在拉力试验机的夹持器和齿体剪切装置上，该剪切装置以牛顿值相当于试样宽度毫米值 157 倍的夹紧力将试样夹紧。起动试验机，以(50±5)mm/min 的夹持器分离速度对试样施加拉力，直至试样发生齿剪切破坏，然后将被试验齿的下一个齿切除(见图 6)，并继续按上述要求进行齿体剪切试验。一般说来应试验三个齿。包布上有接头的试样不得用于试验。

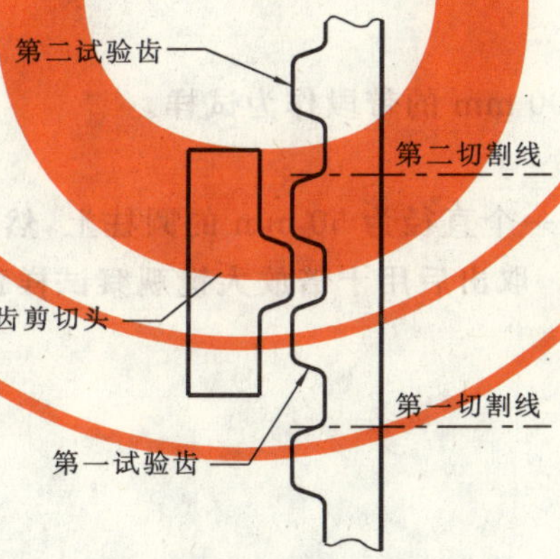

图 6　剪切试验中的齿切除加工

6.5.4　结果表示

以试样单位宽度上的剪切力作为齿体剪切强度值，以三个测定值中的最小值作为试验结果，详见式(4)。

齿体剪切强度按式(4)计算：

$$S = \frac{F}{b} \quad \cdots\cdots(4)$$

式中：S——齿剪切强度，N/mm；

F——最小剪切力，N；

b——试样宽度，mm。

6.6 耐高温性试验

6.6.1 试样

从样带上切取一段长度大于 100 mm 的带段作为试样。

6.6.2 试验程序

将试样置于热空气循环老化箱（或性能相近的其他设备）中，在（125±2）℃的温度下进行 70 h 的老化；对于耐热带，应在（150±2）℃的温度下进行 70 h 的老化。然后在标准环境条件下使试样冷却至少 1 h，再进行以下试验：

a）带背硬度（见 6.1）；

b）包布粘合强度（见 6.3）。

6.7 耐低温性试验

6.7.1 试样

从样带上切取一段长度大于 150 mm 的带段作为试样。

6.7.2 试验程序

将试样置于冷冻箱中，在（—40±2）℃的温度下冷冻至少 5 h，然后在冷冻箱中将试样包绕在直径为 25 mm 的圆柱上（有齿面向内），同时观察试样上是否出现裂纹或其他缺陷。

6.8 耐油性试验

6.8.1 试样

从样带上切取一段长度大于 200 mm 的带段作为试样。

6.8.2 试验程序

将试样浸入温度为（100±2）℃的、符合 GB/T 1690 的 1 号油中达 70 h。将试样从油中取出并在标准环境条件（见 5.1）下冷却至少 1 h，然后进行以下试验：

a）带背硬度（见 6.1）；

b）齿体剪切强度（见 6.5）。

6.9 耐臭氧性试验

6.9.1 试样

从样带上切取一段长度大于 200 mm 的带段作为试样。

6.9.2 试验程序

将试样按自然弯曲方向包绕在一个直径为 50 mm 的圆柱上，然后一并置于浓度为 $(50\pm5)\times10^{-8}$，温度为（40±2）℃的臭氧中达 70 h。取出后用十倍放大镜观察试样背面有无裂纹。

6.10 耐水性试验

6.10.1 试样

试样为一环形样带。

6.10.2 试验程序

将试样以其自然状态浸于 100℃水中达 3 h，再浸于（25±5）℃的水中达 30 min，然后在标准环境条件（见 5.1）下干燥 1 h～24 h，再进行以下试验：

a）拉伸强度（见 6.2）；

b）包布粘合强度（见 6.3）；

c）芯绳粘合强度（见 6.4）。

中华人民共和国国家标准

GB/T 10821—93

农业机械用V带尺寸

代替 GB 10821—89

V-belts for agricultural machinery—Dimensions

本标准第一篇等效采用 ISO 3410—1989《农业机械用环状变速 V 带及相应带轮的槽型》中带的部分；第二篇参照采用国际标准 ISO 4184—1980《普通 V 带和窄 V 带的长度》；第三篇等效采用国际标准 ISO/DIS 5289—1991《农业机械用环形六角带及相应带轮的槽型》中带的部分。

第一篇　农业机械用变速(半宽)V带

1　主题内容与适用范围

本标准规定了农业机械(特别是收割脱粒机械)用半宽 V 带(以下简称“带”)的主要尺寸和测量方法。

本标准主要适用于农业机械的变速传动 V 带。

2　尺寸

2.1　截面(见图 1)

根据截面尺寸，带可分为 HG、HH、HI、HJ、HK、HL、HM、HN、HO 等型号。各种型号带的截面尺寸按表 1 规定，该尺寸可供设计时选用。带的截面准确性是通过测量带在测长机轮槽中的露出高度来检验。

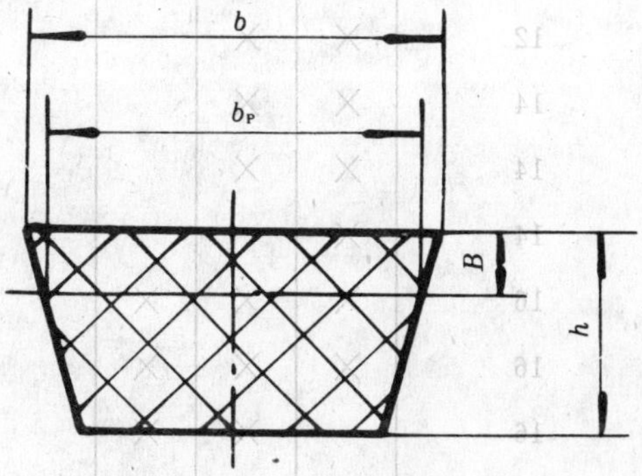

图 1　带的截面

国家技术监督局1993-12-30批准　　　　1994-10-01实施

表 1　截面尺寸

尺寸	符号	HG	HH	HI	HJ	HK	HL	HM	HN	HO
节宽	b_p	15.4	19	23.6	29.6	35.5	41.4	47.3	53.2	59.1
顶宽	b	16.5	20.4	25.4	31.8	38.1	44.5	50.8	57.2	63.5
高度	h	8	10	12.7	15.1	17.5	19.8	22.2	23.9	25.4
节线以上高度	B	2.5	3	3.8	4.7	5.7	6.6	7.6	8.5	9.5

注：① 带高度 h 约等于 $0.5b_p$。
　　② 节线以上高度 B 约等于 $0.16b_p$。

2.2　长度

带的基准长度系列和极限偏差按表 2 规定。基准长度是带在测长机上承受规定张力时，位于测量带轮基准直径 d_d(见图 3)上的周线长度。

表 2　基准长度系列　　mm

基准长度[1) 基本尺寸	极限偏差 上偏差(+)	极限偏差 下偏差(−)	HG	HH	HI	HJ	HK	HL	HM	HN	HO
630	5	10	×								
670	5	10	×								
710	6	12	×								
750	6	12	×								
800	6	12	×	×							
850	6	12	×	×							
900	7	14	×	×							
950	7	14	×	×							
1 000	7	14	×								
1 060	8	16	×	×	×						
1 120	8	16	×	×	×						
1 180	8	16		×	×						
1 250	8	16		×	×						
1 320	9	18		×	×						
1 400	9	18		×	×	×					
1 500	9	18		×	×	×					
1 600	9	18		×	×	×	×				
1 700	11	22			×	×	×				
1 800	11	22			×	×	×				
1 900	11	22				×	×				

续表 2

mm

基准长度[1)]			HG	HH	HI	HJ	HK	HL	HM	HN	HO
基本尺寸	极限偏差										
	上偏差(+)	下偏差(−)									
2 000	11	22				×	×	×	×		
2 120	13	26				×	×	×	×	×	
2 240	13	26				×	×	×	×	×	×
2 360	13	26				×	×	×	×	×	×
2 500	13	26					×	×	×	×	×
2 650	15	30					×	×	×	×	×
2 800	15	30					×	×	×	×	×
3 000	15	30					×	×	×	×	×
3 150	15	30						×	×	×	×
3 350	18	36						×	×	×	×
3 550	18	36						×	×	×	×
3 750	18	36						×	×	×	×
4 000	18	36						×	×	×	×
4 250	22	44							×	×	×
4 500	22	44							×	×	×
4 750	22	44							×	×	×
5 000	22	44							×	×	×

注：1）在 630～5 000mm 范围内，带的基准长度系列选自 R40 优先数系；如需中间值，可从 R80 优先数系中选取。有×号处，表示该型号有相应标准规定的基准长度。

2.2.2 带长极限偏差是这样计算的：上偏差为 $+P/2$，下偏差为 $-P$，其中：

$$P = 0.8\sqrt[3]{L} + 0.006L \qquad (1)$$

式中：L——优先数系 R10 中的数，它们的值等于或略大于表 2 中基准长度数值。

2.3 露出高度 f

带在测长机测量带轮中的露出高度 f 按表 3 规定。

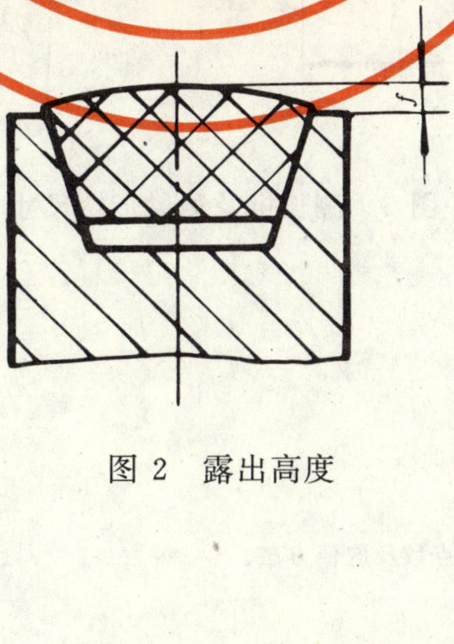

图 2 露出高度

表 3

mm

型 号	HG	HH	HI	HJ	HK	HL	HM	HN	HO
露出高度	−0.8～+4.1							−0.8～+5.6	

3 基准长度和露出高度的测量

3.1 测量装置

测量装置为一专用测长机(见图 3)。它主要包括两个尺寸相同的带轮，其中一个轮可在测量力 F 作用下，沿带轮所在平面移动。带轮的基准直径是通过测量相对地安装在轮槽中的两个直径为 d 的平行量棒的外切平面间距 K 值来检验(见图 4)。各测量参数和测量条件按表 4 规定。

3.2 长度测量

将被测带安装在测长机轮槽中，对可动轮施加测量力 F，使带至少转动两整圈后，测量两带轮间中心距 a。

带的基准长度按式(2)计算：

$$L_d = 2a + C_d \quad \cdots\cdots (2)$$

式中：L_d——带的基准长度；

a——两带轮中心距；

C_d——测量带轮基准圆周长(见表 4)。

3.3 露出高度的测量

将被测带安装在测长机轮槽中，对可动轮施加测量力 F，使带至少转动两整圈，停稳后测量。以 3 点测量值的算术平均值作为测量结果[1]。

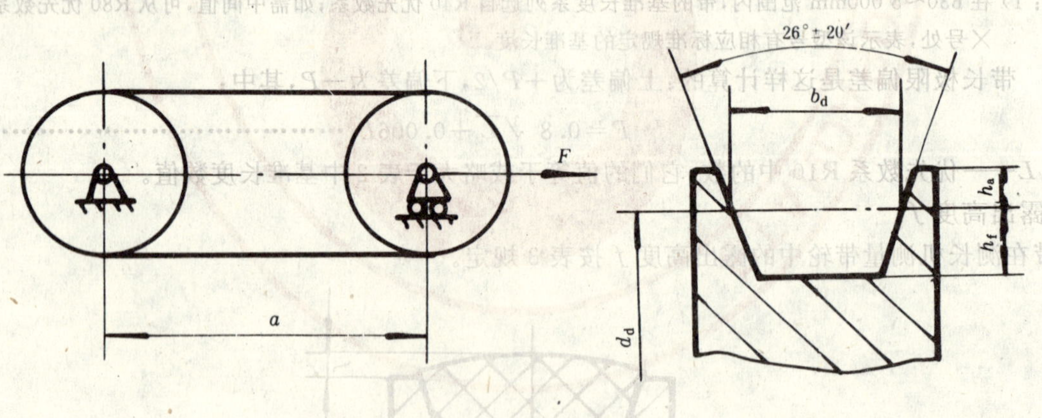

图 3 测长机及测量带轮尺寸

采用说明：

1] ISO 3410—1989 中没有规定测量点数及取值方法。

表 4 测量带轮参数和测量条件

mm

名称	符号		HG	HH	HI	HJ	HK	HL	HM	HN	HO
基准宽度	b_d		15.4	19.0	23.6	29.6	35.5	41.4	47.3	53.2	59.1
基准宽度线以上槽深	h_a		2.5	3.0	3.8	4.7	5.7	6.6	7.6	8.5	9.5
基准宽度线以下槽深	$h_{f,min}$		8	10	13	16	19	22	25	28	32
基准直径	d_d	基本尺寸	95.49	95.49	127.32	159.16	190.99	222.82	254.65	286.48	318.31
		极限偏差	±0.13								
基准圆周长	C_d		300	300	400	500	600	700	800	900	1 000
测量力,N	F		350	530	800	1 300	1 800	2 500	3 300	3 300	3 300
量棒直径	d	基本尺寸	15.805	19.500	24.221	30.379	36.434	42.489	48.544	54.599	60.655
		极限偏差	+0.005 −0.003	+0.005 −0.004		+0.006 −0.005				+0.006 −0.007	
量棒外切面距离	K	基本尺寸	114.85	119.38	156.99	196.37	235.62	274.87	314.11	353.36	392.61
		极限偏差	±0.20								

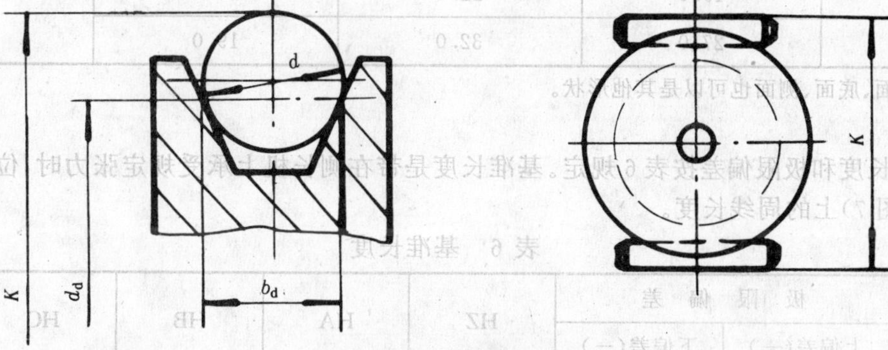

图 4 轮径测量方法

第二篇 农业机械用普通 V 带尺寸

4 主题内容与适用范围

本标准规定了农业机械用普通 V 带的尺寸和测量方法。

本标准主要适用于农业机械的一般传动用 V 带。

5 尺寸

5.1 截面

根据截面尺寸,带可分为 HZ、HA、HB、HC、HD 等型号。各种型号的截面基本尺寸按图 5 规定。带的截面准确性是通过测量带在测长机轮槽中的露出高度来检验。

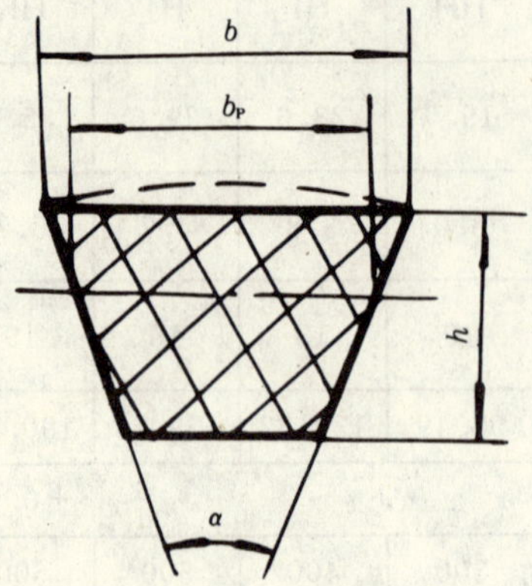

图 5 带的截面

表 5

mm

型号	节宽 b_p	顶宽 b	高度 h	楔角 α
HZ	8.5	10.0	6.0	40°
HA	11.0	13.0	8.0	
HB	14.0	17.0	11.0	
HC	19.0	22.0	14.0	
HD	27.0	32.0	19.0	

注：带的顶面、底面、侧面也可以是其他形状。

5.2 长度

带的基准长度和极限偏差按表 6 规定。基准长度是带在测长机上承受规定张力时，位于测量带轮基准直径 d_d（见图 7）上的周线长度。

表 6 基准长度

mm

基本尺寸 L_d	极限偏差		HZ	HA	HB	HC	HD
	上偏差（+）	下偏差（−）					
400	10	5	×				
450	11	6	×				
500	11	6	×				
560	13	6	×				
630	13	6	×	×			
710	15	7	×	×			
800	15	7	×	×			
900	17	8	×	×	×		
1 000	17	8	×	×	×		
1 120	19	10	×	×	×		
1 250	19	10	×	×	×		

续表 6

mm

基本尺寸 L_d	极限偏差		HZ	HA	HB	HC	HD
	上偏差(+)	下偏差(−)					
1 400	23	11	×	×	×		
1 600	23	11	×	×	×		
1 800	27	13		×	×	×	
2 000	27	13		×	×	×	
2 240	31	16		×	×	×	
2 500	31	16		×	×	×	
2 800	37	18		×	×	×	×
3 150	37	18			×	×	×
3 550	44	22			×	×	×
4 000	44	22			×	×	×
4 500	52	26			×	×	×
5 000	52	26			×	×	×
5 600	63	32			×	×	×
6 300	63	32				×	×
7 100	77	38				×	×
8 000	77	38				×	×
9 000	93	46				×	×
10 000	93	46				×	×
11 200	112	56					×
12 500	112	56					×
14 000	140	70					×

注：基准长度的基本尺寸选自 R20 优先数系，用户需要的基准长度超出表中范围时，由供需双方协商确定。

5.3 露出高度 f

带在测长机测量带轮中的露出高度 f 按表 7 规定。

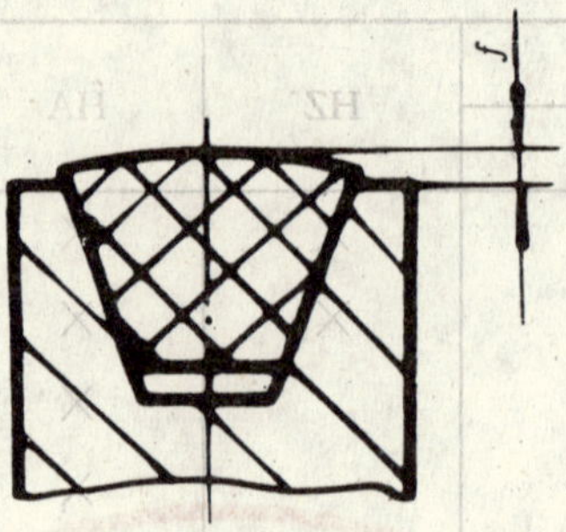

图 6　露出高度

表 7　mm

型　　号	HZ	HA	HB	HC	HD
露出高度 f		−1.6～+1.6		−2.0～+1.6	−3.2～+1.6

5.4　带的配组

需要配组的带，一般应按附录 A 进行配组。但经双方协商，可在长度公差范围内均分三档进行配组。

6　基准长度和露出高度的测量

6.1　测量装置

测量装置为一专用测长机（见图 7）。它主要包括两个尺寸相同的带轮，其中一个轮可在测量力 F 作用下，沿带轮所在平面移动。各测量参数和测量条件按表 8 规定。

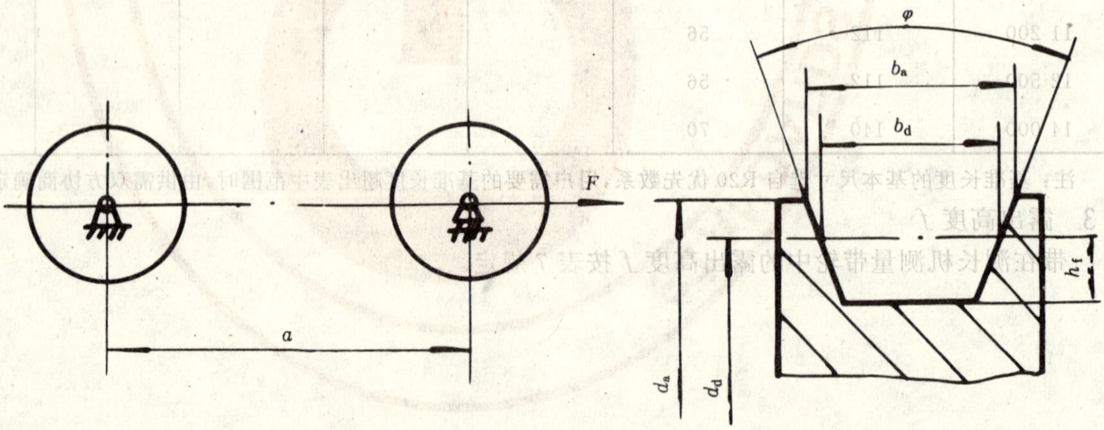

图 7　测长机及测量带轮尺寸

6.2　长度测量

将被测带安装在测长机轮槽中，对可动带轮施加测量力 F，使带转动 1～3 圈，测量两带轮间中心距。

$$L_d = 2a + C_d \quad \cdots\cdots (3)$$

式中：L_d——带的基准长度，mm；

a——两带轮中心距，mm；

C_d——测量带轮基准圆周长，mm。

6.3　露出高度测量

将被测带安装在测长机轮槽中，对可动带轮施加测量力 F，使带转动 1～3 圈，沿带长的任意 3 点测量带的露出高度，停机测量。以 3 点测量值的算术平均值作为测量结果。

表 8　测量带轮参数和测量条件　　mm

型　号		HZ	HA	HB	HC	HD
基准宽度，b_d		8.5	11.0	14.0	19.0	27.0
基准直径 d_d		57.3	143.2	191.0	222.8	318.3
基准圆周长 C_d		180	450	600	700	1 000
外径 d_e	基本尺寸	62.60	150.15	199.75	234.63	334.97
	极限偏差	$^{0}_{-0.06}$				
槽角 φ	基本尺寸	34°	38°	38°	34°	36°
	极限偏差	±0.25				
槽顶宽 b_e	基本尺寸	10.06	13.31	16.94	22.53	32.32
	极限偏差	$^{+0.03}_{0}$				
最小槽深 h_f		9.5	12.0	15.0	20.0	28.0
测量力 F，N		110	200	300	750	1 400

第三篇　农业机械用双面 V 带（六角带）尺寸

7　主题内容与适用范围

本标准规定了农业机械（特别是收割脱粒机械）用双面 V 带（以下简称"带"）的主要尺寸和测量方法。

本标准主要适用于农业机械的双面 V 带。

8　尺寸

8.1　截面

根据截面尺寸，带可分为 HAA、HBB、HCC、HDD 等型号。各种型号带的截面尺寸按表 9 规定。

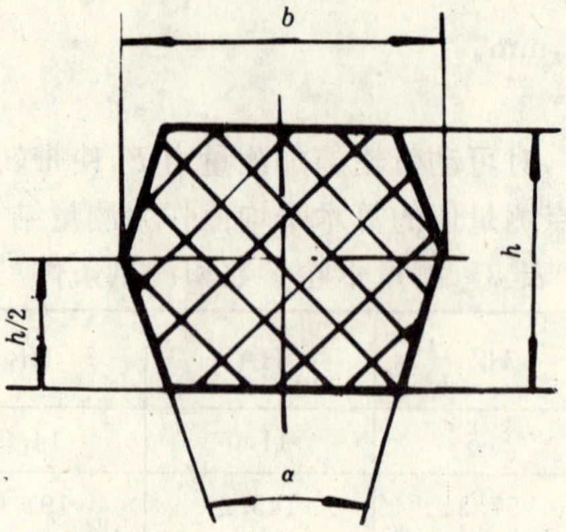

图 8　带的截面

表 9

mm

型　　号	HAA	HBB	HCC	HDD
带宽 b	13	17	22	32
高度 h	10	13	17	25
楔角 α	40°			

8.2　长度

带的有效长度和极限偏差按表 10 规定。有效长度是带在测长机上承受规定张力时，位于测量带轮有效直径 d_e(见图 9)上的周线长度。

表 10　有效长度系列

mm

有　效　长　度[1]			HAA	HBB	HCC	HDD
基本尺寸	极　限　偏　差					
	上偏差(＋)	下偏差(－)				
1 250	8	16	×			
1 320	9	18	×			
1 400	9	18	×			
1 500	9	18	×			
1 600	9	18	×			
1 700	11	22	×			
1 800	11	22	×			
1 900	11	22	×			
2 000	11	22	×	×		
2 120	13	26	×	×		
2 240	13	26	×	×	×	

续表 10

mm

基本尺寸	有效长度[1) 极限偏差 上偏差(+)	有效长度[1) 极限偏差 下偏差(—)	HAA	HBB	HCC	HDD
2 360	13	26	×	×	×	
2 500	13	26	×	×	×	
2 650	15	30	×	×	×	
2 800	15	30	×	×	×	
3 000	15	30	×	×	×	
3 150	15	30	×	×	×	
3 350	18	36	×	×	×	
3 550	18	36	×	×	×	
3 750	18	36		×	×	
4 000	18	36		×	×	×
4 250	22	44		×	×	×
4 500	22	44		×	×	×
4 750	22	44		×	×	×
5 000	22	44		×	×	×
5 300	26	52			×	×
5 600	26	52			×	×
6 000	26	52			×	×
6 300	26	52			×	×
6 700	32	64			×	×
7 100	32	64			×	×
7 500	32	64			×	×
8 000	32	64			×	×
8 500	39	78				×
9 000	39	78				×
9 500	39	78				×
10 000	39	78				×

注：1）在 1 250～10 000mm 范围内，带的有效长度系列选取 R40 优先数系。有×号处，表示该型号有标准有效长度。

8.2.2 带长极限偏差是这样计算的：上偏差为$+P/2$，下偏差为$-P$，其中：

$$P = 0.8\sqrt[3]{L} + 0.006L \quad \cdots\cdots (4)$$

式中：L——优先数系 R10 中的数，它们的值等于或略大于表 10 中有效长度数值。

9 有效长度的测量

9.1 测量装置

测量装置为一专用测长机(见图 9)。它主要包括两个尺寸相同的带轮，其中一个轮可在测量力 F 作用下，沿带轮所在平面移动。测量参数和测量条件按表 11 规定。

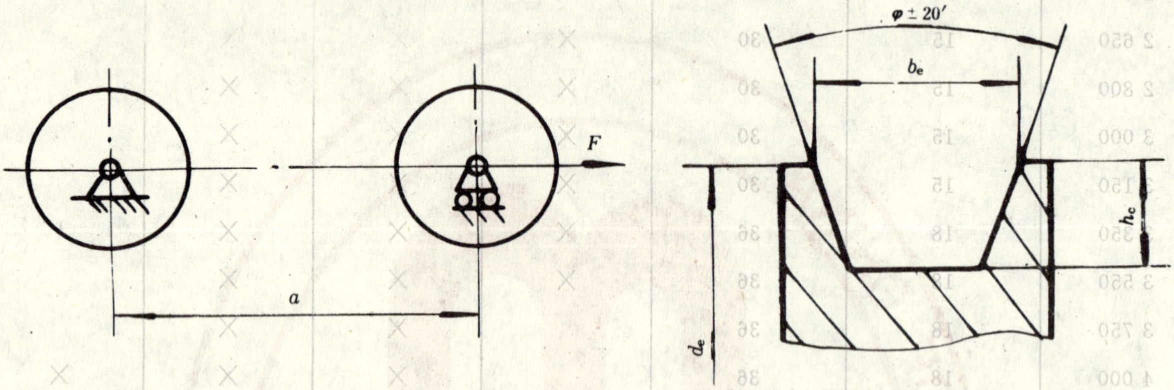

图 9 测长机及测量带轮尺寸

表 11 测量带轮尺寸和测量力

mm

名称	符号		HAA	HBB	HCC	HDD
有效宽度	b_e		13.0	16.5	22.4	32.5
槽深	$h_{c,min}$		8	10	14	20
有效直径	d_e	基本尺寸	95.49	127.32	190.99	286.48
		极限偏差	±0.13			
有效圆周长	C_e		300	400	600	900
测量力,N	F		300	450	850	1 400
槽角	φ		34°	34°	34°	36°

9.2 长度测量

将被测量带安装在测长机轮槽中，对可动带轮施加测量力 F，使带至少转动两整圈后，测量两带轮中心距 a。

带的有效长度按式(5)计算：

$$L_e = 2a + C_e \qquad (5)$$

式中：L_e——带的有效长度；

a——两轮中心距；

C_e——测量带轮有效圆周长(见表 11)。

附　录　A
普通V带的配组
（参考件）

A1　配组允差

带的配组允差(即多带传动时同组V带长度的最大允许差值)见表A1。

表A1　带的配组允差　　mm

基准长度 L_d	配组允差 HZ,HA,HB,HC,HD	基准长度 L_d	配组允差 HZ,HA,HB,HC,HD
$L_d \leqslant 1\,250$	2	$5\,000 < L_d \leqslant 8\,000$	20
$1\,250 < L_d \leqslant 2\,000$	4	$8\,000 < L_d \leqslant 12\,500$	32
$2\,000 < L_d \leqslant 3\,150$	8	$12\,500 < L_d \leqslant 20\,000$	48
$3\,150 < L_d \leqslant 5\,000$	12		

A2　配组代号

配组代号是根据带长度的实际偏差和配组允差而算出的,用0或带正负号的整数,例如+1、+2、-1、-2表示并在带上作出标志。

A3　配组代号的确定

配组代号按下述步骤确定:

将每条V带的实际长度减去基本长度而得到的偏差值除以相应的配组允差。

将所得到的商往变小方向取其最接近的整数,如果商是正值,取整数(即去掉小数部分)就是配组代号。如果商是负值,则先减去1再取整数。

注:如果商是整数,则省去取整数这一步。

例1:设偏差值为+3,配组允差为4,则3÷4=0.75,取整数配组代号为0。

例2:设偏差值为+4,配组允差为4,则4÷4=1,配组代号为+1。

例3:设偏差值为-1,配组允差为4,则(-1)÷4=-0.25,减1,取整数,配组代号为-1。

附加说明:

本标准由中华人民共和国化学工业部提出。

本标准由青岛橡胶工业研究所归口。

本标准由天津市橡胶机带厂负责起草。

本标准主要起草人解德利。

ICS 83.140.01
G 42

中华人民共和国国家标准

GB/T 10822—2003
代替 GB/T 10822—1989

一般用途织物芯阻燃输送带

Flame retardant conveyor belts of textile construction for general use

2003-06-23 发布

2004-02-01 实施

中华人民共和国
国家质量监督检验检疫总局 发布

前 言

本标准对应于 JIS K 6324:2000《阻燃输送带 等级及试验方法》,与 JIS K 6324:2000 一致性程度为非等效。

本标准代替 GB/T 10822—1989《一般用途难燃输送带》。

本标准与 JIS K 6324:2000 主要差异如下:

——删除 K_1 阻燃性能的要求,因其性能属于井下用阻燃带要求。

——等效采用 ISO 340:1988 而制定的国家标准 GB/T 3685—1996 代替 JIS K 6324 中液化气喷灯燃烧试验方法;

——增加了带的导静电要求,要求更加严格;

——删除了钢丝绳芯输送带阻燃性要求,因为现在已有国家标准。

——增加了输送带通用物理性能要求。

本标准与 GB/T 10822—1989 相比主要变化如下:

——提高了带的覆盖层物理性能指标,增加了耐磨性能和老化性能(1989 年版的 4.4.1,本版的4.4.1);

——删除了带的横向全厚度拉伸强度、全厚度纵向拉断伸长率和棉帆布芯带的层间粘合强度,而采用 GB/T 7984—2001 规定相同,与新的普通输送带国际标准规定一致(1989 年版的 4.4.2 和 4.4.3,本版的 4.4.2 和 4.4.3);

——由原标准要求一个阻燃性能级别增加到二个,逐级加严要求(1989 年版的 4.5,本版的 4.5);

——采用 GB/T 7984—2001 规定的取样数量代替原标准规定取样数量,与普通输送带国际标准规定一致(1989 年版的 6.3,本版的 6.3)。

本标准由中国石油和化学工业协会提出。

本标准由化学工业胶带标准化技术归口单位归口。

本标准起草单位:浙江双箭橡胶股份有限公司、青岛橡胶工业研究所。

本标准主要起草人:沈耿亮、沈会民、朱汉华、李健、韩德深。

本标准于 1989 年 3 月首次发布。

一般用途织物芯阻燃输送带

1 范围

本标准规定了具有橡胶覆盖层的一般用途织物芯阻燃输送带(以下简称“带”)的产品分类、技术要求、试验方法、验收规则及标志、包装、贮存和运输要求等。

本标准适用于化工、煤炭、冶金和电力等行业使用的一般用途织物芯阻燃输送带。

本标准不适用于煤矿井下用阻燃输送带,也不适用于金属骨架的阻燃输送带。

2 规范性引用文件

下列文件中的条款,通过本标准的引用而成为本标准的条款。凡是注日期的引用文件,其随后所有的修改单(不包括勘误的内容)或修订版均不适用于本标准,然而,鼓励根据本标准达成协议的各方研究是否可使用这些文件的最新版本。凡是不注日期的引用文件,其最新版本适用于本标准。

GB/T 528 硫化橡胶或热塑性橡胶拉伸应力应变性能的测定(GB/T 528—1998,eqv ISO 37:1994)

GB/T 3512 硫化橡胶或热塑性橡胶 热空气加速老化和耐热试验(GB/T 3512—2001,eqv ISO 188:1998)

GB/T 3684 运输带导电性能规范和试验方法(GB/T 3684—1983,neq ISO 284:1982)

GB/T 3685—1996 输送带酒精喷灯燃烧性能规范和试验方法(eqv ISO 340:1988)

GB/T 3690 织物芯输送带拉伸强度和伸长率测定方法(GB/T 3690—1994,eqv ISO 283:1990)

GB/T 4490 输送带尺寸(GB/T 4490—1994,eqv ISO 251:1987)

GB/T 5752 输送带标志(GB/T 5752—2002,ISO 433:1991,IDT)

GB/T 6759 织物芯输送带的层间粘合强度试验方法(GB/T 6759—2002,ISO 252-1:1999,IDT)

GB/T 7983 输送带成槽性试验方法

GB/T 9867 硫化橡胶耐磨性能的测定(旋转辊筒式磨耗机法)(GB/T 9867—1988,neq ISO 4649:1985)

HG/T 2194 帆布芯输送带布层接头规定

HG/T 3046 织物芯输送带外观质量规定

HG/T 3056 输送带贮存和搬运通则(HG/T 3056—1986,eqv ISO 5285:1978)

3 产品分类

3.1 规格

带的规格按带的全厚度拉伸强度和带的宽度区分。

3.1.1 带的全厚度拉伸强度规格系列如表 2。

3.1.2 带的宽度规格系列按 GB/T 4490 执行。

3.2 标记

示例如下:

GB/T 10822　300　1 000　EP4　800　3＋1.5　L　K_3

- K_3 —— 阻燃安全性能等级代号
- L —— 覆盖层性能级别代号
- 3＋1.5 —— 上、下覆盖层厚度/mm
- 800 —— 纵向全厚度拉伸强度等级/(N/mm)
- EP4 —— 带芯材质和层数
- 1 000 —— 宽度/mm
- 300 —— 长度/m
- GB/T 10822 —— 标准代号

4 技术要求

4.1 外观质量

带的外观质量要求应符合 HG/T 3046 的要求。

4.2 尺寸偏差

带的宽度、长度、总厚度和覆盖层厚度的偏差应符合 GB/T 4490 的要求。

4.3 布层接头

带的多层带芯布层纵向和横向接头的数目和位置应符合 HG/T 2194 的要求。

4.4 物理性能

4.4.1 覆盖层的物理性能

带的覆盖层物理性能见表 1，老化试验(70℃，168 h)后，覆盖层拉伸强度变化率和拉断伸长率变化率的值不大于老化前测定值的 25%。

表 1 覆盖层的物理性能

覆盖层性能级别	拉伸强度/MPa ≥	拉断伸长率/% ≥	磨耗量/mm^3 ≤
D	18.0	450	200
L	14.0	400	250

当覆盖层厚度为 0.8 mm～1.6 mm 时，试样厚度可以是切出的最大厚度，此时，拉伸强度和拉断伸长率允许比表中值低 15%以内。

注：D——强磨损工作条件；L——一般工作条件。

4.4.2 全厚度拉伸强度

带的纵向全厚度拉伸强度值作为型号应不小于强度等级在表 2 中所示值，最小纵向全厚度拉伸强度等于指定带的型号数值。

表 2 全厚度拉伸强度等级

单位为牛顿每毫米

160	200	250	315	400	500	630
800	1 000	1 250	1 600	2 000	2 500	3 150

4.4.3 伸长率

带的全厚度纵向参考力伸长率应不大于 4%。

注：参考力等于带的公称全厚度纵向拉伸强度的 10%乘以试样中部宽度基本值所得的力。

4.4.4 **层间粘合强度**

4.4.4.1 采用合成纤维织物作带芯时，带的层间粘合强度见表3。

表3 层间粘合强度

项目		布层间	覆盖层与带芯之间	
			覆盖层厚度 0.8 mm～1.5 mm	覆盖层厚度＞1.5 mm
全部试样平均值/(N/mm)	≥	4.5	3.2	3.5
全部试样最低峰值/(N/mm)	≥	3.9	2.4	2.9
所有试样最高峰值不得超过 20 N/mm(参考)。				

4.4.4.2 采用含天然纤维的织物作带芯时，带的层间粘合强度见表4。

表4 层间粘合强度

项目		布层间	覆盖层与带芯之间	
			覆盖层厚度 0.8 mm～1.5 mm	覆盖层厚度＞1.5 mm
全部试样平均值/(N/mm)	≥	3.2	2.1	2.7
全部试样最低峰值/(N/mm)	≥	2.7	1.6	2.2
所有试样最高峰值不得超过 20 N/mm(参考)。				

4.4.5 **成槽度**

带的成槽度见表5。

表5 成槽度

侧托辊槽形角(°)	20	25	30	35	40	45	50	55	60
成槽度 ≥	0.08	0.10	0.12	0.14	0.16	0.18	0.20	0.23	0.26

4.4.6 **直线度**

带的直线度见表6，测量次数由有关方面协商确定。

表6 直线度

带宽及带长	直线度
带宽不大于 500 mm 或带长不大于 20 m	5 m 带长内不大于 25 mm
带宽大于 500 mm 且带长大于 20 m	7 m 带长内不大于 25 mm

4.5 **安全性能**

带的安全性能分为二级，阻燃性能等级要求见表7。

表7 安全性能

项目	阻燃性能等级	
	K_2 级	K_3 级
火焰持续时间	六个有覆盖层试样的火焰持续时间合计不得大于 45 s，任何单个值不得大于 15 s	三个有覆盖层试样的火焰持续时间的平均值不得大于 60 s
导静电性能	不大于 3×10^8 Ω	
再燃性	任何一个试样上应不重新出现火焰	

5 试验方法

5.1 带的尺寸测量按 GB/T 4490 规定进行试验。

5.2 带的覆盖层拉伸性能按 GB/T 528 规定进行试验。
5.3 带的覆盖层耐磨性能按 GB/T 9867 规定进行试验。
5.4 带的全厚度拉伸强度和伸长率按 GB/T 3690 规定进行试验。
5.5 带的层间粘合强度按 GB/T 6759 规定进行试验。
5.6 带的成槽性按 GB/T 7983 规定进行试验。
5.7 带的燃烧性能按 GB/T 3685 规定的 A 法进行试验。
5.8 带的导静电性能按 GB/T 3684 规定进行试验。
5.9 带的覆盖层老化性能按 GB/T 3512 规定进行试验。
5.10 带的直线度测定：将带在平整面上展开放平，沿带边的任意部位将一根 7 m 或 5 m 长的线拉直，并使线两端位于带边上，所测带边到直线的最大垂直距离即为直线度。

6 检验规则

6.1 对带进行质量认证和质量仲裁时，应检验第 4 章要求的全部项目。
6.2 在一个生产批中按表 8 的规定抽取一定数量的样品进行带的出厂检验，应检验带的长度、宽度、总厚度、全厚度拉伸强度和伸长率、覆盖层物理性能(不包括老化性能)、层间粘合强度和安全性能。

表 8 取样数量

带长度/m	样品数量/个
≤500	1
501～1 000	2
1 001～2 000	3
2 001～3 000	4
3 001～5 000	5
5 001～7 000	6
7 001～10 000	7

7 标志、包装、贮存和运输

7.1 带的标志按 GB/T 5752 规定执行。
7.2 带的贮存和运输按 HG/T 3056 规定执行。
7.3 带在芯轴上卷缠整齐，用覆盖物包扎牢固。
7.4 产品出厂时应附有质量检验合格证。

ICS 83.140.01
G 42

中华人民共和国国家标准

GB/T 11063—2003
代替 GB/T 11063—1989

聚酰胺片基平带

Polyamide plate based flat belt

2003-06-23 发布 2004-02-01 实施

中华人民共和国国家质量监督检验检疫总局 发布

前　言

本标准代替 GB/T 11063—1989《聚酰胺片基平带》。

本标准与 GB/T 11063—1989 相比主要变化如下：

——采用严格的尺寸偏差代替原标准的尺寸偏差(1989 年版的 4.1，本版的 4.1)；

——采用国外公司的平带标记代替原标准的标记(1989 年版的 3.3，本版的 3.2)；

——根据聚酰胺片基厚度规定的平带物理性能代替原标准的物理性能(1989 年版的 4.2.2，本版的 4.3)；平带摩擦系数试验方法采用 HG/T 2729—1995 代替原标准自行规定的附录 C(1989 年版的附录 C，本版的 5.7)；增加了平带抗静电要求(见本版的 4.5)；

——增加了平带接头要求(见本版的 4.6)；

——删除了工作面覆盖层的物理性能(1989 年版的 4.2.2)；

——删除了附录 A 和附录 B(1989 年版的附录 A 和附录 B)。

本标准由中国石油和化学工业协会提出。

本标准由化学工业胶带标准化技术归口单位归口。

本标准起草单位：江阴天祥塑化制带有限公司、青岛橡胶工业研究所。

本标准主要起草人：谭佛元、庄崇顺、赵少英、吴国兴、韩德深、辛永录。

本标准于 1989 年 3 月首次发布。

聚 酰 胺 片 基 平 带

1 范围

本标准规定了聚酰胺片基平带的产品分类，技术要求、试验方法、检验规则及标志、包装、运输和贮存条件。

本标准适用于以聚酰胺片基为抗拉体的平型传动带。

2 规范性引用文件

下列文件中的条款通过本标准的引用而成为本标准的条款，凡是注日期的引用文件，其随后所有的修改单(不包括勘误的内容)或修订版均不适用于本标准。然而，鼓励根据本标准达成协议的各方研究是否可使用这些文件的最新版本。凡是不注日期的引用文件，其最新版本适用于本标准。

GB/T 524 平型传动带

GB/T 5756 输送带与传动带术语

GB/T 11210 硫化橡胶抗静电和导电制品电阻的测定(GB/T 11210—1989,eqv ISO 2878:1987)

HG/T 2729 硫化橡胶与薄片摩擦系数的测定 滑动法

3 术语和定义

GB/T 5756 确立的以及下面术语和定义适用于本标准。

3.1 拉伸强度

当平带试样拉伸至断裂时，所施加的力与试样的聚酰胺片基原始截面积之比。

3.2 1%定伸应力

当平带试样伸长至1%时，所施加的力与试样的聚酰胺片基原始截面积之比。

4 产品分类

4.1 分类

聚酰胺片基平带(以下简称平带)按其使用和结构不同，以覆盖层材料分类，分别分为上、下覆盖层均为橡胶型(GG 系列)；上、下覆盖层均为皮革型(LL 系列)；上覆盖层为橡胶、下覆盖层为皮革型(GL 系列)；覆盖层为其他材料的平带。

4.2 结构

平带是以聚酰胺片基为抗拉体，其结构一般由上覆盖层、布层、片基层、布层、下覆盖层组成，也可由聚酰胺片基与皮革或其他材质层组成，见图 1。

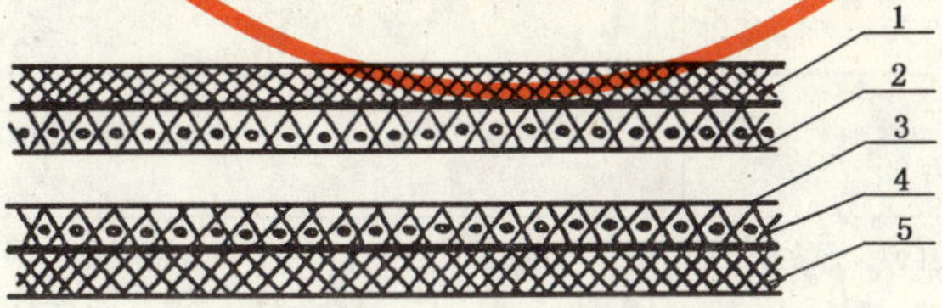

1——上覆盖层；

2——布层；

3——片基层；

4——布层；

5——下覆盖层。

图 1 平带的结构

4.3 标记

平带的标记内容依次为平带的上覆盖材质、下覆盖层材质，安装伸长率 2%时的张紧力，平带厚度、平带长度、平带宽度、标准编号。标记表示在工作面上。

示例：

G L 10 · 30 31 800×30 GB/T 11063

- GB/T 11063 —— 标准编号
- 30 —— 平带宽度，mm
- 31 800 —— 平带长度，mm
- 30 —— 平带厚度，3.0 mm
- 10 —— 安装伸长率 2%时的张紧力，10 N/mm
- L —— 下覆盖层材质为皮革
- G —— 上覆盖层材质为橡胶

5 技术要求

5.1 尺寸

5.1.1 环形平带内周长度极限偏差见表 1。

表 1 环形平带内最长度极限偏差 单位为毫米

内周长度 L	极限偏差
$L \leqslant 1\,000$	±5
$1\,000 < L \leqslant 2\,000$	±10
$2\,000 < L \leqslant 5\,000$	±0.5%
$5\,000 < L \leqslant 20\,000$	±0.3%
$20\,000 < L \leqslant 125\,000$	±0.2%

5.1.2 非环形平带长度由供需双方协商确定，其长度偏差为订货长度的 0%～2%。

5.1.3 平带宽度极限偏差见表 2。

表 2 平带宽度极限偏差 单位为毫米

宽度 b		极限偏差
环形平带	$b \leqslant 60$	±1
	$60 < b \leqslant 150$	±1.5
	$150 < b \leqslant 520$	±2
非环形平带		$^{+2}_{0}$%

5.1.4 平带厚度极限偏差见表 3。

表 3 平带厚度极限偏差 单位为毫米

厚度	极限偏差	同卷或同条带极限偏差
<3.0	±0.2	±0.1
≥3.0	±0.3	±5%

5.2 外观质量

5.2.1 平带应清洁、平整、两边光滑，对影响使用的外观缺陷经一次修补完善后，不允许有脱层、气泡、工作面局部凸起超过 0.5 mm 等缺陷。

5.2.2 长度小于 5 m 的平带直线度不大于 1 mm，长度大于 5 m 平带直线度不大于 3 mm。

5.3 平带的拉伸性能

平带的拉伸性能应符合表 4 的规定。

表 4 平带的拉伸性能

聚酰胺片基厚度/mm	平带 1%定伸应力/MPa ≥	平带拉伸强度/MPa ≥	平带拉断伸长率/% ±5	安装伸长率 2%时，张紧力/(N/mm)
0.2	16	300	22	4.0
0.5	18	350	22	10.0
0.75	18	350	22	15.0
1.0	18	350	22	20.0
1.5	18	350	22	30.0

5.4 平带的层间粘合强度

平带的层间粘合强度包括布层与片基的粘合强度，橡胶与布层的粘合强度，皮革与片基的粘合强度，要求均不小于 2.5 N/mm。

5.5 平带的抗静电性能

平带的表面电阻应不大于 3×10^{8} Ω。

5.6 平带的静摩擦系数

平带的静摩擦系数对皮革不小于 0.3，其他为 0.60～1.0。

5.7 平带的接头强度

平带的接头强度要求不小于平带拉伸强度的 80%。

6 试验方法

6.1 平带厚度采用最小分度不大于 0.01 mm 的厚度计进行测量，测量时沿带的长度方向间隔不小于 100 mm，任取三点，用厚度计在平带的两边分别测量。内周长按 GB/T 524 规定进行测量。

6.2 平带宽度小于 125 mm 用最小分度不大于 0.05 mm 的游标卡尺测量，其余可用最小分度为不大于 1 mm 的钢尺一次测量。测量时沿带身长度方向间隔不小于 100 mm 任测三点，取其平均值，平带长度采用最小分度不大于 1 mm 钢尺测量。

6.3 平带直线度的测定，将带在平整面上展开放平，在同侧带边上任选距离为 a 的两个测量点。当带长小于 5 m 时，$a=1$ m；当带长大于 5 m 时，$a=5$ m。所选两点间的带边各点到两点连直线的最大距离即为直线度，平带直线度采用最小分度不大于 1 mm 的钢尺进行测量。

6.4 平带的拉伸强度、1%定伸应力、拉断伸长率按 GB/T 524 规定进行试验。

6.5 平带的层间粘合强度按 GB/T 524 规定进行试验。

6.6 平带的抗静电性能按 GB/T 11210 规定进行试验。

6.7 平带的接头强度按 GB/T 524 规定进行试验。

6.8 平带的摩擦系数按 HG/T 2729 方法 A 规定进行试验，计算其静摩擦系数平均值。

7 检验规则

7.1 平带的外观质量、宽度和长度应逐条检验。

7.2 产品以 200 m^2 为一批，在每批产品中抽样进行 4.3 和 4.4 的性能试验，但每半月不得少于一次。

7.3 仲裁检验和质量认证时应包括第 4 章的全部技术要求。

7.4 第 4 章所述的试验中有不合格项目，应在该批带中另取双倍试样，对不合格项目进行复试，若试验结果中有一项仍不合格，则该批产品为不合格品。

8 标志、包装、运输和贮存

8.1 标志

每条平带的上覆盖层表面应有含下列内容的标志：

a) 制造厂名或商标；

b) 产品的型号标记；

c) 制造年月；

d) 带的外表面应打印运转方向箭头；

e) 非环形带的标志，每隔 5 m 不应少于一个。

8.2 包装

非环形带按相同型号规格成卷捆扎，环形带按相同型号规格成盘状捆扎，每捆不超过 10 条。

8.3 运输和贮存

8.3.1 平带在运输和贮存中应保持清洁，避免阳光直射，雨雪浸淋，防止与酸、碱、油类及有机溶剂等接触。

8.3.2 平带在贮存时，应离开发热装置 1 m 以上，库房温度保持 －10℃ ～ ＋45℃，相对湿度 50% ～80%。

8.3.3 贮存期间，产品应每季翻动一次。

前 言

本标准中普通V带和窄V带的基准长度及其极限偏差、中心距变化量、标记和测量方法等效采用国际标准ISO 4184:1992《带传动——普通V带与窄V带基准长度》,并等效采用英国国家标准BS 3790—1981《普通V带与窄V带传动》。附录A《有效宽度制窄V带尺寸》等效采用美国国家标准、美国橡胶制品制造者协会标准、美国工程标准ANSI/RMA IP—22—1983《窄V带多带传动规范(3V、5V、8V)》。

本标准从生效之日起,同时代替GB 11544—89。

本标准的附录A是标准的附录,附录B和附录C都是提示的附录。

本标准由中华人民共和国化学工业部提出。

本标准由青岛橡胶工业研究所归口。

本标准起草单位:青岛橡胶工业研究所、青岛橡胶工业设计院黄岛试验厂、山东肥城市橡胶制品厂、湖南醴陵东亚橡胶股份有限公司、青岛新颖橡胶厂。

本标准主要起草人:韩德深、蔡鹏、江树墉、许建君、刘克峰、王耀华。

本标准于1989年3月首次发布。

中华人民共和国国家标准

GB/T 11544—1997

普通V带和窄V带尺寸

代替 GB 11544—89

Classical and narrow V-belts—Dimensions

1 范围

本标准规定了普通V带和窄V带(以下简称V带)的截面尺寸、基准长度及其极限偏差、露出高度、中心距变化量、标记及尺寸测量方法。

本标准适用一般机械传动用普通V带和窄V带。

2 引用标准

下列标准所包含的条文,通过在本标准中引用而构成为本标准的条文。本标准出版时,所示版本均为有效。所有标准都会被修订,使用本标准的各方应探讨使用下列标准最新版本的可能性。

GB 321—80 优先数和优先数系

GB/T 5756—86 输送带与传动带术语(eqv ISO 1081:1980)

GB 6931.2—86 V带传动 术语(eqv ISO 1081:1980)

GB/T 11356—89 普通及窄V带传动用带轮 槽形检验(neq ISO 255:1981)

GB/T 13490—92 V带均匀性规范和试验方法 中心距变化量法(idt ISO 9608:1988)

3 定义

GB/T 5756和GB 6931.2规定的有关V带传动的术语适用于本标准。

4 截面尺寸

普通V带的相对高度(h/b_p)约为0.7,其型号分为Y、Z、A、B、C、D、E等七种。基准宽度制窄V带的相对高度约为0.9,其型号分为SPZ、SPA、SPB、SPC等四种。有效宽度制窄V带的型号见附录A。对普通V带和基准宽度制窄V带的截面规定如下:

——Y型(用于基准宽度5.3 mm的槽形);

——Z型(用于基准宽度8.5 mm的槽形);

——A型(用于基准宽度11 mm的槽形);

——B型(用于基准宽度14 mm的槽形);

——C型(用于基准宽度19 mm的槽形);

——D型(用于基准宽度27 mm的槽形);

——E型(用于基准宽度32 mm的槽形);

——SPZ型(用于基准宽度8.5 mm的槽形);

——SPA型(用于基准宽度11 mm的槽形);

——SPB型(用于基准宽度14 mm的槽形);

——APC型(用于基准宽度19 mm的槽形)。

国家技术监督局1997-10-14批准　　　　1998-04-01实施

V 带的截面尺寸如图 1 和表 1 所示。截面尺寸的合格通过在测长机上按表 8 规定的测量力测量 V 带在轮槽中的露出高度 h_r(见图 2)来判断。表 2 中给出了 V 带露出高度规定值。

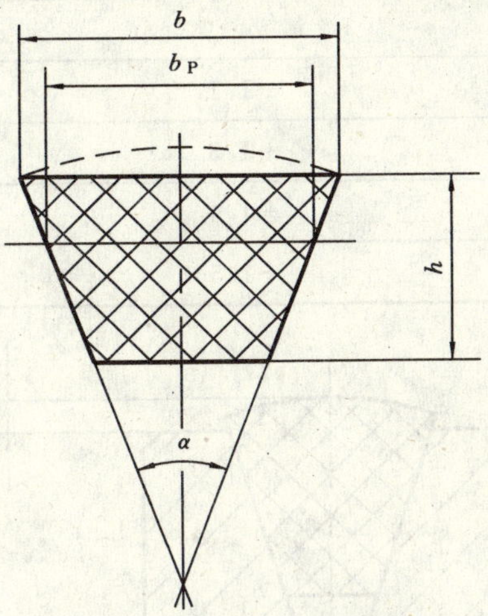

图 1 V 带截面示意图

表 1 V 带截面尺寸

mm

型号		节宽 b_P	顶宽 b	高度 h	楔角 α
普通 V 带	Y	5.3	6.0	4.0	40°
	Z	8.5	10.0	6.0	
	A	11	13.0	8.0	
	B	14	17.0	11.0	
	C	19	22.0	14.0	
	D	27	32.0	19.0	
	E	32	38.0	23.0	
窄 V 带	SPZ	8	10.0	8.0	40°
	SPA	11	13.0	10.0	
	SPB	14	17.0	14.0	
	SPC	19	22.0	18.0	
注：当 V 带的节面与带轮的基准宽度重合时，基准宽度才等于节宽。					

表 2 V 带露出高度

mm

型号		露出高度 h_r 最大	露出高度 h_r 最小
普通 V 带	Y	+0.8	−0.8
	Z	+1.6	−1.6
	A	+1.6	−1.6
	B	+1.6	−1.6
	C	+1.5	−2.0
	D	+1.6	−3.2
	E	+1.6	−3.2

表 2(完)

mm

型　号		露出高度 h_r	
		最　大	最　小
窄V带	SPZ	+1.1	−0.4
	SPA	+1.3	−0.6
	SPB	+1.4	−0.7
	SPC	+1.5	−1.0

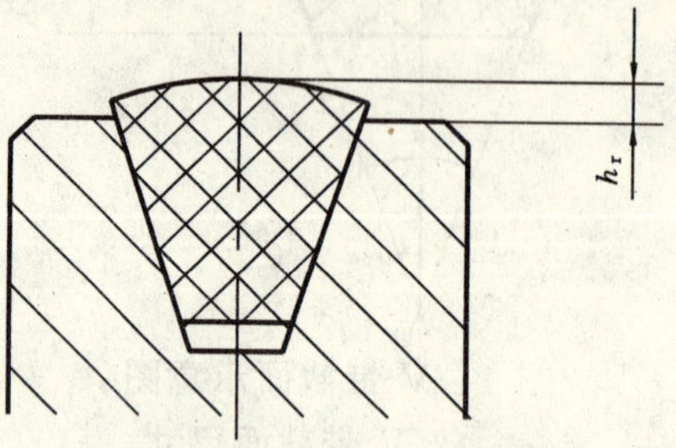

图 2　露出高度示意图

5　基准长度

5.1　基准长度是在施加表 7 所示测量力的情况下,按 8.2 的测量方法测得的。

5.2　基准长度一般应根据 GB 321 从优先数系 R20 常用值选取。

5.2.1　普通 V 带中 Y 型 V 带的基准长度见附录 C 表 C1。当 R20 优先数系不能满足需要时,Z、A、B、C、D 和 E 型 V 带的基准长度可从附录 C 表 C1 所列数值中选取。

5.2.2　SPZ、SPA、SPB、SPC 型窄 V 带的基准长度见表 3。

表 3　窄 V 带基准长度

mm

L_d	不同型号的分布范围				L_d	不同型号的分布范围			
	SPZ	SPA	SPB	SPC		SPZ	SPA	SPB	SPC
630	+				3 150	+	+	+	+
710	+				3 550	+	+	+	+
800	+	+			4 000		+	+	+
900	+	+			4 500		+	+	+
1 000	+	+			5 000			+	+
1 120	+	+			5 600			+	+
1 250	+	+	+		6 300			+	+
1 400	+	+	+		7 100			+	+
1 600	+	+	+		8 000			+	+
1 800	+	+	+		9 000				+
2 000	+	+	+	+	10 000				+
2 240	+	+	+	+	11 200				+
2 500	+	+	+	+	12 500				+
2 800	+	+	+	+					

表 4　V 带基准长度的极限偏差

mm

基准长度 L_d	极限偏差 Y,Z,A,B,C,D,E	极限偏差 SPZ,SPA,SPB,SPC	基准长度 L_d	极限偏差 Y,Z,A,B,C,D,E	极限偏差 SPZ,SPA,SPB,SPC
$L_d \leqslant 250$	$^{+8}_{-4}$		$2\,000 < L_d \leqslant 2\,500$	$^{+31}_{-16}$	±25
$250 < L_d \leqslant 315$	$^{+9}_{-4}$		$2\,500 < L_d \leqslant 3\,150$	$^{+37}_{-18}$	±32
$315 < L_d \leqslant 400$	$^{+10}_{-5}$		$3\,150 < L_d \leqslant 4\,000$	$^{+44}_{-22}$	±40
$400 < L_d \leqslant 500$	$^{+11}_{-6}$		$4\,000 < L_d \leqslant 5\,000$	$^{+52}_{-26}$	±50
$500 < L_d \leqslant 630$	$^{+13}_{-6}$	±6	$5\,000 < L_d \leqslant 6\,300$	$^{+63}_{-32}$	±63
$630 < L_d \leqslant 800$	$^{+15}_{-7}$	±8	$6\,300 < L_d \leqslant 8\,000$	$^{+77}_{-38}$	±80
$800 < L_d \leqslant 1\,000$	$^{+17}_{-8}$	±10	$8\,000 < L_d \leqslant 10\,000$	$^{+93}_{-46}$	±100
$1\,000 < L_d \leqslant 1\,250$	$^{+19}_{-10}$	±13	$10\,000 < L_d \leqslant 12\,500$	$^{+112}_{-66}$	±125
$1\,250 < L_d \leqslant 1\,600$	$^{+23}_{-11}$	±16	$12\,500 < L_d \leqslant 16\,000$	$^{+140}_{-70}$	
$1\,600 < L_d \leqslant 2\,000$	$^{+27}_{-13}$	±20	$16\,000 < L_d \leqslant 20\,000$	$^{+170}_{-85}$	

6　基准长度偏差

6.1　极限偏差

V 带基准长度极限偏差见表 4。普通 V 带中 Y、Z、A、B、C、D 和 E 型 V 带的极限偏差约为 $+1.2p$ 和 $-0.6p$，其中 p 由式(1)以一定的近似度计算。

$$p = 0.8\sqrt[3]{L} + 0.006L \qquad \cdots\cdots(1)$$

式中：L——R10 系列优先数(见 GB 321)，其值等于或略大于用 mm 值表示的基准长度。

6.2　同组带的配组差

多带成组传动时同组 V 带长度的最大允许差值(即配组差)见表 5。配组代号确定方法可参见附录 B。使用中，同组 V 带的配组带代号应相同。

表 5　V 带的配组差

mm

基准长度 L_d	配组差 Y、Z、A、B、C、D、E	配组差 SPZ、SPA、SPB、SPC
$L_d \leqslant 1\,250$	2	2
$1\,250 < L_d \leqslant 2\,000$	4	2
$2\,000 < L_d \leqslant 3\,150$	8	4
$3\,150 < L_d \leqslant 5\,000$	12	6
$5\,000 < L_d \leqslant 8\,000$	20	10
$8\,000 < L_d \leqslant 12\,500$	32	16
$12\,500 < L_d \leqslant 20\,000$	48	—
注：也可按供需双方协商规定的配组差。		

7 中心距变化量

V 带中心距变化量见表 6。

表 6 中心变化量 ΔE mm

带长	顶宽	
	≤25	>25
	ΔE	
≤1 000	1.2	1.8
>1 000～2 000	1.6	2.2
>2 000～5 000	2	3.4
>5 000	2.5	3.4

8 尺寸测量方法

8.1 测量装置

测量装置为普通 V 带和窄 V 带测长机。测长机包括两个相同的测量带轮、测量力施加机构和中心距测量机构。

两个测量带轮安装在试验台的平行水平轴上，一个带轮中心位置固定，另一个带轮可沿两轮中心连线移动。带轮尺寸如表 7 和图 3 所示。带轮槽形检验按 GB/T 11356 规定进行。

表 7 基准宽度制测量带轮参数及测量力 mm

型号	基准宽度 b_d	基准直径 d_d	基准圆周长 c_d	外径 d_a	顶宽 b_a	槽深 h_f	槽角 φ	测量力 F
Y	5.3	28.7	90	$32.13_{-0.06}^{0}$	$6.24_{0}^{+0.03}$	6.3	32°±0.25°	40
Z	8.5	57.3	180	$62.60_{-0.06}^{0}$	$10.06_{0}^{+0.03}$	9.5	34°±0.25°	110
A	11	95.5	300	$102.42_{-0.06}^{0}$	$13.05_{0}^{+0.03}$	12.0	34°±0.25°	220
B	14	127.3	400	$136.08_{-0.06}^{0}$	$16.61_{0}^{+0.03}$	15.0	34°±0.25°	300
C	19	222.8	700	$234.62_{-0.06}^{0}$	$22.53_{0}^{+0.03}$	20.0	34°±0.25°	750
D	27	318.3	1 000	$334.97_{-0.06}^{0}$	$32.32_{0}^{+0.03}$	28.0	36°±0.25°	1 400
E	32	573.0	1 800	$592.62_{-0.06}^{0}$	$38.28_{0}^{+0.03}$	33.0	36°±0.25°	1 800
SPZ	8.5	95.5	300	$99.76_{-0.06}^{0}$	$9.91_{0}^{+0.03}$	11.0	38°±0.25°	300
SPA	11	143.2	450	$149.13_{-0.06}^{0}$	$12.96_{0}^{+0.03}$	14.0	38°±0.25°	560
SPB	14	191.0	600	$198.29_{-0.06}^{0}$	$16.45_{0}^{+0.03}$	17.5	38°±0.25°	900
SPC	19	318.3	1 000	$328.26_{-0.06}^{0}$	$22.35_{0}^{+0.03}$	23.8	38°±0.25°	1 500
注：如果情况需要，A 型测量带轮的基准圆周长可选用 450 mm，B 型测量带轮的基准圆周长可选用 600 mm。								

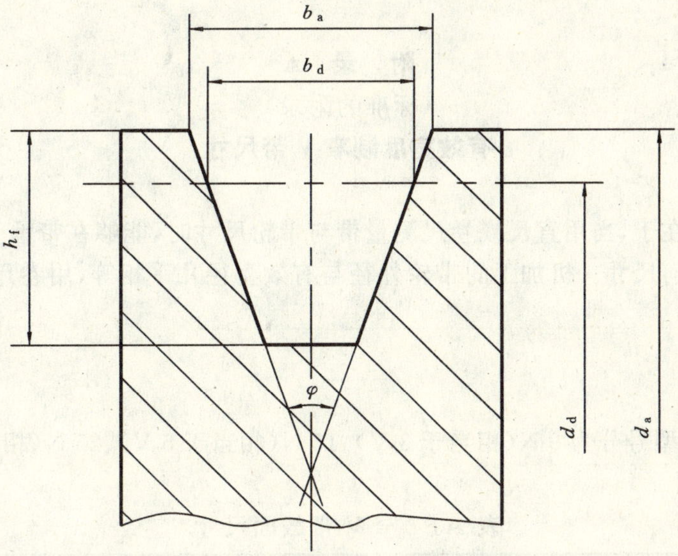

图 3

8.2 带长测量

测量V带基准长度时，将V带安装在测长机两带轮的轮槽中。通过可移动带轮对V带施加表7所示的测量力。将V带转动一至三圈，以使V带正确地嵌入轮槽中。测量两带轮的中心距，按式(2)计算V带的基准长度 L_d。

$$L_d = a_{max} + a_{min} + C_d \quad \cdots\cdots(2)$$

式中：a_{max}——两带轮的最大中心距，mm；

a_{min}——两带轮的最小中心距，mm；

C_d——测量带轮基准圆周长(见表7)，mm。

8.3 露出高度测量

将被测量V带安装在测长机两带轮轮槽中。通过可移动带轮对V带施加表7所示的测量力。将V带转动一至三圈，以使V带正确地嵌入轮槽中。待其停稳后，在V带与带轮接触弧段的任意点上带顶宽中央部位测量V带在轮槽中的露出高度。但注意不要在V带上有布层接头和商标的部位测量。取测量任意三点的平均值，作为露出高度测量结果。

8.4 中心距变化量测量

中心距变化量的测量按 GB/T 13490 规定进行。

9 标记

普通V带和窄V带的标记内容和顺序为型号、基准长度公称值、标准号。标记示例如下：

SPA 1250 GB/T ××××

- 标准号：GB/T ××××
- 基准长度为 1 250 mm：1250
- 型号为 SPA 型：SPA

附 录 A
（标准的附录）
有效宽度制窄V带尺寸

有效宽度制的优点在于，当用直尺或卷尺测量带与带轮尺寸时，能够在带承受张紧力的情况下较精确地测定带与带轮的几何尺寸。机加工的带轮外径与有效直径几乎相等，用卷尺所测的V带外周长度接近于有效长度。

A1 截面尺寸

窄V带有效宽度制型号分为9 N（相当于3 V）、15 N（相当于5 V）、25 N（相当于8 V）等三种，截面尺寸如表A1所示。

表A1 窄V带截面尺寸 mm

型 号	顶宽 b	高度 h
9 N	9.5	8.0
15 N	16.0	13.5
25 N	25.5	23.0

本标准对这些尺寸不规定极限偏差和检测方法，截面尺寸的合格通过在测长机上按表A3所示的测量力测量V带在轮槽中的露出高度来判断，表A3中给出了V带露出高度规定值。由于各制造生产的带的结构与生产方法不同，带截面的形状尺寸及两侧面的夹角也会有所差异。

A2 有效长度极限偏差

A2.1 有效长度是在施加表A3所示测量力的情况下，按第8章的测量方法测得的。

A2.2 有效长度的极限偏差见表A2。

A3 同组带的配组差

多带成组传动时同组V带长度的最大允许差值（即配组差）见表A2。

A4 中心距变化量

V带中心距变化量按第7章中表6规定执行。

A5 尺寸测量方法

A5.1 测量装置见8.1，但是带轮尺寸如表A3和图A1所示。

表 A2 窄 V 带长度

mm

公称有效长度			极限偏差	配组差	公称有效长度			极限偏差	配组差
型号					型号				
9 N	15 N	25 N			9 N	15 N	25 N		
630			±8	4	2 690	2 690	2 690	±15	6
670			±8	4	2 840	2 840	2 840	±15	10
710			±8	4	3 000	3 000	3 000	±15	10
760			±8	4	3 180	3 180	3 180	±15	10
800			±8	4	3 350	3 350	3 350	±15	10
850			±8	4	3 550	3 550	3 550	±15	10
900			±8	4		3 810	3 810	±20	10
950			±8	4		4 060	4 060	±20	10
1 015			±8	4		4 320	4 320	±20	10
1 080			±8	4		4 570	4 570	±20	10
1 145			±8	4		4 830	4 830	±20	10
1 205			±8	4		5 080	5 080	±20	10
1 270	1 270		±8	4		5 380	5 380	±20	10
1 345	1 345		±10	4		5 690	5 690	±20	10
1 420	1 420		±10	6		6 000	6 000	±20	10
1 525	1 525		±10	6		6 350	6 350	±20	16
1 600	1 600		±10	6		6 730	6 730	±20	16
1 700	1 700		±10	6		7 100	7 100	±20	16
1 800	1 800		±10	6		7 620	7 620	±20	16
1 900	1 900		±10	6		8 000	8 000	±25	16
2 030	2 030		±10	6		8 500	8 500	±25	16
2 160	2 160		±13	6		9 000	9 000	±25	16
2 290	2 290		±13	6			9 500	±25	16
2 410	2 410		±13	6			10 160	±25	16
2 540	2 540	2 540	±13	6			10 800	±30	16
							11 430	±30	16
							12 060	±30	24
							12 700	±30	24

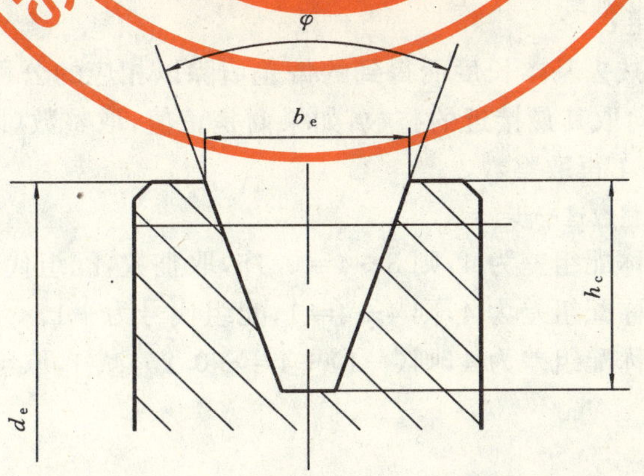

图 A1 测量用带轮示意图

表 A3　有效宽度制测量带轮参数及测量力　　mm

型　号	有效宽度 b_e	外　径 d_0	有效圆周长 C_e	最小槽深 h_c	槽　角 φ	测量力 F	最大露出高度 h_r
9 N(3 V)	8.89	95.5±0.1	300	8.6	38°±0.25°	445±4.5 N	2.5
15 N(5 V)	15.24	191.0±0.1	600	15.0	38°±0.25°	1 000±10.0 N	3.0
25 N(8 V)	25.40	318.3±0.1	1 000	25.1	38°±0.25°	2 225±22.0 N	4.1

A5.2　测量V带有效长度时，将V带安装在测长机两带轮的轮槽中。通过可移动带轮对V带施加表A3所示的测量力。将V带转动至少两圈，以使V带正确地嵌入轮槽中，测量两带轮的中心距，按式(A1)计算V带的有效长度 L_e。

$$L_e = a_{max} + a_{min} + C_e \qquad \text{(A1)}$$

式中：a_{max}——两带轮的最大中心距，mm；

a_{min}——两带轮的最小中心距，mm；

C_e——测量带轮有效圆周长(见表A3)，mm。

A5.3　V带露出高度的测量按8.3规定进行，但对V带施加表A3所示的测量力，将V带转动至少两圈。

A5.4　中心距的变化量的测量按GB/T 13490规定进行。

附　录　B
(提示的附录)
V带的配组代号

对多带传动同组使用的V带，经供需双方协商同意，推荐采用下述方法确定配组代号(即长度偏差代码)。

B1　配组代号

配组代号是根据带长度的实际偏差和公称配组差而算出的，用0或带正负号的整数，例如＋1、＋2、－1、－2表示并在带上作出标志。

B2　配组代号的确定

配组代号按下述步骤确定：

将每条V带的实际长度减去基本长度而得到的偏差值除以相应的公称配组差。

将所得到的商往变小方向取其最接近的整数，如果商是正值，取整数(即去掉小数部分)就是配组代号。如果商是负值，则先减去1再取整数。

注：如果商是整数，则省去取整数这一步。

例1：设偏差值为＋3，公称配组差为4，则3÷4＝0.75，取整数，配组代号为0。

例2：设偏差值为＋4，公称配组差为4，则4÷4＝1，配组代号为＋1。

例3：设偏差值为－1，公称配组差为4，则(－1)÷4＝－0.25，减1，取整数，配组代号为－1。

附 录 C
（提示的附录）
普通V带基准长度

表 C1 普通V带基准长度 mm

型号						
Y	Z	A	B	C	D	E
200	405	630	930	1 565	2 740	4 660
224	475	700	1 000	1 760	3 100	5 040
250	530	790	1 100	1 950	3 330	5 420
280	625	890	1 210	2 195	3 730	6 100
315	700	990	1 370	2 420	4 080	6 850
355	780	1 100	1 560	2 715	4 620	7 650
400	820	1 250	1 760	2 880	5 400	9 150
450	1 080	1 430	1 950	3 080	6 100	12 230
500	1 330	1 550	2 180	3 520	6 840	13 750
	1 420	1 640	2 300	4 060	7 620	15 280
	1 540	1 750	2 500	4 600	9 140	16 800
		1 940	2 700	5 380	10 700	
		2 050	2 870	6 100	12 200	
		2 200	3 200	6 815	13 700	
		2 300	3 600	7 600	15 200	
		2 480	4 060	9 100		
		2 700	4 430	10 700		
			4 820			
			5 370			
			6 070			

前 言

经过长期试验实践发现,GB/T 11545—89 部分内容已不适应目前汽车 V 带质量日益提高的要求。另外,一些引进设备的企业要求等效采用国际标准试验方法,所以对原标准进行修订。修订后的新标准是等效采用国际标准 ISO 5287:1985《汽车工业用窄 V 带传动——疲劳试验》,对该国际标准缺少的型号和部分参数,等效采用日本汽车协会标准 JASO E 107—83《汽车 V 带》加以补充。由于国际标准没有规定汽车 V 带疲劳寿命,我国的汽车 V 带产品标准等效采用日本汽车协会标准的疲劳寿命;同时,本标准对国际标准没有规定试验用传动功率也是采用了日本汽车协会标准;为了我国 V 带疲劳寿命与国外先进标准具有较高的可比性,本标准张紧轮施加的张紧力也相应地采用了日本汽车协会标准规定,而未采用国际标准规定的较低的张紧力。

对于适应于长度 800 mm 以下 V 带的两轮试验机试验方法,国际标准是放在正文中,但由于部分参数目前缺少规定依据,故本标准将该方法作为标准的附录在附录 A 中给出。

本标准从生效之日起,代替 GB/T 11545—89。

本标准由中华人民共和国化学工业部提出。

本标准由青岛橡胶工业研究所归口。

本标准起草单位:青岛橡胶工业研究所、开封恩达橡胶(集团)有限公司、江西宜春市橡胶厂、江西万载橡胶厂、常熟大象橡胶工业有限公司。

本标准主要起草人:韩德深、张玉本、易建华、黄松、杨剑良。

ISO 前言

ISO(国际标准化组织)是一个由各国标准化机构(ISO 成员团体)组成的世界性联合组织。制定国际标准的工作一般由 ISO 的各技术委员会组织进行。各成员团体如果对已建立技术委员会的某个方面感兴趣,就有权派代表参加该技术委员会组织的会议。一些与 ISO 有联系的国际组织(政府的或非政府的)也参加有关工作。

被各技术委员会采纳的国际标准草案,在由 ISO 理事会批准为国际标准以前,都要分发给各成员团体进行表态投票。按照 ISO 章程,在成员团体的表态投票中如果有至少 75%的赞成票,则该国际标准就算通过了。

国际标准 ISO 5287 是由 ISO/TC 41 技术委员会"带轮与带(包括 V 带)"制定的。

国际标准 ISO 5287 首次出版于 1978 年。本版是第二版,它作为一个技术修订本取代了第一版。

中华人民共和国国家标准

汽车V带疲劳试验方法

V-belt drives for the automotive industry—Fatigue test

GB/T 11545—1996
eqv ISO 5287:1985
代替GB/T 11545—89

1 范围

本标准规定了用于检验汽车V带(以下简称V带)耐疲劳性能的试验方法。

本标准适用于汽车内燃附属设备的传动装置使用的V带。

2 引用标准

下列标准所包含的条文,通过在本标准中引用而构成为本标准的条文。本标准出版时,所示版本均为有效。所有标准都会被修订,使用本标准的各方应探讨使用下列标准最新版本的可能性。

GB/T 11357—89 带轮的材质、表面粗糙度及平衡(eqv ISO 254:1981)

3 方法提要

在本标准规定的条件下,用三轮疲劳试验机测定V带的疲劳寿命。疲劳寿命是指当V带达到终止条件时所累积的正常运转小时数。

4 试验装置

4.1 疲劳试验机(见图1)

4.1.1 本标准所采用的疲劳试验机包括以下几个部分:

a) 一个主动轮和驱动它的适当装置;

b) 一个从动轮和与之相连的功率消耗张置;

c) 一个可以对V带施加张力的张紧轮和张紧装置;

d) 一个测量V带滑动量的装置,测量精度为±1%。

4.1.2 试验机的结构应牢固、稳定,所有的部件在所承受的应力下不应发生显著变形。

4.1.3 为能方便地对V带施加张紧力,并允许V带伸长,三轮试验机的张紧轮及其轴承装置应能在支架上沿拉力作用线方向自由滑动(见图1)。

4.1.4 为了适用各种不同的带长,主动轮和(或)从动轮、张紧轮及支架装置应可调节位置并可加以紧固(见图1)。

4.1.5 V带安装在带轮上后应加以调整,使V带的对称面与各轮槽的对称面的夹角小于15′。

4.1.6 张紧力作用线应穿过张紧轮中心线而平分V带在张紧轮上弯曲处所构成的夹角,并位于张紧轮槽的对称面内。

4.1.7 功率消耗装置的消耗功率可调节并显示。

4.1.8 试验机应装有测定时间、转速、传动功率的仪表。

4.1.9 试验机主动轮转速应可调至表1的规定值。

国家技术监督局1996-10-28批准　　1997-06-01实施

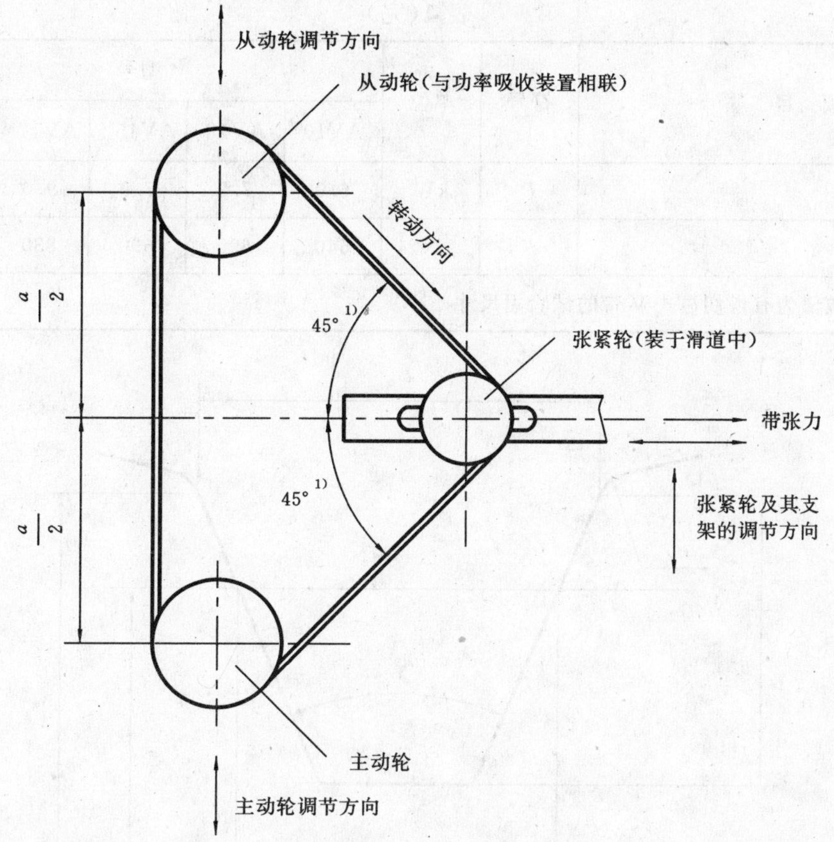

注：1) 45°是对初始试验布局的规定，由于试验期间V带的再张紧，这个角度可能发生微小的变化。

图1 三轮试验机的平面布局

4.2 试验轮

4.2.1 试验轮采用45号钢制作，并调质处理。

4.2.2 试验轮尺寸和传动参数如表1和图2所示。

表1

项 目	符号	单位	型号					极限偏差
			AV10	AV13	AV15[2]	AV17[2]	AV22[2]	
主动轮和从动轮的有效直径	d_{e1}	mm	121	127	127	125	150	±0.2
张紧轮的有效直径	d_{e2}	mm	63	70	80	90(80)[1]	100	±0.2
槽的有效宽度	b_e	mm	9.7	12.7	14.7	16.1	21.5	±0.25
主动轮和从动轮的槽角	φ	(°)	36	36	36	36	36	±0.5
张紧轮的槽角	φ	(°)	36	36	36	34	34	±0.5
最小槽深	h_c	mm	11	13.75	13	15	19	
槽顶圆角最小曲率半径	r	mm	0.8	0.8	0.8	1.5	1.5	
主动轮转速	n	r/min	4 900	4 700	4 700	4 800	3 900	±2%

表 1(完)

项　目	符号	单位	型号					极限偏差
			AV10	AV13	AV15[2]	AV17[2]	AV22[2]	
从动轮的传动功率[1]	P	kW	6.0	7.9	7.9	9.0	10.0	
张紧力[1]	F	N	540	690	690	830	930	
注：1)括号内数值为有齿切边式 V 带的试验用尺寸								

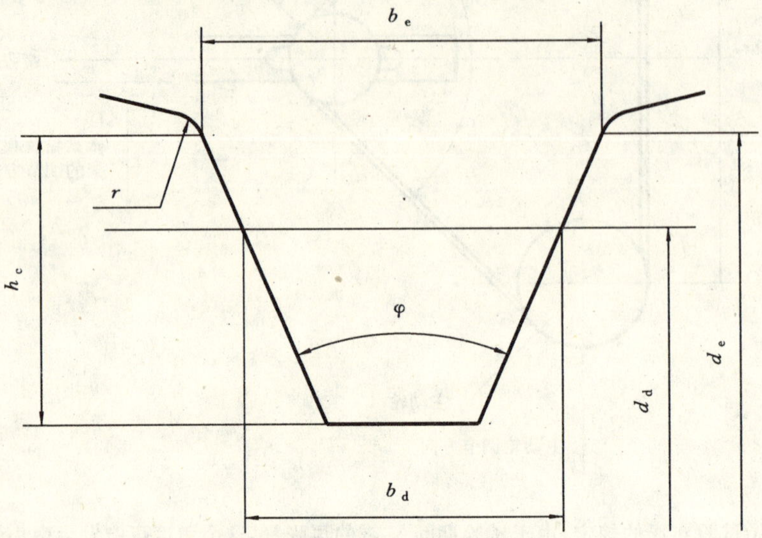

图 2　试验轮槽截面

4.2.3　轮槽侧面各处的表面粗糙度 Ra 的算术平均值不得大于 0.8 μm。

4.2.4　试验轮的平衡要求按 GB 11357 的规定执行。

5　试验室条件

5.1　试验室的室温应控制在 18～32℃之间。

5.2　试验机的传动装置附近不得有空气流动，但由传动本身引起的空气除外。

6　试验方法

6.1　试验条件

6.1.1　试验装置中各轮及支架的相对位置如图 1 所示，主动轮和从动轮间的中心距由式(1)计算，中心距极限偏差为±2 mm。

$$2.414a = L_e - 0.785(3d_{e1} + d_{e2}) - (d_{e1} - d_{e2}) \quad \cdots\cdots(1)$$

式中：a——主动轮和从动轮之间的中心距，mm；

L_e——V 带的有效长度，mm；

d_{e1}——主动轮和从动轮的有效直径，mm；

d_{e2}——张紧轮的有效直径，mm。

采用说明：

1] 因为汽车 V 带产品标准采用 JASO E 107—88 的传动功率和疲劳寿命，所以本标准也采用 JASO E 107—88 的张紧力，而未采用 ISO 5287—1985 的公式计算。

2] ISO 5287—1985 未有规定，根据 JASO E 107—88 予以补充。

6.1.2 主动轮的转速、从动轮的传动功率以及作用在张紧轮上的张紧力如表1所示。

6.1.3 试验用V带长度应在800 mm以上，对长度小于800 mm的V带，可按附录A(标准的附录)用两轮疲劳试验机进行试验。

6.2 试验程序

6.2.1 试验准备

6.2.1.1 将V带安装在带轮上，对张紧轮施加规定的张紧力，让张紧轮在滑道中自由移动，开动试验机使之达到规定的转速，将规定的负荷迅速施加在从动轮上，让试验装置在上述条件下运转5 min±15 s(不包括开机和停机时间)，然后让试验机至少停机10 min。

6.2.1.2 用手使V带转动数圈，用安装在张紧轮支架上的圆盘式位移测定仪测量张紧轮移动的最大范围并记录下来，然后将张紧轮支架紧固在上述最大移动范围的中点处。

6.2.2 试验

6.2.2.1 重新开动试验机达到规定的转速，将规定的负荷迅速施加到从动轮上，记录主动轮和从动轮之间的初始滑动率，让试验装置在上述条件下连续运转，直至V带达到终止条件。

6.2.2.2 当滑动率与初始滑动率之差(即滑动率增量)达到4%时，立即关闭试验机，停机20 min，然后松开张紧轮支架的紧固装置，重新对V带施加张紧力，用手使V带转动2～3圈，再按6.2.1.2所述将张紧轮紧固在最大移动范围的中点处，随后继续试验。对V带进行再张紧的操作时间不得超过30 min。

6.2.2.3 当滑动率增量达到4%时，就重复一次6.2.2.2所述操作，直至V带达到终止条件。

6.2.3 滑动率增量计算

滑动率增量$\Delta\varepsilon$可以用测定时的滑动率与初始滑动率相减而得到，也可按式(2)计算：

$$\Delta\varepsilon = (i_0 - i_f) \times 100$$

$$= \left(\frac{n_0}{N_0} - \frac{n_f}{N_f}\right) \times 100 \quad \cdots\cdots(2)$$

式中：$\Delta\varepsilon$——滑动率增量，%；

n_0——开始试验时从动轮转速，r/min；

n_f——测定ε值时的从动轮转速，r/min；

N_0——开始试验时主动轮转速，r/min；

N_f——测定ε值时主动轮转速，r/min。

注：所有转速的测定均应在带有试验负荷的情况下进行。

6.2.4 试验的终止

当试验中出现V带失效现象(即带体翻转、断裂等)而无法运转或V带滑动率增量第三次达到4%时，终止试验并记录连续正常运转的累积小时数，作为疲劳寿命试验结果。

7 试验报告

试验报告应包括以下内容：

a) 试验依据的标准号；

b) 试验V带的型号和长度；

c) 试验机的型号；

d) 疲劳寿命；

e) 结束试验的理由；

f) 主动轮转速、从动轮传动功率、张紧轮的张紧力；

g) 再张紧次数和每次再张紧时的运转时间；

h) 偶然情况；

i) 试验期间的平均室温；

j）试验日期、试验人员及试验单位。

附 录 A

（标准的附录）

汽车V带两轮疲劳试验方法

A1 疲劳试验机

两轮试验机的两带轮之一（主动轮或从动轮）应可移动（见图A1），试验机上应装有紧固装置，它能在V带承受规定张力的情况下固定可移动带轮的位置。

其余要求与三轮试验机相同。

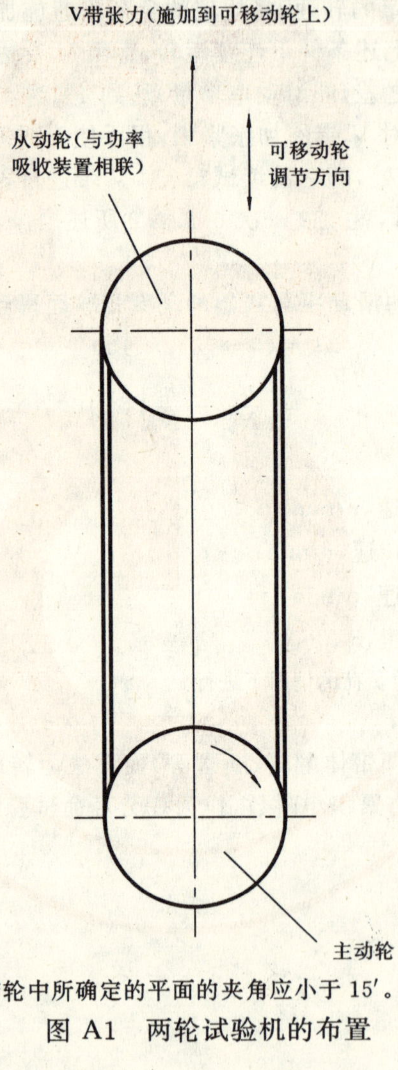

注：安装在带轮上的V带与由各带轮中所确定的平面的夹角应小于15′。

图A1 两轮试验机的布置

A2 试验带轮及传动参数

主动轮和从动轮有效直径 d_e：对AV10型V带为63±0.2 mm；

对AV13型V带为76±0.2 mm。

其余要求及传动参数与三轮试验机带轮相同。

A3　张紧力

施加在可移动带轮上的张紧力按下式计算：

$$F = K \times P$$

式中：F——施加在V带上的张紧力，N；

P——从动轮的传动功率，kW，传动功率约为使用三轮试验机的70%；

K——系数，K=110 N/kW。

A4　试验条件和程序

每次试验中各带轮的初始位置如图A1所示，试验条件和程序与三轮试验机相同，仅将试验机的"张紧轮"改为"可移动带轮"即可。

中华人民共和国国家标准

GB 11616—89

同 步 带 尺 寸

Synchronous belts—Dimensions

本标准等效采用国际标准 ISO 5296-1：1989《同步带传动带　第 1 部分：MXL、XL、L、H、XH、XXH 型—公制和英制尺寸》和 ISO 5296-2：1989《第 2 部分：MXL 和 XXL 型—公制尺寸》。

1　主题内容与适用范围

本标准规定了一般传动装置用同步带的型式、尺寸、标记和长度测量方法。

本标准不适用于圆弧齿同步带和汽车用同步带。

2　型式

同步带分为以下各种型式（如图 1 所示）。

2.1　单面同步带：仅一面有齿的同步带。

2.2　双面同步带：两面都有齿的同步带。双面同步带按齿的排列方式又分为以下两种型式：

a.　对称齿双面同步带，代号为 DA；

b.　交错齿双面同步带，代号为 DB。

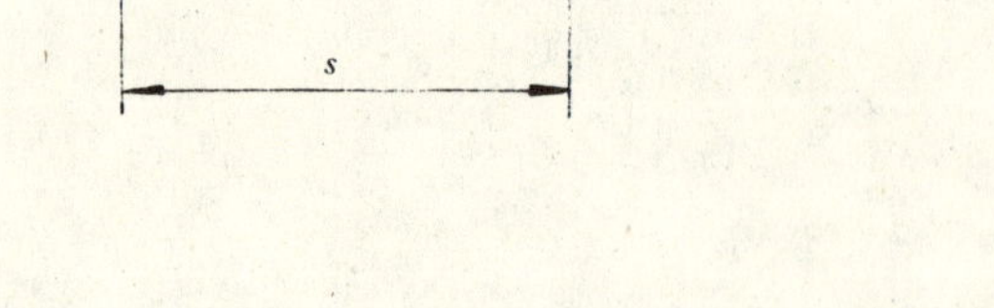

a　单面同步带

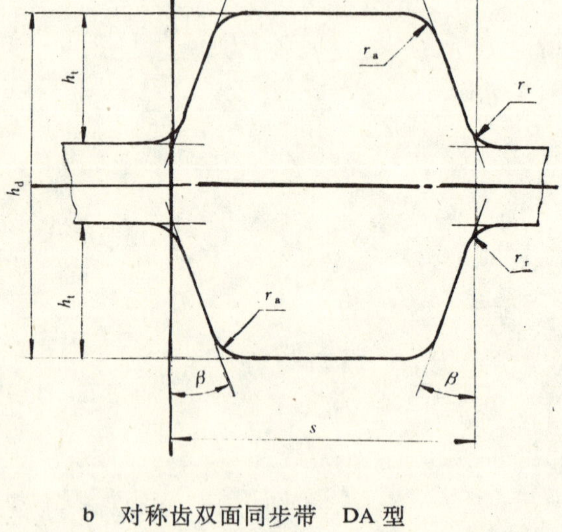

b　对称齿双面同步带　DA 型

图 1

中华人民共和国化学工业部 1987-03-30 批准　　　　1990-08-01 实施

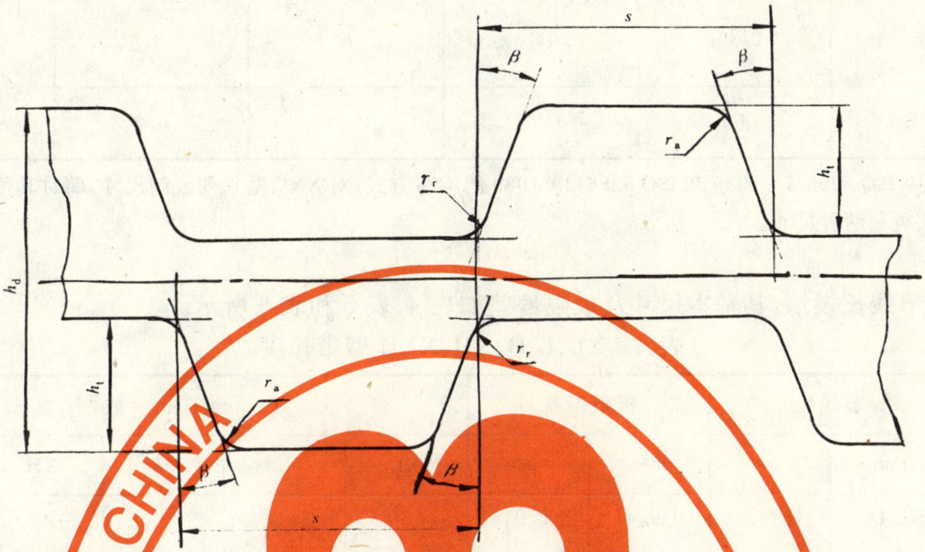

c　交错齿双面同步带　DB 型

续图 1

3　尺寸

3.1　节距与型号

同步带按节距不同分为七种型号，如图 1、表 1 所示。

表 1　型号与节距

型　号	节距 P_b	
	mm	in
MXL	2.032	0.080
XXL	3.175	0.125
XL	5.080	0.200
L	9.525	0.375
H	12.700	0.500
XH	22.225	0.875
XXH	31.750	1.250

3.2　齿尺寸

带齿尺寸规定如图 1、表 2 和表 3 所示。

表 2　MXL、XL、L、H、XH、XXH 型带齿尺寸

型号	2β(°)	s		h_t		r_r		r_a	
		mm	in	mm	in	mm	in	mm	in
MXL	40	1.14	0.045	0.51	0.02	0.13	0.005	0.13	0.005
XL	50	2.57	0.101	1.27	0.05	0.38	0.015	0.38	0.015
L	40	4.65	0.183	1.91	0.075	0.51	0.02	0.51	0.02
H	40	6.12	0.241	2.29	0.09	1.02	0.04	1.02	0.04
XH	40	12.57	0.495	6.35	0.25	1.57	0.062	1.19	0.047
XXH	40	19.05	0.75	9.53	0.375	2.29	0.09	1.52	0.06

表 3 XXL 型带齿尺寸 mm

型　号	2β(°)	s	h_t	r_r	r_a
XXL	50	1.73	0.76	0.2	0.3

注：本标准按 ISO 5296-1：1989 和 ISO 5296-2：1989 的编写方式，对 XXL 型只列公制尺寸，而对其他六种型号则并列公制、英制两种尺寸。

3.3 长度

带长度以节线长表示，其基本尺寸及极限偏差如表 4、表 5 和表 6 所示。

表 4 XL、L、H、XH、XXH 型带长度

长度代号	节线长		极限偏差		齿　数				
	mm	in	mm	in	XL	L	H	XH	XXH
60	152.4	6	±0.41	±0.016	30				
70	177.8	7	±0.41	±0.016	35				
80	203.2	8	±0.41	±0.016	40				
90	228.6	9	±0.41	±0.016	45				
100	254	10	±0.41	±0.016	50				
110	279.4	11	±0.46	±0.018	55				
120	304.8	12	±0.46	±0.018	60				
124	314.33	12.375	±0.46	±0.018		33			
130	330.2	13	±0.46	±0.018	65				
140	355.6	14	±0.46	±0.018	70				
150	381	15	±0.46	±0.018	75	40			
160	406.4	16	±0.51	±0.02	80				
170	431.8	17	±0.51	±0.02	85				
180	457.2	18	±0.51	±0.02	90				
187	476.25	18.75	±0.51	±0.02		50			
190	482.6	19	±0.51	±0.02	95				
200	508	20	±0.51	±0.02	100				
210	533.4	21	±0.61	±0.024	105	56			
220	558.8	22	±0.61	±0.024	110				
225	571.5	22.5	±0.61	±0.024		60			
230	584.2	23	±0.61	±0.024	115				
240	609.6	24	±0.61	±0.024	120	64	48		
250	635	25	±0.61	±0.024	125				
255	647.7	25.5	±0.61	±0.024		68			
260	660.4	26	±0.61	±0.024	130				
270	685.8	27	±0.61	±0.024		72	54		
285	723.9	28.5	±0.61	±0.024		76			
300	762	30	±0.61	±0.024		80	60		
322	819.15	32.25	±0.66	±0.026		86			
330	838.2	33	±0.66	±0.026			66		

续表 4

长度代号	节线长		极限偏差		齿数				
	mm	in	mm	in	XL	L	H	XH	XXH
345	876.3	34.5	±0.66	±0.026		92			
360	914.4	36	±0.66	±0.026			72		
367	933.45	36.75	±0.66	±0.026		98			
390	990.6	39	±0.66	±0.026		104	78		
420	1 066.8	42	±0.76	±0.03		112	84		
450	1 143	45	±0.76	±0.03		120	90		
480	1 219.2	48	±0.76	±0.03		128	96		
507	1 289.05	50.75	±0.81	±0.032				58	
510	1 295.4	51	±0.81	±0.032		136	102		
540	1 371.6	54	±0.81	±0.032		144	108		
560	1 422.4	56	±0.81	±0.032				64	
570	1 447.8	57	±0.81	±0.032			114		
600	1 524	60	±0.81	±0.032		160	120		
630	1 600.2	63	±0.86	±0.034			126	72	
660	1 676.4	66	±0.86	±0.034			132		
700	1 778	70	±0.86	±0.034			140	80	56
750	1 905	75	±0.91	±0.036			150		
770	1 955.8	77	±0.91	±0.036				88	
800	2 032	80	±0.91	±0.036			160		64
840	2 133.6	84	±0.97	±0.038				96	
850	2 159	85	±0.97	±0.038			170		
900	2 286	90	±0.97	±0.038			180		72
980	2 489.2	98	±1.02	±0.04				112	
1 000	2 540	100	±1.02	±0.04			200		80
1 100	2 794	110	±1.07	±0.042			220		
1 120	2 844.8	112	±1.12	±0.044				128	
1 200	3 048	120	±1.12	±0.044					96
1 250	3 175	125	±1.17	±0.046			250		
1 260	3 200.4	126	±1.17	±0.046				144	
1 400	3 556	140	±1.22	±0.048			280	160	112
1 540	3 911.6	154	±1.32	±0.052				176	
1 600	4 064	160	±1.32	±0.052					128
1 700	4 318	170	±1.37	±0.054			340		
1 750	4 445	175	±1.42	±0.056				200	
1 800	4 572	180	±1.42	±0.056					144

表 5 MXL 型带长度[1]

长度代号	节线长		极限偏差		齿数
	mm	in	mm	in	
36.0	91.44	3.6	±0.41	±0.016	45
40.0	101.6	4	±0.41	±0.016	50
44.0	111.76	4.4	±0.41	±0.016	55
48.0	121.92	4.8	±0.41	±0.016	60
56.0	142.24	5.6	±0.41	±0.016	70
60.0	152.4	6	±0.41	±0.016	75
64.0	162.56	6.4	±0.41	±0.016	80
72.0	182.88	7.2	±0.41	±0.016	90
80.0	203.2	8	±0.41	±0.016	100
88.0	223.52	8.8	±0.41	±0.016	110
100.0	254	10	±0.41	±0.016	125
112.0	284.48	11.2	±0.46	±0.018	140
124.0	314.96	12.4	±0.46	±0.018	155
140.0	355.6	14	±0.46	±0.018	175
160.0	406.4	16	±0.51	±0.02	200
180.0	457.2	18	±0.51	±0.02	225
200.0	508	20	±0.51	±0.02	250

表 6 XXL 型带长度

长度代号	齿数	节线长,mm	极限偏差,mm
B 40	40	127	±0.41
B 48	48	152.4	
B 56	56	177.8	
B 64	64	203.2	
B 72	72	228.6	
B 80	80	254	
B 88	88	279.4	±0.46
B 96	96	304.80	
B 104	104	330.2	
B 112	112	355.6	
B 120	120	381	
B 128	128	406.4	±0.51
B 144	144	457.2	
B 160	160	508	
B 176	176	558	±0.61

采用说明：

1〕对 MXL 型带，ISO 5296-1 和 ISO 5296-2 分别规定了不同的长度代号，前者以英制长度为基础，后者以齿数为基础，本标准采用前者。

3.4 宽度与高度

带的宽度与高度规定如表 7、表 8 和表 9 所示。

表 7 MXL、XL、L、H、XH、XXH 型带宽度和高度

型号	公称高度 h_s		标准宽度			宽度极限偏差					
			公称尺寸		代号	节线长小于 838.2 mm (33in)的带		节线长 838.2 mm (33in)～1676.4 mm(66in)的带		节线长大于1676.4 mm (66in)的带	
	mm	in	mm	in		mm	in	mm	in	mm	in
MXL	1.14	0.045	3.2 4.8 6.4	0.12 0.19 0.25	012 019 025	+0.5 −0.8	+0.02 −0.03	—	—	—	—
XL	2.3	0.09	6.4 7.9 9.5	0.25 0.31 0.37	025 031 037	+0.5 −0.8	+0.02 −0.03	—	—	—	—
L	3.6	0.14	12.7 19.1 25.4	0.5 0.75 1	050 075 100	+0.8 −0.8	+0.03 −0.03	+0.8 −1.3	+0.03 −0.05	—	—
H	4.3	0.17	19.1 25.4 38.1	0.75 1 1.5	075 100 150	+0.8 −0.8	+0.03 −0.03	+0.8 −1.3	+0.03 −0.05	+0.8 −1.3	+0.03 −0.05
			50.8	2	200	+0.8 −1.3	+0.03 −0.05	+0.8 −1.3	+0.05 −0.05	+1.3 −1.5	+0.05 −0.06
			76.2	3	300	+1.3 −1.5	+0.05 −0.06	+1.5 −1.5	+0.06 −0.06	+1.5 −2	+0.06 −0.08
XH	11.2	0.44	50.8 76.2 101.6	2 3 4	200 300 400	—	—	+4.8 −4.8	+0.19 −0.19	+4.8 −4.8	+0.19 −0.19
XXH	15.7	0.62	50.8 76.2 101.6 127	2 3 4 5	200 300 400 500	—	—	—	—	+4.8 −4.8	+0.19 −0.19

表 8 XXL 型带的宽度和高度　　mm

型号	公称高度 h_s	标准宽度		宽度极限偏差
		公称尺寸	代号	
XXL	1.52	3.2 4.8 6.4	3.2 4.8 6.4	+0.5 −0.8

表 9 双面同步带高度

型 号	公称高度 h_d	
	mm	in
MXL	1.53	0.06
XL	3.05	0.12
L	4.58	0.18
H	5.95	0.234
XH	15.49	0.61
XXH	22.11	0.87

4 标记

带的标记内容和顺序为长度代号、型号、宽度代号。对双面同步带来说，还应在最前面表示出型式代号，即 DA 或 DB。

标记示例如下：

980 H 200

- 200——宽度代号
- H——型号
- 980——长度代号

B120 XXL 4.8

- 4.8——宽度代号
- XXL——型号
- B120——长度代号

DA 980 XXH 300

- 300——宽度代号
- XXH——型号
- 980——长度代号
- DA——双面带型式代号

5 长度测量

5.1 测长试验机

测长试验机由两个相同直径的带轮、加力机和中心距测量机构组成。两带轮均可自由转动，其中一个带轮的轴固定，另一带轮的轴可沿两轮中心连线游动，如图 2 所示。

对测长带轮的齿数、外径、跳动和齿侧间隙 C_m（即带在带轮上转动时，带齿侧面与轮齿侧面的间隙，见图 3)的要求如表 10 和表 11 所示。

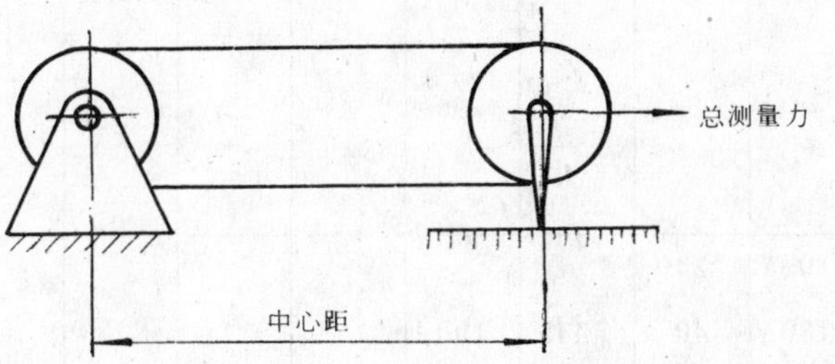

图 2

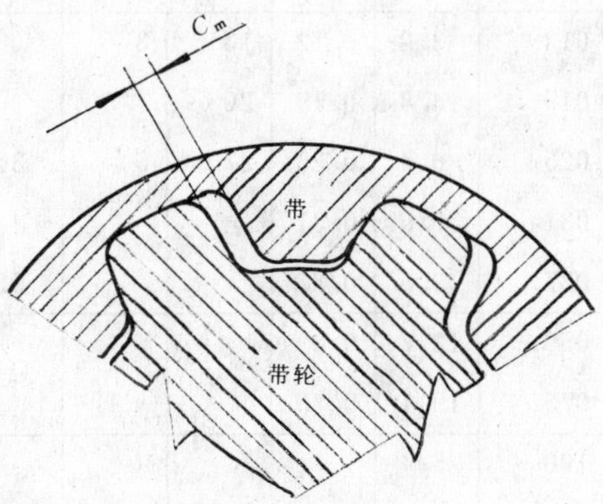

图 3

表 10　MXL、XL、L、H、XH、XXH 型带测长用带轮

型号	齿数	节圆周长		外径		径向全跳动		端面全跳动		最小齿侧间隙	
		mm	in	mm	in	mm	in	mm	in	mm	in
MXL	20	40.64	1.6	12.428 ±0.013	0.489 3 ±0.000 5	0.013	0.000 5	0.025	0.001	0.25	0.01
XL	10	50.8	2	15.662 ±0.013	0.616 6 ±0.000 5	0.013	0.000 5	0.025	0.001	0.3	0.012
L	16	152.4	6	47.748 ±0.013	1.879 9 ±0.000 5	0.013	0.000 5	0.025	0.001	0.33	0.013
H	20	254	10	79.479 ±0.013	3.129 1 ±0.000 5	0.013	0.000 5	0.025	0.001	0.38	0.015
XH	24	533.4	21	166.992 ±0.025	6.574 5 ±0.00 1	0.013	0.000 5	0.051	0.002	0.53	0.021
XXH	24	762	30	239.504 ±0.025	9.429 3 ±0.001	0.013	0.000 5	0.076	0.003	0.64	0.025

表 11　XXL 型带测长用带轮

型号	齿数	节圆周长	外径		径向全跳动 不大于	端面全跳动 不大于	最小齿侧间隙
			基本尺寸	极限偏差			
XXL	16	50.8	15.662	0.013	0.013	0.025	0.3

5.2 测量程序

将带安装在测长试验机的两带轮上，对带施加表 12 和表 13 所示的总测量力。将带转动至少两圈以便带齿与轮齿啮合良好并使总测量力平均分配在带的两边。测出两轮的中心距并按下式计算带的节线长 L_p。

$$L_p = 2E + C_p$$

式中：E ——中心距；

C_p ——带轮节圆周长(见表 10 和表 11)。

表 12 MXL、XL、L、H、XH、XXH 型带长总测量力

宽度代号	带宽度		总测量力											
			MXL		XL		L		H		XH		XXH	
	mm	in	N	Lbf	N	Lbf	N	Lbf	N	Lbf	N	Lbf	N	Lbf
012	3.2	0.12	13	3										
019	4.8	0.19	20	4.5										
025	6.4	0.25	27	6	36	8								
031	7.9	0.31			44	10								
037	9.5	0.37			53	12								
050	12.7	0.5					105	24						
075	19.1	0.75					180	40	445	100				
100	25.4	1					245	55	620	140				
150	38.1	1.5							980	220				
200	50.8	2							1 340	300	2 000	450	2 500	560
300	76.2	3							2 100	470	3 100	700	3 900	875
400	101.6	4									4 450	1 000	5 600	1 250
500	127	5											7 100	1 600

表 13 XXL 型带长总测量力

宽度代号	带宽度 mm	总测量力 N
3.2	3.2	14
4.8	4.8	22
6.4	6.4	31

附加说明：

本标准由中华人民共和国化学工业部提出。

本标准由青岛橡胶工业研究所归口。

本标准由上海胶带厂、吉林工业大学、上海工业大学负责起草。

本标准主要起草人张静菊、张健明、罗光、孟慧琴、殷鸿梁。

前　　言

本标准等效采用日本工业标准 JIS K6368—1999《窄 V 带》修订而成的。为提高标准水平，增加动态疲劳试验，动态疲劳试验方法和优等品要求等效采用国外公司技术条件。

本标准与 JIS K6368—1999 的主要技术差异：

——增加了 V 带线绳粘合强度要求；

——增加了 SP 系列窄 V 带物理性能要求；

——按国外先进公司的技术条件，增加了 V 带动态疲劳寿命要求。

本标准与 GB/T 12730—1991 的主要技术差异：

——增加了 V 带线绳粘合强度要求；

——增加了 V 带疲劳寿命要求。

本标准自实施之日起，代替 GB/T 12730—1991。

本标准的附录 A 是标准的附录。

本标准由国家石油和化学工业局提出。

本标准由化学工业胶带标准化技术归口单位归口。

本标准起草单位：上海胶带股份有限公司、浙江省三门县第一同步带厂。

本标准主要起草人：吴林荣、韩锋、郑有灿、袁晓雯。

中华人民共和国国家标准

GB/T 12730—2002

代替 GB/T 12730—1991

一般用窄V带

Narrow V-belt for general use

1 范围

本标准规定了一般用窄V带的产品分类、技术要求、试验方法、检验规则及标志、包装、运输、贮存规则。

本标准规定的窄V带适用于高速及大功率的机械传动，也适用于一般的动力传递。

本标准适用于工作在－18℃～＋60℃环境下的窄V带。

2 引用标准

下列标准所包含的条文，通过在本标准中引用而构成为本标准的条文。本标准出版时，所示版本均为有效。所有标准都会被修订，使用本标准的各方应探讨使用下列标准最新版本的可能性。

GB/T 3686—1998 V带拉伸强度和伸长率试验方法

GB/T 3688—1998 V带线绳粘合强度试验方法

GB/T 11356.1—1997 带传动 普通及窄V带传动用带轮(基准宽度制) 槽型检验 (eqv ISO 255:1990)

GB/T 11544—1997 普通V带和窄V带尺寸(neq ISO 4184:1992)

3 产品分类

3.1 结构型式

窄V带的结构分为：

——结构1，采用在具有梯形断面、含有绳芯和橡胶的带芯的周围包覆涂有橡胶的布的结构形式；

——结构2，采用在具有梯形断面、含有绳芯和橡胶的带芯的上下两面(或仅在上面)覆以涂有橡胶的布的结构形式。基本结构断面如图1所示。

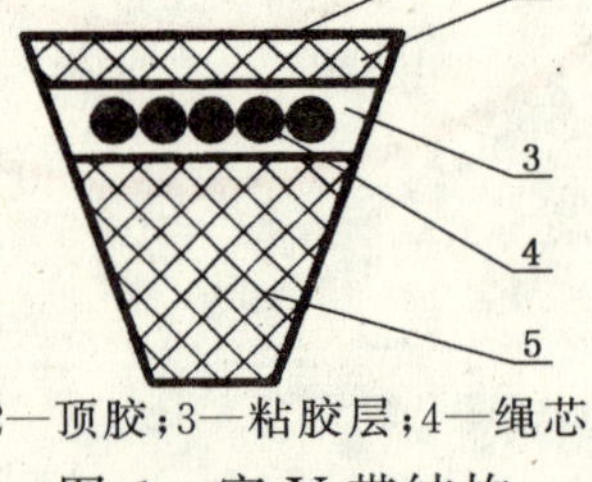

1—包布；2—顶胶；3—粘胶层；4—绳芯；5—底胶

图1 窄V带结构

3.2 规格系列

窄V带规格系列、截面尺寸、长度及极限偏差、同组长度允差均按GB/T 11544规定执行。

3.3 标记

中华人民共和国国家质量监督检验检疫总局2002-05-29批准 2002-12-01实施

SPA 1250

基准长度(mm)

型号(SP 系列)

9N 500

有效长度(mm)

型号(N 系列)

4 技术要求

4.1 外观质量

窄 V 带的外观质量应符合表 1 规定。

表 1 窄 V 带的外观质量要求

序号	缺陷名称	规定
1	工作面凸起	SPZ、9N 型不允许有;SPA、SPB、15N 型此缺陷高度不得超过 0.5 mm;SPC、25N 型允许高度不超过 1 mm
2	包布破损	SPZ、9N 型不允许有;SPA、SPB、15N、SPC、25N 型外包布破损总长度不得超过带长的 25%,内包布不允许有
3	包布搭缝脱开	SPZ、9N 型不允许有;SPA、SPB、15N、SPC、25N 型此缺陷只允许有一处且不得超过 30 mm 长和 3 mm 宽
4	海绵	不允许有

4.2 物理机械性能

窄 V 带的物理机械性能应符合表 2 的规定。

表 2 窄 V 带的物理机械性能要求

项目	指标				
	SPZ、9N	SPA	SPB、15N	SPC	25N
拉伸强度/kN ≥	2.3	3.0	5.4	9.8	12.7
参考力伸长率/% ≤	4				5
粘合强度/(kN/m) ≥	12			18	22

4.3 疲劳寿命

SPZ、SPA 和 SPB 型窄 V 带疲劳寿命优等品屈挠次数不少于 1.2×10^{8} 次,1 h 后中心距变化率小于等于 0.5%,24 h 后中心距变化率小于等于 0.8%。合格品屈挠次数不少于 1.0×10^{7} 次。1 h 后中心距变化率小于等于 0.8%,24 h 后中心距变化率小于等于 2.5%。

5 试验方法

5.1 窄 V 带的长度、截面尺寸测量均按 GB/T 11544 规定进行检验。

5.2 窄 V 带的全截面拉伸强度和参考力伸长率测量按 GB/T 3686 规定进行检验,其参考力按表 3 所示。

表 3　窄 V 带的参考力

截型	SPZ、9N	SPA	SPB、15N	SPC	25N
参考力/kN	0.8	1.1	2.0	3.9	5.0

5.3　窄 V 带的粘合强度试验按 GB/T 3688 规定进行检验。

5.4　窄 V 带的疲劳试验按本标准附录 A(标准的附录)规定进行。

6　检验规则

6.1　出厂检验

6.1.1　产品应由制造厂的质监部门进行验收。

6.1.2　产品应逐条进行尺寸和外观质量检查。

6.1.3　窄 V 带的出厂检验项目包括尺寸、外观质量和物理机械性能。

6.1.4　每批产品不多于 5 000 条,在每批产品中抽取足够试样进行各项物理机械性能检查,每月不得少于一次。

6.2　型式检验

6.2.1　窄 V 带的型式检验每半年至少进行一次。

6.2.2　窄 V 带的型式检验时,应检验本标准第 3 章和第 4 章中全部项目。

6.3　不合格品判定

6.3.1　若窄 V 带尺寸和物理机械性能检验有一项不符合本标准要求,应在该批产品中另取双倍试样对不合格项目进行复试,如其中一个复试结果仍不符合本标准要求,则该批产品为不合格品。

6.3.2　对同样型号同种材质的窄 V 带每次试验应抽取一条试样进行疲劳试验。若试验结果不符合本标准合格品(或优等品)要求,则应在该批产品中另取二条试样进行复试,如所得结果中有一个仍不符合标准要求,则该批产品为不合格品(或降等级)。

7　标志、包装、运输、贮存

7.1　每条窄 V 带应有水洗不掉的明显标志、包括下述内容:

a) 制造厂名或商标;

b) 标记或型号;

c) 配组号;

d) 制造年月或批号。

7.2　窄 V 带按型号捆扎包装。

7.3　窄 V 带在运输贮存中应避免阳光直射,雨雪浸淋,保持清洁,防止与酸碱、油类及有机溶剂等影响窄 V 带质量的物质接触,防止机械损伤,并距离发热装置 1 m 以外。

7.4　贮存时,库房内温度宜保持在－18℃～＋40℃之间,相对湿度宜保持在 50%～80%之间,贮存期间要避免使带承受过大重量而变形,最好将带悬挂在月牙形的架子上或平整地放在货架上。

7.5　在遵守本标准 7.3、7.4 的情况下,制造方保证产品自制造日起在不超过一年的贮存期内,其物理机械性能符合本标准规定。

附 录 A
（标准的附录）
窄 V 带疲劳试验方法

A1 范围

本标准规定了试验室快速检验一般用窄 V 带的疲劳试验方法。

本标准适用于 GB/T 11544 规定的 SPZ、SPA、SPB 型窄 V 带（以下简称带）在规定条件下的疲劳寿命的测定。

A2 原理

采用无功传递试验来检测带的破坏过程。在无功传递试验过程中，假定在带连续运行中，内部张力能导致带局部损坏，而使整条带破坏。在无功试验时，是通过附加的张紧力来提供有效张力部分。

A3 试验设备

A3.1 试验用带轮示意图见图 A1。疲劳试验机的示意图见图 A2。

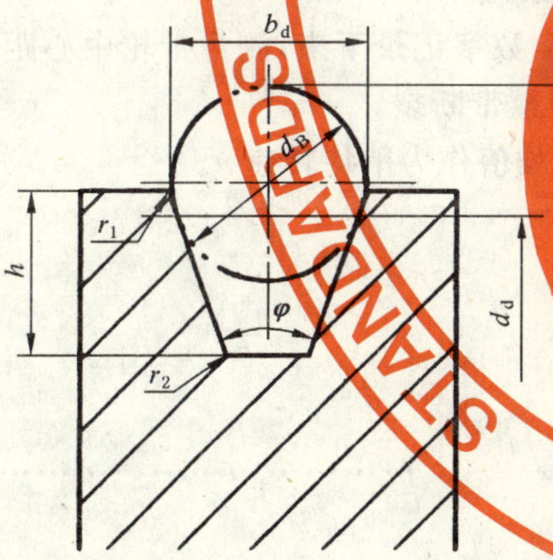

图 A1 疲劳试验用带轮

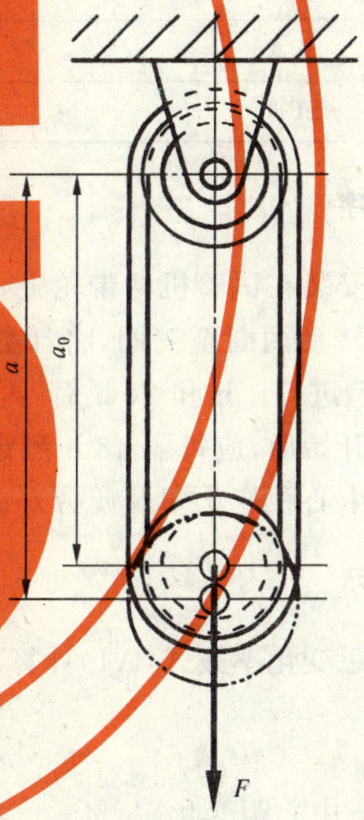

图 A2 疲劳试验机

A3.2 试验设备包括驱动电机、主动轮、从动轮、测速仪和带轮中心距测量装置等。

A3.3 试验机应能对带加上标准重量的静态负荷，以提供所需的张紧力，并能测定试验进行到带断裂所经历的时间。

A4 试验带轮

A4.1 试验用带轮轮槽的尺寸按表 A1 的规定，带轮槽型检验按 GB/T 11356 有关规定执行。

表 A1 带轮轮槽尺寸 mm

型号	b_d	h_{min}	$d_d(d_1=d_2)$	φ(°)	r_1	r_2	d_B	k
SPZ	8.5	11	63	34	0.2～0.5	0.5～1.0	9	87
SPA	11	13.8	90	34			11.6	120
SPB	14	17.5	124	34			14.7	162

A4.2 试验用带轮材料的综合性能应不低于 45 号钢调质处理。

A4.3 轮槽两侧面的粗糙度要求：Ra 不大于 3.2 μm。

A4.4 轮槽两侧面最外端对带轮轴线的径向圆跳动不大于 0.25 mm，端面圆跳动每毫米外径不大于 0.001 mm。

A5 试验条件

A5.1 试验室温度应控制在(25±5)℃。

A5.2 试验时带的张紧力、主动轮转速见表 A2 规定。

表 A2 疲劳试验条件

型号	带的张紧力/N	主动轮转速/(r/min)
SPZ	600±10	3 000±60
SPA	1 000±10	3 000±60
SPB	1 300±10	3 000±60

A6 试验程序

A6.1 将带安装在试验机两带轮上，按表 A2 规定对带施加张紧力。

A6.2 将带转动两圈至三圈，将计数器设定为零或将计数器上数字记录下来，测量带轮中心距后启动试验机。试验进行 1 h 和 24 h 后，再次测定中心距并继续试验至带断裂。

A6.3 试验开始后，应每隔 48 h 测定一次主动轮转速，以其平均值作为平均转速 n。

A6.4 计算中心距变化率及疲劳寿命。

A7 结果表示

A7.1 中心距变化率按式(A1)计算：

$$\Delta a = \frac{a - a_0}{a_0} \times 100\% \quad \cdots\cdots(A1)$$

式中：Δa——中心距变化率，%；

a_0——初始中心距，mm；

a——试验 1 h 和 2 h 后的中心距，mm。

A7.2 带疲劳寿命用运转圈数表示，按式(A2)计算：

$$R = 2 \times \frac{n \cdot d_d \cdot \pi \cdot 60t}{L} \times 100\% \quad \cdots\cdots(A2)$$

式中：R——运转圈数；

n——主动轮平均转速，r/min；

d_d——主动轮基准直径，mm；

t——带终止试验前所经历的时间，h；

L——带基准长度，mm。

A8 终止条件

A8.1 当带发生断裂现象无法继续运转时，即终止该带的试验。

A8.2 当中心距变化率超过规定值时，允许作为不合格品停止试验。

A9 试验报告

试验报告应包括如下内容：

a）试验带的型号、尺寸和生产厂家；

b）试验运转圈数及中心距变化率 Δa；

c）主动轮转速 n，张紧轮的张紧力 F；

d）终止理由；

e）试验室温度；

f）试验日期、试验人员及试验单位；

g）偶然情况。

GB/T 12730—2002《一般用窄 V 带》国家标准
第 1 号修改单

本修改单业经国家标准化管理委员会于 2005 年 7 月 21 日以国标委农轻函[2005]41 号文批准，自 2005 年 10 月 1 日起实施。

将

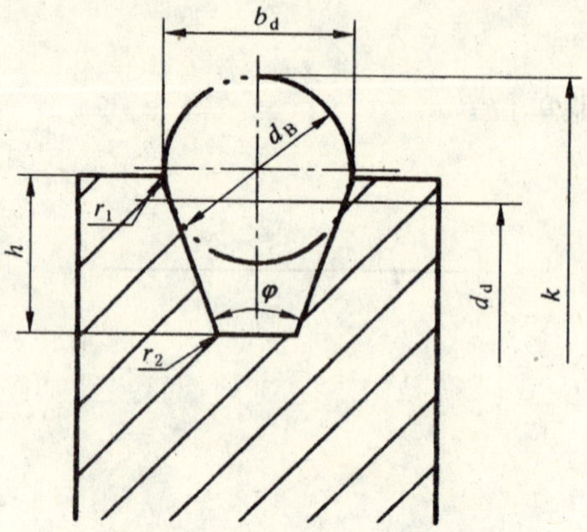

图 A1　疲劳试验用带轮

修改为

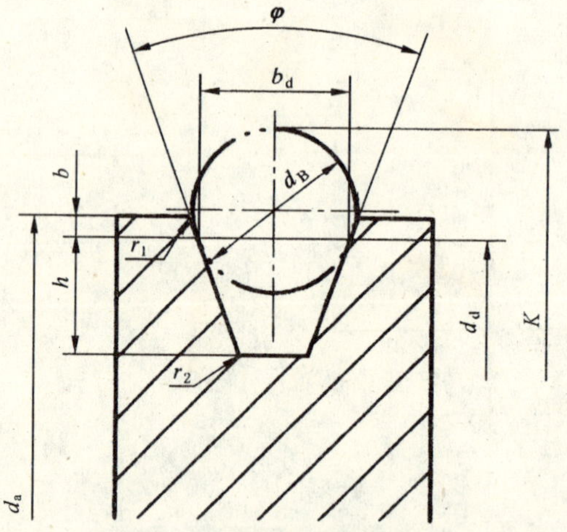

图 A1　疲劳试验用带轮

将

表 A1　带轮轮槽尺寸

mm

型号	b_d	h_{min}	$d_d(d_1=d_2)$	φ(°)	r_1	r_2	d_B	k
SPZ	8.5	11	63	34			9	87
SPA	11	13.8	90	34	0.2～0.5	0.5～1.0	11.6	120
SPB	14	17.5	124	34			14.7	162

修改为

表 A1　带轮轮槽尺寸

mm

型号	b_d	b_{min}	h_{min}	d_a（两带轮相同）	φ/(°)	r_1	r_2	d_B	K
SPZ	8.5	2	9	63±0.2	34	0.2～0.5	0.5～1.0	$9_{-0.036}^{0}$	75
SPA	11	2.75	11	90±0.2	34	0.2～0.5	0.5～1.0	$11.6_{-0.043}^{0}$	105
SPB	14	3.5	14	124±0.2	34	0.2～0.5	0.5～1.0	$14.7_{-0.043}^{0}$	143

将 A7.1 中式中的"a——试验 1 h 和 2 h 后的中心距"修改为"a——试验 1 h 和 24 h 后的中心距"。

将 A7.2 中"带疲劳寿命用运转圈数表示"修改为"带疲劳寿命用屈挠次数表示"。

将公式：$$R=2\times\frac{n\cdot d_d\cdot\pi\cdot 60t}{L}\times 100\% \qquad \text{(A2)}$$

式中：R——运转圈数；

修改为公式：$$R=2\times\frac{n\cdot d_d\cdot\pi\cdot 60t}{L} \qquad \text{(A2)}$$

式中：R——屈挠次数；

ICS 21.220.10
G 42

中华人民共和国国家标准

GB 12731—2003
代替 GB 12731—1991,GB/T 10714—1989

阻燃V带

Fire-resistant V-belt

2003-12-11 发布　　2004-06-01 实施

中华人民共和国
国家质量监督检验检疫总局　发布

前言

本标准4.4.1中的表1为强制性的，其余为推荐性的。

本标准对应于英国标准BS3790：1995《环形窄V带传动和环形普通V带传动规范》，本标准与BS 3790的一致性程度为非等效，主要差异为：阻燃V带的抗静电性能、阻燃性能及其试验方法与BS 3790：1995的规定相同，但在表1中增加了窄V带型号9N、15N、25N的要求，同时增加了检验规则、包装、运输和储存。

本标准代替GB 12731—1991《难燃V带》和GB/T 10714—1989《V带难燃性规范和试验方法》。

本标准与GB 12731—1991相比主要变化如下：

——在产品标记中，用“FR”表示“阻燃标志”，“AS”表示“抗静电标志”代替原标准用“S”表示“难燃、导电性标志”（1991年版的3.3.1；本版的3.3）；

——删除了对产品外观质量、物理性能和参考力等规定，统一按GB/T 1171和GB/T 12730的规定进行（1991年版的4.2，4.3，5.3；本版的4.2，4.3，5.3）；

——删除原标准对阻燃V带的阻燃程度划分为1、2两种型号的规定，等同采用BS 3790：1995的规定（1991年版的4.4.1；本版的4.4.1）；

——等同采用BS 3790：1995的规定，试验用燃料用工业酒精和甲醇的混合物代替原标准采用的无水乙醇（本标准的A.3）；

——将GB/T 10714—1989的有关内容纳入本标准的附录A中。

本标准的附录A为规范性附录。

本标准由国家石油和化学工业局提出。

本标准由化学工业胶带标准化技术归口单位归口。

本标准负责起草单位：河南省尉氏县橡胶厂、青岛橡胶工业研究所。

本标准主要起草人：张清俊、唐鸿昌、李春玲、辛永录。

本标准所代替标准的历次版本发布情况为：

——GB 12731—1991；

——GB/T 10714—1989。

阻　燃　V　带

1　范围

本标准规定了阻燃 V 带(以下简称 V 带)的分类、要求、试验方法、检验规则、标志、包装、运输和储存。

本标准适用于阻燃普通 V 带和阻燃窄 V 带。

2　规范性引用文件

下列文件中的条款通过本标准的引用而成为本标准的条款。凡是注日期的引用文件,其随后所有的修改单(不包括勘误的内容)或修订版均不适用于本标准,然而,鼓励根据本标准达成协议的各方研究是否可使用这些文件的最新版本。凡是不注日期的引用文件,其最新版本适用于本标准。

GB/T 394.1　工业酒精

GB/T 1171　一般用普通 V 带

GB/T 3686　V 带拉伸强度和伸长率试验方法

GB/T 10715　带传动　多楔带、联组 V 带及包括宽 V 带、六角带在内的单根 V 带　抗静电带的导电性:要求和试验方法(GB/T 10715—2002,ISO 1813:1998,MOD)

GB/T 11544　普通 V 带和窄 V 带尺寸(GB/T 11544—1997,neq ISO 4184)

GB/T 12730　一般用窄 V 带

3　结构、分类与标记

3.1　结构型式

V 带的结构分为包边式 V 带和切边式 V 带两种型式,V 带的结构图例如图 1 所示。

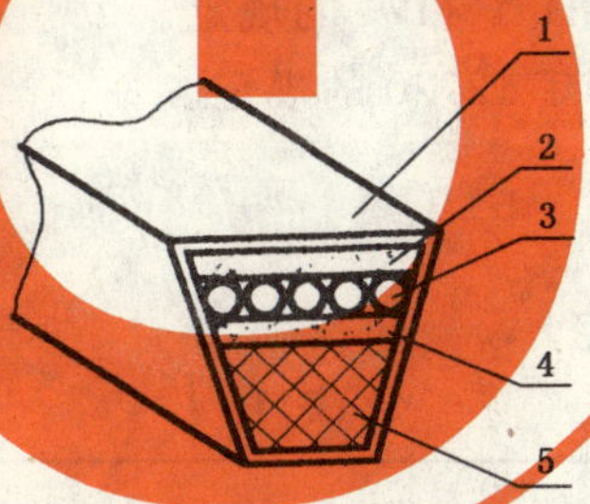

1——包布;

2——顶胶;

3——芯绳;

4——粘合胶;

5——底胶。

图 1　包边式 V 带

3.2　规格系列

V 带的规格系列按 GB/T 11544 的规定。

3.3　标记

阻燃普通 V 带标记表示方法如示例 1 所示:

示例1：FR　AS　A　1400　GB 12731

- GB 12731——标准号
- 1400——基准长度(mm)
- A——型号
- AS——抗静电标志
- FR——阻燃标志

抗静电窄V带标记方法如示例2所示：

示例2：AS　9N　500　GB 12731

- GB 12731——标准号
- 500——有效长度(mm)
- 9N——型号
- AS——抗静电标志

4　要求

4.1　尺寸

V带长度和露出高度应符合GB/T 11544的规定。

4.2　外观质量

4.2.1　普通V带的外观质量应符合GB/T 1171的规定。

4.2.2　窄V带的外观质量应符合GB/T 12730的规定。

4.3　物理性能

4.3.1　普通V带的物理性能应符合GB/T 1171的规定。

4.3.2　窄V带的物理性能应符合GB/T 12730的规定。

4.4　安全性能

4.4.1　阻燃性能

V带的阻燃性能应符合表1的规定。

表1

单位为秒

型　号		6个试样的平均熄灭时间　$\leqslant$		每个试样的熄灭时间　$\leqslant$	
普通V带	窄V带	明焰	无焰燃烧	明焰	无焰燃烧
—	SPZ、9N	5	5	10	12
A	SPA	5	5	10	12
B	SPB、15N	5	5	10	12
C	SPC	5	7	10	15
D	25N	5	7	10	15

4.4.2 **抗静电性能**

电阻规定值 R 按下式计算：

$$R \leqslant 6 \times 10^5 \frac{L}{l}$$

式中：

R——电阻规定值，单位为欧姆(Ω)；

L——试样两接触区间距，单位为毫米(mm)；

l——沿带宽方向的总接触长度，单位为毫米(mm)。

5 试验方法

5.1 V带的尺寸按GB/T 11544进行测量。

5.2 V带的外观质量用卷尺及目测进行检验。

5.3 V带的全截面拉伸强度和参考力伸长率按GB/T 3686进行试验，普通V带的参考力按GB/T 1171的规定，窄V带的参考力按GB/T 12730的规定。

5.4 V带的阻燃性能按附录A进行试验。

5.5 V带的抗静电性能按GB/T 10715进行试验。

6 检验规则

6.1 V带由制造厂的质检部门检验。

6.2 V带应逐条进行尺寸和外观质量检查。

6.3 普通V带和窄V带抽样的批量均以不多于5 000 A米为一批；在每批产品中，抽取足够样品进行物理性能和安全性能检验，且这种检验每月不得少于一次。

6.4 若各项性能中有一项不合格，则应在该批产品中另取双倍试样对不合格项目进行复试，如其中一个结果仍不合格，则该批产品为不合格品。

7 标志、包装、运输和贮存

7.1 每条V带应有水洗不掉的明显标志，包括下述内容：

a) 制造厂名和商标；

b) 产品标记；

c) 配组号(按GB/T 11544执行)；

d) 制造年、月。

7.2 V带应按产品标记捆扎包装。

7.3 V带在运输贮存中应避免阳光直射、雨雪浸淋，要保持清洁，防止与酸碱、有机溶剂等影响V带质量的物质接触，防止机械损伤，并距热源1 m以外。

7.4 贮存时，库房内温度应保持在－18℃～40℃之间；相对湿度应保持在50%～80%之间；贮存期间应避免使V带承受过大重量而变形。

7.5 在遵守本标准7.3、7.4的情况下，制造方保证产品自制造之日起在不超过一年的贮存起内，其性能仍符合本标准规定。

附 录 A
（规范性附录）
阻燃性试验方法

A.1 原理

用具有一定温度的火焰灼烧 V 带试样达一定时间后移去灯焰，测定试样上的明焰和无焰燃烧自动熄灭所需的时间。

A.2 装置

试验装置包括以下部分：

a） 酒精喷灯，如图 A.1 所示。燃料液面位于酒精喷灯底座上方约 750 mm 处，喷灯的火焰高度为 150 mm。

b） 夹持器及其支架，用来按要求位置夹持试样。

c） 燃烧试验箱，如图 A.2 所示。其内装有酒精喷灯和夹持装置，试验在箱内进行。为便于观察燃烧现象，箱内光线宜柔和。

d） 秒表，宜使用最小分度为 0.2 s，总量程为 30 s 的秒表。

A.3 燃料

燃料应为符合 GB/T 394.1 规定的工业用含甲醇酒精，其 20℃时的体积分数为 95％。

A.4 试样

试样应为在同一条 V 带上截取的 6 段，每段长度大于 100 mm，要求切割面整齐，与顶面垂直，并保持干净、干燥、光洁，不含毛边。

A.5 程序

A.5.1 酒精喷灯的点燃操作

A.5.1.1 先在酒精喷灯的预热盘中添入适量燃料，关闭喷灯的控制阀并打开酒精容器的阀门。

A.5.1.2 在确认酒精容器内的燃料耗量为零（即无泄漏）后，点燃预热盘内的燃料，拧开喷灯的控制阀达一圈，点燃喷灯。调节酒精容器的高度，直至火焰高度达到 150 mm 为止。

A.5.2 试样的灼烧和自熄时间的测定

A.5.2.1 将试样夹持在燃烧试验箱内的夹持器上，V 带试样切割端面位于铅垂平面上，V 带试样顶面呈铅垂方向。调节夹持器高度，使试样下缘能位于喷灯灯口上方 50 mm（如图 A.1 所示）。

A.5.2.2 将喷灯移至试样灼烧端的正下方，与此同时，启动秒表并关闭燃烧试验箱门，30 s 后迅速移开喷灯。

A.5.2.3 分别记录自移开灯焰到试样上不再有任何可见明焰或无焰燃烧的时间（即自燃时间）。

A.6 结果的表述

6 个试样自熄时间的平均值和最大值。

A.7 试验报告

试验报告应包括下列内容：

a) 试验V带的品种、规格；

b) 试验室温度和相对湿度；

c) 试验结果；

d) 试验日期；

e) 试验者。

单位为毫米

1——液位（以喷灯底座为基准）；

2——试样；

3——灯焰轮廓示意。

图 A.1 阻燃性试验装置的布置

单位为毫米

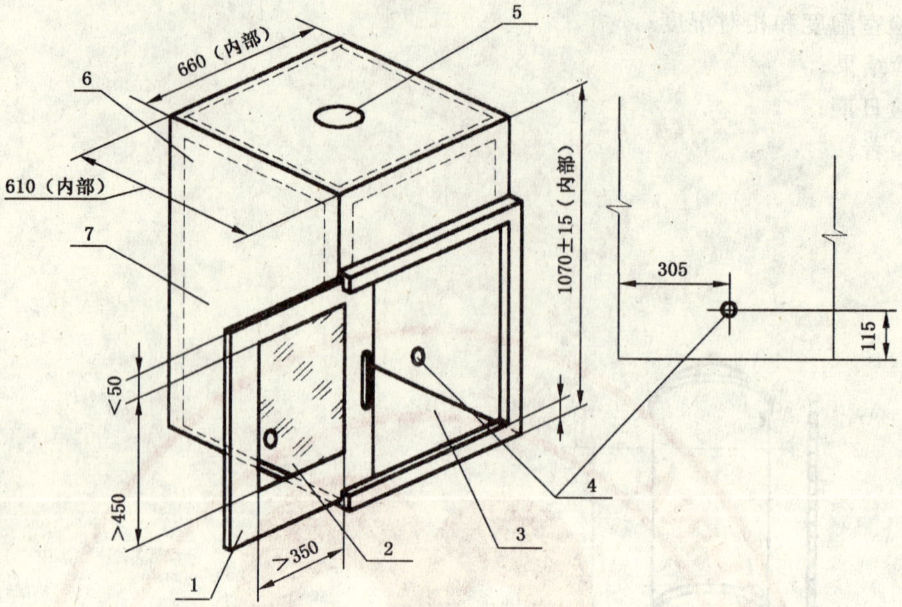

1——拉门；

2——观察窗，可用 4.5 mm～5 mm 厚的透明钢化玻璃；

3——操作口；

4——进风口 ϕ40 mm(两侧面)；

5——抽风孔 ϕ150 mm；

6——以 30±5 mm 角钢做框(如果需要)；

7——箱顶、箱侧及箱底采用合适的耐火材料(如 1.5 mm±0.1 mm 厚金属板)。

注：除了另外规定，公差皆为±2%。

图 A.2 燃烧试验箱

前　　言

本标准是在GB 12732—91《汽车V带》基础上修订的，本标准非等效采用日本汽车协会标准JASOE 107—88《汽车V带》，其中一等品的物理机械性能与JASOE 107—88规定相同。

本标准根据胶带行业的具体情况，将包布式V带分为合格品和一等品，分别规定不同的台架疲劳寿命，取消其实际行驶里程考核；对于国内具有一定市场的玻璃纤维线绳V带，其疲劳试验所用张紧力，是采用了ISO 5287:1985《汽车工业用窄V带传动疲劳试验》规定的数值，同时对这种V带仅设置了合格品。

本标准从生效之日起，代替GB 12732—91。

本标准由中华人民共和国化学工业部提出。

本标准由青岛橡胶工业研究所归口。

本标准起草单位：上海胶带股份有限公司上海橡胶制品二厂、青岛橡胶工业研究所。

本标准主要起草人：林咸升、朱镇清、陈和妹、韩德深。

中华人民共和国国家标准

GB 12732—1996

汽　　车　　V　　带

代替 GB 12732—91

Automotive V-belts

1　范围

本标准规定了汽车V带产品的分类、要求、抽样、试验方法及标志、包装和贮存规则。

本标准适用于驱动汽车内燃机的辅助设备(例如:风扇、发电机、水泵、动力转向泵、压缩机等)的V带。

2　引用标准

下列标准所包含的条文,通过在本标准中引用而构成为本标准的条文。本标准出版时,所示版本均为有效。所有标准都会被修订,使用本标准的各方应探讨使用下列标准最新版本的可能性。

GB/T 3686—83　三角带全截面拉伸性能试验方法

GB/T 11545—1996　汽车V带疲劳试验方法(eqv ISO 5287:1985)

GB/T 13352—1996　汽车V带尺寸

3　分类

3.1　型式

汽车V带的型式根据其结构分为包边式V带(简称包布带)和切边式V带(简称切边带)两种,切边带又分普通式、底胶夹布式和有齿式三种型式(见图1)。

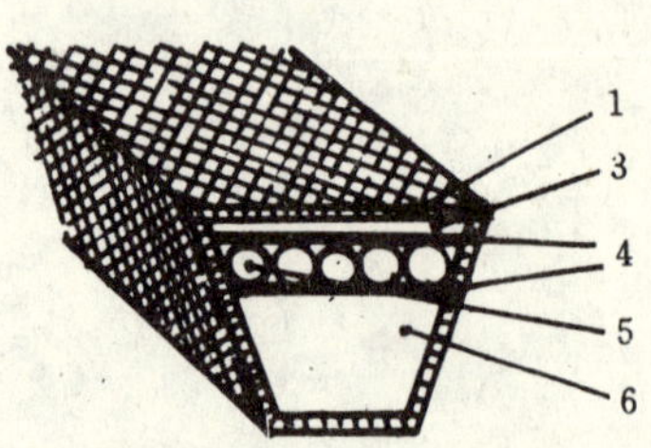

a)　包布带

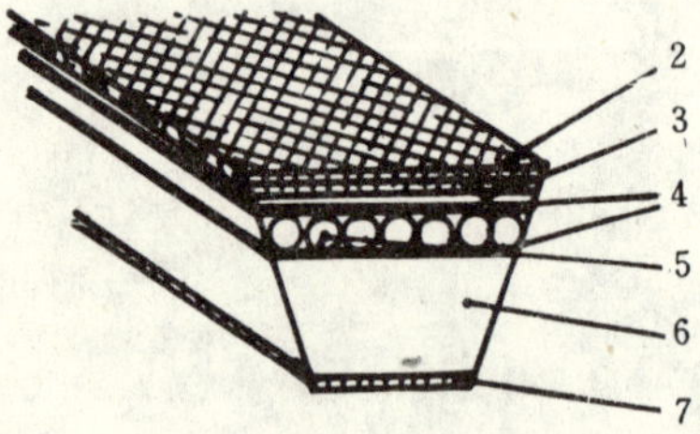

b)　切边带(普通式)

国家技术监督局1996-10-28批准　　1997-06-01实施

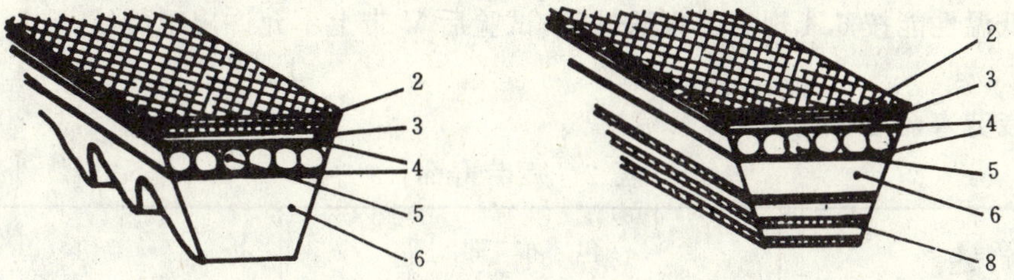

c) 切边带(有齿式)　　　d) 切边带(底胶夹布式)

1—包布;2—顶布;3—顶胶;4—缓冲胶;5—抗拉体;

6—底胶;7—底布;8—底胶夹布

图 1 结构型式及各部名称

3.2 型号

汽车 V 带根据带的顶宽分为 AV10、AV13、AV15、AV17、AV22 等型号。

4 要求

4.1 橡胶

顶胶、缓冲胶、底胶的组成应均匀,其性能应适合各自应有的功能。

4.2 织物

包布、顶布、底布及底胶夹布均为平纹的棉布、合成纤维布或其他适用织物,布上不应有疵点和扭曲现象,其经纬密度应基本均匀。

4.3 抗拉体

抗拉体应为以合成纤维或其他适用纤维制成的线绳,其捻度应均匀。

4.4 尺寸

汽车 V 带尺寸及其偏差应符合 GB/T 13352 的规定。

4.5 外观质量

汽车 V 带应具有对称的梯形截面,其外观不应有任何明显可见且影响使用的扭曲、开裂、气泡和杂质等缺陷。顶面单侧飞边宽度不得超过 0.5 mm,修剪不得损伤内包布。

4.6 性能

4.6.1 拉伸性能

汽车 V 带拉伸强度和力伸长率见表 1。

表 1 全截面拉伸强度和参考力伸长率

型　号	全截面拉伸强度,不小于 N	参考力伸长率,不大于 %	参考力 N
AV10	2 260	4	790
AV13	3 140	4	1 480
AV15	3 700	5	1 800
AV17	4 420	6	2 360
AV22	7 060	6	3 930

4.6.2 耐高温性能

汽车 V 带耐高温性能按 6.3 规定的方法试验,试验后 V 带上不允许出现裂纹。

4.6.3 耐低温性能

汽车 V 带耐低温性能按 6.4 规定的方法试验，试验后 V 带上不允许出现裂纹。

4.6.4 疲劳寿命

汽车 V 带的疲劳寿命要求见表 2。

表 2 疲劳寿命 h

质量等级	包布带	切边带
一等品	不小于 55	不小于 80
合格品	不小于 30	不小于 55
注：为汽车制造厂配套的汽车 V 带其疲劳寿命由供需双方商定，且最低不得少于 30 h		

5 抽样

汽车 V 带应由制造厂的技术检查部门按本标准进行抽样检测、验收。

5.1 汽车 V 带应逐条进行外观质量检查。

5.2 汽车 V 带在每批产品中抽取 0.5%进行尺寸检查，以同材质、同规格、同等级的不多于 50 000 条为一批。

5.3 拉伸性能试验应每月至少进行二次。

5.4 耐高温和耐低温试验应每季至少进行一次，抽样数量不少于二条。

5.5 疲劳寿命试验，对于同材质、同型号、同等级的汽车 V 带，月产量大于 120 000 条的每季试验一次，月产量不足 120 000 条的每半年试验一次，月产量不足 30 000 条的每年试验一次，每次试验抽样至少二条。在试验中，若有一条(或二条)不合格时，应取不合格 V 带条数双倍数量的样带进行复试。如有一条复试样带仍不合格，则该批产品为不合格品。

5.6 在 5.3～5.4 所述的各试验项目中有不合格项目时，应在该批汽车 V 带中另取双倍试样，对不合格项目进行复试，若试验结果中有一项仍不合格，则该批产品为不合格品。

5.7 用户也可以按双方协议进行抽样检查。

6 试验方法

6.1 尺寸

汽车 V 带的长度、露出高度、中心距变化量按 GB/T 13352 的规定执行。

6.2 拉伸试验

汽车 V 带的全截面拉伸性能试验按 GB/T 3686 执行。

6.3 高温试验

从试验样品上切取长约 250 mm 的试样，置于 100±1℃的温度下连续试验 70_{0}^{+5} h，然后在室温下冷却至少 2 h，将冷却后的试样在具有表 3 规定直径的管或棒上按带的正常弯曲方向弯曲，观察试样上是否出现裂纹。

表 3 管棒直径 mm

型号	AV10	AV13	AV15	AV17	AV22
管棒直径	45	50	50	55	60

6.4 低温试验

将已进行过 6.3 的高温试验的试样，置于－30±1℃的温度下 70_{0}^{+2} h 后，立即在具有表 3 规定的管或棒上按带的正常弯曲方向弯曲，观察试样上是否出现裂纹。

6.5 疲劳寿命试验

6.5.1 疲劳寿命试验按 GB/T 11545 执行。

6.5.2 玻璃纤维线绳 V 带合格品的疲劳试验的张紧力参数见表 4，其一等品的试验张紧力应符合 GB/T 11545规定。

表 4 玻璃纤维线绳 V 带合格品疲劳试验的张紧力

型号	AV10	AV13	AV15	AV17	AV22
张紧力，N	360	470	470	540	600
传动功率，kW	6.0	7.9	7.9	9.0	10.0

注：玻璃纤维线绳 V 带合格品试验张紧力计算公式：

$$F=K\times P$$

式中：F——带的张紧力，N；

P——传动功率，kW；

K——系数，对三轮试验机来说，为 60N/kW

7 标志、包装和贮存

7.1 标志

每条汽车 V 带上必须有不易擦掉的明显标志，包括下述内容：

a) 规格(标记)；

b) 制造厂商标和厂名(或代号)；

c) 制造年月。

7.2 包装

汽车 V 带每条均应使用纸套或塑料薄膜包装，应将同材质、同规格、同等级、同型号的每 50～100 条 V 带用箱包装，每个包装箱上应注明抗拉体材质和 V 带等级、规格、数量等事项，箱内应装有产品合格证。

7.3 贮存

7.3.1 汽车 V 带在运输和贮存中，应避免阳光直射或雨雪浸淋，保持清洁，防止与酸、碱、油类及有机溶剂等影响橡胶质量的物质接触，防止机械损伤，并距发热装置 1 m 以外。

7.3.2 贮存时库房温度宜保持在－18～40℃之间，相对湿度宜保持在 50%～80%。

7.3.3 贮存期间要避免使带承受过大重量而变形，最好将带悬挂在月牙形的架子上或平整地放在货架上。

7.3.4 在上述条件下贮存期不超过一年时，其性能按本标准执行。

中华人民共和国国家标准

GB/T 12733—94

工业用变速宽V带尺寸

代替 GB 12733—91

Size of variable-speed-changers wide V-belts for industry

本标准等效[1]采用国际标准 ISO 1604—1989《带传动设备——工业用环形变速宽V带及相应带轮槽形》。

1 主题内容与适用范围

本标准规定了工业用变速装置中所用变速宽V带(简称"宽V带")的主要尺寸及其测量方法。

本标准适用于工业用变速装置中所用的变速宽V带,不适用于机动车(摩托车、轿车等)或农业机械上使用的变速宽V带。

变速宽V带的特征是其相对高度(高度与节宽之比)约为0.32。

2 引用标准

GB 321 优先数和优先数系

3 型号和截面尺寸

3.1 型号

宽V带推荐九种型号为:W16、W20、W25、W31.5、W40、W50、W63、W80、W100。

注:型号中的数字系指带的节宽公称值。在需要上述范围以外的节宽值时,可以从R10优先数系中选取适当的优先数加以补充。

3.2 截面尺寸

宽V带的截面(见图1)尺寸应符合表1的规定。

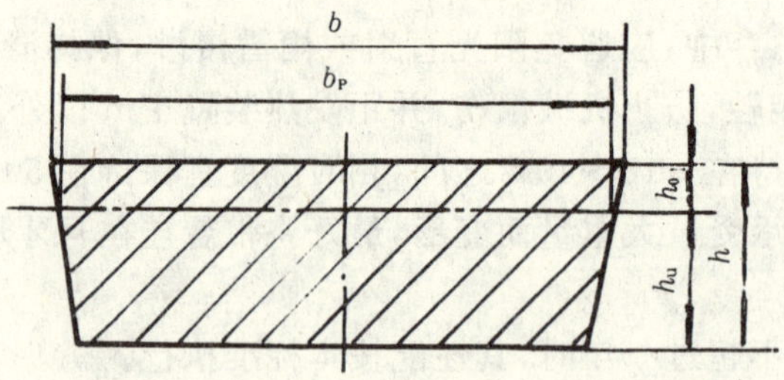

图1 宽V带截面

采用说明:

1〕本标准不包括 ISO 1604—1989 中的带轮部分。

国家技术监督局1994-12-22批准　　　　1995-10-01实施

表 1

mm

型号	W16	W20	W25	W31.5	W40	W50	W63	W80	W100
顶宽 b	17	21	26	33	42	52	65	83	104
节宽 b_p	16	20	25	31.5	40	50	63	80	100
节线以上高度 h_0	1.5	1.75	2	2.5	3.2	4	5	6.5	8
节线以下高度 h_u	4.5	5.25	6	7.5	9.8	12	15	19.5	24
高度 h	6	7	8	10	13	16	20	26	32

表中 h、h_0、h_u 的数值按(1)～(3)式计算：

$$h = 0.32b_p \qquad (1)$$

$$h_0 = 0.08b_p = 0.25h \qquad (2)$$

$$h_u = 0.24b_p = 0.75h \qquad (3)$$

式中：h —— 带高，mm；

b_p —— 节宽，mm；

h_0 —— 节线以上高度，mm；

h_u —— 节线以下高度，mm。

3.3 带的楔入位置

按第 7 条规定对带进行检验时，带的露出高度不得超出表 2 规定的范围。带的底边应位于刻线 H_2 以上(见图 4)。

表 2

mm

型号		W16	W20	W25	W31.5	W40	W50	W63	W80	W100
露出高度	min	0	0	0	0	0	0	0	0	0
	max	1.2	1.8	1.8	1.8	2.4	2.4	3.0	3.0	3.6

注：本标准中露出高度系指带的顶面高于测量带轮上刻线 H_1 的高度(见图 4)。

3.4 长度

带的基准长度及其极限偏差见表 3。

表 3

mm

基准长度		型号								
L_d	极限偏差	W16	W20	W25	W31.5	W40	W50	W63	W80	W100
450	±10	×								
500		×								
560	±12	×	×							
630		×	×							
710	±14	×	×	×						
800	±16	×	×	×						

续表 3

mm

基准长度		型号								
L_d	极限偏差	W16	W20	W25	W31.5	W40	W50	W63	W80	W100
900	±18	×	×	×	×					
1 000	±20	×	×	×	×					
1 120	±22		×	×	×	×				
1 250	±24		×	×	×	×				
1 400	±28			×	×	×	×			
1 600	±32			×	×	×	×			
1 800	±36				×	×	×	×		
2 000	±40				×	×	×	×		
2 240	±44					×	×	×	×	
2 500	±50					×	×	×	×	
2 800	±56						×	×	×	×
3 150	±62						×	×	×	×
3 550	±70							×	×	×
4 000	±80							×	×	×
4 500	±90								×	×
5 000	±100								×	×
5 600	±110									×
6 300	±120									×

注：① 基准长度极限偏差规定值按基准长度的±2%计算。

② 如需要表 3 范围以外的带长度时，可以从 GB 321 中 R20 系列提取的优先数系中补充。

③ 在需要表 3 中两个相邻长度之间的带长度时，可以从 GB 321 中 R40 系列提供的优先数中补充。

3.5 中心距变化量

中心距的变化量 Δa 在表4中列出。

表 4

mm

带长	基准宽度	
	≤25	>25
	Δa	
≤1 000	1.2	1.8
>1 000~2 000	1.6	2.2
>2 000~5 000	2	3.4
>5 000	2.5	3.4

4 标记

带的标志按下例表示：

W25 × 8 × 700 - 28

- 角度,°（28）
- 基准长度,mm（700）
- 高度,mm（8）
- 节宽型号（W25）

5 带的测量

5.1 测量装置

图2为测量装置简图。该装置主要包括两个相同尺寸的测量带轮，其中一个测量带轮可在张力 F 的作用下，沿带轮所在平面移动；另一个测量带轮的轮缘处有一个测量带的楔入位置的缺口和刻线，亦称量规轮(见图3)。

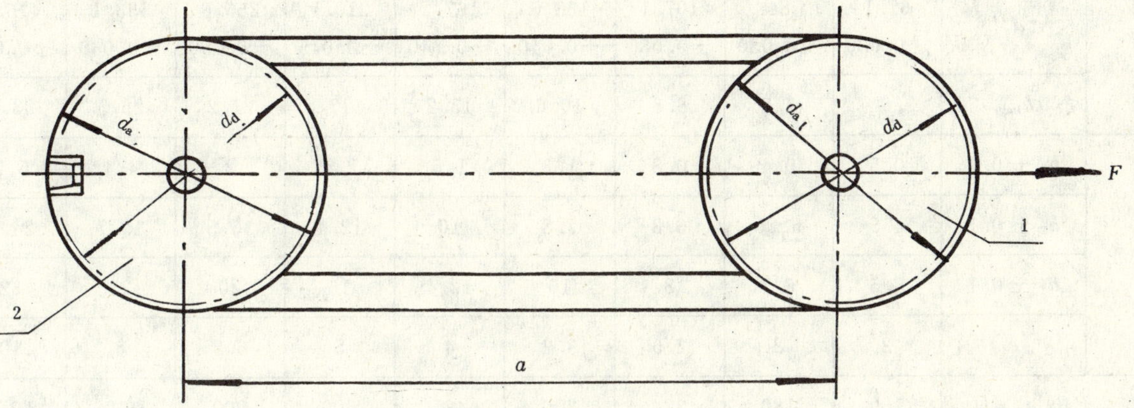

图 2 测量装置

1—测量轮；2—测量轮或量规轮

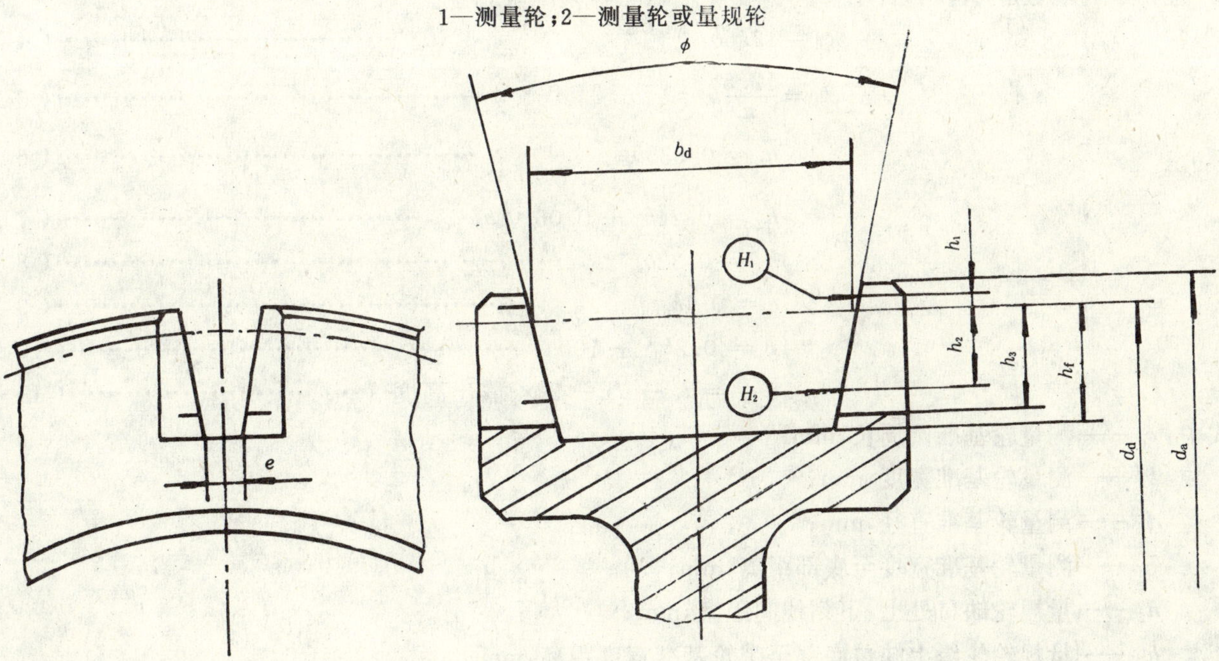

图 3 量规轮

5.2 测量轮的尺寸

5.2.1 测量轮的尺寸如表5所示。

5.2.2 量规轮结构如图3所示。

5.3 测量带时，张力 F 按表5规定。

表 5

mm

项目		W16	W20	W25	W31.5	W40	W50	W63	W80	W100
测量轮	φ(°) ±20′	24	26	26	26	26	28	28	30	30
	b_d	16	20	25	31.5	40	50	63	80	100
	c_d	200	250	320	400	500	630	800	1 000	1 250
	d_d	63.7	79.6	101.9	127.3	159.2	200.5	254.6	318.3	397.9
	d_a	67.1 ±0.030	84 ±0.030	107.1 ±0.035	133.5 ±0.040	167.2 ±0.040	210.1 ±0.045	266.6 ±0.050	333.1 ±0.060	416.4 ±0.060
	h_{fmin}	6	7.2	8.5	10.6	13.2	17	21.2	26.5	33.5
量规轮	$h_1 \pm 0.1$	0.5	0.4	0.8	1.3	1.6	2.4	3	4.4	5.7
	$h_2 \pm 0.1$	4.5	5.25	6.3	7.8	10	12.4	15.5	19.7	24.6
	$h_3 \pm 0.1$	5.5	6.7	8	10	12.4	16	20	25	32
	e	2	2	2.5	3.2	4	5	6.5	8	10
F,N		150	180	224	300	425	600	900	1 400	2 120

注：表中各参数由式(4)～(11)计算。

$$c_d = 12.5b_d \qquad (4)$$

$$d_d = \frac{12.5}{\pi}b_d \approx 4b_d \qquad (5)$$

$$h_f = 0.335b_d \qquad (6)$$

$$h_2 = 0.24b_d + 0.06\sqrt{b_d} \qquad (7)$$

$$h_3 = 0.32b_d \qquad (8)$$

$$e = 0.1b_d \qquad (9)$$

$$F = 0.2b_d^2 + 100 \qquad (10)$$

$$2h_1 = d_a - d_d - 2 \times \text{露出高度} \qquad (11)$$

式中：c_d ——测量轮基准圆周长，mm；

b_d ——测量轮基准宽度，mm；

d_d ——测量轮基准直径，mm；

h_f ——测量轮基准宽度至底部距离，mm；

h_2 ——量规轮缺口处上、下刻线间距离，mm；

h_3 ——量规轮轮缘上缺口底部至带轮基准宽度距离，mm；

e ——量规轮轮缘上缺口底部宽度，mm；

F ——测量力，N，F 值修约至整数位，并在GB 321的R40系列中取最接近的值；

h_1 ——量规轮缺口上刻线到基准宽度距离,mm。

6 检验方法

6.1 将被测带装在测量装置上,在按表5规定的测量力下使带至少转动两圈。

6.2 观察带在量规轮中的楔入位置,带的露出高度应符合3.3条的规定(见图4)。

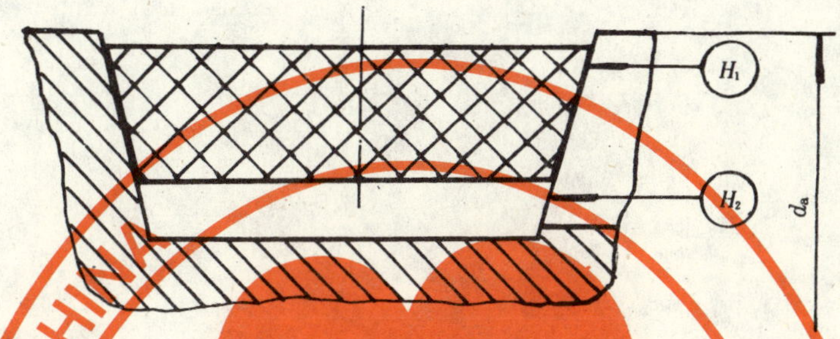

图 4 带的楔入位置

6.3 测出两轮中心距后,带的基准长度按式(12)计算:

$$L_d = 2a + c_d \quad \cdots\cdots(12)$$

式中:L_d ——带的基准长度,mm;

a ——带轮间中心距,mm;

c_d ——带轮基准圆周长,mm。

附加说明:

本标准由中华人民共和国化学工业部提出。

本标准由青岛橡胶工业研究所归口。

本标准由上海胶带股份有限公司负责起草。

本标准主要起草人陆荣耀、李玉凤、周孝庭、于冰。

ICS 43.060.10
G 42

中华人民共和国国家标准

GB 12734—2003
代替 GB/T 12734—1991

汽　车　同　步　带

Automotive synchronous belts

2003-10-09 发布　　　　2004-06-01 实施

中华人民共和国
国家质量监督检验检疫总局　发布

前　言

本标准的第 8.5 条为强制性的，其余为推荐性的。

本标准对汽车同步带的尺寸是等效采用国际标准 ISO 9010:1997《同步带传动　汽车同步带》。

本标准与原标准 GB/T 12734—1991《汽车同步带尺寸》的主要技术差异：

——本标准的尺寸部分在原标准梯形齿 ZA 型、ZB 型尺寸的基础上增加了圆弧齿 ZH 型、YH 型、ZR 型、YR 型、ZS 型、YS 型的尺寸。

——GB/T 12734—1991 只是汽车同步带尺寸，本标准增加了汽车同步带物理性能、耐臭氧性能、耐低温性能和疲劳寿命。

本标准从生效之日起，同时代替 GB/T 12734—1991。

本标准由中华人民共和国原化学工业部提出。

本标准由化学工业胶带标准化技术归口单位归口。

本标准起草单位：贵州大众橡胶有限公司、宁波伏龙同步带有限公司和青岛橡胶工业研究所。

本标准主要起草人：宋惠颜、陆红芬、项雪薇、林秋志、卢继敏、辛永录。

汽 车 同 步 带

1 范围

本标准规定了用于汽车发动机驱动凸轮轴，燃料喷射泵和平衡轴等的同步带(以下简称带)的尺寸、物理机械性能及疲劳寿命。

2 规范性引用文件

下列文件中的条款通过本标准的引用而成为本标准的条款。凡是注日期的引用文件，其随后所有的修改单(不包括勘误的内容)或修订版均不适用于本标准，然而，鼓励根据本标准达成协议的各方研究是否可使用这些文件的最新版本。凡是不注日期的引用文件，其最新版本适用于本标准。

GB/T 1690—1992 硫化橡胶耐液体试验方法(eqv ISO 1817:1985)

GB/T 10716—2000 汽车同步带物理性能 试验方法(eqv ISO 12046:1995)

GB/T 18183—2000 汽车同步带疲劳试验方法(eqv ISO 10917:1995)

ISO 9011:1997 同步带传动 汽车同步带轮

3 带型号

下列汽车同步带型号是标准化的：

ZA 型：梯形齿；

ZB 型：梯形齿；

ZH 型：圆弧齿，H 系列；

YH 型：圆弧齿，H 系列；

ZR 型：圆弧齿，R 系列；

YR 型：圆弧齿，R 系列；

ZS 型：圆弧齿，S 系列；

YS 型：圆弧齿，S 系列。

4 标记

用数字和字母按以下顺序表示带的标记：

a) 表示齿数的数字；

b) 表示节距的字母；

c) 表示齿形的字母；

d) 表示以毫米为单位的宽度的数字。

示例：

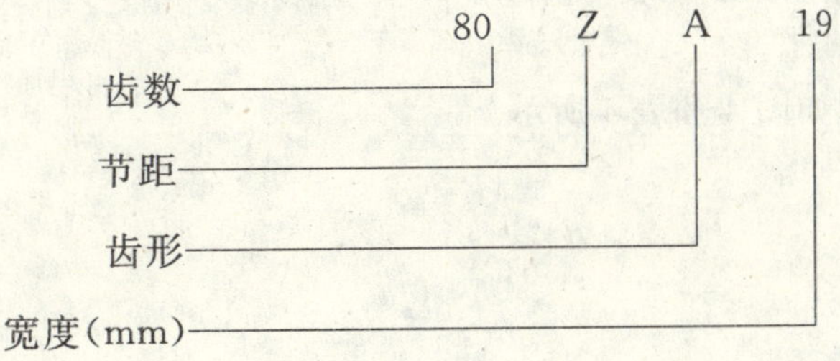

5 尺寸及其极限偏差

5.1 ZA 型和 ZB 型梯形齿带带齿尺寸

ZA 型和 ZB 型梯形齿带齿公称尺寸如图 1 和表 1 所示。

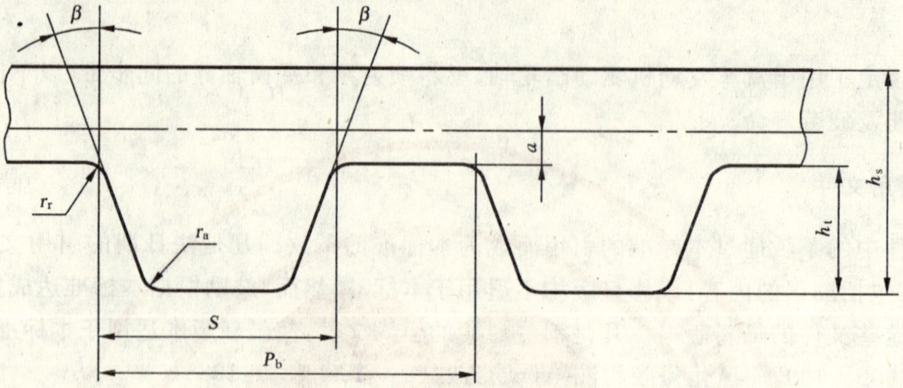

图 1 ZA 型和 ZB 型梯形齿带齿公称尺寸(侧视图)

表 1 ZA 型和 ZB 型梯形齿带齿公称尺寸

名称	代号	公称尺寸	
		ZA 型	ZB 型
齿节距/mm	P_b	9.525	9.525
齿形角/度	2β	40	40
带高/mm	h_s	4.1	4.5
节线差/mm	a	0.686	0.686
齿根圆角半径/mm	r_r	0.51	1.02
齿顶圆角半径/mm	r_a	0.51	1.02
齿高/mm	h_t	1.91	2.29
齿宽/mm	S	4.65	6.12

5.2 ZH 型和 YH 型圆弧齿带带齿尺寸

ZH 型和 YH 型圆弧齿带齿公称尺寸如图 2 和表 2 所示。

5.3 ZR 型和 YR 型圆弧齿带带齿尺寸

ZR 型和 YR 型圆弧齿带齿公称尺寸如图 3 和表 3 所示。

5.4 ZS 型和 YS 型圆弧齿带带齿尺寸

ZS 型和 YS 型圆弧齿带齿公称尺寸如图 4 和表 4 所示。

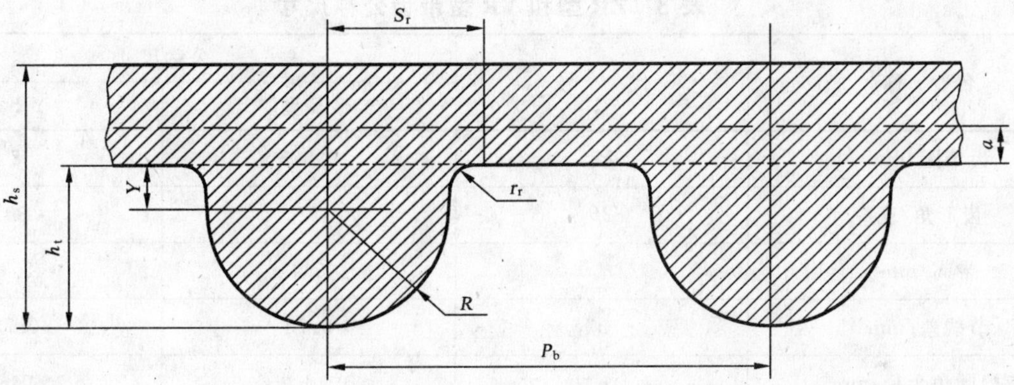

图 2　ZH 型和 YH 型带齿公称尺寸(侧视图)

表 2　ZH 型和 YH 型带齿公称尺寸

名　称	代　号	公称尺寸/mm	
		ZH 型	YH 型
齿节距	P_b	9.525	8
带高	h_s	5.5	5.2
节线差	a	0.686	0.686
齿根圆角半径	r_r	0.76	0.64
齿高	h_t	3.5	3.04
齿半径	R	2.45	2.11
齿心下移量	Y	1.05	0.93
齿根半宽	S_r	3.27	2.84

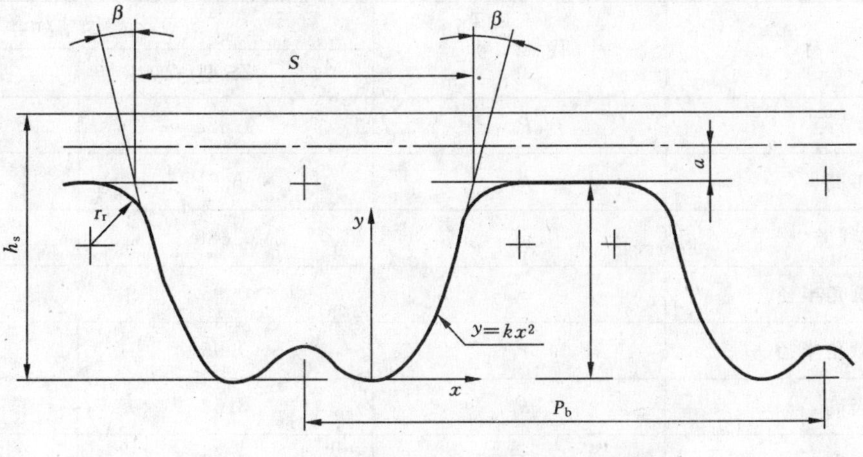

图 3　ZR 型和 YR 型带齿公称尺寸(侧视图)

表 3　ZR 型和 YR 型带齿公称尺寸

名　　称	代　　号	公称尺寸	
		ZR 型	YR 型
齿节距/mm	P_b	9.525	8
齿形角/度	2β	32	30
带高/mm	h_s	5.4	5.1
节线差/mm	a	0.75	0.75
齿根圆角半径/mm	r_r	1	0.8
齿高/mm	h_t	3.2	2.8
齿宽/mm	S	5.5	5.3
齿形因子	k	1.228	1.692

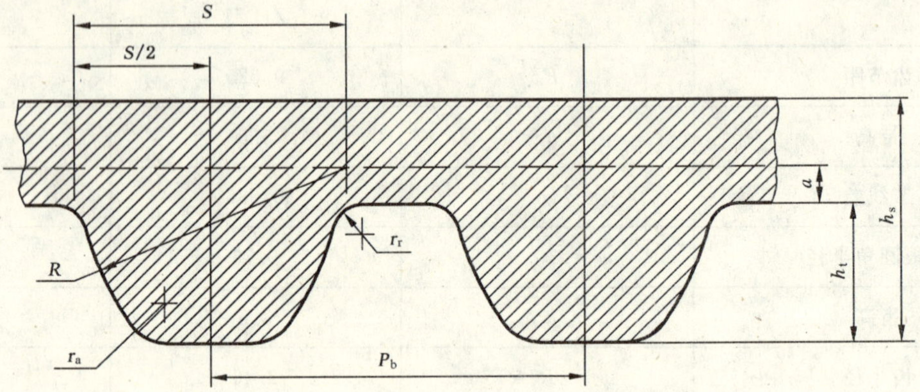

图 4　ZS 型和 YS 型带齿公称尺寸(侧视图)

表 4　ZS 型和 YS 型带齿公称尺寸

名　　称	代　　号	公称尺寸/mm	
		ZS 型	YS 型
齿节距	P_b	9.525	8
带高	h_s	5.7	5.2
节线差	a	0.686	0.686
齿根圆角半径	r_r	0.95	0.8
齿顶圆角半径	r_a	0.95	0.8
齿高	h_t	3.53	2.95
齿宽	S	6.19	5.2
齿半径	R	6.19	5.2

5.5　**带节线长及极限偏差**

带节线长 L_p 由带齿数和齿节距 P_b 相乘而得到。带节线长应由有关方面协商确定。节线长极限偏差如表 5 所示。

表 5　节线长极限偏差　　　　单位为毫米

节线长范围	节线长极限偏差
$L_p \leqslant 381$	±0.45
$382 \leqslant L_p \leqslant 505$	±0.5
$506 \leqslant L_p \leqslant 762$	±0.6
$763 \leqslant L_p \leqslant 991$	±0.65
$992 \leqslant L_p \leqslant 1\,220$	±0.75
$1\,221 \leqslant L_p \leqslant 1\,524$	±0.8
$1\,525 \leqslant L_p \leqslant 1\,782$	±0.85
$1\,783 \leqslant L_p \leqslant 2\,030$	±0.9
$2\,031 \leqslant L_p \leqslant 2\,286$	±0.95
$2\,287 \leqslant L_p \leqslant 2\,544$	±1

5.6　**带宽及极限偏差**

带宽应由有关方面协商确定。带宽极限偏差如表 6 所示。

表 6　带宽极限偏差　　　　单位为毫米

带宽范围	节线长范围中的带宽极限偏差	
	$L_p < 840$	$L_p \geqslant 840$
$b_s < 40$	±0.8	±0.8
$b_s \geqslant 40$	±0.8	$^{+0.8}_{-1.3}$
注：对于特殊应用，可用较小的极限偏差。		

6　**节线长测量**

6.1　**测量装置**

同步带应安装在包括下列部分的测长装置上测量节线长(见图 5)。

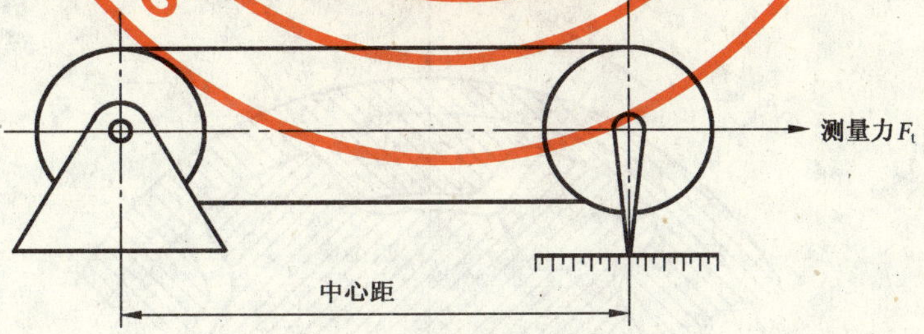

图 5　节线长测量装置

6.1.1　**带轮**

两个相等直径的带轮，带轮的要求由表 7 和 ISO 9011 规定，带轮的型号和带的型号一致，并具有标准齿槽尺寸。带轮尺寸极限偏差应附合表 7、表 8、表 9 或表 10 要求。一个带轮能在固定轴上自由转动，另一个带轮能在游动轴上自由转动，以使中心距可变。

6.1.2 **测量力施加装置**

测量力通过该装置施加于游动带轮上。

6.1.3 **中心距测量装置**

该装置在测量两带轮中心距时应具有所需精度，以检验该中心距是否符合所要求的极限偏差（中心距极限偏差等于表5所示节线长极限偏差的一半）。

表7 带节线长测量用带轮

带型号	齿数 Z	节圆周长/mm	外径 d_0/mm	跳动		$2a$/mm
		$P_b \times Z$		径向/mm	轴向/mm	
ZA、ZB、ZH、ZS	20	190.5	59.266±0.013	0.013	0.025	1.372
YH、YS	22	176	54.651±0.013	0.013	0.025	1.372
ZR	20	190.5	59.138±0.013	0.013	0.025	1.5
YR	22	176	54.522±0.013	0.013	0.025	1.5
注：只要两带轮直径相等，并且带轮直径比表7规定值大，那么也可用其他直径的带轮。						

6.2 **测量力计算**

测量力 F_t 按公式计算：

ZA、ZB、ZH、YH、ZR和YR型用式(1)计算；ZS和YS型用式(2)计算：

$$F_t = (b_s \times 29) - 100 \quad \cdots\cdots (1)$$

$$F_t = 1\,020 \times (b_s/25)^{1.14} \quad \cdots\cdots (2)$$

式中：

b_s——带宽，单位为毫米(mm)；

F_t——测量力，单位为牛顿(N)。

6.3 **程序**

在测量同步带节线长时，先将带至少转动两圈，以使之与带轮正确啮合并使测量力平均分配在带的两直段上。

带的节线长等于一个带轮的节圆周长加上两倍的所测中心距。

6.4 带与带轮和轮槽的尺寸及间隙如图6至图11和表8至表11所示。

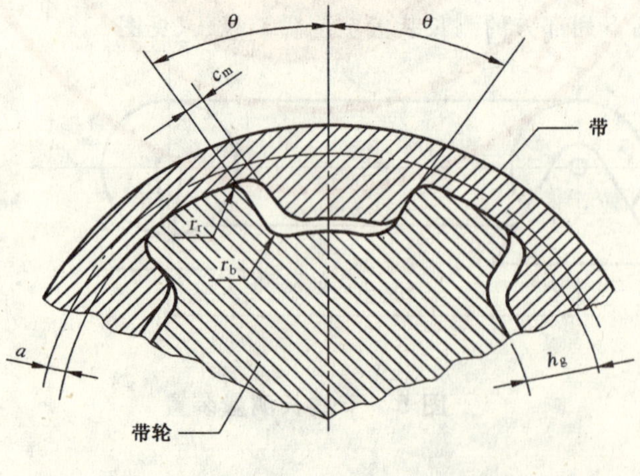

图6 ZA和ZB型带与带轮的间隙（见表8）

表 8　ZA 和 ZB 型轮槽尺寸(见图 6)

型号	最小间隙 c_m/mm	h_g/mm	r_b/mm	r_t/mm	θ/度	a/mm
ZA	0.33	2.68±0.1	0.85±0.1	0.85±0.1	20±1.5	0.686
ZB	0.38	3±0.1	1.23±0.1	1.23±0.1	20±1.5	0.686

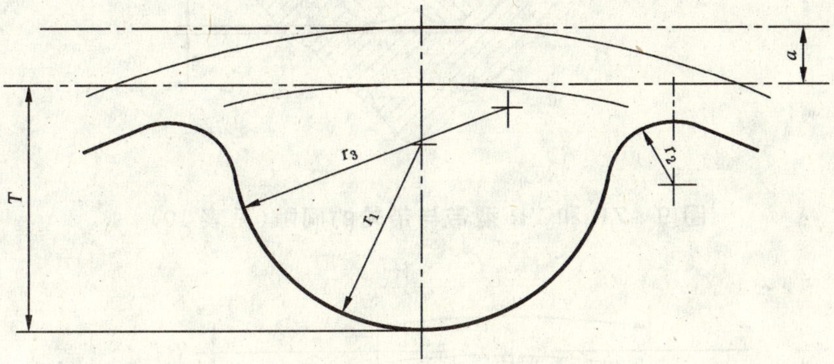

图 7　ZH 和 YH 型轮槽尺寸(见表 9)

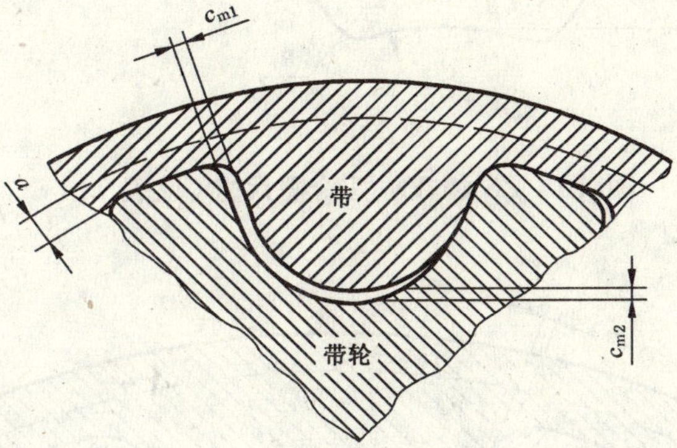

图 8　ZH 和 YH 型带与带轮的间隙(见表 9)

表 9　ZH 和 YH 型轮槽尺寸(见图 7 和图 8)　　单位为毫米

型号	a	最小间隙		r_1 ±0.05	r_2 ±0.05	r_3 ±0.05	T ±0.05
		c_{m1}	c_{m2}				
ZH	0.686	0.34	0.11	2.78	0.89	—1)	3.61
YH	0.686	0.3	0.11	2.22	0.69	3.45	3.16

1)　齿侧弧半径不适用于 ZH 型。

表 10　ZR 和 YR 型带与带轮的间隙(见图 9)

型　号	齿数 Z	最小间隙/mm		a/mm
		c_{m1}	c_{m2}	
ZR	20	0.34	0.11	0.75
YR	22	0.3	0.11	0.75

注：轮槽尺寸由 ISO 9011:1997 规定的齿条刀具确定，见图 9 和表 3 所示。

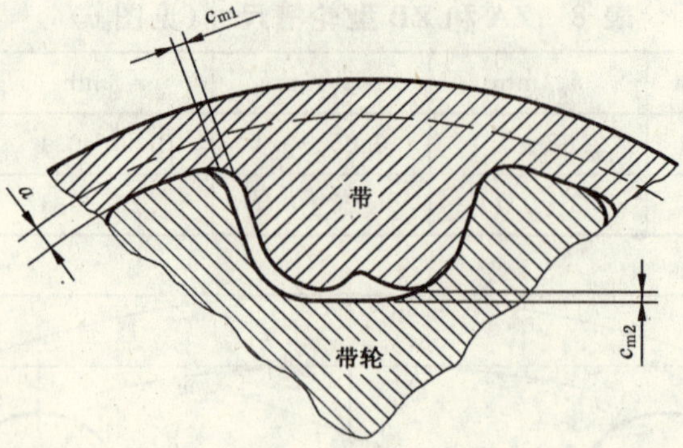

图 9 ZR 和 YR 型带与带轮的间隙(见表 10)

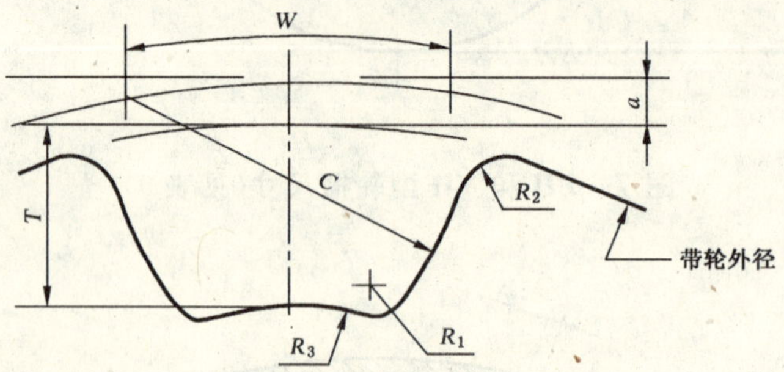

图 10 ZS 和 YS 型轮槽尺寸(见表 11)

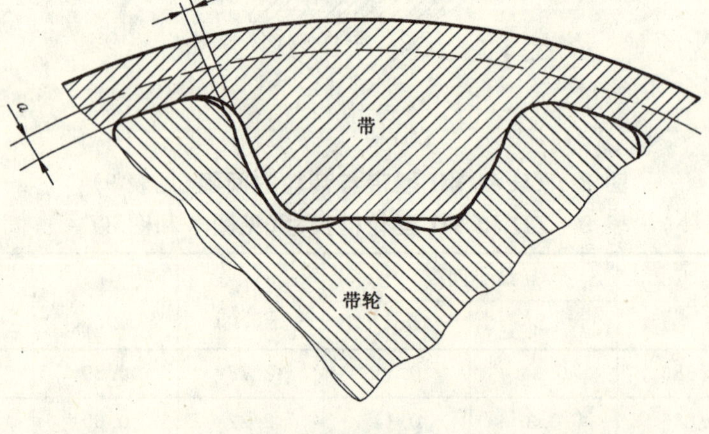

图 11 ZS 和 YS 型带与带轮的间隙(见表 11)

表 11 ZS 和 YS 型轮槽尺寸(见图 10 和图 11)

单位为毫米

型号	a	最小间隙 c_m	W $^{+0.1}_{0}$	C $^{+0.1}_{0}$	T ±0.03	R_1 ±0.05	R_2 $^{+0.05}_{0}$	R_3 ±0.05
ZS	0.686	0.2	6.19	6.31	3.37	0.48	0.89	4.81
YS	0.686	0.24	5.2	5.3	2.83	0.4	0.75	4.04

7 横向摆动测量

7.1 装置

7.1.1 带

用第6章和图5规定的相同装置来测量同步带的横向摆动，测量力按6.2规定。

7.1.2 带轮

槽数和槽尺寸按6.1.1和表7规定。

将固定带轮（主动轮）两侧作成挡边，两挡边的间距（x）至少比被测带宽2 mm。游动带轮没有挡边，带轮宽至少比主动轮两挡边的间距宽25 mm（见图12）。

单位为毫米

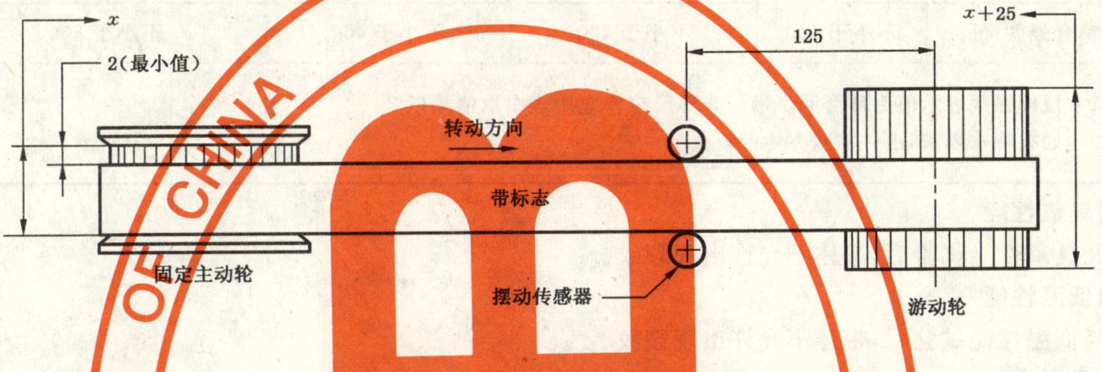

图12 横向摆动测量装置（俯视图）

7.2 测量装置

机械（或者光学）传感器安装在距游动轮中心线125 mm处，且应安装在带的进入游动轮的一边。可用单个传感器，也可在带的两侧各安装一个传感器。

注：长度不大于690 mm的带可由供需双方协商确定传感器的安装位置。

7.3 程序

将带安装在图12所示的测量装置上。带的标志应如图12中的那样，从测量装置的上方即可看到。

将传感器安装在距无挡边游动轮中心线125 mm的带侧面，将带沿顺时针方向转动至少两圈，以使带对于挡边来讲处于稳定位置。

随着带的转动，带边会发生相对于传感器的轴向移动。与挡边接触的那一侧带边的横向摆动由安装在该侧的传感器测出。

7.4 结果

传感器可应测出全摆动范围，而且能手动或自动记录精确到0.1 mm的测量结果。该测量方法对带只提供一个横向摆动测量值。

注：显然这里作为横向摆动而记录的读数是由静态参数（或称尺寸参数）"宽度变量"和动态参数"横向摆动"这两部分组合而成的。其标准值由供需双方协商确定。

8 要求

8.1 外观质量

8.1.1 同步带的工作面应具有等间距的饱满梯形齿或圆弧齿，包布不得有折叠或破损现象。

8.1.2 同步带的背胶和齿胶不得有裂纹、海绵状和气泡，也不得有妨碍使用的凹坑、伤痕等缺陷。

8.1.3 同步带不得有扭曲现象。

8.2 物理性能

同步带物理性能要求如表12所示。

表 12 同步带物理性能

项　目	供货状态下	耐高温性 (110±2)℃×70 h	耐油性 GB/T 1690　1号油 (100±2)℃×22 h	耐水性 100℃(开水)×3 h, (25±5)℃(水)×30 min
带背硬度/(邵尔 A)	73±5	变化范围 0～+7	变化范围 0～−15	变化范围 0～+7
拉伸强度/(N/mm)	不小于 750	不小于 750	不小于 700	不小于 600
齿体剪切强度/(N/mm)	不小于 60	不小于 60	不小于 50	不小于 50
包布粘合强度/(N/mm)	不小于 6.5	不小于 3.5	不小于 4.5	不小于 4.5
芯绳粘合强度/N	不小于 400	不小于 400	不小于 400	不小于 300

注:1　拉伸强度表示值为环形同步带。非环形拉伸应用表中取值除以 2。

注:2　如有特殊要求,由供需双方协商解决。

8.3　**耐臭氧性能**

带经臭氧性能试验后,带体不允许出现裂纹。

8.4　**耐低温性能**

带经低温性能试验后,带体不允许出现裂纹。

8.5　**疲劳寿命**

同步带的疲劳寿命试验按 GB/T 18183 规定进行时,试验负载及疲劳寿命时间由供需双方协商决定。当按 GB/T 18183 附录 A 进行时,疲劳寿命应不小于 200 h。

9　试验方法

9.1　带的带背硬度按 GB/T 10716 规定进行检验。

9.2　带的拉伸强度按 GB/T 10716 规定进行检验。

9.3　带的齿体剪切强度按 GB/T 10716 规定进行检验。

9.4　带的包布粘合强度按 GB/T 10716 规定进行检验。

9.5　带的芯绳粘合强度按 GB/T 10716 规定进行检验。

9.6　带的耐高温性能按 GB/T 10716 规定之程序进行检验。

9.7　带的耐油性按 GB/T 10716 规定之程序进行检验。

9.8　带的耐水性按 GB/T 10716 规定进行检验。

9.9　带的耐臭氧性能按 GB/T 10716 规定进行检验。

9.10　带的耐低温性能按 GB/T 10716 规定进行检验。

9.11　带的疲劳寿命按 GB/T 18183 或其附录 A 规定进行检验。

10　检验规则

10.1　同步带的各项性能试验应由制造厂的质检部门进行。

10.2　每条同步带出厂前,应逐条进行外观检验和长度检验。

10.3　同种型号、同种材质的同步带以不多于 5 000 条为一批,在每批产品中应抽出足够样品进行齿形和物理性能试验(除臭氧试验、耐高温、耐低温、耐油、耐水和疲劳寿命试验外),月产量不足 5 000 条的,每月检查一次。耐臭氧试验、耐高温、耐低温、耐油、耐水和疲劳寿命试验每半年检查一次。如需方有特殊要求,可通过协商决定。

10.4 试验中有不合格项目时，应在该批同步带中另取双倍试样进行不合格项目的试验。如复检项目仍有一个不合格，则该批产品为不合格。

11 标志、包装和贮运

11.1 标志

同步带必须有水洗不掉的明显标志。包括以下内容：

a) 型号；

b) 规格；

c) 制造厂家商标和厂名；

d) 制造年月日(或其代号)；

e) 标上“严禁曲折”字样。

11.2 包装

根据同步带的尺寸型号、体积大小，分别采用适宜的包装箱进行包装，不得使带子过于弯曲(曲率半径≥30 mm)。不得折压。包装箱内应附有合格证。

11.3 贮存和运输

11.3.1 同步带在贮存和运输过程中，应避免阳光直射，雨雪浸淋，要防止与酸、碱和油类等接触。

11.3.2 贮存时库房温度应保持在－18℃～＋40℃之间。相对湿度在50％～80％之间。

11.3.3 贮存期间要避免使同步带承受过大重量而变形，不得折压堆放，最好将同步带悬挂在弧形架子上或平整地放在货架上。要远离热源1 m以外。

中华人民共和国国家标准

GB/T 12735—91

农业机械用V带疲劳试验方法

Fatigue test method for agricultural V-belts

1 主题内容与适用范围

本标准规定了试验室快速检验农业机械用V带(以下简称"带")的疲劳试验方法。

本标准适用于在规定条件下测定带的疲劳寿命。

2 引用标准

GB 10821 农业机械用变速(半宽)V带尺寸

3 试验装置

3.1 疲劳试验机

疲劳试验机(见图1)为两轮试验机。它包括电动机、主动轮、从动轮、张紧装置、测功仪等必要的测试仪表。试验机的主动轮或从动轮应做水平移动,以使带承受恒定的张力。

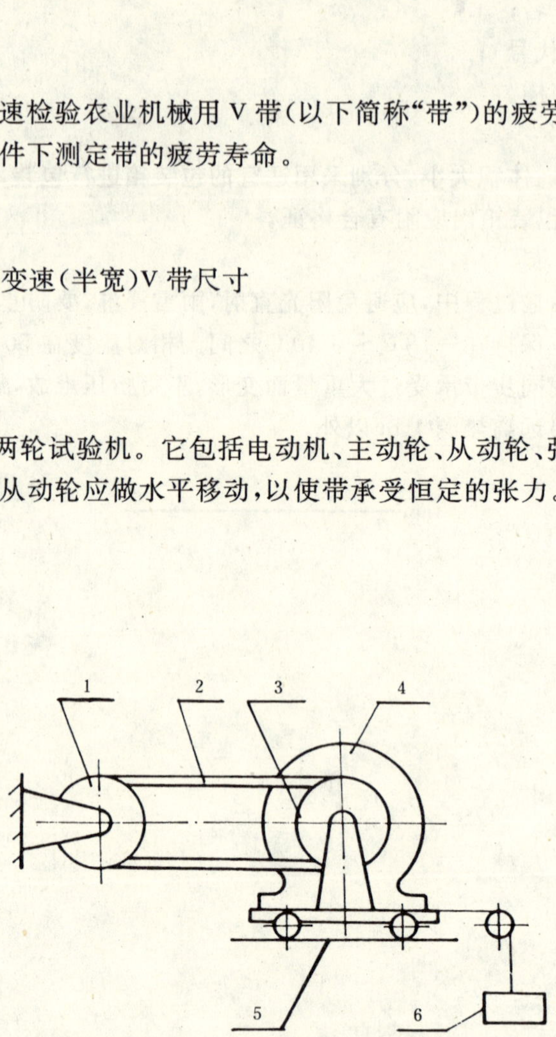

图1 两轮试验机

1—主动轮;2—带;3—从动轮;4—测功仪;5—滑道;6—重砣

3.2 试验带轮

3.2.1 试验用带轮(见图2)尺寸按表1规定。

3.2.2 试验用带轮材料为45号钢,轮槽表面硬度为HRC45～48。

3.2.3 轮槽两侧面表面粗糙度 R_a 应小于0.8 μm。

3.2.4 轮槽两侧面最外端对带轮轴线的径向圆跳动不超过0.25 mm,端面圆跳动按每毫米外径不超过0.001 mm计算。

国家技术监督局1991-02-12批准 1992-02-01实施

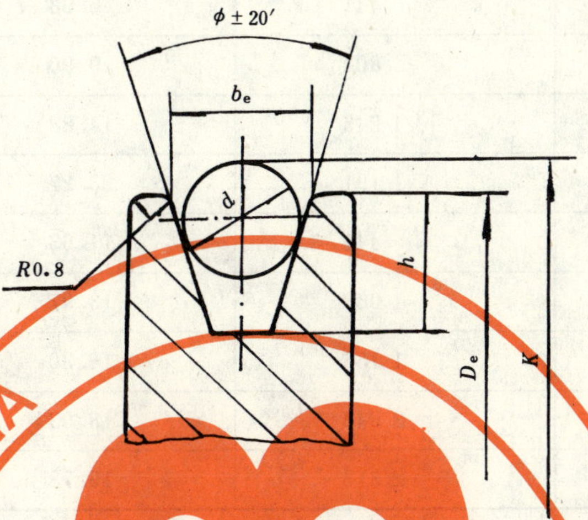

图 2 试验用带轮

表 1 试验带轮尺寸

mm

截型	D_e 基本尺寸	D_e 极限偏差	φ 度	b_e	h ≥	d 基本尺寸	d 极限偏差	K 基本尺寸	K 极限偏差
HA	82.55		34	12.55	12.45	11.112		90.36	
HB	114.30		32	16.00	14.73	14.228		124.61	
HC	172.72		34	22.33	19.81	19.844	+0.005 −0.004	187.40	
HD	269.24			31.98	26.67	28.575		290.95	
HI	140.97	±0.13	26	26.85	23.01	24.209		156.39	±0.13
HJ	168.16			33.22	28.58	30.162		188.49	
HK	195.58			39.57	34.92	36.512	+0.006 −0.005	222.99	
HL	216.47			45.92	38.10	42.862		250.90	
HM	237.49			52.27	44.45	48.419		274.72	

注：主动轮和从动轮尺寸相同。

4 试样

选取 4 条符合 GB 10821 要求的带作为一组试样进行试验。

5 试验条件

5.1 试验室温度：32±3℃。

5.2 试验时所需从动轮负载、带总张力、带速及主动轮转速按表 2 规定。从动轮负载及带总张力的极限偏差为规定值的±2%。

表 2 试验参数

截型	从动轮负载,kW	带总张力,N	带速,m/s	主动轮转速,r/min
HA	2.02	441	6.98	1 750
HB	5.15	804	9.90	
HC	12.14	1 245	14.88	
HD	29.42	1 191	23.27	
HI	3.38	441	11.63	
HJ	9.71	1 068	13.97	
HK	17.14	1 156	16.30	
HL	23.68	2 048	18.03	
HM	30.16	2 313	19.78	

5.3 反向弯曲试验条件:如果农业机械用 V 带和双面 V 带在使用中有反向弯曲,本试验需要增加两个张紧轮进行反向弯曲试验(见图 3)。试验参数按表 3 和表 4 规定。

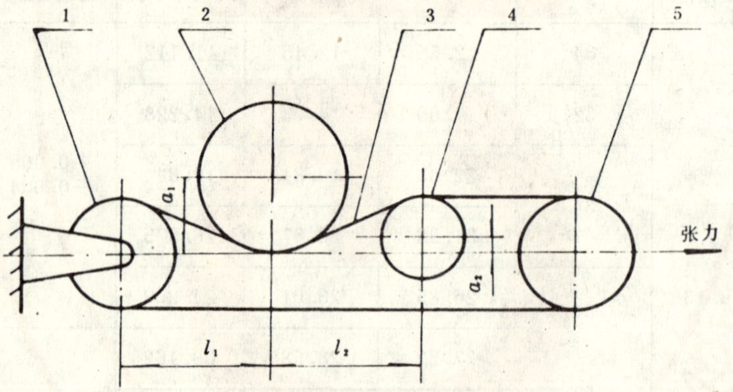

图 3 反向弯曲试验装置

1—主动轮;2—1 号张紧轮;3—带;
4—2 号张紧轮;5—从动轮

表 3 张紧轮安装位置

mm

截型		l_1	l_2	a_1(平轮)	a_1(槽轮)	a_2
HA	HAA	98.40	98.40	44.40	25.40	6.40
HB	HBB	139.70	139.70	60.30	34.90	6.40
HC	HCC	222.20	222.20	76.20	41.30	12.70
HD	HDD	355.60	355.60	114.30	57.20	19.00

表 4 反向弯曲试验参数 mm

<table>
<tr><th colspan="3" rowspan="2">截 型</th><th>HA
HAA</th><th>HB
HBB</th><th>HC
HCC</th><th>HD
HDD</th></tr>
<tr></tr>
<tr><td colspan="2" rowspan="2">主(从)动轮外径</td><td>基本尺寸</td><td>82.55</td><td>114.30</td><td>172.72</td><td>269.24</td></tr>
<tr><td>极限偏差</td><td colspan="4">±0.13</td></tr>
<tr><td rowspan="4">1号张紧轮外径</td><td rowspan="2">平轮
(用于V带)</td><td>基本尺寸</td><td>108.00</td><td>152.40</td><td>215.90</td><td>342.90</td></tr>
<tr><td>极限偏差</td><td colspan="4">±0.13</td></tr>
<tr><td rowspan="2">槽轮
(用于双面V带)</td><td>基本尺寸</td><td>69.80</td><td>101.60</td><td>146.00</td><td>228.60</td></tr>
<tr><td>极限偏差</td><td colspan="4">±0.13</td></tr>
<tr><td colspan="2" rowspan="2">2号张紧轮外径</td><td>基本尺寸</td><td>69.80</td><td>101.60</td><td>146.00</td><td>228.60</td></tr>
<tr><td>极限偏差</td><td colspan="4">±0.13</td></tr>
</table>

注：各轮轮槽尺寸按表1规定，试验参数按5.2条规定。

6 试验程序

6.1 在规定条件下使带运转5 min。

6.2 关闭试验机。当带停止转动后测量两带轮中心距，此中心距作为初始中心距。测量外周长，作为初始外周长。

6.3 在规定条件下继续开机试验。

6.4 每隔24 h停机检查一次，测量中心距和外周长。

6.5 当试验进行到带断裂或当滑动率大于10%时终止，同时测量中心距和外周长。

滑动率按式(1)计算：

$$\varepsilon = \left(1 - \frac{n_2}{n_1}\right) \times 100 \quad \cdots\cdots(1)$$

式中：ε——滑动率，%；

n_1——主动轮转速，r/min；

n_2——从动轮转速，r/min。

6.6 记录试验开始到试验终止的时间(停机时间除外)。

7 试验结果的计算和评定

7.1 计算

7.1.1 有效伸长率按式(2)计算：

$$\delta_a = \frac{2(a_e - a_b)}{L_b} \times 100 \quad \cdots\cdots(2)$$

式中：δ_a——有效伸长率，%；

a_b——初始中心距，mm；

a_e——终止中心距，mm；

L_b——初始外周长，mm。

7.1.2 外周长变化率按式(3)计算：

$$\delta_b = \frac{L_e - L_b}{L_b} \times 100 \quad \cdots\cdots(3)$$

式中：δ_b ——外周长变化率，%；

L_b ——初始外周长，mm；

L_e ——终止外周长，mm。

7.1.3 计算 δ_a 与 δ_b 之差。该值反映了带的侧面磨损程度和带陷入轮槽中的程度。

7.2 评定

带的疲劳寿命以终止试验时的运转时间（小时）表示。

8 试验报告

试验报告内容包括：

a. 试样的截型、规格；

b. 试验室温度；

c. 试验运转时间（小时）；

d. 有效伸长率和外周长变化率；

e. 试验终止原因；

f. 试验评定；

g. 试验员、审核、批准；

h. 试验单位；

i. 试验日期；

j. 试样送检单位或人员、日期。

附加说明：

本标准由中华人民共和国化学工业部提出。

本标准由青岛橡胶工业研究所归口。

本标准由天津市橡胶机带厂负责起草。

本标准主要起草人解德利、杨金栋、安玉洁。

本标准等效采用美国农业工程师协会标准 ASAE S 212.1—83《V 带试验室试验方法》。

中华人民共和国国家标准

输送带机械接头强度的测定 静态试验方法

GB/T 12736—91

Conveyor belts—Determination of strength of mechanical fastening—Static test method

---

本标准等效采用国际标准ISO 1120—1984《输送带机械接头强度的测定 静态试验方法》。

1 主题内容与适用范围

本标准规定了测定输送带的机械接头强度的静态试验方法。

本标准适用于以静态试验方法测定织物芯输送带的机械接头强度。按所用接头连接件的不同结构，接头方式分可拆式和不可拆式两种。

本标准不适用于硫化接头。

2 定义

a. 接头宽度：机械接头连接件的单元数目乘以节间距。

b. 节间距：机械接头连接件单元上某一点与相邻下一单元上对应点的距离。按连接方式而定(见图1、图2)。

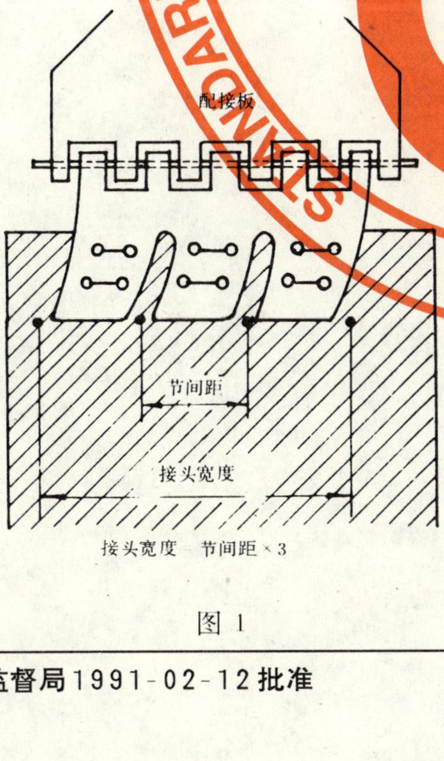

图 1

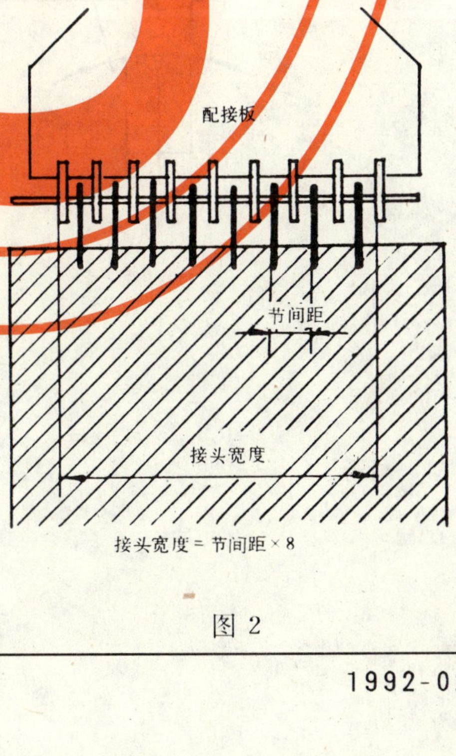

图 2

国家技术监督局1991-02-12批准　　　　1992-02-01实施

3 试验原理

对试样施加不断增大的拉力，直至机械接头连接处发生断裂而分离。

4 试验装置

4.1 金属配接板

金属配接板是一端与拉力试验机的夹持器相连接，另一端与试样的接头连接件相适配连接的中间配接件，且此板可在试验机夹持器不摆动、倾斜的情况下向左或右摆动(见图1、图2)。

4.2 拉力试验机

4.2.1 拉力试验机的动夹持器的工作速度应为100±10 mm/min，但在一次试验中速度应基本恒定。

4.2.2 夹持器应能保证试样固定良好，在试验过程中应使试样不歪斜、不滑移、不夹破。推荐使用单口(图3)和双口(图4)两种夹持器。双口夹持器适用于厚度较大的试样。

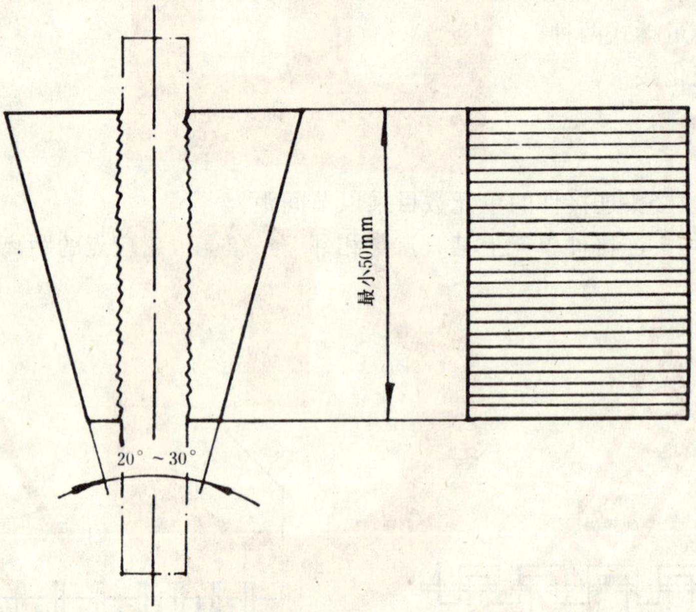

图 3

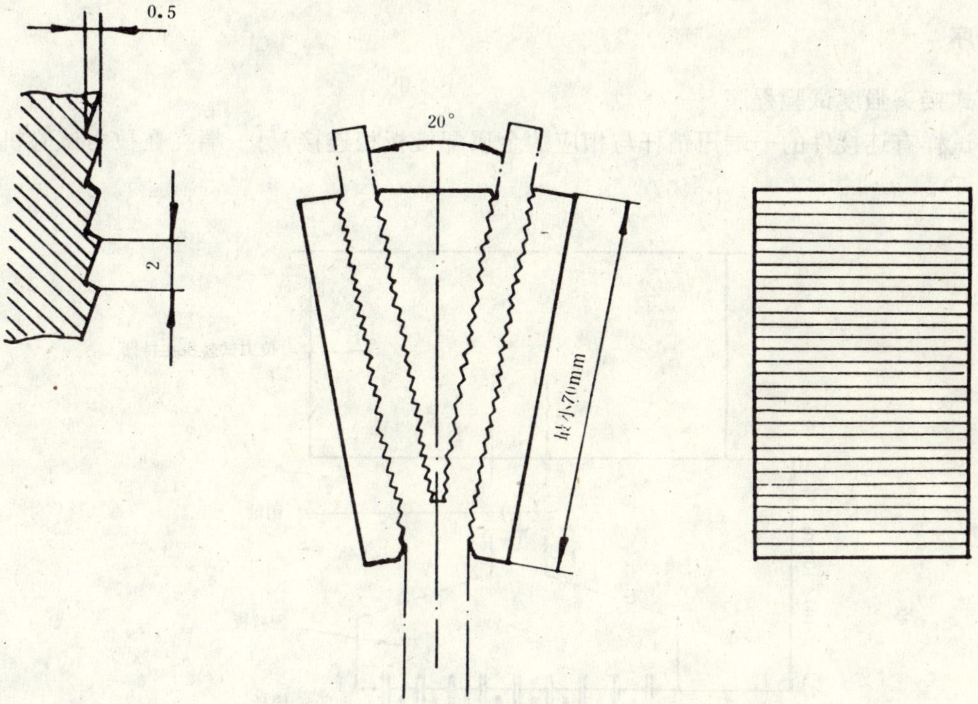

图 4

4.2.3 试验机的精度为误差不大于被测力的2%或量程的0.4%，取其中较大者。

本试验宜采用非惯性型测力的(如电子测力的)拉力试验机，当使用惯性型测力的拉力试验机时，应使被测力限于量程的15%～85%。

5 试样

5.1 形状、尺寸和准备

5.1.1 可拆式接头试样

试样为沿输送带的纵向切取的一段矩形全厚度带，其长度等于150 mm加夹持长度，宽度为150 mm。将所采用的连接件连接在试样一端，接头宽度等于或略大于100 mm，且与试样带的纵向中心线对称。

5.1.2 不可拆式接头试样

试样每件由两段矩形全厚度带组成，每段带沿输送带的纵向切取，其长度为150 mm加夹持长度，宽度为150 mm。两段试样带以所采用的连接件各在其一端连接，接头宽度等于或略大于100 mm，且与两段试样带的纵向中心线对称。

5.2 数量

每个样品试验三件试样。

6 停放与试验条件

6.1 试样应在输送带制造出来至少24 h[1]后切取，在试验温度下停放至少16 h。

遇有争议时停放时间应延长到14 d。

采用说明：

1] ISO 1120—1984中规定5 d后切取试样。

6.2 试验温度为23±2℃[1]。

7 试验程序

7.1 可拆式接头强度试验程序

7.1.1 将试样有连接件的一端用销杆与相应的金属配接板相连接,另一端夹在拉力试验机的一个夹持器上(见图5)。

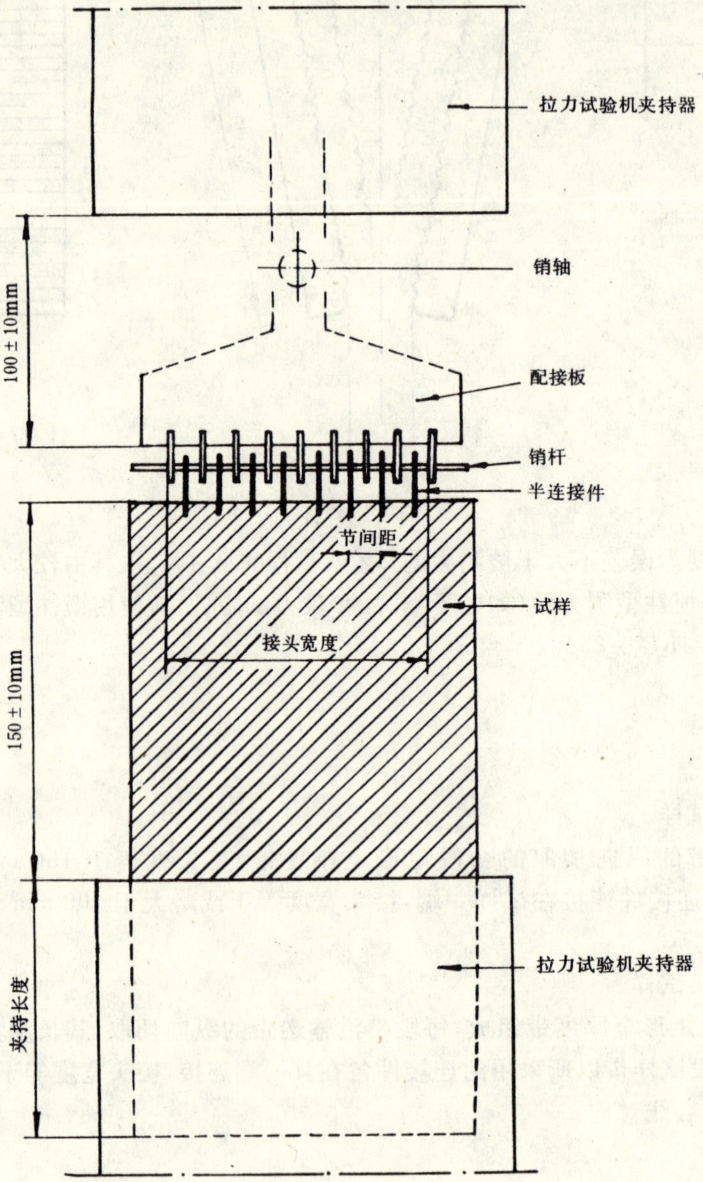

图 5

7.1.2 试样的纵向中心线应与夹持器中心对正,试样边缘至夹口边缘的长度为150±10 mm,如图5所示。

7.1.3 拉力的施加应是对称的,即不应在接头的某一端有先开始断裂的趋势。

采用说明:

1] ISO 1120—1984中除规定23±2℃外,还规定相对湿度(50±5)%。

7.1.4 起动拉力试验机，以规定的工作速度对试样进行拉伸。

7.1.5 记录拉伸过程机械接头处断裂时所加力的最大值。

7.2 不可拆式接头强度试验程序

7.2.1 将试样两夹持端分别夹在拉力试验机的上、下夹持器上。

7.2.2 试样的纵向中心线应与夹持器中心对正，每段试样的试验端边缘至夹持器夹口边缘的长度为150±10 mm。

7.2.3 拉力的施加应是对称的，即不应在接头的某一端有先开始断裂的趋势。

7.2.4 起动拉力试验机，以规定的工作速度对试样进行拉伸。

7.2.5 记录拉伸过程机械接头处断裂时所加力的最大值。

注[1]：当可拆式和不可拆式接头试验中出现试样在夹持器中滑移时，允许换用金属配接板代夹持器，把试样的夹持端用适当的连接件与金属配接板连接进行试验。试样的有效长度不变，仍以试样的试验端的接头强度作为试验结果，并在试验报告中注明以配接板代夹持器。

8 结果表示

求出各测试值的平均值，试验结果的计算如下。

8.1 机械接头强度

机械接头强度按下式计算：

$$\sigma = \frac{F}{d \cdot n}$$

式中：σ ——机械接头强度，N/mm；

F ——机械接头断裂时所加力的最大值，N；

d ——接头连接件的节间距(见图 1、图 2)，mm；

n ——机械接头连接件的单元数(见图 1、图 2)。

8.2 机械接头强度指数

以机械接头强度(σ)对样品带的全厚度纵向最小拉伸强度(在样品输送带的产品标准中相应的规定)之比，用百分数表示。

9 试验报告

试验报告应包括下列内容：

a. 接头宽度；

b. 连接件的牌号、制造厂及可拆与否；

c. 样品带的类型、规格和牌号、最小纵向拉抻强度、批号及制造厂；

d. 试验结果；

e. 接头破坏的状态是带撕裂还是连接件断裂或连接件拉开；

f. 试验室温度和相对湿度；

g. 试验员；

h. 试验日期；

i. 样品送检日期和送样单位或人员；

j. 若以配接板代夹持器则也应注明。

采用说明：

1] ISO 1120—1984 中无此说明。

附加说明：

本标准由中华人民共和国化学工业部提出。

本标准由青岛橡胶工业研究所归口。

本标准由湖北宜昌中南橡胶厂负责起草。

本标准主要起草人罗辉达。

前　言

《汽车V带尺寸》国家标准中AV10和AV13两种型号V带尺寸,是等效采用国际标准ISO 2790:1989《带传动——汽车工业用窄V带尺寸》,对缺少的带高度尺寸采用与国际标准相近的德国国家标准DIN 7753T3—1986《窄V带——汽车用窄V带及带轮轮槽截面》予以补充。

AV17和AV22两种大规格汽车V带的尺寸,国际标准和德国等国外标准均没有规定,因而其V带尺寸等效采用了日本汽车协会标准JASO E 107—88《汽车V带》。AV15(15×9)是保留的老型号,用于中国第一汽车集团公司生产量较大的新解放牌汽车。

AV15、AV17、AV22型号的测长带轮有效宽度、测量用圆柱销直径及有关参数,国际标准和各国标准中都没有规定,本标准是根据国际标准规定的AV10、AV13型号的有效直径、有效宽度与测量圆柱销直径的关系计算出来的。

本标准从生效之日起,代替GB/T 13352—92。

本标准由中华人民共和国化学工业部提出。

本标准由青岛橡胶工业研究所归口。

本标准起草单位:青岛橡胶工业研究所、开封恩达橡胶(集团)有限公司、江西宜春市橡胶厂、江西万载橡胶厂、新疆沙湾橡胶厂、常熟大象橡胶工业有限公司。

本标准主要起草人:韩德深、苏海军、易建华、彭水生、王志祥、杨剑良。

中华人民共和国国家标准

GB/T 13352—1996
neq ISO 2790:1989
代替 GB/T 13352—92

汽 车 V 带 尺 寸

Automotive V-belts—Dimensions

1 范围

本标准规定了汽车V带(以下简称V带)的截面尺寸、有效长度极限偏差、露出高度、中心距变化量、标记及尺寸测量方法。

本标准适用于汽车内燃机附属设备的传动装置使用的V带。

2 引用标准

下列标准所包含的条文,通过在本标准中引用而构成为本标准的条文。本标准出版时,所示版本均为有效。所有标准都会被修订,使用本标准的各方应探讨使用下列标准最新版本的可能性。

GB/T 13490—92 V带均匀性规范和试验方法 中心距变化量(idt ISO 9680:1988)

ISO 8370-1:1993 带传动——用于测定节线位置的动态试验——第一部分:V带

3 尺寸

3.1 截面尺寸

汽车V带的型号决定于带的公称顶宽,分为AV10、AV13、AV15、AV17、AV22等五种型号。各型号V带的截面尺寸如图1和表1所示。本标准对这些尺寸不规定极限偏差和检测方法,截面的合格通过在测长机上测量的V带在轮槽中的露出高度来判断。

V带在轮槽中的节面位置决定于有效线差 Δe(见图2),可以根据ISO 8370—1进行测定。本标准对 Δe 值暂不进行标准化规定。

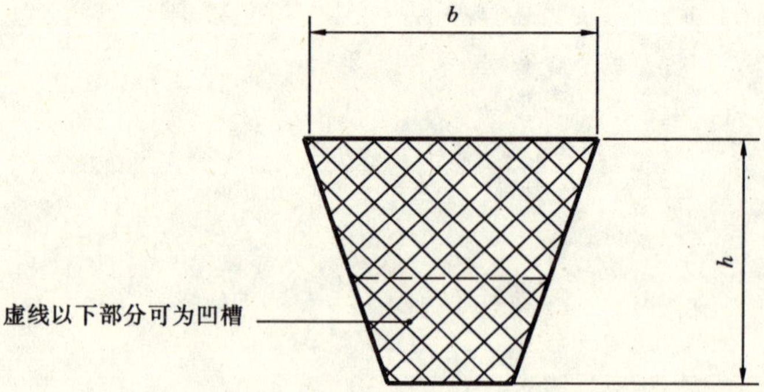

图1 V带的截面尺寸

国家技术监督局1996-10-28批准 1997-06-01实施

表 1　V 带的截面尺寸

mm

型号	顶宽 b	高度 h			
		包边式	普通切边式	底胶夹布切边式	有齿切边式
AV10	10.0	8.0	7.5	7.5	8.0
AV13	13.0	10.0	8.5	8.5	9.0
AV15	15.0	9.0	—	—	—
AV17	16.5	10.5	9.5	9.5	11.0
AV22	22.0	14.0	—	—	13.0

3.2　长度

3.2.1　公称值

汽车 V 带的长度以有效长度表示，其公称值由供需双方协商确定。

注：有效长度指当 V 带安装在测长机上承受规定的测量力时位于测量带轮轮槽有效宽度处 V 带的周线长度。

3.2.2　极限偏差

汽车 V 带长度的极限偏差应符合表 2 规定。

表 2　V 带长度偏差和配组差

mm

有效长度公称值 L_e	有效长度极限偏差	配组差，不大于
$L_e \leqslant 1\,000$	±6	2
$1\,000 < L_e \leqslant 1\,200$	±8	有效长度公称值的 0.2%
$1\,200 < L_e \leqslant 1\,400$	±9	
$1\,400 < L_e \leqslant 1\,600$	±10	
$1\,600 < L_e \leqslant 2\,000$	±11	
$L_e > 2\,000$	±12	

3.2.3　配组

在多槽 V 带传动中使用的 V 带必须具有基本一致的尺寸，因此需要在长度上进行配组。长度配组差是指同组 V 带间的长度最大差值，如表 2 所示。V 带的制造方应将每组配组 V 带包装在一起并做上标记。使用中当一组 V 带中的一条损坏时，必须将整组 V 带换为另一组配组 V 带。

3.3　露出高度

V 带在测量带轮轮槽中的露出高度（见图 2）应符合表 3 规定。

表 3

mm

型号	露出高度 f
AV10、AV13	$0 < f < 2.4$
AV15、AV17、AV22	$0 < f < 3.4$

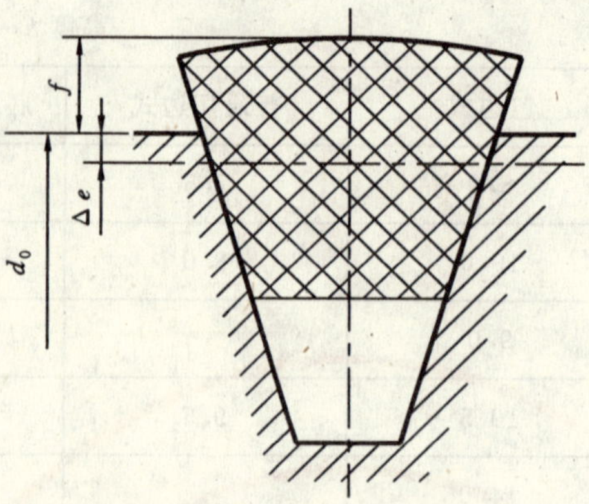

f—露出高度；Δe—有效线差；d_0—外径

图 2 带在轮槽中的露出高度

3.4 中心距变化量

当对 V 带进行测量时，在 V 带转动一周中的带轮中心距变化量应符合表 4 要求。规定中心距变化量是为了保证 V 带的均匀性。

表 4

mm

公称长度	中心距变化量，不大于 (顶宽≤25)
≤1 000	1.2
1 001～2 000	1.6
2 001～5 000	2
>5 000	2.5

3.5 标记

汽车 V 带的标记内容和顺序为型号、有效长度公称值、标准号。

标记示例如下：

AV13 × 1 000 GB 12732

标准号

有效长度公称值

汽车 V 带型号

4 尺寸测量方法

4.1 测量装置

测量装置为汽车 V 带测长机。测长机包括两个相同的测量带轮、测量力施加机构和中心距测量机构(见图 3)。

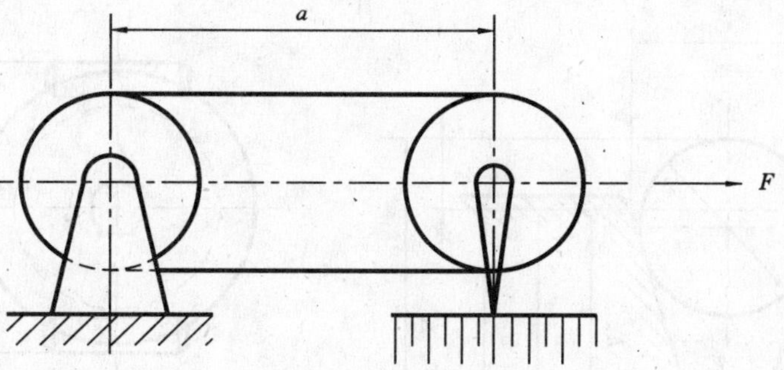

a—中心距；F—测量力

图 3 测长机示意图

两个测量带轮中，一个带轮中心位置固定，另一带轮可沿两轮中心连线移动。带轮尺寸如表 5 和图 4 所示。有效直径 d_e 和有效圆周长 C_e 分别为对应于有效宽度 b_e 的带轮直径和周长，其准确性可通过测量两个平行的、相对的安放在轮槽中并与两侧槽壁接触的圆柱销（见图 4）的外切平行平面间的距离来判断。圆柱销直径 d 和外切平面间距 K 的规定值列于表 5。

表 5 测量带轮测量柱销尺寸及测量力

参数名称	符号	单位	不同型号的参数值					极限偏差
			AV10	AV13	AV15	AV17	AV22	
有效宽度	b_e	mm	9.7	12.7	14.7	16.1	21.5	
有效直径	d_e	mm	95.49	95.49	95.49	95.49	120.96	
有效圆周长	C_e	mm	300	300	300	300	380	
外径	d_0	mm	95.5	95.5	95.5	95.5	121.0	±0.2
最小槽深	h_c	mm	11	13.75	13	15	19	
槽角	φ	(°)	36	36	36	34	34	±10′
圆柱销直径	d	mm	7.95	11.124	13.205	14.729	19.775	0 −0.025
两柱销外切平面间距离	K	mm	99.31	103.53	106.19	107.74	138.05	±0.05
测量力[1]	F	N	267	267	267	267	440	

1）V 带的每个直线段上所受张紧力等于该力的一半。

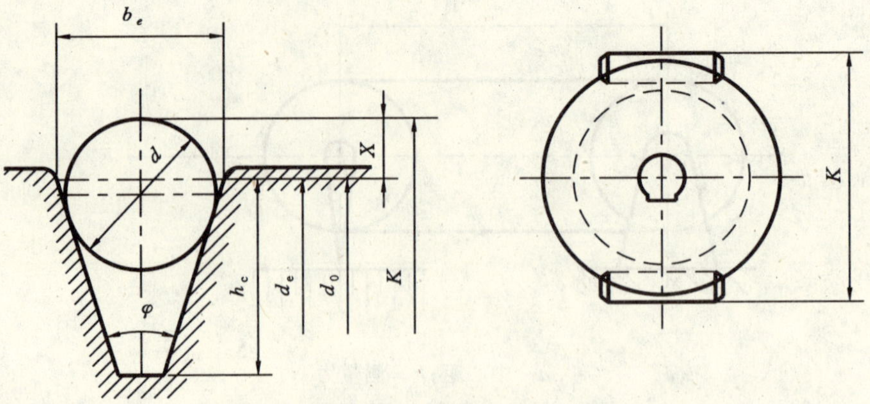

图 4 测量带轮尺寸及圆柱销的安放

4.2 长度测量方法

4.2.1 中心距测定

将被测量 V 带安装在测长机两带轮的轮槽中。通过可移动带轮对带施加表 5 所示的测量力。将 V 带转动至少两圈，使之与 V 带良好贴合，在继续转动中测量两轮的最大中心距和最小中心距。

4.2.2 有效长度计算

V 带的有效长度 L_e 按下式计算：

$$L_e = a_{max} + a_{min} + C_e$$

式中：C_e——测量带轮有效圆周长(见表 5)，mm；

a_{max}——两带轮的最大中心距，mm；

a_{min}——两带轮的最小中心距，mm。

4.3 露出高度测量方法

将被测量 V 带安装在测长机两轮轮槽中。通过可移动带轮对 V 带施加表 5 所示的测量力。将 V 带转动至少两圈，使之与带轮良好贴合，待其停稳后，在 V 带与带轮任意接触弧带顶宽中央部位测量 V 带在轮槽中的露出高度(见图 2)，但注意不要在 V 带上布层接头和商标的部位测量。取测量三点的平均值，作为露出高度测量结果。

4.4 中心距变化量测量方法

中心距变化量的测量按 GB/T 13490 规定进行。

ICS 21.220.10
G 42

中华人民共和国国家标准

GB/T 13487—2002
代替 GB/T 13487—1992

一般传动用同步带

Synchronous belts for general drive

2002-10-16 发布　　　　2003-04-01 实施

中华人民共和国
国家质量监督检验检疫总局　发布

前言

本标准对应于日本工业标准 JIS K 6372—1995《一般传动用同步带》，与 JIS K 6372 的一致性程度为非等效。

本标准代替 GB/T 13487—1992《一般传动用同步带》。

本标准与 JIS K 6372—1995 主要差异如下：

——增加了 3M、5M、8M、14M、20M 五种圆弧齿同步带的物理性能要求。

——增加了同步带的带背硬度、包布粘合强度、芯绳粘合强度、齿剪切强度的物理性能要求。

——删除了 JIS K 6372—1995 附录《一般用途同步带的使用方法》和编制说明。

——同步带的试验方法是采用 GB/T 10716—2000《汽车同步带物理性能试验方法》，与 ISO 12046：1995《同步带传动汽车同步带物理性能试验方法》一致。

本标准与 GB/T 13487—1992 相比主要变化如下：

——增加了 3M、5M、8M、14M、20M 五种圆弧齿同步带的物理性能要求(见 6.2)；

——增加了带背硬度、包布粘合强度、芯绳粘合强度的物理性能要求(见 6.2)；

——物理性能试验方法等同采用 ISO 12046：1995。代替原标准中国外公司要求(见 7.2)。

本标准由国家石油和化学工业局提出。

本标准由化学工业胶带标准化技术归口单位归口。

本标准起草单位：宁波伏龙同步带有限公司、青岛橡胶工业研究所、青岛同步带厂。

本标准主要起草人：陆红芬、林齐福、韩德深、谭志清、陈在国。

本标准于 1992 年 6 月首次发布。

一般传动用同步带

1 范围

本标准规定了环形的、具有梯形齿和圆弧齿的一般传动用同步带(简称同步带)的产品分类、技术要求、抽样、试验方法及标志、包装、贮存规则。

本标准适用于在一般机械上传递动力的同步带,不适用于汽车同步带、聚胺酯同步带、MXL、XXL型同步带。

2 规范性引用文件

下列文件中的条款通过本标准的引用而成为本标准的条款。凡是注日期的引用文件,其随后所有的修改单(不包括勘误的内容)或修订版均不适用于本标准,然而,鼓励根据本标准达成协议的各方研究是否可使用这些文件的最新版本。凡是不注日期的引用文件,其最新版本适用于本标准。

GB/T 10716 汽车同步带物理性能试验方法(eqv ISO 12046)

GB/T 11616 同步带尺寸(eqv ISO 5296-1,ISO 5296-2)

JB/T 7512.1 圆弧齿同步带传动 带

3 产品分类

同步带的型式,按齿的分布情况分为单面齿的和双面齿的,双面齿又分为对称齿的和交叉齿的;按齿的形状分为梯形齿的和圆弧齿的。

梯形齿同步带按齿的节距分为 XL、L、H、XH、XXH 五种型号。

圆弧齿同步带按齿的节距分为 3M、5M、8M、14M、20M 五种型号。

4 结构和材料

同步带一般由带背、芯绳、带齿、包布四部分组成,见图 1。

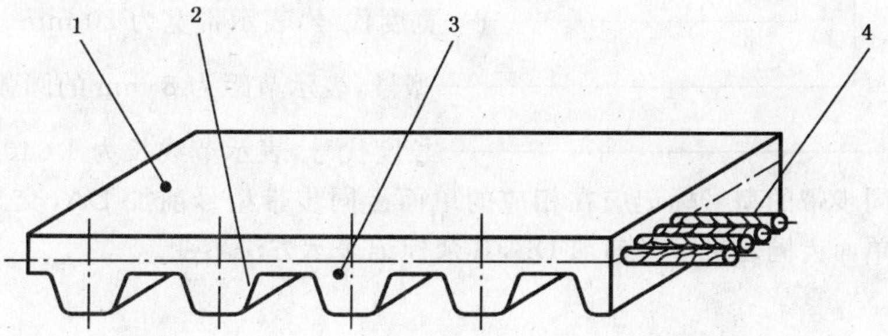

1——带背;
2——包布;
3——带齿;
4——芯绳。

(a) 梯形齿结构

图 1 同步带结构

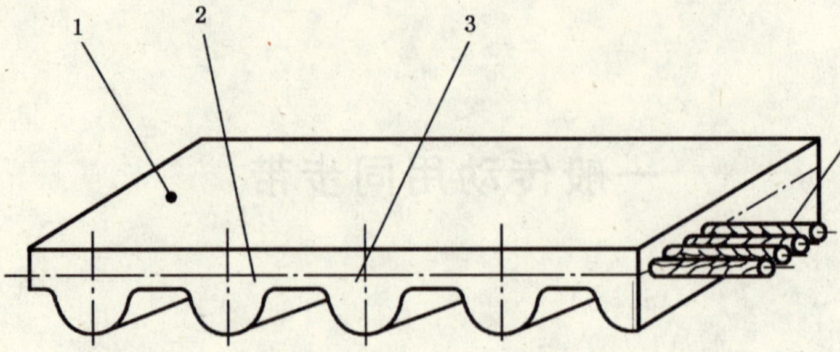

1——带背；

2——包布；

3——带齿；

4——芯绳。

(b) 圆弧齿结构

图 1(续)

4.1 橡胶

所用橡胶应采用适合使用目的的配方，其组分应分散均匀。

4.2 织物

所用包布可为适合使用目的的尼龙织物或其他织物，其经线和纬线的密度应均匀，其纱线不得有残缺、歪斜等疵点。

5 标记

单面齿同步带的规格标记依次为长度代号、型号、宽度代号、标准号。

示例 1：420 L 050 GB/T 13487

- GB/T 13487——标准号
- 050——宽度代号，表示为带宽 12.7 mm(0.50 in)
- L——型号，表示节距为 9.525 mm(0.375 in) 的梯形齿带
- 420——长度代号，表示节线长为 1 066.80 mm(42.00 in)

示例 2：1 040-8M-20 GB/T 13487

- GB/T 13487——标准号
- 20——宽度代号，表示带宽为 20 mm
- 8M——型号，表示节距为 8 mm 的圆弧齿带
- 1 040——长度代号，表示节线长为 1 040 mm

对称式双面齿同步带的型号标记应在相应的单面齿同步带型号前加 DA，交叉式双面齿同步带的型号标记应在相应单面齿同步带型号前加 DB，其余标记表示方法不变。

6 要求

6.1 尺寸

梯形齿同步带的尺寸及极限偏差应符合 GB/T 11616 规定，圆弧齿同步带的尺寸及其极限偏差应符合 JB/T 7512.1 规定。

6.2 物理性能

同步带的物理性能应符合表 1 规定。

表 1

项目		梯形齿					圆弧齿				
		XL	L	H	XH	XXH	3M	5M	8M	14M	20M
拉伸强度[a]/(N/mm) ≥		80	120	270	380	450	90	160	300	400	520
参考力伸长率	参考力/(N/mm)	60	90	220	300	360	70	130	240	320	410
	伸长率/% ≤	4.0									
带背硬度(邵尔 A 型)		75±5									
包布粘合强度/(N/mm) ≥		5	6.5	8	10	12	—	6	10	12	15
芯绳粘合强度/N ≥		200	380	600	800	1 500	—	400	700	1 200	1 600
齿体剪切强度/(N/mm) ≥		50	60	70	75	90	—	50	60	80	100

[a] 表中拉伸强度值是对采用切开的带段作为试样时的测定结果的要求；当采用环形带作为试样时，需将测定结果除以 2，再与表中值进行比较。

6.3 **外观质量**

6.3.1 同步带的内表面(工作面)应具有等间距的饱满带齿，齿面包布不得有折迭、破损等现象。

6.3.2 带表面不允许有欠硫现象，带表面气泡有下列情形之一的，为不合格品：

a) 发现 3 处以上气孔或气泡；

b) 一个气孔或气泡的直径在 0.8 mm 以上；

c) 一个齿的两侧出现有气孔。

6.3.3 切割后的同步带应剪去抗拉体线绳线头，带的两侧面应无毛刺。

7 试验方法

7.1 同步带外观质量目测检验，气孔直径用 0.8 mm 专用测柱测量。齿形尺寸使用投影仪测量，宽度使用精度为 0.02 mm 的游标卡尺测量。长度测量按 GB/T 11616 规定进行。

7.2 同步带的拉伸强度、带背硬度、包布粘合强度、芯绳粘合强度、齿体剪切强度试验按 GB/T 10716 规定进行。

7.3 同步带参考力伸长率按下述要求进行。

7.3.1 同步带试样与试验方法的要求与 GB/T 10716 相同。

7.3.2 在试样带背面中间画两条与带宽方向平行的间距约为 100 mm 的标线并测定两标线的间距(简称"标距")，以(50±5)mm/min 的夹持器分离速度对试样施加拉力，当试样单位宽度的拉力增至表 1 规定的参考力时测量标距。

7.3.3 参考力伸长率按式(1)计算：

$$E_s = \frac{100(L_s - L_0)}{L_0} \quad \cdots\cdots (1)$$

式中：

E_s——参考力伸长率，表示为百分数；

L_0——试验前的标距；

L_s——试样单位宽度的拉力增至参考力(见表 1)时的标距。

7.3.4 以三个试样参考力伸长率的平均值作为试验结果，精确至规定值最低位的下一位。

8 检验规则

8.1 同步带的各项性能检测应由制造厂的质检部门进行。

8.2　同步带的外观质量应逐条进行检验，而对其主要尺寸可进行抽检。

8.3　对于 XL、3M、5M 型号，同批材质的同步带以不多于 5 000 条为一批，每批产品中抽取三条进行物理性能测试，但此种测试每月不得少于一次。

8.4　对于 L、H、XH、XXH、8M、14M、20M 型号，同批材质的同步带以不多于 2 000 条为一批，在每批产品中抽取三条进行物理性能测试，但此种测试每月不得少于一次。

8.5　试验中有不合格项目时，应在同批同步带中另取双倍试样进行不合格项目的测试。如复检项目仍有一个结果不合格，则该批产品为不合格品。

9　标志、包装、运输、贮存

9.1　标志

同步带上应有水洗不掉的明显标志(当无法制作标志时可采用挂标签的替代措施)。标志中应包括以下内容：

a)　产品名称及制造厂名或商标；

b)　规格标记；

c)　制造年、月(或其代号)；

d)　“严禁曲折”等关于使用要求的字样。

9.2　包装

按规格标记的不同分别采用包装箱进行包装，包装中不得使带子过于弯曲。包装箱内应附有合格证。

9.3　运输

在运输过程中应避免阳光直射和雨雪浸淋，防止与酸、碱、油类及有机溶剂等影响带质量的物质接触。

9.4　贮存

9.4.1　贮存温度应为－18℃～40℃，相对湿度不超过 80%。

9.4.2　贮存环境应清洁。贮存期间要避免同步带承受过大重压而变形，不得折压堆放。最好将同步带悬挂在弧形架子上或平整地放在货架上。贮存中要使同步带远离热源 1 m 以上。

中华人民共和国国家标准

V带均匀性规范和试验方法 中心距变化量法

GB/T 13490—92
ISO 9608:1988

V-belts—Uniformity of belts—Centre distance variation—Specification and test method

本标准等同采用国际标准ISO 9608:1988《V带—均匀性—中心距变化量—规范和试验方法》。

1 主题内容与适用范围

本标准规定了V带均匀性的规范及其试验方法。V带均匀性以中心距变化量表示。

本标准适用于各种V带，如普通V带、窄V带、联组窄V带、汽车V带、宽V带、半宽V带等。

2 引用标准

GB 10821 农业机械用变速(半宽)V带尺寸

GB 11544 普通V带和窄V带尺寸

GB 13352 汽车V带尺寸

GB 12733 工业用变速宽V带尺寸

3 术语

中心距变化量(Δa)：安装在测长装置上的V带转动一圈过程中，带轮中心距最大值与最小值之差。

4 规范

V带中心距变化量允许值与V带公称长度和顶宽有关，如下表所示。

mm

公称长度	中心距变化量 不大于	
	顶宽≤25	顶宽>25
≤1 000	1.2	1.8
>1 000～2 000	1.6	2.2
>2 000～5 000	2	3.4
>5 000	2.5	3.4

5 试验方法

5.1 试验装置

国家技术监督局1992-06-09批准 1993-06-01实施

试验装置为下图所示的测长机。其主要部件为两个具有相同尺寸的V带轮，其中一个可在张紧力F作用下移动。带轮尺寸和张紧力分别按有关标准(GB 10821、GB 11544、GB 13352、GB 12733等)的规定执行。

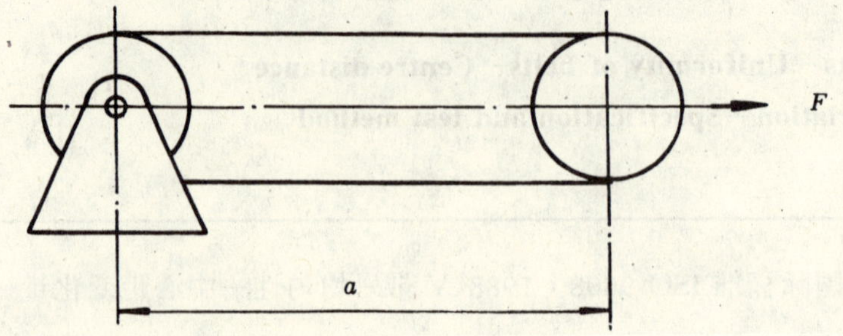

5.2 试验程序

在V带松弛状态下，将其安装在测长机两带轮的槽中。对可移动带轮施加规定的张紧力。转动带轮，使V带以不大于1 m/s的速度连续转动至少2圈，以使张紧力平均分配在带的两直段。

按上述速度使V带再转动一圈。测定此过程中出现的中心距最大值和最小值并求出二者的差值，即为试验结果。

6 试验报告

试验报告中应包含以下内容：

a. 所试带的品种、型号、公称长度和顶宽；

b. 张紧力；

c. 试验结果。

附加说明：

本标准由中华人民共和国化学工业部提出。
本标准由青岛橡胶工业研究所归口。
本标准由青岛橡胶工业研究所负责起草。
本标准主要起草人罗光、顾新、韩德深、张秀香、张静菊。

前 言

本标准中汽车多楔带尺寸部分是等效采用国际标准草案ISO/DIS 9981:1997《带传动——PK型汽车多楔带及带轮尺寸》,而汽车多楔带疲劳试验方法是等效采用国际标准ISO 11749:1996《带传动——汽车工业用多楔带——疲劳试验》,疲劳试验缺少的部分参数是等效采用日本汽车协会标准JASO E 109—1994《汽车多楔带》加以补充;物理性能部分是等效采用JASO E 109—1994。

本标准较原标准GB 13552—1992《汽车多楔带》增加了含有反向弯曲带轮的四轮疲劳试验机,由于疲劳试验的试验温度由原标准常温改为85℃,相应的疲劳寿命由原标准要求的100 h变为50 h。

本标准自实施之日起,代替GB 13552—1992。

本标准由中华人民共和国原化学工业部提出。

本标准由原化工部胶带标准化技术归口单位归口。

本标准起草单位:贵州大众橡胶有限公司(原贵州橡胶配件厂)。

本标准主要起草人:宋惠颜、林秋志、曾 军。

本标准首次发布于1992年。

中华人民共和国国家标准

GB 13552—1998

汽车多楔带

代替 GB 13552—1992

Automotive V-ribbed belts

1 范围

本标准规定了汽车多楔带(以下简称带)的产品分类、技术要求、试验方法、检验规则及标记、包装、储运。

本标准适用于汽车内燃机的风扇、电机、水泵、压缩机、动力转向泵、增压器等传动用带。

2 引用标准

下列标准所包含的条文,通过在本标准中引用而构成为本标准的条文。本标准出版时,所示版本均为有效。所有标准都会被修订,使用本标准的各方应探讨使用下列标准最新版本的可能性。

GB/T 17516.2—1998 V带和多楔带传动 测定节面位置的动态试验方法 第2部分:多楔带(idt ISO 8370-2:1993)

3 定义

本标准采用下列定义。

有效长度:当带安装在两个测长用带轮上并施加规定的测量力时,多楔带上通过带轮有效圆周的周线长度。

节面:当带弯曲时带中既不伸长也不缩短的一层。当带在带轮上弯曲时,节面位置用有效线差(即节面高于带轮外缘的高度)表示。

正向弯曲:带楔部向内侧弯曲时的状态。

反向弯曲:带楔部向外侧弯曲时的状态。

4 形状、尺寸及原材料要求

4.1 型号

带的型号用来表示截面形状和尺寸。汽车多楔带只采用PK一种型号。

4.2 规格、标记

汽车多楔带的规格包括楔数、型号和有效长度,采用以下数字和字母进行标记。

a)第一组数字表示楔数;

b)一组字母表示型号;

c)第二组数字表示以毫米为单位的有效长度。

示例:

国家质量技术监督局1998-10-19批准 1999-04-01实施

4.3 形状及结构

汽车多楔带是截面如图 1 所示的环形带。

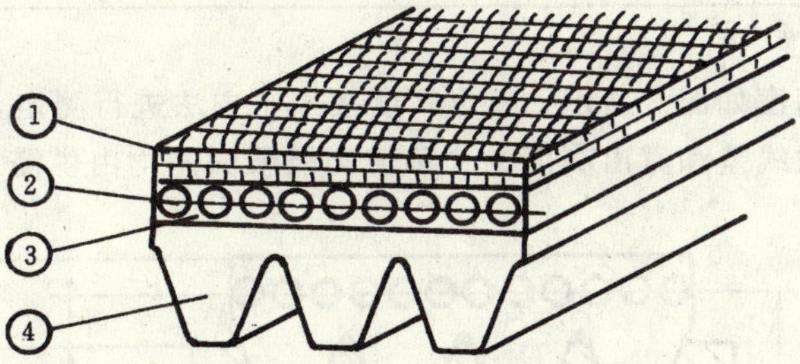

1—顶布;2—芯线;3—粘合胶;4—楔胶

图 1 结构各部名称

4.4 使用材料

4.4.1 橡胶

粘合胶和楔胶的组成应是均匀一致的。

4.4.2 顶布

采用以棉纤维、合成纤维或它们的混纺纤维织成的织物作为顶布。织物的经向和纬向的密度应均匀,且无疵点和扭曲变形。

4.4.3 芯绳

采用以合成纤维制成的线绳,其捻度应均匀一致。

4.5 尺寸

4.5.1 截面尺寸

带的截面尺寸的参考值如图 2 和表 1 所示。

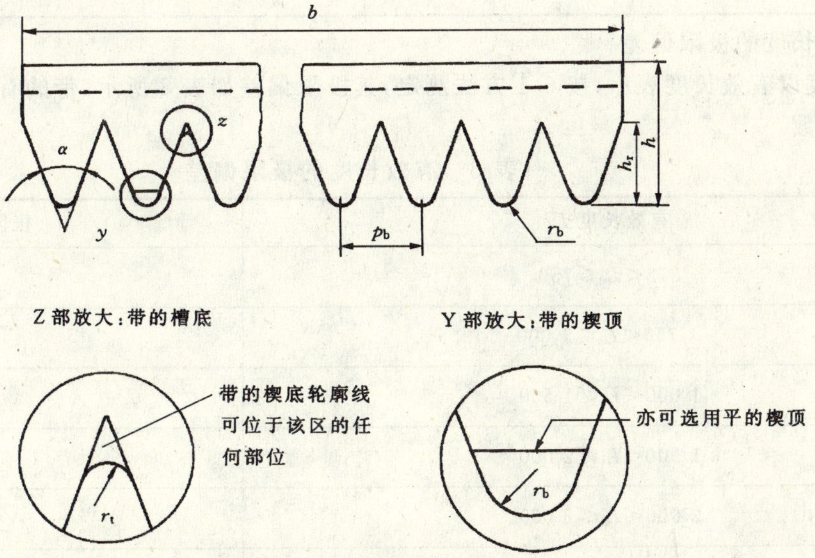

图 2 带的横截面

表 1　带的截面尺寸　　mm

名　　称	符　号	尺　　寸
楔距	P_b	3.56
楔角	α	40°
楔底弧半径	r_t	0.25(最大值)
楔顶弧半径	r_b	0.5(最小值)
带厚	h	4～6(参考)
楔高	h_r	2～3(参考)

4.5.2　有效线差及露出高度

带的有效线差和露出高度如图 3 所示。露出高度按 6.1 方法进行测定，有效线差按 GB/T 17516.2 的测定方法进行测量。有效线差和露出高度的公称值和极限偏差均由供需双方协商确定。

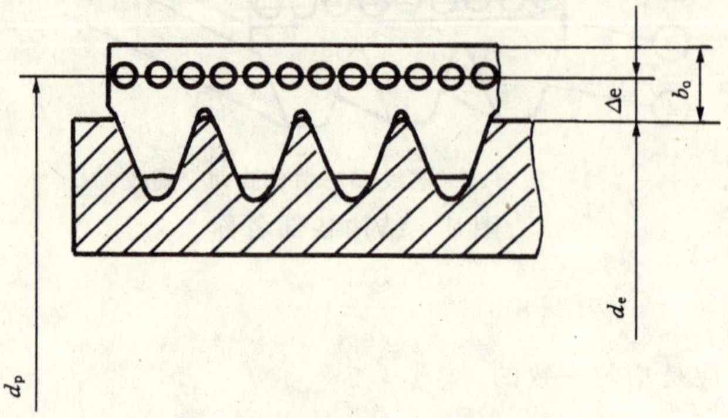

Δe—有效线差；b_0—露出高度；d_e—有效直径；d_p—节径

图 3　有效线差及露出高度

4.5.3　配用带轮直径

从带的耐久性考虑，推荐采用表 2 规定的最小直径以上的带轮直径。

表 2　最小轮径　　mm

	正向弯曲	反向弯曲
有效直径	55	—
外　径	—	85

4.5.4　有效长度的极限偏差

带的长度以有效长度表示，按 6.1 方法测定，其极限偏差如表 3 所示，带的有效长度公称值，原则上应是 10 的倍数。

表 3　有效长度的极限偏差　　mm

有效长度 L_e	极限偏差
$375<L_e\leqslant750$	+5 −10
$750<L_e\leqslant1\,000$	+6 −12
$1\,000<L_e\leqslant1\,500$	+8 −16
$1\,500<L_e\leqslant2\,000$	+10 −20
$2\,000<L_e\leqslant3\,000$	+12 −24

注：超过 3 000 mm 的带由供需双方协商确定。

5 要求

5.1 外观要求

带的外观不得有由目测能确认的有害的扭曲、歪斜、裂纹、气泡、异物等缺陷。

5.2 疲劳寿命

根据实际使用情况或按供需双方协议，选用三轮或四轮试验机按 6.2 方法测定带的疲劳寿命。疲劳寿命不得低于 50 h。

5.3 拉伸性能

带的拉伸性能按 6.3 方法试验，其拉伸强度和参考力伸长率应符合表 4 规定。

表 4 拉伸性能

楔数	拉伸强度 kN	参考力伸长率 %	参考力 kN
3	≥2.40	≤3.0	0.75
4	≥3.20		1.00
5	≥4.00		1.25
6	≥4.80		1.50
7 以上	≥0.8×n		0.25×n
注：n 为楔数。			

5.4 耐低温性能

带的耐低温性能按 6.4 方法试验，试验后带上不得出现裂纹。

6 试验方法

6.1 长度及露出高度的测量

6.1.1 测量装置

测量装置如图 4b)所示，带轮尺寸如表 4a)和表 5 所示。

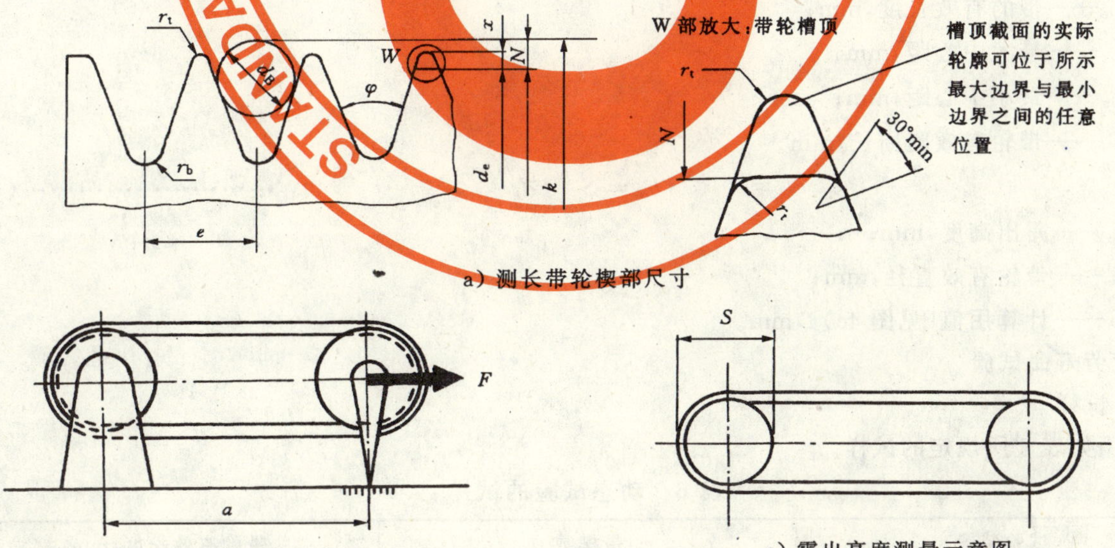

a) 测长带轮楔部尺寸

b) 测量装置的示意图

c) 露出高度测量示意图

图 4 长度及露出高度的测量装置

表 5 轮槽尺寸

mm

项目	符号	标准值	极限偏差
槽距1)	e	3.56	±0.05
槽角2)	ϕ	40°	±0°15′
有效直径	d_e	95.5	—
测量用圆球或圆柱的直径	d_B	2.5	±0.01
测量用圆球或圆柱的外切平行平面间距	K	96.48	±0.13
测量圆球或圆柱外切平行平面与带轮外缘的间距的二倍	ZX	0.99	—
测量圆球或圆柱外切平行平面与带轮外缘的间距的二倍	ZN3)	1.68	最大值
楔顶弧半径	r_t	0.25	最小值
楔底弧半径	r_b	0.5	最大值
测长带轮有效圆周长	C_e	300	—
测量力	F	100 N×n4)	—

1) 带轮所有轮槽的槽距累积偏差不得超过±0.3 mm 范围。

2) 槽中心线与带轮轴线夹角应为 90°±0.5°。

3) 2 N 与带轮的有效直径无关。

4) n 为带的楔数。

6.1.2 程序

对带施加表 5 所示测量力后，将带转动至少两圈，测出两轮中心距的最大值和最小值以及 S 值。用公式(1)和(2)计算出带的有效长度 L_e 及露出高度 b_o。

$$L_e = a_{max} + a_{min} + C_e \quad \cdots\cdots(1)$$

式中：L_e——带的有效长度，mm；

a_{max}——最大中心距，mm；

a_{min}——最小中心距，mm；

C_e——带轮有效圆周长，mm。

$$b_o = S - d_e \quad \cdots\cdots(2)$$

式中：b_o——露出高度，mm；

d_e——带轮有效直径，mm；

S——计算用值〔见图 4c)〕，mm。

6.2 疲劳寿命试验

6.2.1 试样

使用如表 6 所规定的试样。

表 6 动态试验的试样

试验装置	带楔数	带的有效长度，mm
三轮试验机	3	850～1 000
四轮试验机	3	1 050～1 300

6.2.2 试验装置

动态试验装置及条件如图5所示。从动轮与功率吸收装置相连，张紧轮安装在滑道中，可在张紧力方向上移动。试验装置上带有一个用来罩住试验传动装置，保持试验温度的恒温箱。箱内试验温度等试验参数如表7所示，带轮的截面尺寸及相关参数如表8和图6所示。试验室温度为18～32℃。

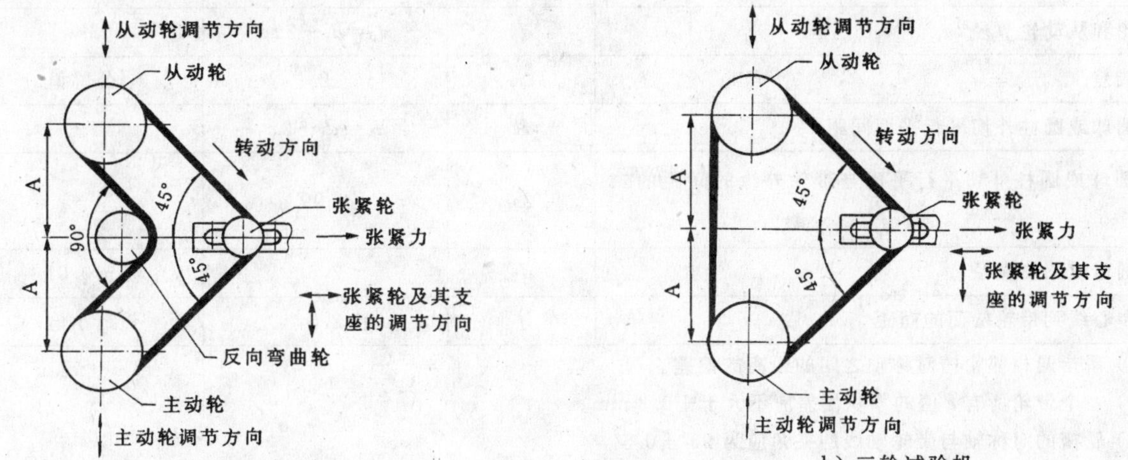

注

1 45°是试验开始时该夹角的大小，试验过程中可由于带的再张紧稍有改变。

2 安装在带轮上的带所在平面与由各带轮中心确定的平面的夹角应调整到15′。

图5 三轮及四轮试验机装置

表7 试验参数

主动轮转速 r/min	传动功率 kW	张紧力 N	试验温度 ℃
4 900±98	8	680±30	85±5

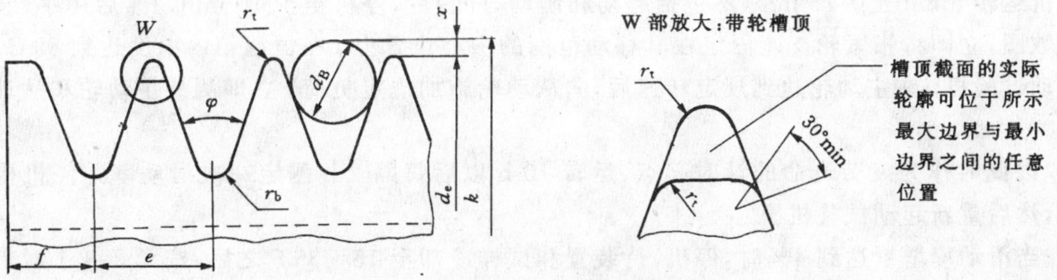

图6 疲劳试验用带轮尺寸

表8 疲劳试验用带轮尺寸

mm

项　目	符号	数值	极限偏差
槽间距	e	3.56	±0.05[1)2)]
槽角[3)]	ϕ	40°	±1°
槽底弧半径[4)]	r_b	0.5	－0.05
槽顶弧半径[4)]	r_t	0.25	＋0.10
主动轮和从动轮有效直径[5)]	d_{e1}	121	±0.02
张紧轮有效直径[5)]	d_{e2}	55	±0.2

表 8(完)　　mm

项　目	符号	数值	极限偏差
主动轮和从动轮有效直径6)	d_{e1}	63	±0.2
反向弯曲张紧轮外径7)	d_{e3}	76	±0.2
主动轮和从动轮节径8)	d_p	$d_p=d_e+2\Delta e$	—
有效线差	Δe	2	公称值
测量圆球或圆柱外切平行平面间距9)	K	$K=d_e+2x$	—
测量圆球或圆柱外切平行平面与带轮外缘的间距的二倍	$2x$	0.99	—
测量圆球或圆柱直径	d_B	2.5	±0.01
轮槽中心线到带轮端面的间距	f	2.5	最小值

1) 系指两相邻轮槽对称轴之间的距离的偏差。

2) 一个带轮所有 e 值的累积偏差应不大于±0.3 mm。

3) 轮槽的对称轴与带轮轴线的夹角应为90°±0.5°。

4) 在本标准中规定了 r_b 和 r_t 的极限偏差值,因它们在本标准中是试验轮的一个重要参数。

5) 仅适用于三轮或四轮试验机。

6) 仅适用于两轮试验机。

7) 仅适用于四轮试验机。

8) 多楔带与带轮配合时的实际节径比带轮有效直径稍大,其准确值只有将所用多楔带安装在带轮上运转才能测得,有效线差的公称值(Δe=2 mm)可用来近似计算传动比。当需要更高的精确度时,应向带的制造者询问。

9) 在一个带轮各槽上测得的有效直径的差值应不大于0.15 mm。

6.2.3　试验程序

6.2.3.1　在张紧轮能在滑道上自由移动的情况下,对张紧轮施加表7所示张紧力并启动试验机,使主动轮达到规定转速,尽量快地向从动轮施加表7所示负荷,使功率吸收装置吸收规定功率。在这种情况下让试验机运转5 min±0.25 min(不包括起动和制动时间)后,停机至少10 min。然后用手转动带轮,使带转动数圈,立即将张紧轮支座固定在其移动范围的中心位置上。在恒温箱内温度达到85℃±5℃后再重新起动试验机。在主动轮达到规定转速后,向从动轮施加规定负荷。立即测量主动轮和从动轮之间的滑动率。

6.2.3.2　以此时作为疲劳寿命的计时起点,运转10 h以后每隔2 h测定一次滑动率并停机检查带的破损情况,然后重新起动试验机。

6.2.3.3　当滑动率增量达到4%时,停机,待装置和试样冷却至15～35℃之后,按6.2.3.1对带进行再张紧,然后重新起动试验机。

6.2.3.4　当滑动率增量第三次达到4%时,或当带出现图7所示破损情况时,终止试验并记录疲劳寿命。

注

1 停机时间不计入疲劳寿命。

2 每次停机前应先去掉负荷。每次重新起动后应待主动轮达到规定转速后重新迅速地向从动轮施加规定负荷。停机时间是指从去掉负荷到重新施加规定负荷的时间间隔。

3 如试验带轮是新的,必须用非试验带按以上述试验条件和方法进行48 h以上的适应性运行,方可进行正常试验。

滑动率增量 g 用百分率表示,可按式(3)计算:

$$g=(i_o-i_f)\times 100 \quad \cdots\cdots(3)$$

$$i_o=\frac{n_o}{N_o}$$

$$i_f=\frac{n_f}{N_f}$$

式中：n_o——加上规定负荷后立即测定的从动轮转速；

n_f——测量滑动率时的从动轮转速；

N_o——加上规定负荷后立即测定的主动轮转速；

N_f——测量滑动率时的主动轮转速。

式中所有转速均为试验负荷下的转速。

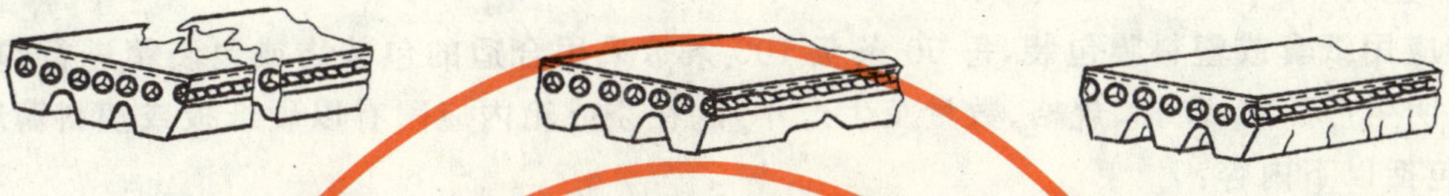

断裂　　局部掉胶(一处以上)　　裂纹(扩展至芯绳)

图 7　疲劳试验的破损情况

6.3　拉伸试验

6.3.1　试样

从一条带上切取 250 mm 长的三个试样，在其中画出测量伸长率用的间距为 100 mm 的标线，当从一条带上不能取三个以上试样时，试样数量可由供需双方协商确定。

6.3.2　试验方法

试验室温度为 25℃±5℃，拉伸速度为 50 mm/min±5 mm/min。测定当拉力增至表 4 所示值时的标线间距，并计算伸长率。拉伸强度是在试样断裂时的最大拉力。对测量值取三个数据的平均值，计算到小数点后两位，作为试验结果。断在夹具处的试样测量值应予作废，再从同一条带上取试样进行试验，以补充测量值。

6.4　耐低温性能试验

6.4.1　试样

用与 6.3 同样的方法取试样，将试样在 100℃±2℃的条件下放置 70^{+2}_{0} h 预处理，冷却至室温。

6.4.2　试验方法

将预处理试样在－30℃±1℃的条件下放置 70^{+2}_{0} h 后取出，立即按表 9 所示弯曲条件沿圆筒以至少 90°的接触角进行弯曲，检查试样是否有裂纹。按带的实际使用情况或按供需双方协议选择正向弯曲和(或)反向弯曲试验条件。

表 9　弯曲条件

项　目	正向弯曲	反向弯曲
试验室温度，℃	25±5	25±5
圆筒直径，mm	40	70

7　检验规则

7.1　带应由制造厂质量检验部门检验合格，并出具合格证后方能出厂。

7.2　每条带应逐条按 4.5.4 和 5.1 检验外观质量和有效长度。

7.3　截面尺寸每 1 000 条抽取一条进行检查，拉伸性能试验每月至少进行两次。

7.4　耐低温性能试验每季度至少进行一次。

7.5　对同样型号同等材质的带每次抽取两条试样进行疲劳寿命试验，每半年至少进行一次。

7.6　在 7.3～7.5 所述的各项试验中有不合格项目时，应在该批带中另取双倍试样，对不合格项目及有关项目进行复试，若试验结果中有一项仍不合格，则该批产品为不合格品。

8 标志、标签、包装、运输、贮存

8.1 标志

每条带上应有水洗不掉的明显标志，包括以下内容：

a）规格标记；

b）生产厂家及商标；

c）制造年月。

8.2 标签和包装

每条带应用纸套或塑料膜包装，每50条至100条带采用合适的包装袋或包装箱进行包装，每个外包装上应注明生产厂家、商标、规格、数量及生产年月。在袋或箱内应附有以硬纸板或塑料薄膜制做的标签，其上应包括以下内容：

a）制造厂名或商标；

b）规格标记；

c）袋或箱内带的条数；

d）制造年月；

e）需方要求注明的零件号；

f）质检部门合格章。

8.3 运输、贮存

8.3.1 带在运输和贮存中，应避免阳光直射和雨雪浸淋，保持清洁，防止酸、碱、油及有机溶剂等有害于带质量的物质的接触，带的贮存位置应离热源装置1 m以上，贮存中不能使带受到过大弯曲和挤压。

8.3.2 贮存时库房温度宜保持在－15～40℃，相对湿度在50%～80%。

GB 13552—1998《汽车多楔带》国家标准
第1号修改单

本修改单业经国家标准化管理委员会于2005年7月21日以国标委农轻函[2005]41号文批准，自2005年10月1日起实施。

将6.1.1中

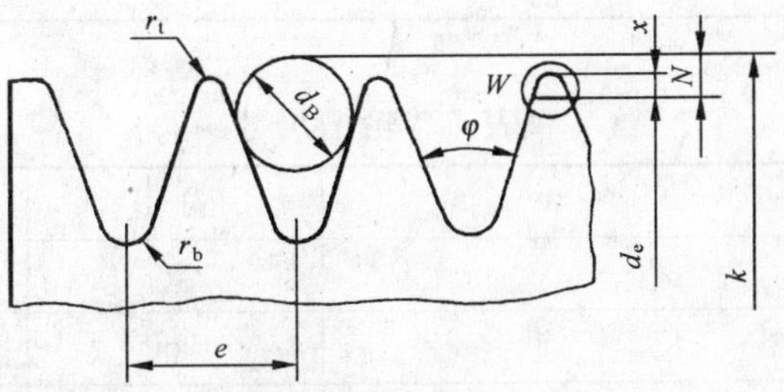

a）测长带轮楔部尺寸

图4　长度及露出高度的测量装置

修改为

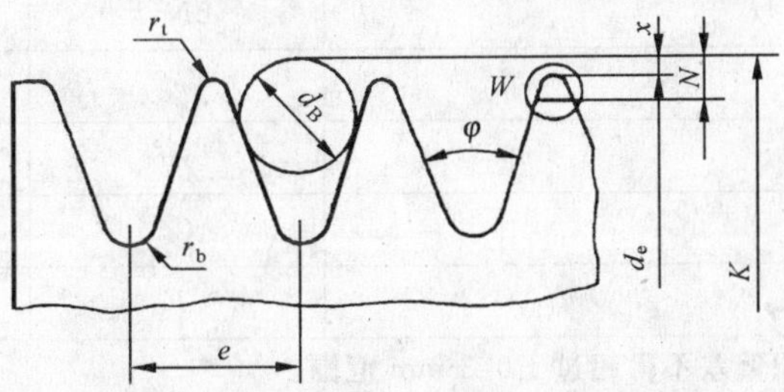

a）测长带轮楔部尺寸

图4　长度及露出高度的测量装置

将

表5　轮槽尺寸

mm

项　目	符号	标准值	极限偏差
槽距[1)]	e	3.56	±0.05
槽角[2)]	ϕ	40°	±0°15′
有效直径	d_e	95.5	—
测量用圆球或圆柱的直径	d_B	2.5	±0.01
测量用圆球或圆柱的外切平行平面间距	K	96.48	±0.13
测量圆球或圆柱外切平行平面与带轮外缘的间距的二倍	ZX	0.99	—

表 5(续)

mm

项　目	符号	标准值	极限偏差
测量圆球或圆柱外切平行平面与带轮外缘的间距的二倍	ZN[3]	1.68	最大值
楔顶弧半径	r_t	0.25	最小值
楔底弧半径	r_b	0.5	最大值
测长带轮有效圆周长	C_e	300	—
测量力	F	100 N×n[4]	—

1）带轮所有轮槽的槽距累积偏差不得超过±0.3 mm 范围。
2）槽中心线与带轮轴线夹角应为 90°±0.5°。
3）2 N 与带轮的有效直径无关。
4）n 为带的楔数。

修改为

表 5　轮槽尺寸

mm

项　目	符号	标准值	极限偏差
槽距[1]	e	3.56	±0.05
槽角[2]	φ	40°	±0°15′
有效直径	d_e	95.5	—
测量用圆球或圆柱的直径	d_B	2.5	±0.01
测量用圆球或圆柱的外切平行平面间距	K	96.48	±0.13
	$2x$	0.99	—
	$2N$[3]	1.68	最大值
楔顶弧半径	r_t	0.25	最小值
楔底弧半径	r_b	0.5	最大值
测长带轮有效圆周长	C_e	300	—
测量力	F	100 N×n[4]	—

1）带轮所有轮槽的槽距累积偏差不得超过±0.3 mm 范围。
2）槽中心线与带轮轴线夹角应为 90°±0.5°。
3）N 值与带轮公称直径无关，它是指从置于轮槽内的测量用球(或柱)与轮槽的接触点到测量用球(或柱)外缘之间的径向距离。
4）n 为带的楔数。

前　言

随着工业的发展，对V带的传动性能与寿命的要求越来越高。一些厂家、尤其是引进设备的企业要求按照先进国家所普遍采用的试验方法来测定V带的疲劳寿命。因此对GB/T 14562—1993《普通V带和窄V带疲劳试验方法》进行修订。修订后的新标准，在试验装置和试验程序方面等效采用了美国汽车工程师协会标准SAE J637 FEB89《汽车V带传动》。试验条件采用了德国公司的技术条件。对于以上两标准中未作规定的试验带轮轮槽部分的尺寸，则采用国际标准规定。

修订后的新标准与原标准的不同之处主要有以下几方面：

试验装置由二轮试验机改为三轮试验机，主动轮转速由4 000 r/min增加为4 700 r/min及4 900 r/min，主动及从动轮直径有所加大，试验载荷（扭矩）除B型带略小之外，其他型号带的载荷均比原标准大，试验带的张紧力有所减小，终止试验条件之一由滑动率第三次达到6%改为第二次达到8%。

本标准中关于汽车V带的疲劳试验方法与GB/T 11545《汽车V带疲劳试验方法》中的规定有所不同。这也是根据用户的实际要求所规定的。

本标准从生效之日起，代替GB/T 14562—1993。

本标准由国家石油和化学工业局提出。

本标准由胶带标准化技术归口单位归口。

本标准起草单位：青岛橡胶工业研究所、西北工业大学。

本标准主要起草人：齐　彬、武　聪、韩德深、张莉云。

中华人民共和国国家标准

GB/T 14562—1999

V带疲劳试验方法　有扭矩法

代替 GB/T 14562—1993

V-belts—Fatigue test—Loaded method

1　范围

本标准规定了试验室检验V带疲劳寿命的方法。

本标准适用于Z、A、B型普通V带和SPZ、SPA、SPB型窄V带及AV10、AV13型汽车V带。

2　引用标准

下列标准所包含的条文，通过在本标准中引用而构成为本标准的条文。本标准出版时，所示版本均为有效。所有标准都会被修订，使用本标准的各方应探讨使用下列标准最新版本的可能性。

GB/T 11356.1—1997　带传动　普通及窄V带传动带轮（基准宽度）槽形检验

GB/T 11357—1989　带轮的材质、表面粗糙度及平衡

GB/T 13405—1992　汽车V带轮

3　方法提要

本标准规定了采用三轮试验机测定V带疲劳寿命的试验方法。疲劳寿命是指当V带达到终止条件时所累积的正常运转小时数。试验过程中，主动轮按规定的转速运转，在从动轮上施加一定的载荷（扭矩），张紧力通过张紧装置和张紧轮作用于被试V带上，张紧轮位置锁定。

4　装置

4.1　疲劳试验机（见图1），应包括以下几部分：

a）一个主动轮及其驱动装置；

b）一个从动轮和与其相联的加载装置；

c）一个可以对被试V带施加张紧力的张紧轮和张紧装置；

d）一个测量被试V带滑动率的装置，测量精度为±1%。

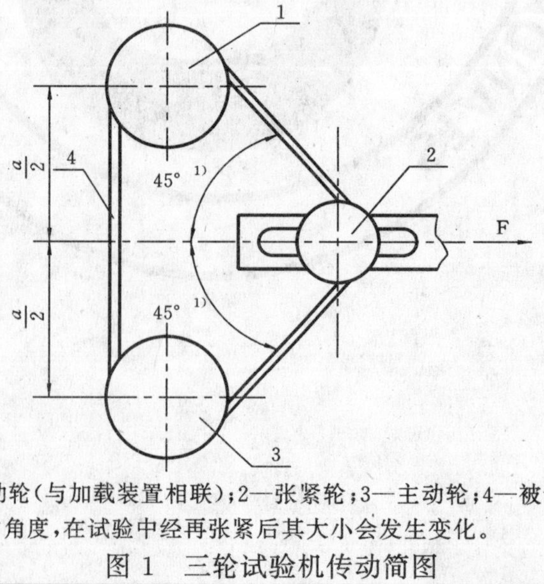

1—从动轮（与加载装置相联）；2—张紧轮；3—主动轮；4—被试V带

注：1）45°是指试验开始时的角度，在试验中经再张紧后其大小会发生变化。

图1　三轮试验机传动简图

国家质量技术监督局1999-12-28批准　　　2000-05-01实施

4.2 试验带轮

4.2.1 试验带轮应用 45 号钢或机械性能不低于 45 号钢的其他碳素钢制造。轮槽表面硬度为 HRC 40～45。

4.2.2 试验带轮直径及轮槽尺寸及极限偏差应符合表 1 和图 2 的规定[基准制见图 2(a),有效制见图 2(b)]。

图 2 轮槽横截面

表 1

项目		符号	单位	型号								极限偏差
				Z	A	B	SPZ	SPA	SPB	AV10	AV13	
主动轮和从动轮	有效直径	d_e	mm							121	127	
	基准直径	d_d	mm	117	121.5	133	117	121.5	133			
	外径	d_a	mm	121	127	140	121	127	140	121	127	±0.2
张紧轮	有效直径	d_e	mm							63	76	
	基准直径	d_d	mm	59	70.5	93	59	70.5	93			
	外径	d_a	mm	63	76	100	63	76	100	63	76	±0.2
槽宽	基准宽度	b_d	mm	8.3	11	14	8.5	11	14			
	有效宽度	b_e	mm							9.7	12.7	
主动轮和从动轮槽角		φ	(°)	38	38	34	38	38	34	36	36	±0.5
张紧轮槽角		φ	(°)	34	34	34	34	34	34	36	36	±0.5
最小槽深		h	mm	9	11.5	14.5	11	13.8	17.5	11	13.75	
槽顶圆角最小半径		r	mm	0.5	0.5	0.5	0.5	0.5	0.5	0.8	0.8	

4.2.3 试验带轮轮槽两侧面的表面粗糙度。轮廓算术平均偏差 R_a 的数值不大于 0.8 μm。

4.2.4 试验带轮的平衡要求按 GB/T 11357 的规定。

4.2.5 试验带轮的外径及槽形(基准宽度制)按 GB/T 11356.1 规定的方法检验。汽车 V 带轮按 GB/T 13405规定的方法检验。

4.3 带轮的对准性偏差

各试验带轮应对准,偏差的最大值不得大于 20′。

5 试样

试样长度应符合表 2 的规定。

表 2 mm

型 号	Z	A	B	SPZ	SPA	SPB	AV10	AV13
基准长度 L_d	820～1 080	890～1 100	930～1 100	900～1 120	900～1 120	1 250～1 400		
有效长度 L_e							920～1 020	920～1 020

6 试验条件

6.1 试验室温度控制在 27～32℃。

6.2 试验时，被试 V 带的传动装置附近不得有空气流动，但传动本身引起的空气流除外。

6.3 试验时主动轮的转速、从动轮的载荷及带的张紧力应符合表 3 的规定。

表 3

型 号	主动轮转速 n r/min±2%	从动轮载荷 P kW	张紧力 F N
Z	4 900	3.1	185±10
A	4 700	4.1	240±10
B	4 700	6.6	410±10
AV10,SPZ	4 900	6.1	410±10
AV13,SPA	4 700	8.25	495±10
SPB	4 700	13.3	820±10

7 程序

7.1 试验准备

将被试 V 带安装在试验带轮上，通过张紧轮对带施加规定的张紧力，不锁定张紧装置的位置，使其能在滑道中自由移动，开动试验机，使主动轮达到规定的转速。在上述条件下试验机运转 5 min±5 s(不包括开机和停机时间)后，至少停止 10 min，然后将张紧轮中心锁定在其摆动范围的中央位置上。

7.2 试验

7.2.1 重新开动试验机使主动轮达到规定的转速，将规定的载荷迅速加到从动轮上。开始计时并记录主动轮和从动轮之间的滑动率。让试验机在上述条件下连续运转，直至滑动率达到 8%，或者直至被试 V 带达到终止条件。

7.2.2 每当滑动率达到 8%时立即停止试验机的运转，使其至少停止 20 min，将锁紧装置松开，使 V 带重新承受规定的张紧力，然后将张紧轮锁定在其摆动范围的中央，再重新开动试验机，重复第 7.2.1 的试验，直至滑动率再次达到 8%，或者直至被试 V 带达到终止条件。

7.3 滑动率的计算

V 带的滑动率等于主动轮与从动轮的转速差除以主动轮转速。即：

$$\varepsilon = \left(1 - \frac{n_f}{N_f}\right) \times 100 \quad \cdots\cdots(1)$$

式中：ε——滑动率，%；

N_f——测量 ε 值时的主动轮转速，r/min；

n_f——测量 ε 值时的从动轮转速，r/min。

7.4 试验的终止

当试验中出现被试V带断裂以及运转不稳定而不能均衡传递规定功率的现象或滑动率第二次达到8%时，终止试验并记录连续正常运转的累积小时数，作为疲劳试验结果。

8 试验报告

试验报告应包括以下内容：

a）试验依据的标准号；

b）试验机型号；

c）试验带的型号和长度及生产厂家（或代号）；

d）疲劳寿命(h)；

e）再次张紧次数；

f）终止试验的理由；

g）偶然情况；

h）试验期间的平均室温；

i）试验日期、试验人员及试验单位。

中华人民共和国国家标准

农业机械用变速(半宽)V带

GB/T 14829—93

Variable-speed(half wide)V-belts for agricultural machinery

1 主题内容与适用范围

本标准规定了农业机械(特别是收割脱粒机械)用变速V带(以下简称"带")的产品分类、技术要求、试验方法、检验规则及标志、包装、运输、贮存规则。

本标准主要适用于农业机械的变速传动V带。

2 引用标准

GB/T 3686 三角带全截面拉伸性能试验方法

GB/T 3687 V带的层间粘合强度测定方法

GB/T 3688 三角带线绳与橡胶粘合强度试验方法

GB/T 10821 农业机械用V带尺寸

GB/T 12735 农业机械用V带疲劳试验方法

3 产品分类

3.1 结构型式

带的结构如图1所示,由包布、顶胶、抗拉体、底胶等部件构成。按抗拉体的结构分为绳芯带(a)和帘布芯带(b)两种类型。

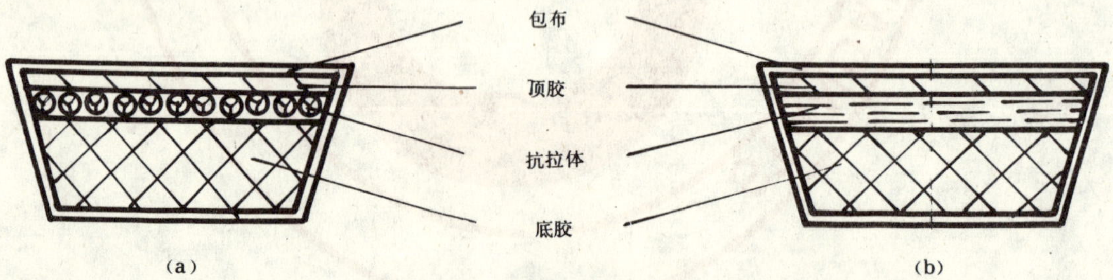

V带结构图

3.2 规格系列

带的型号(截型尺寸)与基准长度系列按GB 10821规定。

3.3 标记

标记示例:

国家技术监督局1993-12-30批准 1994-10-01实施

HM　3750 - GB ××××

—标准号

—基准长度(mm)

—型号

4 技术要求

4.1 带的基准长度、露出高度按 GB/T 10821 规定。

4.2 带的物理机械性能按表 1 规定。

表 1

型号	拉伸强度,kN ≥	参考力伸长率,% ≤	线绳与橡胶粘合强度,kN/m ≥	帘布层间粘合强度,kN/m ≥
HI	10.0		20.0	
HJ	13.0		23.0	
HK	16.0	10	23.0	4.5
HL	22.0		25.0	
HM	28.0		25.0	

4.3 HM 型的带还必须进行疲劳寿命和外周长变化率的试验,其疲劳寿命和外周长变化率按表 2 规定,以 4 个试样测试结果的算术平均值表示。

表 2

疲劳寿命,h	≥	50
外周长变化率,%	≤	2.5

注:试验带基准长度在 3 000～4 000 mm 范围内选取。

4.4 带的外观质量按表 3 规定。

表 3

缺陷名称	带角包布破损	外包布每边累计长度不超过带长的 20%,内包布不允许有
	鼓泡	不允许有
	包布搭缝脱开	
	带身压偏	
	海绵	
	工作面包布纵向搭缝	

5 试验方法

5.1 带的尺寸测量按 GB/T 10821 进行。

5.2 带的全截面拉伸强度和参考力伸长率按 GB/T 3686 进行,参考力按表 4 规定。

表 4　　kN

型号	HI	HJ	HK	HL	HM
参考力	8.0	10.4	12.8	17.6	22.4

5.3　带的帘布层间粘合强度按 GB/T 3687 进行；平均剥离力的确定采用 A 法与 B 法均可，但在对产品进行仲裁试验时，必须采用 A 法。

5.4　带的线绳与橡胶粘合强度试验按 GB/T 3688 进行。

5.5　带的疲劳试验和外周长变化率按 GB/T 12735 进行。

6　检验规则

6.1　带应由制造厂的质监部门验收。

6.2　带应逐条进行尺寸和外观质量检查。

6.3　同种截面、同种材质的带以不多于 2 000 条为一批，季产量低于 2 000 条的，每季产量为一批。在每批产品中，抽取规定数量的试样进行物理机械性能检查。

6.4　对于同种材质的 HM 型带进行疲劳寿命和外周长变化率的测试，月产量大于 5 000 条的每季抽取一次，2 000 条至 5 000 条每半年抽取一次，不足 2 000 条一年抽取一次。

6.5　物理机械性能和疲劳寿命试验中有一项不符合相应等级，则应在该批产品中另取双倍试样对该项目进行复试，两个复试结果中有一个仍不符合相应等级，则该批产品降级或为不合格品。

7　标志、包装、运输、贮存

7.1　每条带应有水洗不掉的明显标志，包括下述内容：

a.　制造厂名或商标；

b.　标记或型号及基准长度；

c.　制造年月。

7.2　带按型号、规格捆扎包装。

7.3　带在运输、贮存中应避免阳光直射或雨雪浸淋，保持清洁，防止与酸、碱、油类及有机溶剂等影响带质量的物质接触；防止机械损伤并距发热装置 1 m 以外。

7.4　贮存时，库房温度宜保持在－18～40℃之间，相对湿度宜保持在 50%～80%之间，贮存期间要避免使带承受过大重量而变形，最好将带悬挂在月牙形的架子上或平整地放在货架上。

7.5　在遵守本标准 7.3、7.4 条的情况下，制造方保证自产品制造日起在不超过一年的贮存期内，其物理机械性能及疲劳寿命仍符合本标准规定。

附加说明：

本标准由中华人民共和国化学工业部提出。

本标准由青岛橡胶工业研究所归口。

本标准由天津市橡胶机带厂负责起草。

本标准主要起草人解德利。

中华人民共和国国家标准

GB/T 15327—94

工业用变速宽V带

Variable-speed-changers wide V-belts for industry

1 主题内容与适用范围

本标准规定了工业用变速宽V带(以下简称“带”)的产品分类、技术要求、试验方法、检验规则及标志、包装、运输、贮存规则。

本标准主要适用于一般工业机械的变速装置中传动用的宽V带,不适用于机动车和农业机械上使用的V带。

2 引用标准

GB 3686 三角带全截面拉伸性能试验方法

GB 3688 三角带线绳与橡胶粘合强度试验方法

GB/T 12733 工业用变速宽V带尺寸

GB/T 12735 农业机械用V带疲劳试验方法

3 产品分类

3.1 结构形式

工业用变速宽V带的结构分包布式、切割式两种。由包布、顶胶、抗拉体、底胶等部件构成(如图1所示)。

包布式　　切割式

图1 结构

3.2 规格系列

带的型号尺寸与基准长度系列按GB/T 12733规定执行。

3.3 标记

标记示例:

国家技术监督局1994-12-22批准　　1995-10-01实施

W25 × 8 × 710 - 28

——角度,°

——基准长度,mm

——高度,mm

——节宽型号

4 技术要求

4.1 带的基准长度,露出高度按 GB/T 12733规定。

4.2 带的外观质量应符合表1规定。

表 1

序 号	缺陷名称	合 格 品
1	顶面和底面凹陷和凸起	深度和高度不得超过1 mm,累计面积不得超过顶面和底面总面积的6%
2	包布纵向接缝脱开	宽度不得超过5 mm;长度不得超过40 mm;处数不得超过2处
3	带角包布剪破	外包布每边累计长度不超过带长的30%,内包布不允许有
4	鼓泡	不允许有
5	海绵	不允许有
6	其他	带的侧面(工作面)上不允许有皱褶、裂纹、纵接缝等缺陷。带的顶面单侧飞边宽度不得超过0.5 mm

4.3 带的物理机械性能按表2规定。

表 2

型 号	拉伸强度 ≥,kN	参考力伸长率 ≤,%	橡胶与线绳粘合强度 ≥,kN/m
W16	4		15
W20	7		15
W25	10.0		20
W31.5	13.0		20
W40	20.0	8	23
W50	28.0		23
W63	33.0		23
W80	40.0		23
W100	50.0		23

4.4 W50型带还应进行疲劳寿命和外周长变化率试验,其要求为:

a. 切割带疲劳寿命不低于200 h,包布带疲劳寿命不低于100 h;

b. 达到规定寿命时带的伸长率不得大于2%；

c. 以2个试样测试值的平均值表示试验结果。

5 试验方法

5.1 带的尺寸测量按GB/T 12733执行。

5.2 带的全截面拉伸强度和参考力伸长率试验按GB/T 3686进行。参考力按表3规定。

表 3

型号	W16	W20	W25	W31.5	W40	W50	W63	W80	W100
参考力 kN	3.2	5.6	8	10.4	16	22.4	26.4	32	40

5.3 带的线绳与橡胶粘合强度试验按GB/T 3688进行。

5.4 带的疲劳寿命和外周长变化率试验按GB/T 12735进行。

5.4.1 带的疲劳寿命试验和外周长变化率试验带轮应按表4和图2规定。

5.4.2 带的疲劳寿命和外周长变化率试验中的张紧力应为1 176±12 N，主动轮转速2 500±50 r/min，无扭矩。

表 4

型号	d_a		φ,(°)		b_a	h_c	d		K	
	基本尺寸	极限偏差	基本尺寸	极限偏差			基本尺寸	极限偏差	基本尺寸	极限偏差
W50	148.000	−0.250	28	±0.25	53.250	25	51.500	−0.016	198.840	−0.330

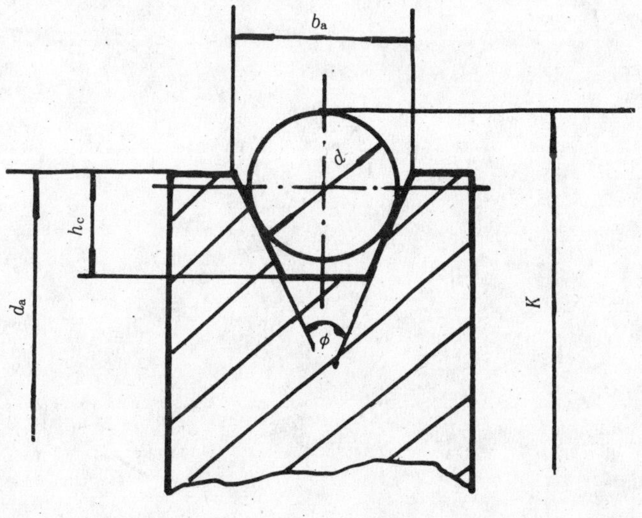

图 2 试验带轮

6 检验规则

6.1 带应由制造厂的质监部门验收。

6.2 带应逐条进行尺寸和外观质量检查。

6.3 同种型号、同种材质的带以不多于2 000条为一批，在每批产品中，抽取规定数量的试样进行物理机械性能检查，但每月不得少于一次。

6.4 对于同种材质的W50型带进行的疲劳寿命和外周长变化率试验应为半年一次。

6.5 物理机械性能和疲劳试验等试验项目中有两项不合格，则应在该批产品中另取双倍试样对不合格项目进行复试。两个复试结果中有一个仍不符合要求，则该批或该时期产品为不合格品。

7 标志、包装、运输、贮存

7.1 每条带应有水洗不掉的明显标志，包括下述内容：

a. 制造厂名或商标；

b. 标记；

c. 产品等级；

d. 制造年月。

7.2 带应按型号、规格捆扎包装。

7.3 带在运输、贮存中应避免阳光直射或雨雪浸淋，保持清洁，防止与酸、碱、油类及有机溶剂等影响带质量的物质接触，防止机械损伤并距发热装置1 m 以外。

7.4 贮存时，库房温度宜保持在－18～＋40℃之间，相对湿度保持在50％～80％之间，贮存期间要避免使带承受过大重量而变形，最好将带悬挂在月牙形的架子上或平整地放在货架上。

附加说明：

本标准由中华人民共和国化学工业部提出。

本标准由青岛橡胶工业研究所归口。

本标准由上海胶带股份有限公司负责起草。

本标准主要起草人陆荣耀、王利平、吴林荣、李玉凤、于冰。

中华人民共和国国家标准

普通V带疲劳试验方法（无扭矩法）

Classical V-belts—Fatigue test (non-loading method)

GB/T 15328—94

1 主题内容及适用范围

本标准规定了试验室快速检验工业用普通V带疲劳试验方法。

本标准适用于在一般传动中使用的A型和B型环形普通V带(以下简称V带),在规定条件下测定带的疲劳寿命。本试验方法不施加扭矩。

2 引用标准

GB/T 11356 普通及窄V带传动用带轮 槽形检验

3 试验装置

3.1 疲劳试验机装有两个如图1所示的试验用带轮,图2为疲劳试验机的示意图。

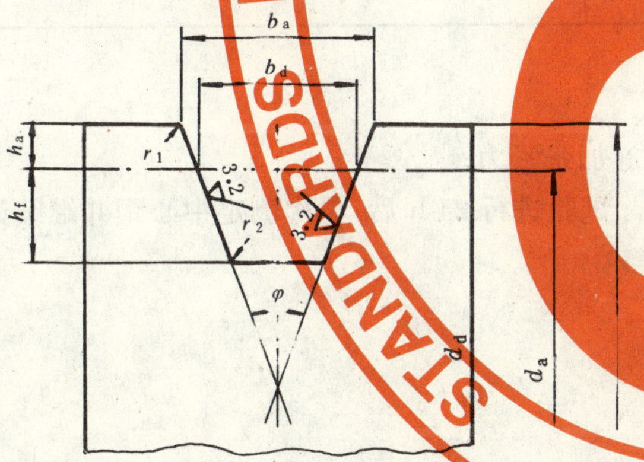

图1 疲劳试验用带轮

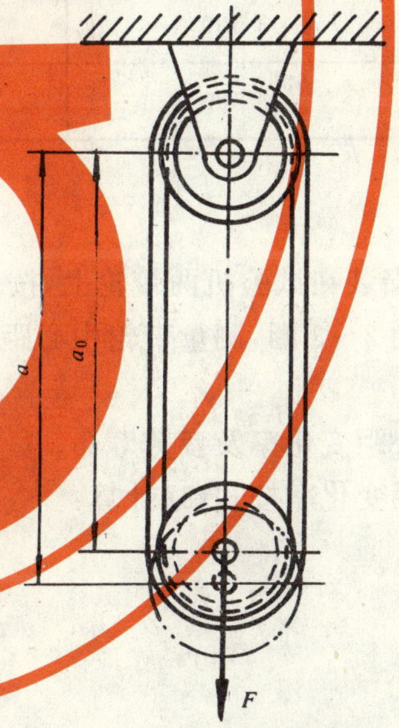

图2 疲劳试验机

3.2 试验设备包括电动机、主动轮、从动轮、测速仪等必要的装置和仪表。

3.3 试验机应能对V带施加规定的张紧力,并能测定试验进行到V带断裂所经历的时间。

4 试验带轮

4.1 试验用带轮轮槽的尺寸按表1规定,带轮槽形检验按GB/T 11356的有关规定进行。

国家技术监督局1994-12-22批准 1995-10-01实施

表 1

mm

型号	b_a	d_a	φ(°)	r_1	r_2	参考			
						b_d	d_d	h_a	h_f
A	12.58±0.1	58±0.25	32±0.5	0.2～0.5	0.5～1	11.0	52	2.8	8.8
B	16.36±0.1	91±0.25	32±0.5	0.2～0.5	0.5～1	14.0	82	4.1	10.9

4.2 试验用带轮材料的综合性能不低于 45 钢调质处理。

4.3 轮槽两侧面的表面粗糙度要求：R_a 不大于 3.2 μm。

5 试样

试样长度按表 2 规定。

6 试验条件

6.1 试验室温度应控制在 20～30℃之间。

6.2 试验机的传动部分应避开空气流，但由传动本身引起的空气流除外。

6.3 试验时带的张紧力(即图 2 中 F)，主动轮转速按表 2 规定。

表 2 疲劳试验条件

型号	主动轮转速		张紧力 F,kN	带长度,mm
	r/min	极限偏差,%		
A	3 500	±2	0.29±0.005	890～1 100
B	3 500	±2	0.78±0.01	1 370～1 760

7 试验程序

7.1 将 V 带安装在试验机两带轮上，按表 2 规定对带施加张紧力。

7.2 将带转动 2～3 圈，测量带轮中心距后启动试验机。试验进行 24 h 后，再次测定中心距并继续试验至 V 带断裂。

7.3 计算中心距变化率及疲劳寿命。

7.3.1 中心距变化率按式(1)计算：

$$\Delta a = \frac{a - a_0}{a_0} \times 100\% \qquad \cdots\cdots(1)$$

式中：Δa——中心距变化率，%；

a_0——初始中心距，mm；

a——试验 24 h 后的中心距，mm。

7.3.2 V 带疲劳寿命用运转圈数表示，按式(2)计算：

$$R = 2 \times \frac{n \cdot d_d \cdot \pi \cdot 60t}{L} \qquad \cdots\cdots(2)$$

式中：R——运转圈数；

n——主动轮平均转速，r/min；

d_d——主动轮基准直径，mm；

t——V 带终止试验前所经历的时间，h；

L——V 带基准长度，mm。

7.3.3 试验开始后，应每隔 48 h 测定一次主动轮转速，以其平均值作为平均转速 n。

7.4 当带子发生断裂、跳槽、翻转、偏斜等现象无法继续运转时，即终止该带子的试验。

7.5 当中心距变化率超过规定值时，允许作为不合格品停止试验。

8 试验报告

试验报告应包括如下内容：

a. 试验带的型号、尺寸和生产厂家；

b. 试验运转圈数及中心距变化率 Δa；

c. 主动轮转速 n，张紧轮的张紧力 F；

d. 终止理由；

e. 试验室温度；

f. 试验日期、试验人员及试验单位；

g. 偶然情况。

附加说明：

本标准由中华人民共和国化学工业部提出。

本标准由青岛橡胶工业研究所归口。

本标准由青岛橡胶工业研究所、营口材料试验机厂、哈尔滨工业大学负责起草。

本标准主要起草人于冰、韩德深、陈铁鸣、王勇、齐彬。

本标准等效采用 JIS K 6323—1989《一般传动用普通 V 带》。

GB/T 15902—1995

织物芯输送带弹性模量试验方法

Conveyor belts — Determination of elastic modulus

本标准等效采用国际标准 ISO 9856:1989《输送带——弹性模量测定》。

1 主题内容与适用范围

本标准规定了各种织物芯输送带弹性模量测定方法。

本标准测定的弹性模量值,可供带式输送机设计选用,同时可用来评判输送带的物理机械性能。

注:在按照 ISO 5293《输送带——三等长导辊过渡距离计算公式》计算过渡距离时,特别用到弹性模量。

2 引用标准

GB 2941 橡胶试样环境调节和试验的标准温度、湿度和时间

GB/T 9770 钢丝绳芯输送带

HG/T 2410 输送带取样

3 试验原理

对从全厚度带上沿纵向切取的试样,施加范围在带的拉伸强度 2%～10%的正弦波负荷[1)],记录到至少包含 200 次循环的表达负荷对伸长率函数关系的曲线,然后根据该曲线通过计算得出弹性模量。

注:1) 本标准中“负荷”指试样每毫米宽度上所受的拉伸力。

4 装置

4.1 动态拉伸试验机

该机至少应能对试样施加相当于带的拉伸强度 10%的负荷。该机应能对试样施加带的拉伸强度 2%～10%的周期性负荷(带的 2%～10%的拉伸强度值按所试带的标称拉伸强度而定)。

4.2 伸长测定仪

该仪器的测量长度至少为 100 mm,测量精度至少为 0.1 mm。(建议如有伸长测定仪时,测量长度为 200 mm;若无伸长测定仪时,两夹持器之间的长度 300 mm 为原始标距的测量长度[1]])。

4.3 记录仪

该仪器能记录拉伸负荷对伸长率的函数曲线。

5 试样

5.1 形状与尺寸

采用说明:

1] ISO 9856 无此规定。

国家技术监督局1995-12-20批准　　　　1996-08-01实施

试样为矩形。从全厚度的带上沿纵向切取。试样宽度为 50 mm，长度至少为夹持所需长度的两倍加上 300 mm。

5.2 试样数量与状态调节

在按 HG/T 2410 所取的每一样品上切取三块符合 5.1 要求的试样：二块取自带的两边部至少离带边 50 mm 且无接头的部位；一块取自带中部。

试样应在输送带制成后至少停放 5 d 切取。

5.3 试样制备与状态调节

将试样夹持部分覆盖层在厚度上除掉一部分，使覆盖层剩余厚度为 0.5～1.5 mm1]。

精确测量试样标距内的宽度2]。

按照 GB 2941 要求，试样试验前应置于温度为 23±2℃和相对湿度 50%±5%条件下至少停放 16 h 进行状态调节。

6 试验程序

对符合 5.2 条所述的每一试样进行试验。将试样两端夹入动态拉伸试验机的夹持器内，应保持试样夹持部分不打滑和不发生夹断现象。夹持器之间的试样自由长度至少为 300 mm。

若有伸长测定仪时，将伸长测定仪的两个测头置于试样中心线上相距 200 mm 的两点处；若无伸长测定仪时，两夹头之间的长度 300 mm 为原始标距的测量长度3]。

将记录仪的伸长率指示调为零。

对试样施加相当于带的拉伸强度 0.5%的初始负荷(即静负荷)。

再对试样施加以 0.1 Hz 的频率在带的拉伸强度 2%～10%变化的近似正弦波拉伸负荷。

至少记录拉力变化的第 1 和第 200 次循环的曲线(见下图)。根据所得到的曲线(见下图)，记录以牛顿每毫米试样宽度(N/mm)为单位的 ΔF 值，并读出以毫米为单位的 Δl 值。

采用说明：

1] 与 ISO 9856 不同。

2] ISO 9856 无此规定。

3] 与 ISO 9856 不同。

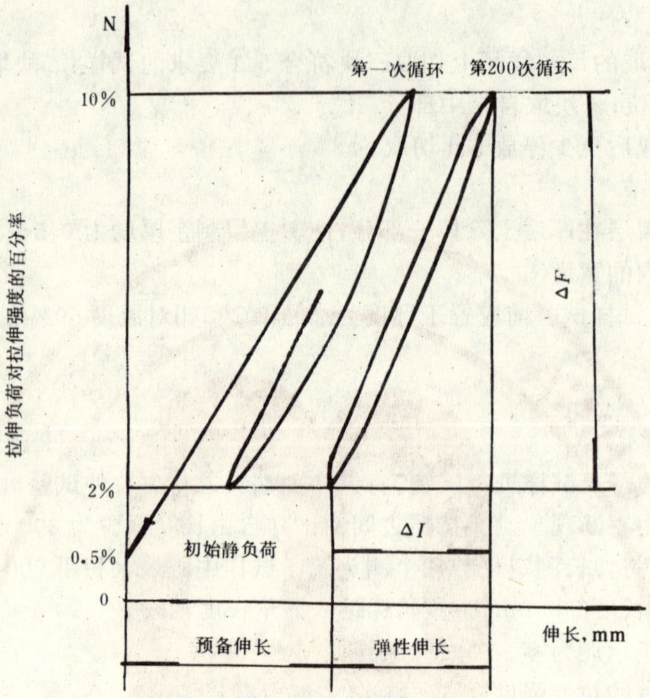

拉力对伸长曲线图

7 结果表示

带的弹性模量 M 以牛顿每毫米试样宽度为单位表示，计算公式如下：

$$M = \frac{\Delta F}{\varepsilon} \quad \cdots\cdots\cdots\cdots (1)$$

式中：ΔF——试样所受在带的拉伸强度 2%～10%变化的负荷变化量，N/mm；

ε——试样伸长率，%。

$$\varepsilon = \frac{\Delta I}{I_0} \quad \cdots\cdots\cdots\cdots (2)$$

式中：ΔI——弹性伸长，mm；

I_0——试样初始长度，mm。

计算三个试样 M 值的算术平均值，修约至小数点后第一位作为试验结果。

8 试验报告

试验报告应包含以下内容：

a. 所试输送带的标记(包括带的品种、规格、批号及制造厂名称)；

b. 试验中的环境温度和相对湿度及状态调节时间；

c. 试验结果(单值和平均值)；

d. 试验日期；

e. 试验报告整理者。

附 录 A
钢丝绳芯输送带弹性模量测定方法
（参考件）

本附录参考采用国际标准 ISO 9856:1989《输送带弹性模量测定》。

A1 主题内容与适用范围

本附录规定了钢丝绳芯输送带弹性模量测定方法。

本附录测定的弹性模量值，可供带式输送机设计选用，同时可用来评判输送带的物理机械性能。

注：在按照 ISO 5293 计算过渡距离时，特别用到弹性模量。

A2 试验原理

对从全厚度带上沿纵向切取的试样，施加范围在带的拉伸强度 2%～12%的正弦波负荷。一般记录到 200 次循环的表达负荷对伸长率函数关系的曲线，然后根据该曲线通过计算得出弹性模量。

A3 装置

A3.1 动态拉伸试验机

该机至少应能对试样施加相当于带的拉伸强度 12%的负荷。同时该机应能对试样施加带的拉伸强度 2%～12%的周期性正弦波负荷（带的 2%～12%的拉伸强度值按所试带的标称拉伸强度而定）。

A3.2 伸长测定仪和记录仪

伸长测定仪和记录仪与本标准 4.2 和 4.3 条相同。

A4 试样

A4.1 形状与尺寸

试样为矩形。从全厚度的带上沿纵向切取，试样长度至少为夹持所需长度的两倍加上 300 mm，试样宽度根据 GB/T 9770 规定，按如下选取：

a. 钢丝绳间距为 10 mm 时，宽度应为 50 mm；其中含五根钢丝绳。

b. 钢丝绳间距为 12 mm 时，宽度应为 48 mm，其中含四根钢丝绳。

c. 钢丝绳间距为 15 mm 以上时（含 15 mm），宽度应含三根钢丝绳，其值为 $3P$（P 为间距值）。试样为上述宽度时，切取试样时应使钢丝绳沿宽度作对称分布（见图 A1）。

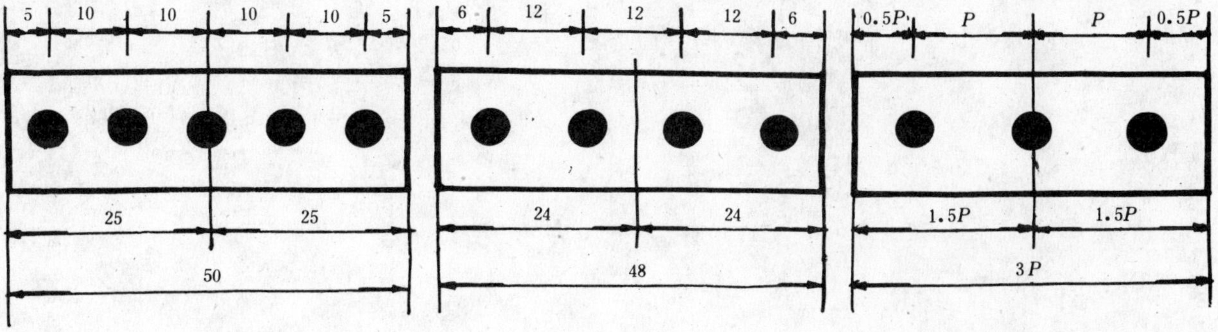

图 A1

A4.2 试样数量与状态调节

试样数量与状态调节与本标准第5.2条相同。

A5 试样制备与状态调节

将试样夹持部分覆盖层在厚度上除掉一部分，使上下覆盖层剩余厚度各为3 mm。

精确测量试样标距内的宽度。

试样停放环境和停放时间与本标准第5.3条相同。

A6 试验程序

试验程序与本标准第6条相同，但当试验到150次后，需每增加10周落笔一次，以观察两相邻图形是否重合，直至重合为止。

A7 结果表示和试验报告

结果表示和试验报告与本标准第7条和第8条相同。

附加说明：

本标准由中华人民共和国化学工业部提出。

本标准由青岛橡胶工业研究所归口。

本标准由青岛第六橡胶厂、太原重型机械学院起草。

本标准主要起草人刘月琴、黄松元、孙秀敏。

中华人民共和国国家标准

输送带丙烷燃烧器燃烧试验方法

GB/T 16412—1996

Test method for burn test of conveyor belt using propane burner

1 主题内容与适用范围

本标准规定了丙烷燃烧法测定输送带难燃性能的试验方法。

本标准适用于覆有橡胶、塑料或橡塑共混胶的井下矿用织物芯难燃输送带，也适用于井下矿用钢丝绳芯难燃输送带和钢丝绳牵引难燃输送带。

2 高能丙烷燃烧试验方法

2.1 装置

2.1.1 巷道

巷道呈长方形，截面尺寸为 2 m×2 m，装有抽风机使巷道内空气流通。巷道用以安放试验台架。

2.1.2 试验台架

如图 1 所示，呈矩形框架结构，应由外径 20～25 mm 的耐酸不锈钢管(18/8)制成。台架长 2.20 m、宽 1.25 m，最高点到地面距离为 350 mm。在台架两侧的上部有两根角钢，角钢上开有若干槽口，这些槽口用来放置 15 根不锈钢棒。钢棒直径为 10 mm，长为 1.4 m，钢棒在槽口内可以自由转动。台架用来放置试样。两个台架纵向连接总长度为 4.4 mm。

国家技术监督局 1996-06-12 批准　　　　1996-11-01 实施

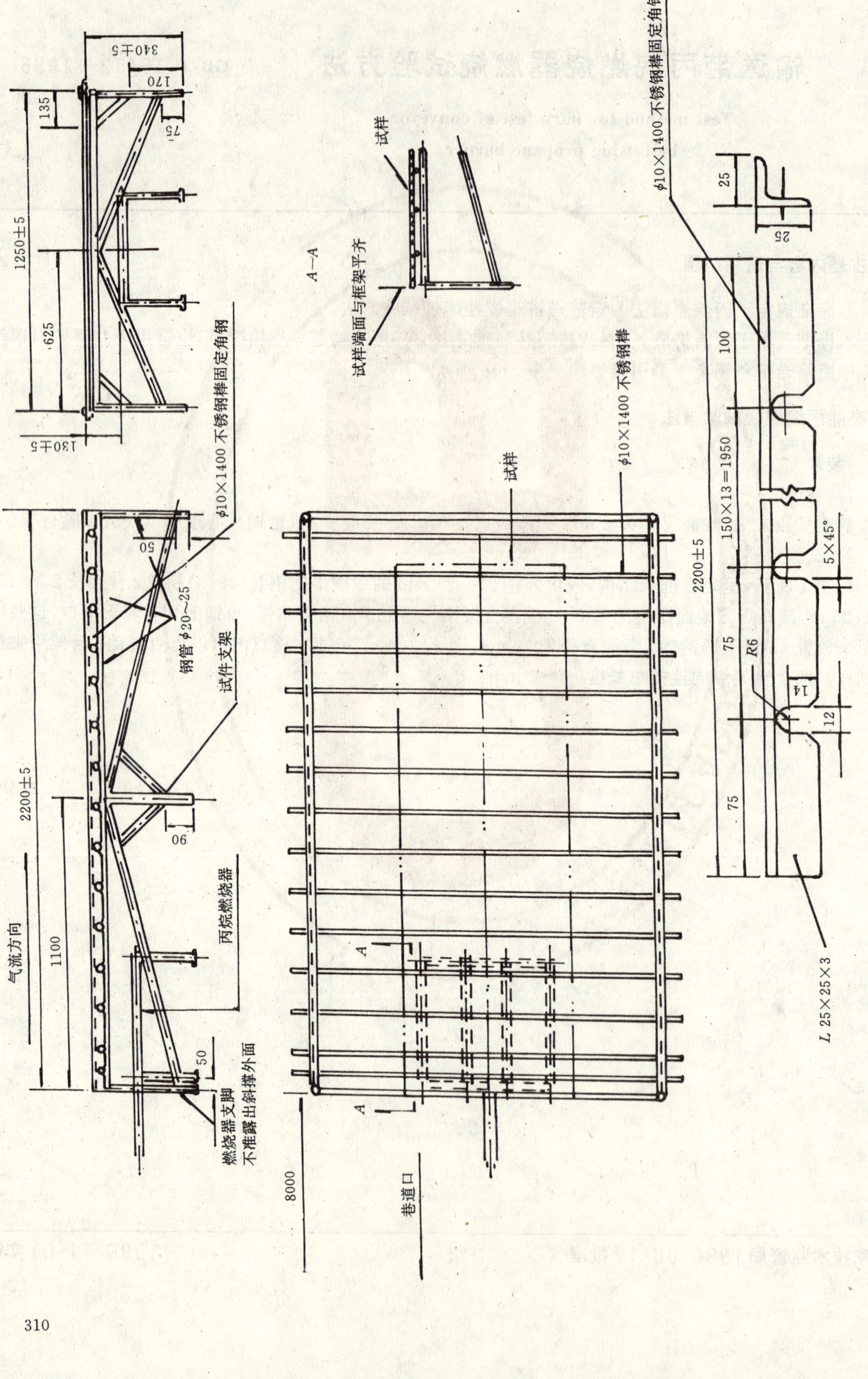

340±5
170
135
75
1250±5
625
130±5
φ10×1400 不锈钢棒固定角钢
试样
A—A
试样端面与框架平齐
φ10×1400 不锈钢棒
φ10×1400 不锈钢棒固定角钢
25
25
100
150×13=1950
2200±5
5×45°
75
R6
14
12
75
L 25×25×3
50
钢管 φ20～25
试件支架
2200±5
90
丙烷燃烧器
气流方向
1100
50
燃烧器支脚
不准露出斜撑外面
A
A
8000
巷道口

图 1　丙烷燃烧装置

2.1.3 燃烧器

燃烧器如图 2 所示，系外径为 20～25 mm 的耐酸不锈钢管(18/8)焊接成的边长为(450±9) mm 方框。燃烧器距地面高(220±5) mm。钢管上方开有 52 个直径为(1.5±0.1) mm 的喷气孔，孔距为 50 mm。

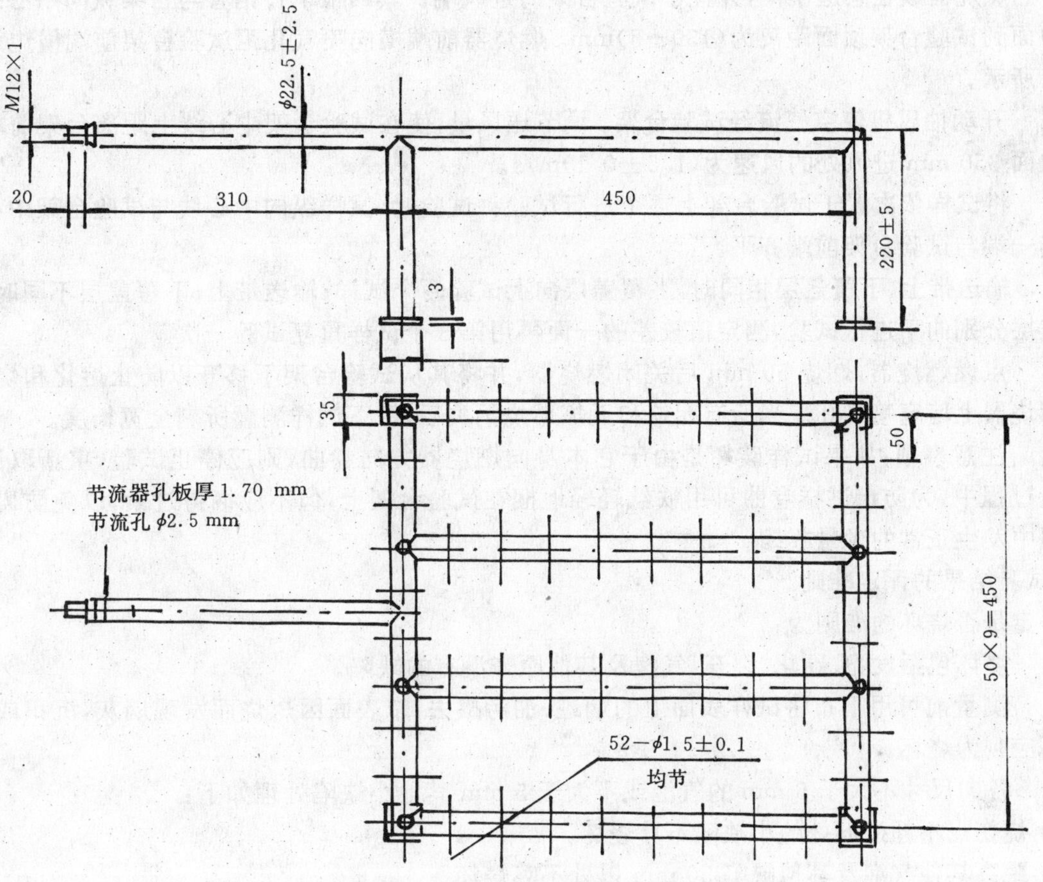

图 2 丙烷燃烧器

2.1.4 燃料

燃料为纯度在 95%以上的罐装丙烷气，丙烷气通过一段内径至少 6.3 mm 的高压软管和一个减压阀一个止回阀进入燃烧器。试验前和试验过程中丙烷罐应浸在温度为(25±3)℃的水中，其浸没高度约为罐高的三分之二。

丙烷气流量可通过标准孔板控制，标准孔板厚 1.7 mm，孔径 2.5 mm，装在燃烧器输入端，孔板前装一个高精度压力表，使丙烷气的压力控制在 0.20 MPa 左右。如果不用压力表，也可在减压阀前装一个流量计。

在 50 min 试验时间内，丙烷气的耗量应为(7.50±0.25) kg。每次试验结束时，所剩丙烷气的重量不得低于装罐时重量的 10%。

2.2 试样

上、下覆盖层相同时，试样长度取一块 13.5 m 或取 2 块每块长 4 m；上、下覆盖层不同时，取一块 17.5 m 或取三块每块长 4 m。纵向全厚度拉伸强度小于或等于 1250 N/mm 时，试样宽度为 900 mm；当带宽小于 900 mm 时，试样宽度取带的全宽；纵向全厚度拉伸强度大于 1250 N/mm 时，试样宽度为

1050 mm；若带宽小于 1050 mm，试样宽度取带的全宽，钢丝绳牵引输送带的宽度为带的全宽。

2.3 试验程序

a. 试验前将试样于 0℃以上的室温干燥条件下展开平放 24 h 以上，以消除弯曲变形。

b. 将试验台架安放在巷道中央，并使其纵向中心线与巷道的中心线重合，台架前沿距巷道口 8 m。

c. 燃烧器放在巷道中央，并置于试验台架的进风端。其四根平行钢管与台架纵向中心线平行，燃烧器顶面到试验台架顶面距离为(130±5)mm。燃烧器前端横向喷气孔距试验台架前端横边为 50 mm，如图 1 所示。

d. 开动抽风机使空气流经试验台架。调节送风量，使在试验台架中心线上距离台架前端 750 mm 且离地面 350 mm 进风处的风速为(1.5±0.1)m/s。

e. 将试样依次置于试验台架上逐个进行试验。试验时，试样纵向中心线与试验台架中心线重合，并使其一端与试验台架前端齐平。

f. 输送带上、下覆盖层相同时，上覆盖层向上试验两个试样；输送带上、下覆盖层不同时，先以上、下覆盖层分别向下进行试验，测定值较差的一面再用第 3 个试样重复试验一次。

g. 点燃燃烧器，燃烧 50 min 后关闭燃烧器，并将其从试验台架下移开以防止熔化和烧焦的物料落在燃烧器上堵塞喷气孔。当所有明焰和无焰燃烧消失后，取下试样测量所剩全宽长度。

h. 注意事项：如果试样破坏是由于它本身向燃烧器方向卷曲，则应停止试验，重新取试样试验，在试验过程中，为防止试样卷曲可用铁丝轻轻地捆在试验台架上，但不应捆得过紧，以免防碍试样在受热过程中发生正常的少量收缩。

2.4 试验结果的评定准则

评定是否烧坏的准则为：

a. 烧坏包括发脆、硬化、裂开、气泡及其他原来没有的缺陷。

b. 测量前可用干布将试样表面上的烟迹、油污擦去，带表面因燃烧而发现烟灰，沉积或光泽消失现象不应判为烧坏。

c. 各向尺寸不大于 5 mm 的气泡或不大于 5 mm 其他小缺陷处理如下：

1）烧伤点不超过五处的小缺陷不算烧坏。

2）距离其他气泡及其他缺陷 50 mm 以外不算烧坏。

3）任何更多的小缺陷在试样表面形成直径不超过 50 mm 的一个圆，而各组的间距均在300 mm以上也不算烧坏。

d. 试样上、下覆盖层所剩全宽未烧坏长度应如图 3 中 L 所示，并用钢卷尺沿试样纵方向和试样表面进行测量。

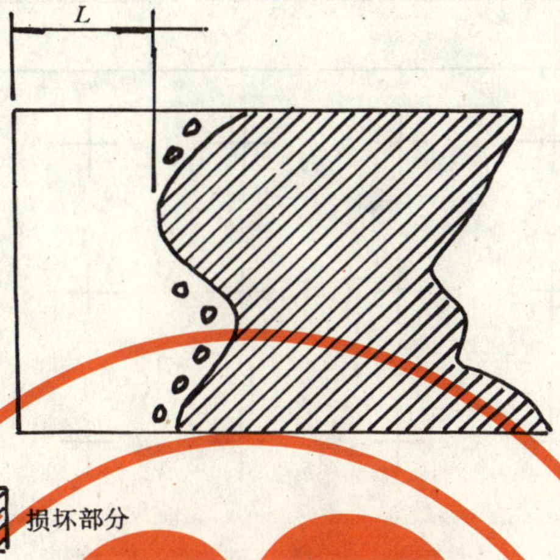

图 3 试样烧坏的测量

2.5 试验结果表达

a. 每个试样上、下表面全宽未烧坏长度,取两个试验结果的较低值作为未烧坏长度值。

b. 每个试样明焰和无焰燃烧自熄时间。

3 终止试验

3.1 正常终止

当符合以下两种情况时终止试验,并视其为正常终止。

a. 试验至少进行 70 min。

b. 试件及其碎屑上所有火焰消失 10 min 后。

3.2 提前终止

试验过程中要密切注意冒烟、发热对人身健康和安全方面的影响,一旦发现危害时立即终止试验。

4 温度测量

4.1 仪器

4.1.1 公称外径为 2 mm 带有不锈钢外壳,并采用矿质绝缘材料绝缘的镍/铬或镍/铝热电偶 26 只(一组 25 只,另一只单用)。

4.1.2 试验程序

4.1.2.1 将热电偶安放在如图 4 所示,和巷道纵轴成法向的垂直平面的 25 个点上,并置于试样的前端(离进风端较近一端)后 6 m 处,每隔 6 s 记录一次热电偶所示的平均温度。

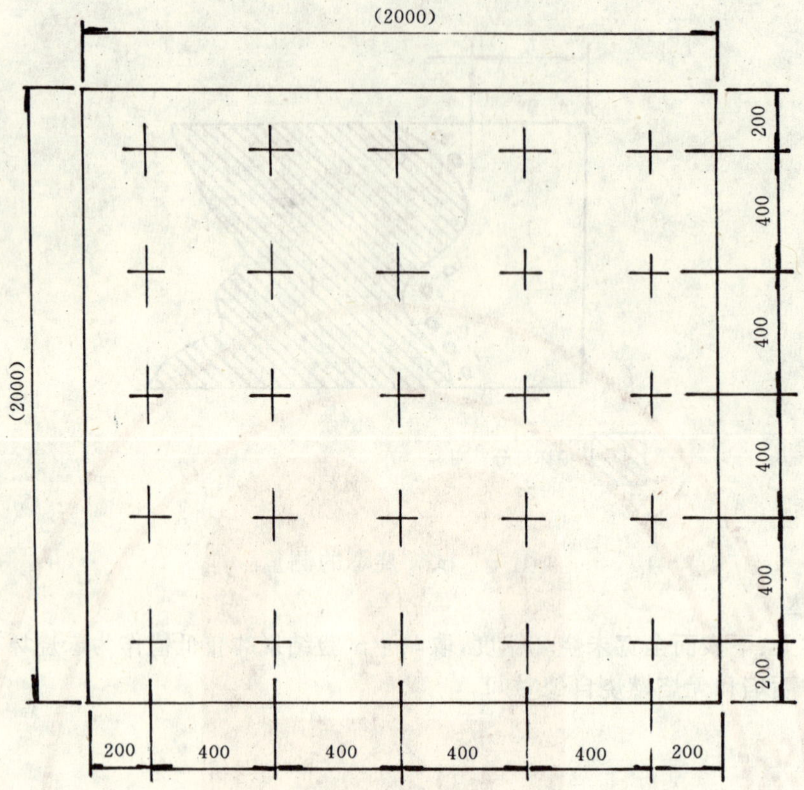

图 4　丙烷燃烧测温热电偶布置

4.1.2.2　如图 5 所示，将另一热电偶，放在巷道中心距入口 300 mm 处，使其避开任何热源。然后，每隔 6 s 测量记录一次进口气流的温度，直至试验终止。

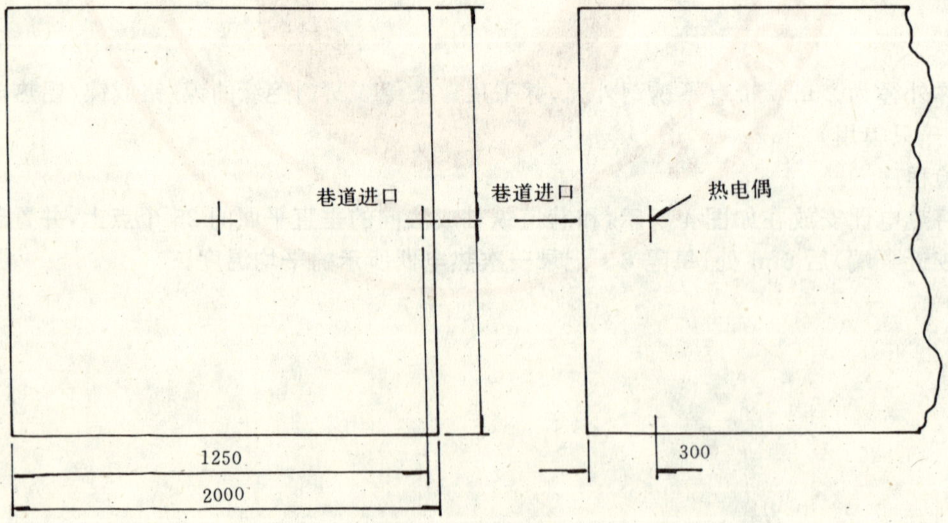

图 5　丙烷燃烧试验中测量巷道入口气流温度的热电偶位置

4.1.2.3 以25个热电偶的平均温度和进入气流温度之差作为温升，每隔1 min检查一次温升的平均值，将测得任1 min的最高值做为平均温升最大值。

注：4.1.2.2和4.1.2.3条测温部分最好采用温度记录仪连续测温。

4.2 试样烧毁长度的测量

4.2.1 仪器

4.2.1.1 用于称量试样质量的磅称一台，其最大称量范围不少于120 kg，精度为0.5 kg。

4.2.2 试验程序

4.2.2.1 试验前称量每个试样的质量。试验后取下支架上未烧毁的试样。待冷却到环境温度后除净试样上已烧毁的部分，称其质量。

4.2.2.2 按下式计算试验中试样烧毁长度。

$$L=\frac{m_1-m_2}{m_1}\times 4$$

式中：L——试样烧毁长度，m；

m_1——试验前试样的质量，kg；

m_2——试验后试样的质量，kg。

4.3 试验结果的评定标准

4.3.1 每次试验的试样应符合下列条件之一：

a. 全宽剩余未烧坏部分的长度(见2.4条)大于2 250 mm；

b. 平均温升最大值不超过90℃，烧毁长度不应大于2 000 mm，且全宽剩余未烧坏部分长度大于250 mm；

c. 平均温升最大值不超过80℃，烧坏长度不应大于2 250 mm，且全宽剩余未烧坏长度大于250 mm。

如果试验因故提前终止，试验结果及终止时间终止原因都应填写在试验报告中。

附 录 A
一般丙烷燃烧试验方法
（补充件）

A1 其试验台架按2.1.2条规定的规格，采用一个台架。丙烷燃烧器同2.1.3条，丙烷气压控制为0.16 MPa左右，在10 min试验时间内，丙烷气耗量为(1.30±0.05)kg。

A2 试样

试样宽度按2.2条规定，长度取(2 000±10)mm，上、下覆盖层相同时，取2个试样；上、下覆盖层不同时，取3个试样。

A3 试验程序

同2.3条，只是在10 min后关闭燃烧器。

A4 试验结果的评定准则

见2.4条。

A5 试验结果表达

见2.5条。

附加说明：

本标准由中华人民共和国化学工业部提出。

本标准由青岛橡胶工业研究所归口。

本标准由湖北宜昌中南橡胶集团公司负责起草。

本标准主要起草人周淑芳、潘青山、于冰。

本标准等效采用英国标准BS 3289—1990《井下用织物芯难燃输送带》中高能丙烷燃烧试验。

前　言

本标准等效采用国际标准 ISO 9982:1991《带传动——工业用多楔带及带轮尺寸——PH、PJ、PK、PL 和 PM 型》。对 ISO 9982:1991 未规定的多楔带有效长度极限偏差等效采用国际标准化组织 ISO/TC 41 委员会草案 ISO/CD 9982(1995)《带传动——工业用多楔带及带轮尺寸——PH、PJ、PK、PL 和 PM 型》予以补充。

本标准由中华人民共和国化学工业部提出。

本标准由青岛橡胶工业研究所归口。

本标准起草单位:青岛橡胶工业研究所、宁波同步带总厂、西北工业大学、哈尔滨工业大学。

本标准主要起草人:齐彬、韩德深、高志明、武聪、陈铁鸣。

ISO 前　言

ISO(国际标准化组织)是一个由各国标准化机构(ISO 成员团体)组成的世界性联合组织。制定国际标准的工作一般由 ISO 的各技术委员会组织进行。各成员团体如果对已建立技术委员会的某个方面感兴趣,就有权派代表参加该技术委员会组织的会议。一些与 ISO 有联系的国际组织(政府的或非政府的)也参加有关工作。在所有电工标准化事宜上,ISO 都与国际电工委员会(IEC)有着密切合作。

被各技术委员会采纳的国际标准草案都要分发给各成员团体进行表态投票。如果有至少 75%的成员团体投赞成票,则该草案就可以作为正式的国际标准出版。

国际标准 ISO 9982 是由 ISO/TC 41 技术委员会“带轮与带(包括 V 带)”的 SC 1 分委员会“V 带与 V 带轮”制定的。

中华人民共和国国家标准

工业用多楔带及带轮尺寸（PH、PJ、PK、PL和PM型）

GB/T 16588—1996
eqv ISO 9982:1991

V-ribbed belts and pulleys for industrial applications—Dimensions (PH PJ PK PL and PM profiles)

1 范围

本标准规定了PH、PJ、PK、PL、PM型工业用环形多楔带和多楔带轮轮槽的主要尺寸。

本标准适用于PH、PJ、PK、PL、PM型工业用环形多楔带和多楔带轮。

PK型多楔带主要用于汽车内燃机辅助设备的传动，ISO 9981对该带作了规定。

2 引用标准

下列标准所包含的条文，通过在本标准中引用而构成为本标准的条文。本标准出版时，所示版本均为有效。所有标准都会被修订，使用本标准的各方应探讨使用下列标准最新版本的可能性。

GB/T 1031—95　表面粗糙度参数及数值(eqv ISO 468:1982)

GB/T 1958—80　形状和位置公差检测规定

GB/T 11357—89　带轮的材质、表面粗糙度及平衡(eqv ISO 254:1981)

ISO 8370-2:1993　带传动——节面位置测定动态试验——第二部分：多楔带

ISO 9981:1990　带传动——汽车用多楔带及带轮尺寸(PK型)

3 带

3.1 尺寸

3.1.1 截面尺寸

多楔带的截面尺寸如图1及表1所示。

表1　带的截面尺寸　　mm

型　　号	PH	PJ	PK	PL	PM
楔距　P_b	1.6	2.34	3.56	4.7	9.4
楔顶圆弧半径 r_b，最小值	0.3	0.4	0.5	0.4	0.75
槽底圆弧半径 r_t，最大值	0.15	0.2	0.25	0.4	0.75
带高 h，近似值	3	4	6	10	17
注：楔距与带高的值仅为参考尺寸，楔距累积误差是一个重要参数，但受带的工作张力和抗拉体弹性模量的影响					

国家技术监督局1996-10-28批准　　1997-06-01实施

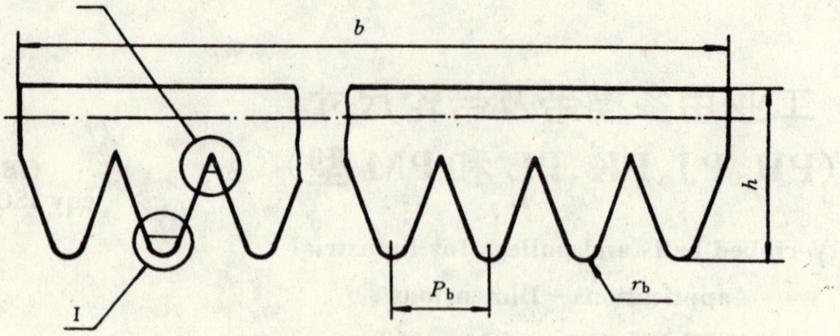

公称宽度 $b=n\times P_b$，式中 n 为楔数。

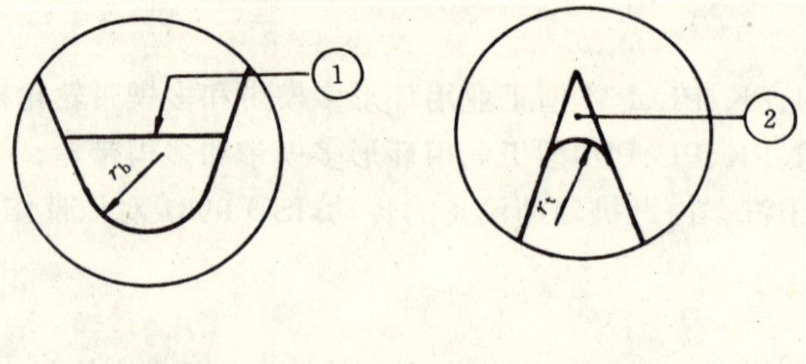

Ⅰ部(带楔顶)放大　　Ⅱ部(带槽底)放大

① 带亦可选用平的楔顶轮廓线。

②带的楔底轮廓线可位于该区的任何部位。

图 1　带的横截面

3.1.2　有效长度

带的有效长度可根据需要与制造厂协商，有效长度的极限偏差如表 2 所示。

表 2　有效长度的极限偏差[1)]

mm

有效长度 L_e	极限偏差			
	PJ	PK	PL	PM
$375<L_e\leqslant 750$	+5 −10	+5 −10		
$750<L_e\leqslant 1\ 000$	+6 −12	+6 −12	+6 −12	
$1\ 000<L_e\leqslant 1\ 500$	+8 −16	+8 −16	+8 −16	
$1\ 500<L_e\leqslant 2\ 000$	+10 −20	+10 −20	+10 −20	
$2\ 000<L_e\leqslant 3\ 000$	+12 −24	+12 −24	+12 −24	+12 −24

采用说明：

1] ISO 9982:1991 中对该项内容未作规定，本标准等效采用 ISO/CD 9982(1995)中规定的有效长度极限偏差。

表 2（完）

mm

有效长度 L_e	极限偏差			
	PJ	PK	PL	PM
3 000<L_e≤4 000			+15 −30	+15 −30
4 000<L_e≤6 000			+20 −40	+20 −40
6 000<L_e≤8 000			+30 −60	+30 −60
8 000<L_e≤12 500				+45 −90
12 500<L_e≤17 000				+60 −120
注：有效长度的极限偏差可按以下方法粗略计算，上偏差为+0.004 L_e，下偏差为−0.008 L_e，L_e 为有效长度				

3.2 有效长度的测量

3.2.1 测量装置（见图 2）

带的有效长度测量装置包括以下组成部分。

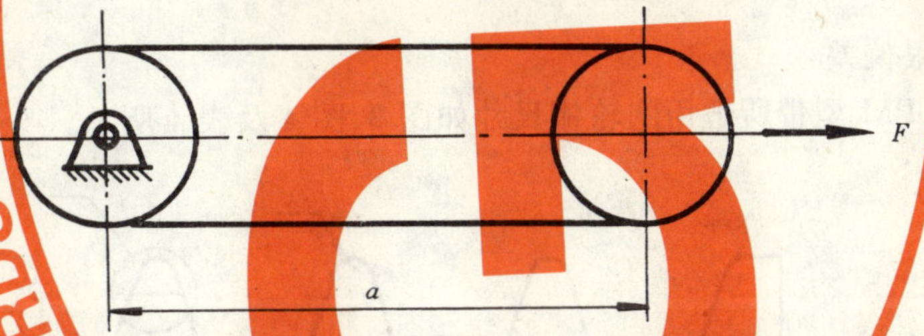

F—测量力；*a*—两带轮中心距

图 2 测长装置示意

3.2.1.1 两个具有相等直径的测量带轮，其中一个位置固定而另一个可以移动。其荐用有效直径按表 3 所示数值确定。带轮轮槽尺寸如图 3 和表 4 所示。

3.2.1.2 对可移动带轮施加总测量力的装置。

3.2.1.3 测量两带轮中心距的装置。

3.2.2 测量力

用于测量带的有效长度的测量力如表 3 所示。

表 3 测量带轮参数和测量力

型号	PH		PJ		PK	PL	PM
带轮有效圆周长 C_e（位于有效直径上），mm	100	300	100	300	300	500	800
检验用圆球或圆柱的外切线间距 *K*，mm，±0.13	31.94	95.6	32.06	95.72	96.48	161.51	259.17
每楔测量力 *F*，N	30		50		100	200	450

3.2.3 测量程序

测量带的有效长度时，先将带装到测量装置上，施加规定的测量力后，转动至少两圈，使其很好地楔入带轮并使总测量力平均分配在带的两直段上，然后测出两带轮的中心距。再按下式计算带的有效长度。

$$L_e = a_{max} + a_{min} + C_e$$

式中：L_e——带的有效长度，mm；

C_e——测量带轮的有效圆周长，mm；

a_{max}——带轮中心距的最大测量值，mm；

a_{min}——带轮中心距的最小测量值，mm。

3.3 带的标记

多楔带以楔数、型号和有效长度表示其技术特征。其标记用按下述顺序的数字和字母表示：

a）第一组数字表示楔数；

b）字母表示型号；

c）第二组数字表示有效长度（mm）。

示例如下：

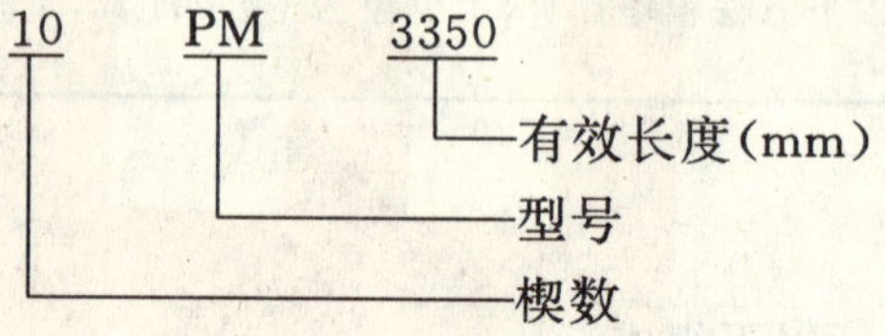

4 带轮

4.1 轮槽尺寸及极限偏差

PH、PJ、PK、PL、PM 型带所适用的轮槽尺寸如图 3、图 4 及表 4 所示。

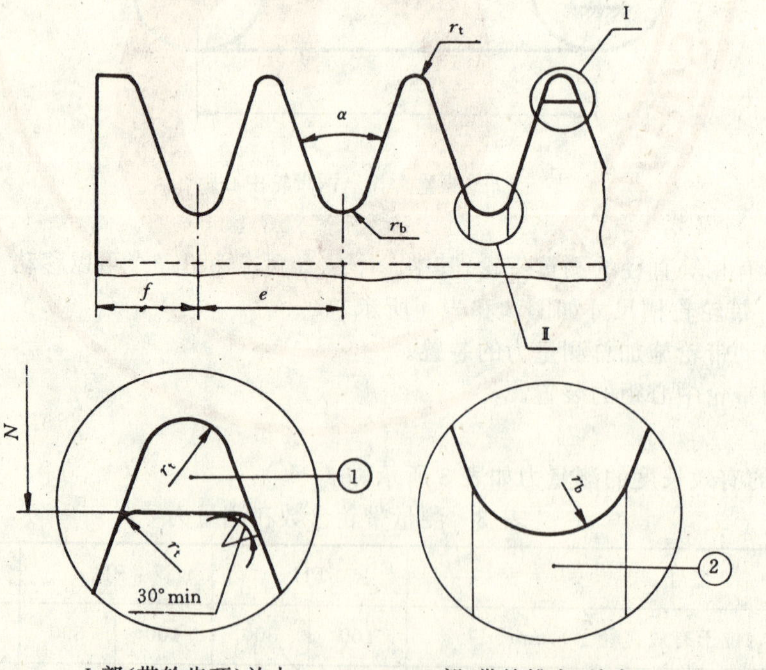

Ⅰ部（带轮齿顶）放大　　Ⅱ部（带轮槽底）放大

① 轮槽楔顶轮廓线可位于该区域任何部位，该轮廓线的两端应有一个与轮槽侧面相切的圆角（最小 30°）。

② 轮槽槽底轮廓线可位于 r_b 弧线以下。

图 3 轮槽横截面

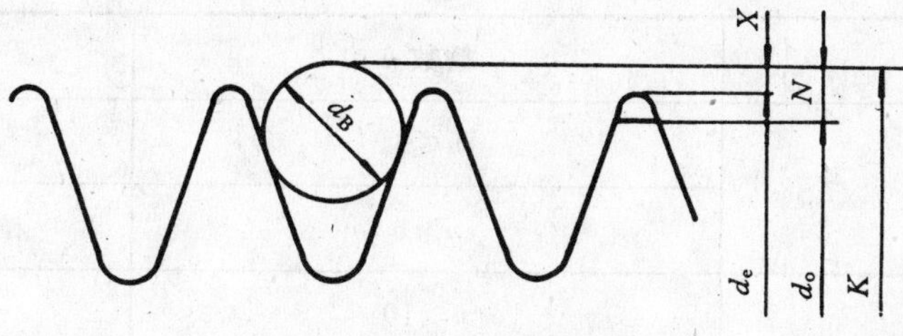

d_e—有效直径；d_0—外径；K—检验用圆球或圆柱的外切线之间的距离；d_B—检验用圆球或圆柱直径

图 4　带轮直径

表 4　轮槽尺寸

mm

型号	PH	PJ	PK	PL	PM
槽距 e	1.6±0.03	2.34±0.03	3.56±0.05	4.7±0.05	9.4±0.08
槽角 α	40°±0.5°	40°±0.5°	40°±0.5°	40°±0.5°	40°±0.5°
楔顶圆角半径 r_b，最小值	0.15	0.2	0.25	0.4	0.75
槽底圆弧半径 r_t，最大值	0.3	0.4	0.5	0.4	0.75
检验用圆球或圆柱直径 d_B	1±0.01	1.5±0.01	2.5±0.01	3.5±0.01	7±0.01
$2X$，公称值	0.11	0.23	0.99	2.36	4.53
$2N$，最大值	1.08	1.22	2.06	3.5	5.92
f，最小值	1.3	1.8	2.5	3.3	6.4

注

1　表中所列 e 值极限偏差仅用于两相邻槽中心线的间距。

2　槽距的累积误差不得超过±0.3 mm。

3　槽的中心线应对带轮轴线呈 90°±0.5°。

4　尺寸 N 不是从带轮有效直径端点量起，而是从检验用圆球或圆柱的外切线量起。

4.2　最小有效直径

多楔带轮有效直径 d_e 的最小推荐值如表 5 所示。

表 5　带轮最小有效直径

mm

型号	PH	PJ	PK	PL	PM
最小有效直径	13	20	45	75	180

4.3　带轮成品检验

4.3.1　检验条件

带轮轮槽尺寸、直径的偏差及跳动应在没有表面涂层的带轮成品上检验。

4.3.2　各槽有效直径的最大差值

同一带轮不同轮槽的有效直径的最大差值如表 6 所示。该值通过比较各轮槽内检验用圆球或圆柱的外切线间距离 K 的大小而得到。

表 6　槽间直径差值

mm

有效直径 d_e	槽数 n	直径最大差值
$d_e \leqslant 74$	$n \leqslant 6$	0.1
	$n > 6$	槽数每增加 1，增加 0.003
$74 < d_e \leqslant 500$	$n \leqslant 10$	0.15
	$n > 10$	槽数每增加 1，增加 0.005
$d_e > 500$	$n \leqslant 10$	0.25
	$n > 10$	槽数每增加 1，增加 0.01

4.3.3　轮槽径向圆跳动

径向圆跳动公差值如表 7 所示，按 GB 1958 规定的方法进行检测。在带轮转动过程中借助一小球进行径向圆跳动的测定，通过弹簧对小球施加压力来保持小球与轮槽接触。

表 7　径向圆跳动公差

mm

有效直径	公差值
$d_e \leqslant 74$	0.13
$74 < d_e \leqslant 250$	0.25
$d_e > 250$	有效直径每增加 1 mm，增加 0.000 4

4.3.4　轮槽轴向圆跳动

带轮每毫米有效直径的轴向圆跳动公差值为 0.002 mm。按 GB 1958 规定的方法进行检测。在带轮转动过程中借助一小球进行轴向圆跳动的测定。通过弹簧对小球施加压力来保持小球与轮槽的接触。

4.3.5　轮槽表面粗糙度

轮槽表面粗糙度高度参数 R_a 的最大允许值为 3.2 μm。关于 R_a 参数的定义和测量方法参见 GB 1031和GB 11357。

4.4　节径 d_p

多楔带与对应带轮的配合见图 5。多楔带轮的实际节径稍大于有效直径。节径精确值需以所用的多楔带进行测定。本标准以有效线差 δ_e 表示对节径的要求，有效线差 δ_e 的公称值如表 8 所示。

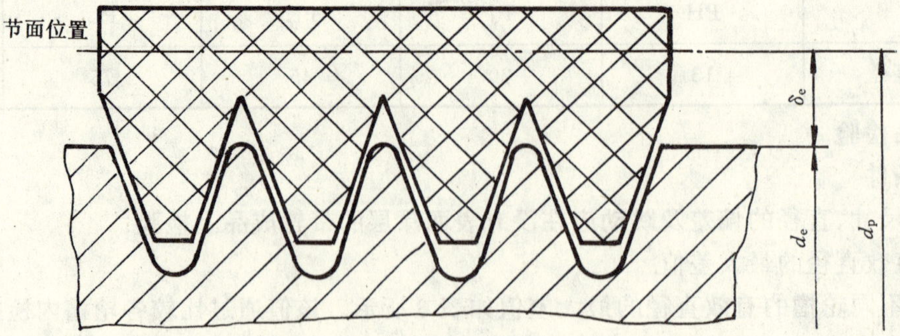

δ_e—有效线差；d_e—有效直径；d_p—节径

图 5　节面位置

表 8　有效线差公称值　　　mm

型　　号	有效线差 δ_e
PH	0.8
PJ	1.2
PK	2
PL	3
PM	4

上述有效线差的公称值可用来粗略计算传动比。有效线差的测量按 ISO 8370 中的规定进行。

4.5　带轮标记

多楔带轮以槽数、型号和有效直径来表示其尺寸特征。其标记按下述顺序的数字和字母表示：

a）第一字母"P"表示带轮；

b）第一组数字表示带轮槽数；

c）第二组字母表示轮槽型号；

d）第二组数字表示有效直径(mm)。

示例如下：

P　10　PM　250

- 250 —— 有效直径(mm)
- PM —— 型号
- 10 —— 槽数
- P —— 带轮

前　　言

目前我国钢丝绳芯输送带覆盖层与带芯层粘合强度无试验方法标准。为进一步完善钢丝绳芯输送带的检测手段,制定本标准。

本标准等效采用ISO 8094:1984《钢丝绳芯输送带——覆盖层与带芯层粘合强度试验》。根据试验验证,增加了试样尺寸图,补充要求试样中两根钢丝绳位置对称。

本标准由中华人民共和国化学工业部提出。

本标准由青岛橡胶工业研究所归口。

本标准起草单位:沈阳长桥胶带有限公司。

本标准主要起草人:王素梅、刘敏、肖泓、汪运法、赵忠。

ISO 前言

ISO(国际标准化组织)是一个由国际标准化机构(ISO 成员团体)组成的世界性联合组织。制定国际标准的工作一般由 ISO 的各技术委员会进行。各成员团体如果对已建立技术委员会的某个方面感兴趣,均有权参加该委员会。一些与 ISO 有联系的国际组织(政府的或非政府的)也参加此项工作。

被技术委员会采纳的国际标准草案,在被 ISO 理事会批准为国际标准之前,要先发给各成员团体通过。根据 ISO 程序,要求至少有 75%的成员团体投赞成票方可视为被通过。

国际标准 ISO 8094 是由 ISO/T C41 技术委员会“带轮与带(包括 V 带)”制定的。

中华人民共和国国家标准

钢丝绳芯输送带覆盖层与带芯层粘合强度试验方法

GB/T 17044—1997
eqv ISO 8094—1984

Steel cord conveyor belts—Adhesion strength test of the cover to the core layer

1 范围

本标准规定了用剥离法测定钢丝绳芯输送带覆盖层与带芯层之间粘合强度的试验方法。

本标准只适用于钢丝绳芯输送带。

2 引用标准

下列标准所包含的条文，通过在本标准中引用而构成为本标准的条文。本标准出版时，所示版本均为有效。所有标准都会被修订，使用本标准的各方应探讨使用下列标准最新版本的可能性。

GB/T 532—89 硫化橡胶与织物粘合强度的测定(eqv ISO 36:1985)

GB/T 12833—91 橡胶和塑料撕裂强度及粘合强度多峰曲线的分析方法(eqv ISO 6133:1981)

3 试验原理

测定采用剥离法使覆盖层与带芯层分离所需要的力。

4 试验仪器

本试验采用符合以下要求的拉力试验机：

a）带有自动记录剥离力的装置；

b）夹持器移动速度能调为 100±10 mm/min；

c）测量误差不大于量程的 1%；

d）测力部分应是非惯性的(例如电子式的)。

5 试样

5.1 取 6 个具有下列尺寸的试样(见图 1)：

国家技术监督局 1997-10-14 批准　　　　1998-04-01 实施

尺寸 mm

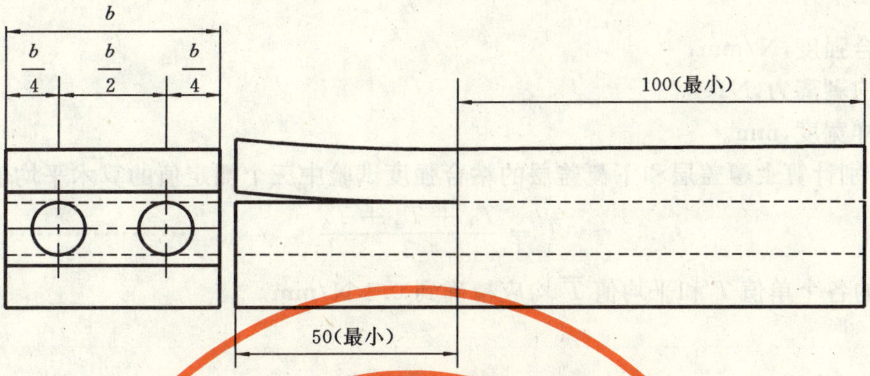

图 1 试样尺寸示意图

a) 对没有横向金属件,有(或没有)织物增强层的带:

长度(与带长方向一致):150 mm(最小值);

宽度(b):25 mm(最小值),包含至少两根钢丝绳,且呈对称排列1];

厚度:带的全厚度。

b) 对有横向金属件的带:

长度(与带长方向一致):150 mm(最小值);

宽度(b):25 mm±0.5 mm;

厚度:带的全厚度。

5.2 沿与带的轴线平行的方向(在某些特殊情况下可沿与带的轴线垂直方向),在离带边至少 50 mm 的部位切割试样。

5.3 用刀子在试样两面紧贴钢丝绳的上、下边缘将覆盖层剥开一段,该段应能保证试样在试验机夹持器中夹持牢固。

6 试验条件

6.1 在输送带制成至少五天以后,按 GB/T 532 的规定进行试验。

6.2 试验在温度 23±2℃、湿度(50±5)%的条件下进行。

6.3 将六个试样分为两组(每组三个)。对第一组试样逐个进行试验。将上覆盖层夹入一个夹持器,而带有下覆盖层的带芯层(内含钢丝绳)夹入另一个夹持器。

6.4 启动试验机,以 100±10 mm/min 的夹持器移动速度对试样进行剥离试验。

6.5 此时试验机自动记录剥离力曲线。

6.6 对第二组试样逐个进行试验。下覆盖层夹入一个夹持器,而带有上覆盖层的带芯层(内含钢丝绳)夹入另一个夹持器。试验要求同 6.4 和 6.5。

6.7 每组试验均进行三次。

6.8 如覆盖层与带芯层的粘合强度大于覆盖层的断裂强度,则应记录最大力和破坏方式。

7 试验结果

7.1 按 GB/T 12833 的规定根据剥离力曲线确定平均剥离力 $\overline{F}$。

7.2 对每一次试验按式(1)计算覆盖层与带芯层的粘合强度 T:

采用说明:

1] ISO 8094:1984 没有此规定,经试验验证补充上去的,并增加图 1 更清楚。

$$T = \frac{\overline{F}}{b} \quad \cdots\cdots\cdots\cdots(1)$$

式中：T——粘合强度，N/mm；

$\overline{F}$——平均剥离力，N；

b——试样宽度，mm。

7.3 按式(2)分别计算上覆盖层和下覆盖层的粘合强度试验中三个测定值的算术平均值：

$$\overline{T} = \frac{T_1 + T_2 + T_3}{3} \quad \cdots\cdots\cdots\cdots(2)$$

7.4 粘合强度的各个单值 T 和平均值 $\overline{T}$ 均应精确到 0.1 N/mm。

8 试验报告

试验报告应包含下列内容：

a）指出试验是按本标准进行；

b）试验带的识别标记；

c）试样宽度；

d）按第 7 章表示的上、下覆盖层与带芯层粘合强度；

e）本标准未规定或作为选择性事项的操作细节，以及其他可能对试验结果产生影响的情况。

前　言

本标准等同采用国际标准 ISO 8370-1:1993《带传动　测定节面位置的动态试验方法　第1部分：V带》。

本标准由中华人民共和国化学工业部提出。

本标准由化工部胶带标准化技术归口单位归口。

本标准起草单位:青岛橡胶工业研究所。

本标准主要起草人:辛永录、韩德深。

ISO 前言

ISO(国际标准化组织)是一个由国家标准化机构(ISO 成员团体)组成的世界性联合组织。制定国际标准的工作一般由 ISO 的各技术委员会进行。各成员团体如果对已建立技术委员会的某个方面感兴趣,均有权参加该委员会。一些与 ISO 有联系的国际组织(政府的或非政府的)也参加此项工作。在所有电工标准化事宜上,ISO 都与国际电工委员会(IEC)有着密切的合作。

被各技术委员会采纳的国际标准草案,都要分发给各成员团体进行表态投票。如果有至少 75%的成员团体投赞成票,则该草案就可以作为正式的国际标准发布。

国际标准 ISO 8370-1 是由 ISO/TC41 技术委员会[带轮与带(包括 V 带)]的 SC1 分技术委员会(V 带和槽轮)制定的。

ISO 8370-1 及 ISO 8370-2 的首版代替已被技术修订的 ISO 8370:1987。

ISO 8370 在《带传动——测定节面位置的动态试验方法》的总标题下由下列部分组成:

——第 1 部分:V 带;

——第 2 部分:多楔带。

ISO 引言

V 带轮槽的规格由有效宽度和基准宽度确定。

当一条 V 带安装在槽上运转时，一定存在一个节面，该节面位于相对于槽的一定位置上，这一位置需被确定，以进行带传动设计计算。

中华人民共和国国家标准

V带和多楔带传动　测定节面位置的动态试验方法　第1部分：V带

GB/T 17516.1—1998
idt ISO 8370-1:1993

V-and ribbed belts drive—Dynamic test to determine pitch zone location—Part 1:V-belts

---

1　范围

本标准的本部分规定了测定V带节面位置的动态试验方法。对联组V带与多槽带轮的配合来说，节面位置以有效线差Δe表示(见图1)。对单根V带与单槽带轮的配合来说，节面位置可能以有效线差Δe表示(见图1)，也可能以基准线差Δd表示(见图3)。六角带可按单根V带处理。

2　引用标准

下列标准所包含的条文，通过在本标准中引用而构成为本标准的条文。本标准出版时，所示版本均为有效。所有标准都会被修订，使用本标准的各方应探讨使用下列标准最新版本的可能性。

GB/T 6931.1—1986　带传动基本术语

GB/T 6931.2—1986　V带传动术语(eqv ISO 1081:1980)

3　定义

本标准的本部分采用GB 6931.1及GB 6931.2的定义。

4　原理

通过测量试验设备的带轮转速和安装在带轮上被试V带直线部分的速度(或带轮中心距与V带旋转一周所需时间)来计算V带与带轮配合时的节径，然后计算有效线差或基准线差。

5　装置

试验装置主要由以下几部分组成：

a) 两个直径相等的带轮，其尺寸应符合相应标准的规定。为适应具体带长的需要，两带轮的轮轴中心距应是可调的。

b) 施加测量力的装置，它应使测量力符合相应标准的规定。

c) 锁紧装置，用以固定带轮中心距。

d) 以适当速度带动其中一个带轮旋转的机械装置。对该速度的大小没有严格要求，但应足够大，以保证平稳操作。推荐转速约为1 000r/min。

e) 测量带轮转速和测量带速(或带轮中心距和带旋转一周所需的时间)的装置。

6　程序

将V带安装在第5章规定的试验装置上，施加由相应标准规定的测量力以使其张紧。开动装置并

国家质量技术监督局1998-10-19批准　　　1999-04-01实施

运转 5 min,以便使带和带轮完好地楔和。

待运转正常后,锁紧可移动带轮的轮轴,以确保带轮中心距不变。准确地测量出带轮转速,并同时准确地测量出带直线部分的速度或带轮中心距及 V 带旋转一周所需时间。

7 计算

7.1 节径

按下列两式之一可计算出 V 带与带轮配合时的节径:

$$d_p = \frac{60\,000}{\pi} \times \frac{v}{n} \quad \cdots\cdots(1)$$

式中:d_p——带轮节径,mm;

v——带速,m/s;

n——带轮转速,r/min。

$$d_p = \frac{120}{\pi} \times \frac{a}{nt - 60} \quad \cdots\cdots(2)$$

式中:d_p——带轮节径,mm;

a——带轮中心距,mm;

n——带轮转速,r/min;

t——V 带旋转一周所需时间,s。

7.2 有效线差

有效线差的含义见图 1 和图 2。

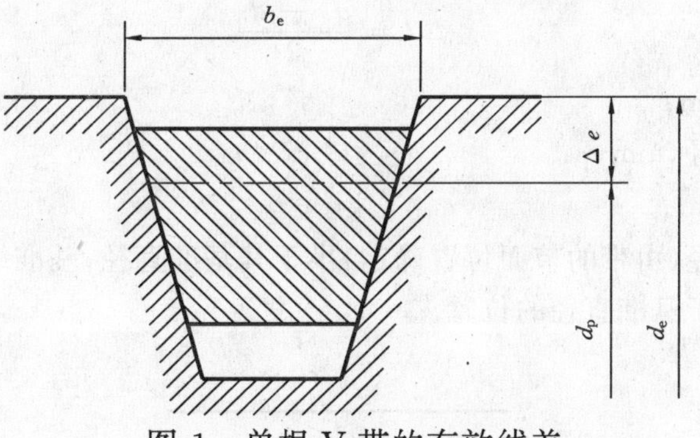

图 1 单根 V 带的有效线差

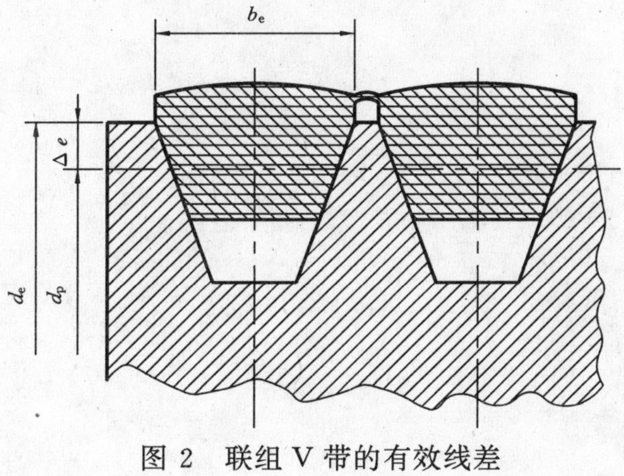

图 2 联组 V 带的有效线差

按式(3)计算有效线差:

$$\Delta e = \frac{d_e - d_p}{2} \quad \cdots\cdots(3)$$

式中：Δe——有效线差，mm；

d_e——带轮有效直径，mm；

d_p——带轮节径，mm。

在多数情况下，运转中带轮的节径（由带的节面位置确定）小于其有效直径，有效线差是正值；当有效线差出现负值时，说明此时的节面处于高于有效直径的位置上（这种情况对某些联组V带或六角带设计是可能的）。

7.3 基准线差

基准线差的含义见图3。

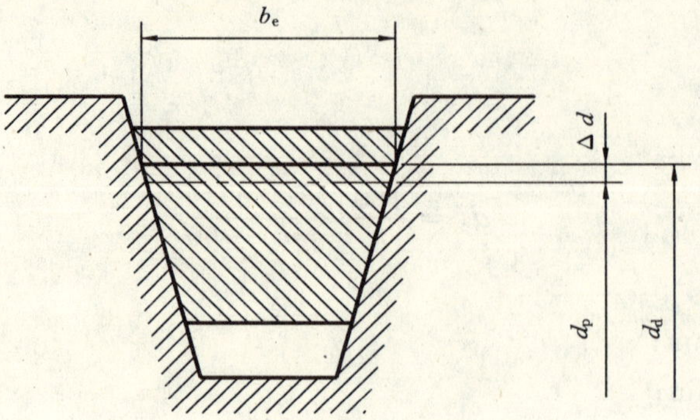

图3 基准线差

按式(4)计算基准线差：

$$\Delta d = \frac{d_d - d_p}{2} \quad \cdots\cdots(4)$$

式中：Δd——基准线差，mm；

d_d——带轮基准直径，mm；

d_p——带轮节径，mm。

如果运转中带轮的节径（由带的节面位置确定）小于其基准直径，基准线差为正值；当基准线差为负值时说明带的节面位置高于基准直径的位置。

前 言

本标准等同采用国际标准 ISO 8370-2:1993《带传动　测定节面位置的动态试验方法　第 2 部分:多楔带》。

本标准由中华人民共和国化学工业部提出。

本标准由化工部胶带标准化技术归口单位归口。

本标准起草单位:青岛橡胶工业研究所。

本标准主要起草人:辛永录、韩德深。

ISO 前言

ISO（国际标准化组织）是一个由国家标准化机构（ISO 成员团体）组成的世界性联合组织。制定国际标准的工作一般由 ISO 的各技术委员会进行。各成员团体如果对已建立技术委员会的某个方面感兴趣，均有权参加该委员会。一些与 ISO 有联系的国际组织（政府的或非政府的）也参加此项工作。在所有电工标准化事宜上，ISO 都与国际电工委员会（IEC）有着密切的合作。

被各技术委员会采纳的国际标准草案，都要分发给各成员团体进行表态投票。如果有至少 75％的成员团体投赞成票，则该草案就可以作为正式的国际标准发布。

国际标准 ISO 8370-2 是由 ISO/TC41 技术委员会[带轮与带（包括 V 带）]的 SCI 分技术委员会（V 带和槽轮）制定的。

ISO 8370-2 及 ISO 8370-1 的首版代替已被技术修订的 ISO 8370：1987。

ISO 8370 在《带传动——测定节面位置的动态试验方法》的总标题下由下列部分组成：

——第 1 部分：V 带；

——第 2 部分：多楔带。

ISO 引言

多楔带轮由带轮槽形和槽距确定。

当一条多楔带安装在轮上运转时，一定存在一个节面，该节面位于相对于带轮的一定位置上，这一位置需被确定，以进行带传动设计计算。

中华人民共和国国家标准

V带和多楔带传动 测定节面位置的动态试验方法 第2部分:多楔带

GB/T 17516.2—1998
idt ISO 8370-2:1993

V-and ribbed belts drive—Dynamic test to determine pitch zone location—Part 2:V-ribbed belts

1 范围

本标准的本部分规定了测定多楔带节面位置的动态试验方法,节面位置以有效线差 Δe 表示(见图1)。

注:在精确度不要求很高的情况下,有效线差的公称值可采用GB 13552和GB/T 16588的规定值。

2 引用标准

下列标准所包含的条文,通过在本标准中引用而构成为本标准的条文。本标准出版时,所示版本均为有效。所有标准都会被修订,使用本标准的各方应探讨使用下列标准最新版本的可能性。

GB 13552—1998 汽车多楔带

GB/T 16588—1996 工业用多楔带及带轮尺寸(PH、PJ、PK、PL和PM型)(eqv ISO 9982:1991)

3 定义

本标准的本部分采用GB 13552及GB/T 16588的定义。

4 原理

通过测量试验设备的带轮转速和安装在带轮上被试多楔带直线部分的速度(或带轮中心距与多楔带旋转一周所需时间)来计算多楔带与带轮配合时的节径,然后计算有效线差。

5 装置

试验装置主要由以下几部分组成:

a) 两个直径相等的带轮,其尺寸应符合相应标准的规定。为适应具体带长的需要,两带轮的轮轴中心距应是可调的。

b) 施加测量力的装置,它应使测量力符合相应标准的规定。

c) 锁紧装置,用以固定带轮中心距。

d) 以适当速度带动其中一个带轮旋转的机械装置。对该速度的大小没有严格要求,但应足够大,以保证平稳操作。推荐转速约为1 000r/min。

e) 测量带轮转速和测量带速(或带轮中心距和带旋转一周所需的时间)的装置。

6 程序

将多楔带安装在第5章规定的试验装置上,施加由相应标准规定的测量力以使其张紧。开动装置并运转5 min,以便使带和带轮完好地楔和。

国家质量技术监督局1998-10-19批准　　1999-04-01实施

待运转正常后，锁紧可移动带轮的轮轴，以确保带轮中心距不变。准确地测量出带轮转速，并同时准确地测量出带直线部分的速度或带轮中心距及多楔带旋转一周所需时间。

7 计算

7.1 节径

按下列两式之一可计算出多楔带与带轮配合时的节径：

$$d_p = \frac{60\,000}{\pi} \times \frac{v}{n} \qquad \cdots\cdots(1)$$

式中：d_p——带轮节径，mm；

v——带速，m/s；

n——带轮转速，r/min。

$$d_p = \frac{120}{\pi} \times \frac{a}{nt - 60} \qquad \cdots\cdots(2)$$

式中：d_p——带轮节径，mm；

a——带轮中心距，mm；

n——带轮转速，r/min；

t——多楔带旋转一周所需时间，s。

7.2 有效线差

有效线差的含义见图 1。

图 1　有效线差

按式(3)计算有效线差：

$$\Delta e = \frac{d_e - d_p}{2} \qquad \cdots\cdots(3)$$

式中：Δe——有效线差，mm；

d_e——带轮有效直径，mm；

d_p——带轮节径，mm。

在任何情况下，多楔带与带轮配合时的节径（由多楔带的节面位置确定）都大于其有效直径，因此，有效线差总是负值。

注：因为式(3)与 V 带的有效线差计算式完全相同，所以多楔带的有效线差计算结果总是负值。

前　言

本标准等效采用国际标准 ISO 10917:1995《同步带传动—汽车同步带与带轮—疲劳试验》。对于 ISO 10917:1995未规定的试样的张紧力等效采用英国标准 BS AU218:1987《汽车同步带》中的有关规定予以补充。

由于目前国内胶带生产厂已引进了两轮试验机对汽车同步带进行疲劳试验,因此本标准参照目前胶带生产厂采用的外国某公司的技术条件,将两轮试验机试验方法在附录 A 中给出。

本标准的附录 A 是标准的附录。

本标准由中华人民共和国原化学工业部提出。

本标准由化工部胶带标准化技术归口单位归口。

本标准起草单位:青岛橡胶工业研究所、浙江省三门县第一同步带厂、舟山市定海区长白长兴橡胶制品厂。

本标准主要起草人:齐　彬、郑有灿、韩德深、范学军。

ISO 前言

ISO(国际标准化组织)是一个由各国标准化机构(ISO 成员团体)组成的世界性联合组织。制定国际标准的工作一般由 ISO 的各技术委员会组织进行。各成员团体如果对已建成技术委员会的某个方面感兴趣,就有权派代表参加该技术委员会组织的会议。一些与 ISO 有联系的国际组织(政府的或非政府的)也参加有关工作。在所有电工标准化事宜上,ISO 都与国际电工委员会(IEC)有着密切合作。

被各技术委员会采纳的国际标准草案都要分发给各成员团体进行表态投票。如果有至少 75%的成员团体投赞成票,则该草案就可以作为正式的国际标准出版。

国际标准 ISO 10917 是由 ISO/T 41 技术委员会"带与带轮(包括 V 带)"的 SC4 分委员会"同步带传动"制定的。

本标准的附录 A 是提示性的。

中华人民共和国国家标准

GB/T 18183—2000
eqv ISO 10917:1995

汽车同步带疲劳试验方法

Automotive synchronous belt industry—Fatigue test

1 范围

本标准规定了试验室检验汽车同步带疲劳寿命的方法。

本标准主要适用于ZA、ZB型汽车同步带(以下简称同步带)。

2 引用标准

下列标准所包含的条文,通过在本标准中引用而构成为本标准的条文。本标准出版时,所示版本均为有效。所有标准都会被修订,使用本标准的各方应探讨使用下列标准最新版本的可能性。

GB/T 10414—1989 汽车同步带传动 带轮

3 方法提要

本标准规定采用三轮试验机检验汽车同步带的疲劳寿命。疲劳寿命是指被试同步带运转至达到终止条件时所累积的小时数。在试验过程中,主动轮按规定的转速运转,在从动轮上施加一定的扭矩。张紧力通过张紧装置和张紧轮作用到被试同步带上,试验时张紧轮位置锁定。

4 装置

4.1 疲劳试验机所有的部件应具有足够的强度和刚度,并能满足长期连续运转的需要。它主要有以下几部分组成:

a) 主动轮及其驱动装置。

b) 从动轮及与其相联的加载装置,加载装置能提供准确、稳定的试验扭矩,并能用适当的方法(如用重锤)进行扭矩校准。

c) 张紧轮(平轮)及其滑道,该装置能使张紧轮沿张紧力(F)的作用方向自由运动(如图1所示),以使试验所需的张紧力准确地作用到被试同步带上。

4.2 试验时各带轮的位置关系如图1所示。为使试验机能适用于不同长度的同步带,主动轮和(或)从动轮,张紧轮和(或)支座的位置应可调。

若以从动轮中心作为坐标原点(0,0),分别以水平方向和垂直方向作为X轴、Y轴设立坐标系(如图1),则主动轮和张紧轮中心的位置坐标可用表1中所列的公式求出。

4.3 试验带轮

4.3.1 试验用的各带轮应采用合金结构钢(最好是38 CrMoAIA)制作,主、从动轮的轮齿及张紧轮与带背面接触部分的表面硬度均为HRC 50～55。

4.3.2 主、从动轮的轮齿的表面粗糙度参数 R_a 的数值不大于1.25 μm。张紧轮与带背面接触部分的表面粗糙度参数 R_a 的数值不大于0.4 μm。

使用新带轮会加剧轮与带的摩擦,从而使带的寿命降低。因此在换用新带轮后的第一次实验之前应

国家质量技术监督局2000-08-28批准　　2001-03-01实施

先用一条与被试带同样长度的“磨合”带对新带轮进行至少 48 h 的磨合。

4.3.3 主动轮两侧均应有挡边，挡边的结构和尺寸应符合 GB/T 10414 的规定。

4.3.4 带轮齿和齿槽的尺寸应符合 GB/T 10414 的规定。

4.3.5 试验带轮的各项技术参数应符合表 2 的规定。

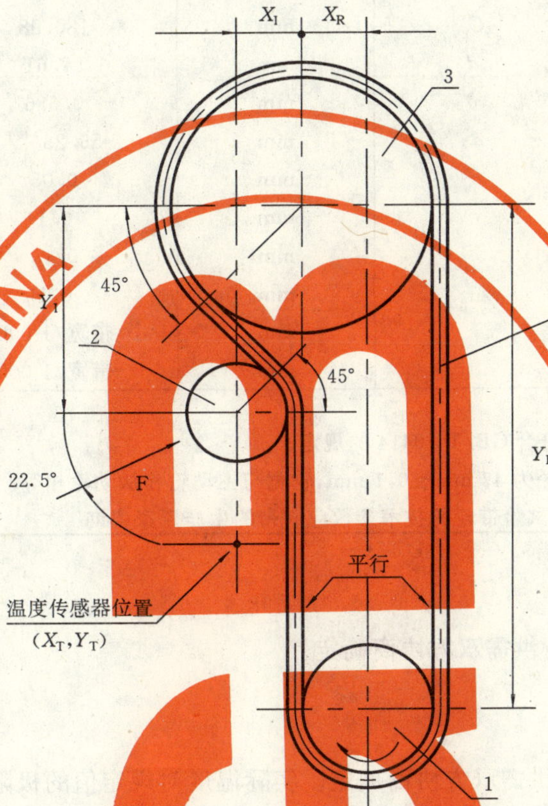

1—主动轮；2—张紧轮；3—从动轮；4—被试同步带

图 1 试验带轮的布置

表 1 带轮的位置坐标计算公式及坐标值

mm

带轮及坐标符号		计算公式	根据公式算出的 ZA、ZB 型坐标值
从动轮	X_N	0	0
	Y_N	0	0
张紧轮	X_I	$-0.5d$	-25.0
	Y_I	$-(0.707D_N+0.207d)$	-91.805
主动轮	X_R	$+0.25D_N$	28.8
	Y_R	$-(\frac{L}{2}-1.2709D_N+0.01065d)$	$-(\frac{L}{2}-145.89)$

注

1 “D_N”的计算公式为：

$$D_N=\frac{Z\cdot p_b}{\pi}$$

式中：d——张紧轮节径；Z——从动轮齿数；p_b——齿节距。

2 对于 ZA、ZB 型以外的其他型号，在确定了 d、p_b、Z 的数值后，可按本表给出的公式计算带轮的位置坐标

3 L：被试同步带节线长

表 2 试验带轮技术参数

项目	代号	单位	ZA、ZB 型参数值	
			主动轮	从动轮
节距	p_b	mm	9.525	9.525
齿数	Z		19	38
节圆周长	C_p	mm	180.98	361.95
节径	d	mm	57.61	115.21
节顶距	δ	mm	0.686	0.686
外径	d_0	mm	$56.23^{+0.1}_{0}$	$113.84^{+0.13}_{0}$
相邻齿节距偏差		mm	0.03	0.03
90°弧上齿节距累积误差		mm	0.1	0.13
径向圆跳动 (最大值)		mm	0.13	0.13
轴向圆跳动 (最大值)		mm	0.1	0.11
轮齿平行度误差 (最大值)		mm	带宽/1 000	带宽/1 000
带轮锥度 (最大值)		mm	带宽/1 000	带宽/1 000

注

1 轮宽与被试同步带相适应,应符合 GB/T 10414 的规定。

2 张紧轮公称节径为 50 mm,外径为 47 mm±0.1 mm,轮宽与主动轮和从动轮相等。

3 对于除 ZA、ZB 型以外的型号,试验带轮的技术参数应向带的生产厂家咨询

5 试样

被试同步带的宽度及长度由供需双方协商确定。

6 试验条件

6.1 试验期间的试验室温度由供需双方协商确定。实际温度对规定值的极限偏差±5℃。温度传感器安装的坐标(见图 1)如下:

$$X_T = X_I$$

$$Y_T = Y_I - \left(\frac{d}{2} + 25\right)$$

式中:X_T, X_I——温度传感器及张紧轮中心的横坐标,mm;

Y_T, Y_I——温度传感器及张紧轮中心的纵坐标,mm;

d——张紧轮节径,mm。

6.2 试验时主动轮转速为 6 000 r/min±120 r/min。

6.3 试验扭矩由供需双方商定。试验过程中实际扭矩的极限偏差为规定扭矩的 2%。

6.4 试验时带的张力和张紧轮施加的张紧力应符合表 3 的规定。

表 3 带的张力和张紧轮施加的张紧力1]

带宽,mm	被试带直段张力 T,N	张紧力 F,N
15	173	132
17	200	153
19	227	174
25	310	237

采用说明:

1] ISO 10917:1995 对该项内容未作规定,本标准等效采用 BS AU 218:1987 规定的张紧力和带张力。

7 程序

7.1 试验准备

试验之前先用适当的溶剂对带轮进行清洗。

将同步带装到试验机带轮上，对其施加规定的张紧力。启动试验机，使其达到规定的转速。让试验机运转 5 min±15 s(不包括启动和制动时间)后停止。

用手使同步带转动数圈后将张紧轮位置锁定。

7.2 试验程序

启动试验机使其达到规定的转速。将试验扭矩调至规定值。让试验机在该条件下连续运转直至达到规定的同步带运转寿命或出现同步带断裂等失效现象。

疲劳寿命测定之后，应检查试验机每个带轮及其轴承磨损情况以及张紧轮支座的固定情况，以确定被试同步带的失效是否由带轮的损坏或试验装置的故障引起的。

8 试验报告

试验报告应包括以下内容：

a）试验依据的标准号；

b）试验机型号；

c）被试同步带的型号、节线长度、带宽及生产厂家(或代号)；

d）试验期间的平均环境温度；

e）试验扭矩及张紧力；

f）满足规定条件的运转小时数或疲劳寿命，h；

g）终止试验的理由；

h）偶然情况；

i）试验日期、试验人员及试验单位。

附 录 A
（标准的附录）
汽车同步带两轮疲劳试验方法

A1 疲劳试验机

两轮试验机带轮布置如图 A1 所示。主动轮和（或）从动轮应可移动，张紧力 F 通过可移动带轮作用到被试同步带上。试验机应装有紧固装置，能在同步带承受张紧力的条件下锁定可移动带轮的位置。其余要求与三轮试验机相同。

A2 试验带轮

A2.1 试验带轮的材质、硬度和表面粗糙度与三轮试验机相同。

A2.2 试验带轮的技术参数应符合表 A1 的规定。其他有关规定与三轮试验方法相同。

表 A1 试验带轮技术参数 mm

带轮	节距 p_b	齿数 Z	节圆周长 C_p	轮宽 b
主动轮	9.525	42 个	400	26.7
从动轮	9.525	42 个	400	26.7

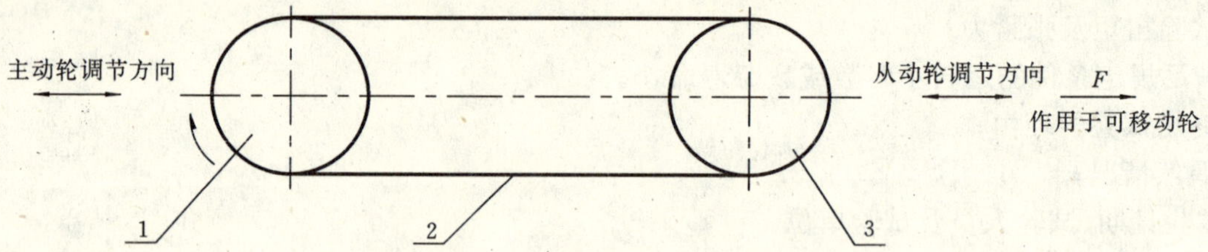

1—主动轮；2—被试同步带；3—从动轮

图 A1 两轮试验机带轮布置

A3 试样

试样的型号为 ZA 型，宽度为 19 mm，长度由供需双方协商确定。对于 ZA 型以外的带，也可参照本附录进行试验。

A4 试验条件

试验应在表 A2 规定的条件下进行。

表 A2 试验条件

项 目	符 号	数 值
主动轮转速	n	3 000 r/min±60 r/min
张紧力	F	500 N/150 N[1)]
试验扭矩	M	30 N·m
试验功率	P	9.425 kW[2)]

1）先用 500 N 的张紧力将带张紧，运转 5 s 后再减至 150 N。

2）$P=\frac{M\cdot n}{9549}$(kW)

A5 试验程序

A5.1 试验准备

将被试同步带装到试验机带轮上，张紧力调至 500 N，使带张紧。启动试验机达到规定的转速，运转 5 s 后停止。

将带的张紧力减少至 150 N，用手将带转动数圈后，将可移动带轮的位置锁定。

A5.2 试验程序

试验程序与三轮试验机试验方法相同。

A6 试验报告

试验报告的内容除不包括试验扭矩和带宽外，其余均与三轮试验机试验方法相同。

ICS 83.140.01
G 42

中华人民共和国国家标准

GB/T 18860—2002

摩托车变速V带

The variable speed drive V-belts for motor-cycle

2002-10-16 发布　　2003-04-01 实施

中华人民共和国
国家质量监督检验检疫总局　发布

前　言

本标准参考了国外摩托车变速V带的实际样品，以及日本汽车协会标准JASO E107—1988《汽车V带》。

本标准由国家石油和化学工业局提出。

本标准由化学工业胶带标准化技术归口单位归口。

本标准起草单位：浙江省三门县第一同步带厂、青岛橡胶工业研究所、贵州大众橡胶有限公司。

本标准主要起草人：庞长志、郑有灿、林秋志、陈铁鸣、曾军、韩德深、宋惠颜。

摩 托 车 变 速 V 带

1 范围

本标准规定了摩托车变速V带(以下简称V带)的产品分类、技术要求、试验方法、检验规则及标志、包装、运输、贮存规则。

本标准适用于驱动摩托车的主传动及变速用的V带。

2 规范性引用文件

下列文件中的条款通过本标准的引用而成为标准的条款。凡是注日期的引用文件,其后所有的修改单(不包括勘误的内容)或修订版均不适用于本标准。然而,鼓励根据本标准达成协议的各方研究是否可使用这些文件的最新版本。凡是不注日期的引用文件,其最新版本适用于本部分。

GB/T 3686 V带拉伸强度和伸长率试验方法

GB/T 3688 V带线绳粘合强度试验方法

GB/T 13490 V带均匀性规范和试验方法 中心距变化量法(idt ISO 9608)

3 产品分类

3.1 结构

V带应制成具有梯形对称截面的环形带,其内部含有纵向芯绳,内周和外周两表面有涂覆橡胶的布,内周面有均匀分布的横向齿,见图1。

1——顶布;

2——顶胶;

3——芯绳(抗拉体);

4——粘合胶;

5——底胶;

6——底布

图1 摩托车变速V带截面示意图

3.2 分类

V带根据带的顶宽分为VS15、VS15.5、VS16.5、VS17、VS18、VS19、VS20、VS22等型号。型号中的数字即为V带顶宽的毫米值。

3.3 标记

V带的标记内容和顺序为带的型号、有效长度公称值、楔角、标准号。

标记示例如下：

VS17 721 30 GB/T ××××

——标准号

——楔角

——有效长度公称值

——型号

4 要求

4.1 材料

4.1.1 橡胶

顶胶、粘合胶、底胶的组成应均匀，其性能应适合各自应有的功能。

4.1.2 织物

顶布、底布均为棉布、合成纤维或其他适用的织物，布上不应有疵点和扭曲现象，其经纬密度应基本均匀。

4.1.3 芯绳

芯绳应为合成纤维或其他适用纤维制成的绳，其捻度应均匀。

4.2 截面尺寸

V带截面尺寸应符合表1及图2要求。

表1 V带截面尺寸

型号	单位	VS15	VS15.5	VS16.5	VS17	VS18	VS19	VS20	VS22	极限偏差
顶宽 b	mm	15	15.5	16.5	17	18	19	20	22	±0.6
带高 h	mm	8.5	8.5	8.5	8.5	8.5	10	10	11	±0.6
楔角	°	28°,30°,32°								±1°
注：如有特殊要求，由供需双方协商确定。										

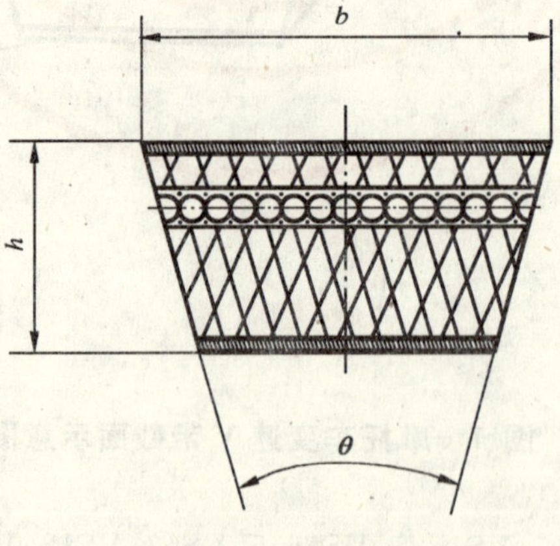

图2 V带的截面尺寸

4.3 长度

4.3.1 公称值

V带的长度以有效长度表示，其公称值由供需双方协商确定。

注：有效长度指当V带安装在测长机上承受规定的测量力时位于测量带轮轮槽有效宽度处的V带周线长度。

4.3.2 极限偏差

V带长度的极限偏差应符合表2规定。

表2 V带长度极限偏差　　单位为毫米

有效长度公称值 L_e	$L_e \leqslant 800$	$800 < L_e \leqslant 1\,000$	$L_e > 1\,000$
有效长度极限偏差	±4	±5	±6

4.3.3 中心距变化量

当V带进行长度测量时，在V带转动一周中的带轮中心距变化量应符合表3要求。

表3 中心距变化量　　单位为毫米

公称长度 L_e	$L_e \leqslant 800$	$800 < L_e \leqslant 1\,000$	$L_e > 1\,000$
中心距变化量，≤	1.0	1.2	1.6

4.4 外观质量

V带应具有对称的梯形截面，其外观不应有任何明显可见且影响使用的扭曲、开裂、气泡和杂质等缺陷。

4.5 拉伸性能和粘合强度

摩托车变速V带拉伸强度、伸长率和粘合强度应符合表4要求。

表4 全截面拉伸强度、参考力伸长率和芯绳粘合强度

型　号	VS15	VS15.5	VS16.5	VS17	VS18	VS19	VS20	VS22
拉伸强度/kN　≥	5.2	5.2	5.8	6.0	6.2	7.5	8.0	8.8
参考力伸长率/%　≤	6	6	6	6	6	6	6	6
参考力/kN	1.8	1.8	2.4	2.4	2.5	2.7	3.6	3.9
粘合强度/(kN/m)　≥	27.6	27.6	27.6	27.6	27.6	31.6	31.6	31.6

4.6 耐高温性能

V带耐高温性能按5.3规定的方法试验，试验后V带不允许出现裂纹。

4.7 耐低温性能

V带耐低温性能按5.4规定的方法试验，试验后V带不允许出现裂纹。

4.8 疲劳寿命

V带的疲劳寿命按5.6规定的方法试验，运转至损坏或滑差率增量第五次达到2%时的总时间(h)。疲劳寿命不小于100 h。

5 试验方法

5.1 拉伸试验

V带拉伸性能按GB/T 3686进行试验。

5.2 粘合强度试验

芯绳粘合强度按GB/T 3688进行试验。

5.3 高温试验

从试验样品上切取长约250 mm的试样，置于100℃±1℃的温度下70 h^{+2}_{0} h，然后在室温下冷却至少2 h，将冷却后的试样在符合表5规定的管(或棒)上按带的正常弯曲方向弯曲，观察试样上是否出现裂纹。

表 5 试验用管(或棒)的直径

单位为毫米

带的高度	8.5	10	11
管(或棒)直径	45	55	60

5.4 低温试验

将已进行过 5.3 的高温试验的试样置于－30℃±1℃的温度下,70 h$^{+2}_{0}$ h后立即在符合表 5 规定的管(或棒)上按正常弯曲方向弯曲,观察试样上是否出现裂纹。

5.5 尺寸测量

5.5.1 测量装置

测量装置为 V 带测长机。测长机包括两个相同的测量带轮、测量力施加机构和中心距测量机构(见图 3)。

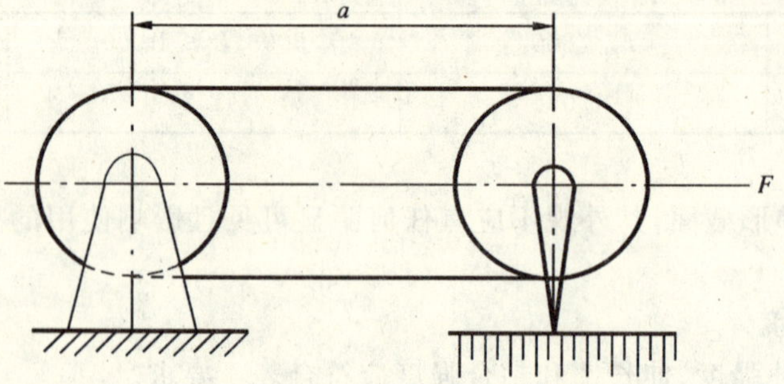

a——中心距;
F——测量力

图 3 测长机示意图

两个测量带轮中,一个带轮中心位置固定,另一带轮可沿两轮中心连线移动。带轮尺寸如表 6 和图 3 所示。带的有效圆周长的准确性可通过测量两个平行地相对安放在轮槽中并与两侧壁接触的圆柱销(见图 4)的外切平面间的距离来判断。圆柱销直径 d 和外切平面间距 K 的规定值列于表 6。

表 6 测量带轮和测量圆柱销的尺寸及测量力

参数名称	符号	单位	不同型号的参数值								极限偏差
			VS15	VS15.5	VS16.5	VS17	VS18	VS19	VS20	VS22	
有效宽度	b_e	mm	15	15.5	16.5	17	18	19	20	22	
有效直径	d_e	mm	95.49	95.49	95.49	95.49	95.49	120.96	120.96	120.96	
有效圆周长	C_e	mm	300	300	300	300	300	380	380	380	
外　径	d_0	mm	95.5	95.5	95.5	95.5	95.5	121.0	121.0	121.0	±0.2
最小槽深	h_e	mm	11	11	11	12.5	12.5	14	14	15	
槽　角	φ	°	28°	28°	28°	28°	28°	30°	30°	30°	±10′
圆柱销直径	d	mm	13.766	14.280	15.312	15.827	15.858	17.823	18.858	20.929	$^{0}_{-0.025}$
两柱销外切平面间距	K	mm	106.00	106.63	107.92	108.56	110.31	136.74	138.04	140.65	±0.05
测量力[a]	F	N	267	267	267	267	267	356	356	445	

[a] V 带的每个直线段上所受张紧力等于该力的一半。

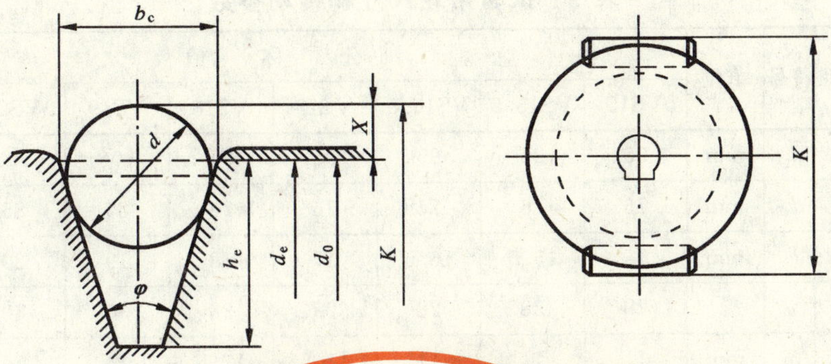

图 4 测量带轮的尺寸及圆柱销的安放

5.5.2 长度测量

5.5.2.1 中心距测定

将被测量 V 带安装在测长机两带轮的轮槽中，通过可移动带轮对 V 带施加表 6 中所示的测量力。将 V 带转动至少两周，使之与 V 带轮槽良好贴合，在继续转动的一圈中测量两轮的最大中心距和最小中心距。

5.5.2.2 有效长度计算

V 带的有效长度 L_e 按公式(1)计算：

$$L_e = a_{max} + a_{min} + C_e \qquad \cdots\cdots (1)$$

式中：

C_e——测量带轮有效圆周长(见表 6)；

a_{max}——两带轮的最大中心距；

a_{min}——两带轮的最小中心距。

5.5.3 中心距变化量测量

中心距变化量的测量按 GB/T 13490 规定进行。

5.6 疲劳寿命试验

5.6.1 试验装置

试验装置为 V 带疲劳试验机，如图 5 所示。其从动轮与功率吸收装置相连。主电机安装在滑道中，可在张紧力方向上移动。

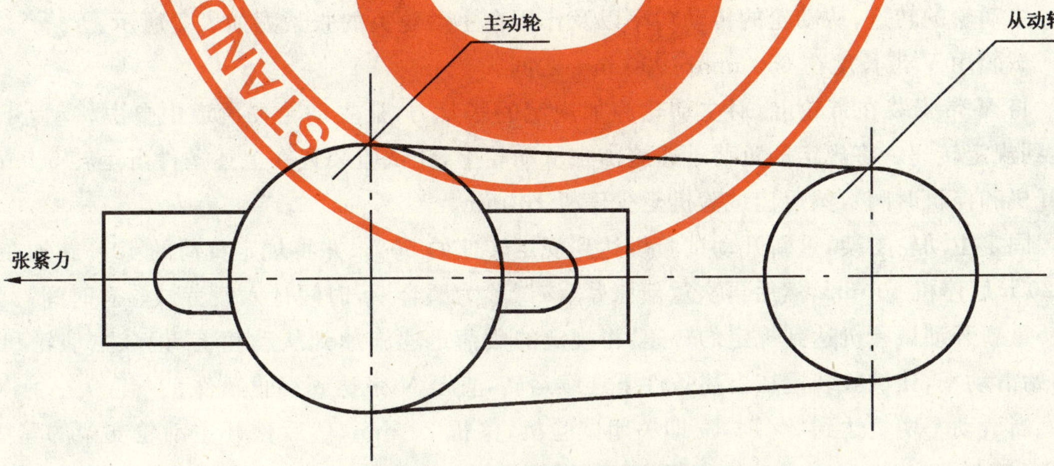

图 5 二轮试验机的平面布局

试验带轮采用 45 号钢制作并经调质处理，轮槽表面粗糙度 R_a 小于 0.8 μm。试验带轮尺寸和传动参数如表 7 和图 6 所示。

表 7 试验带轮尺寸和传动参数

项 目	符号	单位	公 称 值								极限偏差
			VS15	VS15.5	VS16.5	VS17	VS18	VS19	VS20	VS22	
主动轮有效直径	d_{e1}	mm	95	95	95	95	95	106	106	120	±0.2
从动轮有效直径	d_{e2}	mm	76	76	76	76	76	85	85	96	±0.2
轮槽有效宽度	b_e	mm	15	15.5	16.5	17	18	19	20	22	
槽 角	φ	°	28	28	28	28	28	30	30	30	±0.5
最小槽深	h_e	mm	11	11	11	12.5	12.5	14	14	15	
槽顶圆角最小曲率半径	r	mm	0.8	0.8	0.8	0.8	0.8	0.8	0.8	0.8	
主动轮转速	n	r/min	6 000	6 000	6 000	6 000	6 000	5 400	5 400	4 800	±2%
从动轮传动功率	P	kW	4.5	4.5	5.0	5.0	5.0	6.5	6.5	7	
张紧力	F	N	540	540	600	600	600	720	720	780	±10

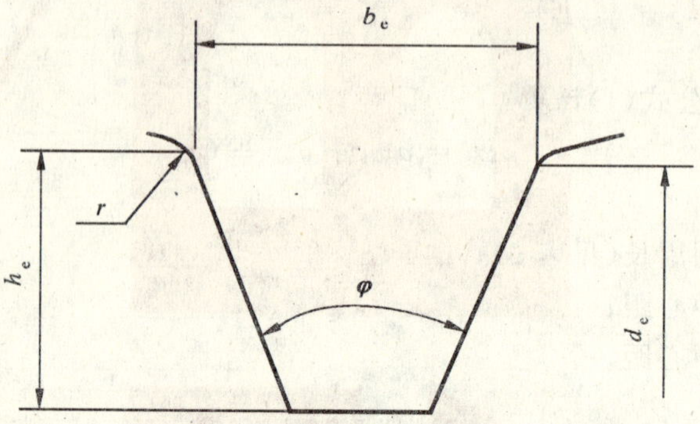

图 6 试验轮槽截面

5.6.2 **试验方法**

5.6.2.1 **试验室条件**

5.6.2.1.1 试验室的室温应控制在 18℃～32℃之间。

5.6.2.1.2 试验机的传动装置附近不得有空气流动，但由传动本身引起的空气流动除外。

5.6.2.2 主动轮的转速，从动轮的传动功率以及作用在主动轮上的张紧力如表 7 所示。

5.6.2.3 试验用 V 带长度在 650 mm～900 mm 之间。

5.6.2.4 将 V 带安装在带轮上，对主动轮施加规定的张紧力，让主动轮在滑道中自由移动，开动试验机使之达到规定转速。将规定的负荷迅速施加在从动轮上，让试验装置在上述条件下运转 5 min±15 s（不包括开机和停机时间），然后让试验机至少停机 10 min。

5.6.2.5 固定主动轮支架，重新开动试验机达到规定转速的 50%；并将规定负荷的 50%施加在从动轮上，运行 20 h 后停机 10 min，然后再次重新张紧（该试验为磨合期，时间计入疲劳试验总时间）。

5.6.2.6 重新开动试验机达到规定的转速，将规定的负荷迅速施加到从动轮上，记录主动轮和从动轮之间的初始滑动率，让试验装置在上述条件下连续运转，直至 V 带达到终止条件。

5.6.2.7 当滑动率增量达到 2%时，立即关闭试验机，停机 20 min，然后松开主动轮支架的紧固装置，重新对 V 带施加张紧力，紧固主动轮支架，随后继续试验。对 V 带再张紧的操作时间不得超过 30 min。另外，如果 V 带运行 30 h 后滑动率增量还未达到 2%时，也实施张紧。

5.6.2.8 每当滑动率增量达到 2%时或 30 h 后，就重复 5.6.2.7 所述操作，直至 V 带达到终止条件。

5.6.2.9 滑动率增量计算。

滑动率增量 $\Delta\varepsilon$ 可以用测定时的滑动率与初始滑动率相减而得到，也可按公式(2)计算：

$$\Delta\varepsilon=\left(1-\frac{n_f d_2}{N_0 d_1}\right)\times 100 \qquad \cdots\cdots(2)$$

式中：

$\Delta\varepsilon$——滑动率增量，%；

n_f——测定 ε 值时的从动转速，单位为转/分(r/min)；

N_0——主动轮转速，单位为转/分(r/min)；

d_1——主动轮直径，单位为毫米(mm)；

d_2——从动轮直径，单位为毫米(mm)。

6 检验规则

6.1 出厂检验

6.1.1 产品应由制造厂的质检部门进行检验。

6.1.2 V 带顶宽和高度以及外观质量应逐条检查。V 带长度和楔角按每班每种规格对首末件进行检验。

6.1.3 拉伸性能试验及线绳粘合强度试验每月分型号应进行至少三次。

6.1.4 耐高温和耐低温试验每年至少进行一次。配方改变时必须进行耐高温和耐低温试验。每次试验的抽样数量应不少于两条。

6.1.5 疲劳寿命试验，对于同一材质的 V 带，当月产量大于或等于 100,000 条时，每季度试验一次；当月产量不足 100,000 条时，每半年试验一次。每次试验的抽样数量应不少于两条。

6.2 型式检验

V 带的型式检验在转产、转厂、停产后复产、结构、材料或工艺有重大改变、合同规定的情况下进行，应检验本标准第 4 章中的全部项目。

6.3 不合格品判定

6.3.1 当第 4 章所述的检验项目中有不合格项目时(疲劳寿命除外)，应在同批 V 带中另取双倍试样，对不合格项目进行复试，若仍有一个试验结果不合格，则该批产品为不合格品。

6.3.2 在疲劳寿命试验时有一条不合格时，应在同批产品中再抽两条进行复试，如仍有一条不合格，就判定为不合格。

7 标志、包装、运输、贮存

7.1 标志

每条 V 带上必须有不易擦掉和水洗不掉的明显标志，包括下述内容：

a) 规格；

b) 制造厂商标和厂名(或代号)；

c) 制造年月(或批号)。

7.2 包装

包装时，将同规格、同材质的每 50 条～100 条 V 带装入纸箱，每个包装箱上至少应注明产品名称、标记、数量和生产厂家等。箱内应装有产品合格证。包装时应注意勿使 V 带受到过度曲折。

7.3 运输、贮存

7.3.1 V 带在运输和贮存过程中，应避免阳光直射或雨雪浸淋，保持清洁，防止与酸、碱、油类及有机溶剂等影响橡胶质量的物质接触，防止机械损伤，并距发热装置 1 m 以外。

7.3.2 贮存时库房温度宜保持在－18℃～40℃之间，相对湿度应不超过80％。

7.3.3 贮存期间要避免使带因承受过大重量而变形，最好将带悬挂在月牙形的架子上或平整地放在货架上。

7.3.4 在上述条件下贮存，贮存期不超过两年时，V带的性能应符合本标准要求。

ICS 83.140.01
G 42

中华人民共和国国家标准

GB/T 20021—2005

帆布芯耐热输送带

Heat resistant conveyor belts of duck construction

(ISO 4195-1:1987, Conveyor belts — Heat resistance —
Part 1: Test method, NEQ
ISO 4195-2:1988, Conveyor belts — Heat resistance —
Part 2: Specification, NEQ)

2005-09-15 发布　　2006-05-01 实施

中华人民共和国国家质量监督检验检疫总局
中国国家标准化管理委员会　发布

前言

本标准对应于 ISO 4195-1:1987《输送带的耐热性 第1部分:试验方法》和 ISO 4195-2:1988《输送带的耐热性 第2部分:规范》(英文版),与 ISO 4195-1:1987 和 ISO 4195-2:1988 的一致性程度为非等效。

本标准与 ISO 4195-1:1987 和 ISO 4195-2:1988 的主要差异如下:

——增加了可耐试验温度不大于175℃的耐热输送带型号;

——增加了耐热输送带的尺寸、布层接头、直线度和成槽度;

——增加了对耐热输送带的热老化试验前、后的纵向全厚度拉伸强度和纵向参考力伸长率的要求和试验方法;

——增加了耐热输送带常温及高温条件下的层间粘合强度的要求和试验方法。

本标准的附录A和附录B为规范性附录。

本标准由中国石油和化学工业协会提出。

本标准由化学工业胶带标准化技术归口单位归口。

本标准起草单位:青岛橡六集团有限公司、青岛橡胶工业研究所。

本标准主要起草人:孙连生、由世峰、刘山根、逄健、余雪梅、韩德深。

帆布芯耐热输送带

1 范围

本标准规定了在平形或槽形托辊上使用的帆布芯耐热输送带(以下简称耐热带)的产品分类,要求,试验方法,检验规则,标志、包装、贮存和运输。

本标准适用于可耐试验温度分别为不大于100℃、125℃、150℃和175℃的帆布芯耐热输送带。

2 规范性引用文件

下列文件中的条款通过本标准的引用而成为本标准的条款。凡是注日期的引用文件,其随后所有的修改单(不包括勘误的内容)或修订版均不适用于本标准,然而,鼓励根据本标准达成协议的各方研究是否可使用这些文件的最新版本。凡是不注日期的引用文件,其最新版本适用于本标准。

GB/T 528 硫化橡胶或热塑性橡胶 拉伸应力应变性能的测定(GB/T 528—1998,eqv ISO 37:1994)

GB/T 2941 橡胶试样环境调节和试验的标准温度、湿度及时间(GB/T 2941—1991,eqv ISO 471:1983 和 eqv ISO 1826:1981)

GB/T 3512 硫化橡胶或热塑性橡胶 热空气加速老化和耐热试验(GB/T 3512—2001,eqv ISO 188:1998)

GB/T 3690 织物芯输送带拉伸强度和伸长率测定方法(GB/T 3690—1994,eqv ISO 283:1990)

GB/T 4490 输送带尺寸(GB/T 4490—1994,eqv ISO 251:1987 和 eqv ISO 583:1990)

GB/T 5752 输送带标志(GB/T 5752—2002,eqv ISO 433:1991)

GB/T 6031 硫化橡胶或热塑性橡胶硬度的测定(10～100IRHD)(GB/T 6031—1998,idt ISO 48:1994)

GB/T 6759 织物芯输送带的层间粘合强度试验方法(GB/T 6759—2002,ISO 252-1:1999,IDT)

GB/T 7983 输送带成槽性试验方法

GB/T 7984 输送带 具有橡胶或塑料覆盖层的普通用途织物芯输送带(GB/T 7984—2001,eqv ISO/FDIS 14890:1999)

HG/T 3056 输送带贮存和搬运通则(HG/T 3056—1986,eqv ISO 5285:1978)

3 产品分类

3.1 结构

耐热带的带芯由一层或多层帆布构成,帆布应经压延挂胶,带芯层外应有覆盖层。

3.2 耐热性能等级

耐热带按试验温度不同分为四个等级:

T1:可耐热不大于100℃的试验温度;

T2:可耐热不大于125℃的试验温度;

T3:可耐热不大于150℃的试验温度;

T4:可耐热不大于175℃的试验温度。

所选试验温度通常与输送物料的温度不同,它们通常较低,这是考虑到:

a） 带冷却的可能性；

b） 物料和带之间的接触不会使它们的温度相同。

制造方应根据预定耐热带的用途确定耐热带的等级。

3.3 订货用标记

标记示例：

GB/T ×××× 200 1200 EP 5 1000 8＋3 T2

- T2 — 覆盖层耐热性能等级代号
- 8＋3 — 上、下覆盖胶厚度，mm
- 1000 — 纵向全厚度拉伸强度，N/mm
- 5 — 带芯层数
- EP — 带芯材质代号
- 1200 — 宽度，mm
- 200 — 长度，m
- GB/T ×××× — 标准代号

3.4 带芯织物材质代号按 GB/T 5752 执行。

4 要求

4.1 尺寸偏差

耐热带的宽度、长度、总厚度和覆盖层厚度的极限偏差应符合 GB/T 4490 的要求。

4.2 布层接头

耐热带的布层接头应符合 GB/T 7984 的要求。

4.3 物理性能

4.3.1 耐热带覆盖层的物理性能应符合表 1 的要求。

表 1

项目		类型			
		T1	T2	T3	T4
		允许变化范围			
硬度	老化后与老化前之差(IRHD)	＋20	＋20	±20	±20
	老化后的最大值(IRHD)	85	85	85	85
拉伸强度	性能变化率/%	－25	－30	－40	－40
	老化后最低值/MPa	12	10	5	5
拉断伸长率	老化后变化率/%	－50	－50	－55	－55
	老化后最低值/%	200	200	180	180

4.3.2 耐热带的纵向全厚度拉伸强度值应不小于指定带型号在表 2 中所示值。最小纵向全厚度拉伸强度的数值等于指定带型号。

表 2

指定带型号	指定带型号
160	800
200	1 000
250	1 250
315	1 600
400	2 000
500	2 500
630	3 150

4.3.3 热老化试验后耐热带的纵向全厚度拉伸强度的降低不大于30%。

4.3.4 耐热带的热老化试验前后的全厚度纵向参考力伸长率都应不大于4%。

4.3.5 常温下耐热带的层间粘合强度

4.3.5.1 采用合成纤维织物作带芯时，带的层间粘合强度应符合表3的要求。

表 3

单位为牛每毫米

项目		布层间	覆盖层与带芯之间
全部试样平均值	≥	4.5	3.5
全部试样最低峰值	≥	3.9	2.9

4.3.5.2 采用含天然纤维的织物作带芯时，带的层间粘合强度应符合表4的要求。

表 4

单位为牛每毫米

项目		布层间	覆盖层与带芯之间
全部试样平均值	≥	3.2	2.7
全部试样最低峰值	≥	2.7	2.2

4.3.6 不同等级的耐热带在各自耐热试验温度下的层间粘合强度应符合表5的要求。

表 5

单位为牛每毫米

项目		布层间	覆盖层与带芯之间
全部试样平均值	≥	2.1	2.1
全部试样最低峰值	≥	1.6	1.6

4.3.7 耐热带的直线度和成槽度应符合GB/T 7984的要求。

5 试验方法

5.1 耐热带的尺寸按GB/T 4490的规定进行测量。

5.2 耐热带的热老化性能试验用试样的制备，按附录A及GB/T 3512的规定执行。

5.3 覆盖层的拉伸强度和拉断伸长率(包括热老化试验后)，按GB/T 528规定进行检验，试样尺寸采用2型(狭小平行部分宽4.0 mm±0.1 mm)哑铃状试样。

5.4 覆盖层的硬度(包括热老化试验后)按GB/T 6031中的N法进行测量。

5.5 热老化后覆盖层的拉伸强度、拉断伸长率及硬度的变化率计算按GB/T 3512的要求进行。

5.6 耐热带的纵向全厚度拉伸强度和参考力伸长率(包括热老化试验后)按GB/T 3690的规定进行试验。对合成纤维织物芯的耐热带，推荐采用B型试样；对含天然纤维织物芯的耐热带，推荐采用C型试样。

5.7 热老化后耐热带的纵向全厚度拉伸强度的变化率计算见 GB/T 3512。

5.8 常温下带的层间粘合强度按 GB/T 6759 的规定进行试验。

5.9 高温下带的层间粘合强度按附录 B 的规定进行试验。

5.10 耐热带的直线度按 GB/T 7984 的规定进行试验。

5.11 耐热带的成槽度按 GB/T 7983 的规定进行试验。

6 检验规则

6.1 出厂检验

在一个生产批量中按 GB/T 7984 的规定抽取一定数量的样品进行带的出厂检验，应检验带的长度、宽度、总厚度、全厚度拉伸强度和纵向参考力伸长率(不包括耐热老化性能)、覆盖层物理性能(不包括耐热老化性能)及常温下层间粘合强度。

6.2 型式检验

6.2.1 覆盖层的耐热老化性能、全厚度拉伸强度和参考力伸长率耐热老化性能试验、高温下的层间粘合强度试验每季度不少于一次。

6.2.2 如转产、转厂、停产后复产、结构或材料或工艺有重大改变、合同规定等需要进行型式检验。型式检验应检验本标准第 4 章的全部技术内容。

7 标志、包装、贮存和运输

7.1 耐热带的标志按 GB/T 5752 执行。

7.2 耐热带应卷在芯轴上，用覆盖物包扎牢固。

7.3 耐热带的贮存和运输按 HG/T 3056 执行。

7.4 产品出厂应附有质量检验合格证。

附 录 A
（规范性附录）
耐热输送带的热老化试验用试样的制备方法

A.1 热空气老化用试样的制备

从距带边至少 100 mm 的带中部，切下两块 500 mm×500 mm（或 800 mm×500 mm）的纵向全厚度试样，置于符合 GB/T 3512 标准要求的热空气老化箱中，试验温度为 100℃、125℃、150℃的，各老化 168 h；试验温度为 175℃的，老化 96 h。

将耐热带样品从空气老化箱中取出并让其在没有机械应变的情况下冷却。

A.2 测定覆盖层物理性能用试样的制备

由于受试验程序要求的限制，本试样的制备只适用于覆盖层厚度大于或等于 4 mm 的耐热带。

将按 A.1 处理过的其中一块尺寸为 500 mm×500 mm（或 800 mm×500 mm）的耐热带试样的覆盖层切下，再将两面磨光，处理成 2 mm 厚的薄片，在该薄片上裁取 GB/T 528 及 GB/T 6031 中规定的标准试样，并在 GB/T 2941 中规定的试验温度和湿度的环境中放置 24 h。

制成上述 2 mm 厚薄片的恰当方法为：先在覆盖层外表面切掉厚度为 A 的一层，若覆盖层厚度为 h_1，则 $A \approx 0.5(h_1-2)$。然后切下大约 2.5 mm 厚的一层。将该两面精细磨光，处理成 2 mm 厚的薄片。

A.3 测定纵向全厚度拉伸强度和纵向参考力伸长率用试样的制备

将 A.1 处理过的另一块尺寸为 500 mm×500 mm（或 800 mm×500 mm）的纵向全厚度试样，距纵向边缘 100 mm 处按 GB/T 3690 中的规定裁取标准试样，试样试验前的停放按 GB/T 3690 的规定。

附 录 B
（规范性附录）
高温下耐热输送带的层间粘合强度试验方法

B.1 范围

本附录规定了用剥离法测定输送带覆盖层与布层及布层与布层间的粘合强度的方法。

本附录适用于具有单层、双层或多层织物结构的耐热输送带。

B.2 原理

使用配备有高温恒温箱的拉力试验机，以恒定速度直接在所需的高温下将覆盖层与织物层剥离，并将每一织物层与相邻织物层剥离，测定所需要的平均剥离力。

B.3 仪器

本试验采用符合以下要求的拉力试验机：

a) 配备有高温恒温箱；

b) 试验机的其他参数应符合 GB/T 6759 的要求。

B.4 试验温度

试验温度分四种：(100±1)℃；(125±2)℃；(150±2)℃；(175±2)℃。

B.5 试样

B.5.1 生产与试验取样的时间间隔、试样的形状和尺寸、试样数量及取样方法应符合 GB/T 6759 的要求。

B.5.2 试验前试样状态调节应至少 16 h。

B.5.3 试样各层的剥离顺序按 GB/T 6759 中的 A 法进行，层与层之间分离至少 50 mm，以供夹持器夹持。

B.6 程序

B.6.1 安装好高温试验用的恒温箱，使试样各粘合层间的剥离能在恒温箱中进行，并应能观察到试样剥离的情况。

B.6.2 根据试验所需温度，调节温度自动控制装置。

B.6.3 当恒温箱内达到所需要的试验温度后，把一个纵向试样放入箱内预热，预热时间为 1 h。然后打开箱门，将分离后的上覆盖层置于移动夹持器中，主体部分置于固定夹持器中，迅速关闭恒温箱门。

B.6.4 待恒温箱内再次达到所需要的温度后，保持(10±1) min。

B.6.5 启动拉力试验机，以(100±10) mm/min 的夹持器的移动速度进行剥离试验，记录 100 mm 剥离中剥离曲线，试验中试样应不与除夹持器以外的物体接触。

B.6.6 打开箱门，将分离的第一织物层置于移动夹持器中，主体部分置于固定夹持器中，迅速关闭恒温箱门。重复 B.6.4 和 B.6.5 的程序。

B.6.7 以此类推，直到进行到试样中层。

B.6.8 按上述方法将另一个纵向试样进行剥离试验，但从下层开始。

B.6.9 对另一对纵向试样进行同样的试验。

B.6.10 横向试样也按同样的方法进行试验。

B.7 结果表示

试验结果表示应符合 GB/T 6759 的要求。

B.8 试验报告

试验报告应包括以下内容：

a) 关于试验按本附录进行的说明；
b) 被试带的标记；
c) 从输送带制成到试验的时间间隔；
d) 试样状态调节和试验温度；
e) 纵向试样覆盖层试验结果平均值；
f) 纵向试样织物层试验结果平均值；
g) 横向试样覆盖层试验结果平均值；
h) 横向试样织物层试验结果平均值；
i) 全部试样覆盖层剥离曲线的最低峰值；
j) 全部试样织物层剥离曲线的最低峰值；
k) 关于试验中在达到规定剥离长度之前出现的被剥离两部件之一断裂的情况及断裂时记录的力值；

注：在试样被剥离两部分的接触面以外发生的分离(如在覆盖层发生断裂)，均应视为构成带的部件本身的破坏，而不是部件之间的剥离。这些试验值应予记录，但不能代表试样的粘合强度。

l) 试验日期。

ICS 53.040.20
G 42
备案号：16294—2005

HG

中华人民共和国化工行业标准

HG 2014—2005
代替 HG 2014—1991

钢丝绳牵引阻燃输送带

Steel cord pull flame retardant conveyor belts

2005-07-10 发布

2006-01-01 实施

中华人民共和国国家发展和改革委员会 发布

前　言

本标准 4.4 安全性能为强制性的，其余为推荐性的。

本标准代替 HG 2014—1991《钢丝绳牵引难燃输送带》。

本标准与 HG 2014—1991 相比主要变化如下：

——删除了一等品覆盖层和耳胶的物理性能要求，提高了拉伸强度和拉断伸长率的要求（1991 年版的 4.2；本版的 4.3.1）；

——增加了覆盖层和耳胶的硬度和磨耗量的要求（见 4.3.1）；

——增加了覆盖层与胶布间的粘合强度要求（见 4.3.2）；

——提高了酒精喷灯燃烧性能要求（1991 年版的 4.3；本版的 4.4.2）；

——提高了巷道丙烷燃烧性能要求（1991 年版的 4.3；本版的 4.4.3）。

本标准由中国石油和化学工业协会提出。

本标准由化学工业胶带标准化技术归口单位归口。

本标准起草单位：青岛华夏胶带有限公司、青岛橡胶工业研究所。

本标准主要起草人：唐春峰、刘从伟、赵少英、张庚全、韩德深。

本标准于 1991 年 12 月首次发布，本次为第一次修订。

钢丝绳牵引阻燃输送带

1 范围

本标准规定了钢丝绳牵引阻燃输送带(简称带)的结构、型号、尺寸、技术要求、试验方法、检验规则及标志、包装、贮存、运输。

本标准适用于要求阻燃、抗静电场合加以钢丝绳承托并牵引的输送带。

2 规范性引用文件

下列文件中的条款通过本标准的引用而成为本标准的条款。凡是注日期的引用文件,其随后所有的修改单(不包括勘误的内容)或修订版均不适用于本标准,然而,鼓励根据本标准达成协议的各方研究是否可使用这些文件的最新版本。凡是不注日期的引用文件,其最新版本适用于本标准。

GB/T 528 硫化橡胶或热塑性橡胶拉伸应力应变性能的测定(GB/T 528—1998,eqv ISO 37:1994)

GB/T 531 橡胶袖珍硬度计压入硬度试验方法(GB/T 531—1999,idt ISO 7619:1986)

GB/T 3512 硫化橡胶或热塑性橡胶热空气加速老化和耐热试验(GB/T 3512—2001,eqv ISO 188:1998)

GB/T 3684 运输带导电性规范和试验方法(GB/T 3684—1983,neq ISO 282:1982)

GB/T 3685 输送带酒精喷灯燃烧性能规范和试验方法(GB/T 3685—1996,eqv ISO 340:1988)

GB/T 4490 输送带尺寸(GB/T 4490—1994,eqv ISO 251:1987 和 ISO 583:1990)

GB/T 5752 输送带标志(GB/T 5752—2002,eqv ISO 433:1991)

GB/T 7984 输送带 具有橡胶或塑料覆盖层的普通用途织物芯输送带(GB/T 7984—2001,eqv ISO/FDIS 14890:1999)

GB/T 9867 硫化橡胶耐磨性能的测定(旋转辊筒式磨耗机法)(GB/T 9687—1988,neq ISO 4649:1985)

GB/T 16412 输送带丙烷燃烧器燃烧试验方法

HG/T 3056 输送带贮存和搬运通则(HG/T 3056—1986,eqv ISO 5285:1978)

3 结构与标记

3.1 结构

钢丝绳牵引阻燃输送带采用阻燃胶料作为上、下覆盖层和耳胶,通常以横向排列的高弹方钢条及在其上、下各加一层带胶的帆布作为带芯,并在由此构成的带体两边设置耳胶槽以便于钢丝绳承托及牵引。耳胶槽上、下两面位置既可互相错开,亦可对等距离。如图 1 所示。

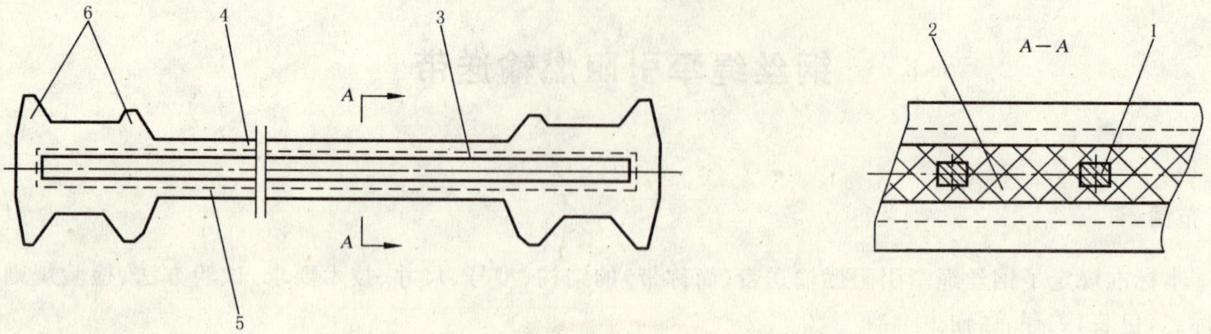

1——高弹方钢条；
2——填充胶料；
3——胶布层；
4——上覆盖层；
5——下覆盖层；
6——耳胶。

图1 钢丝绳牵引阻燃输送带结构示意

3.2 标记

示例

1070 S 5×5×1034—40/3＋2

- 上、下覆盖层厚度，mm —— 3＋2
- 用于牵引的钢丝绳直径，mm —— 40
- 钢条尺寸，mm —— 5×5×1034
- 耐火焰燃烧且抗静电代号 —— S
- 宽度规格，mm —— 1070

4 要求

4.1 尺寸

4.1.1 长度

带的长度由供需双方协商确定，长度的极限偏差为订货长度的 $^{+2.5}_{0}$%。

4.1.2 宽度

带宽度的极限偏差为带宽的±1%。

4.1.3 覆盖层厚度

带的覆盖层厚度由供需双方协商确定。覆盖层厚度等于或小于 4 mm 时，下极限偏差不得大于 0.2 mm；覆盖层厚度大于 4 mm 时，下极限偏差不得大于规定厚度的 5%。

4.1.4 耳胶厚度

带的耳胶厚度及极限偏差由供需双方协商确定。

4.2 外观质量

带不得有影响使用性能或阻燃性能的外观缺陷。

4.3 覆盖层和耳胶物理性能

4.3.1 带的覆盖层和耳胶物理性能见表1。

表 1　带的覆盖层和耳胶物理性能

项　　目		单　位	指　标
拉伸强度	≥	MPa	15
拉断伸长率	≥	%	350
磨耗量	≤	mm^3	200
硬度(邵尔 A)		度	70±5
老化试验(70℃×168 h)测定值对老化前测定值拉伸强度变化率		%	±25
老化试验(70℃×168 h)测定值对老化前测定值拉断伸长率变化率		%	±25

4.3.2　覆盖层与胶布间的粘合强度不小于 3.2 N/mm。

4.4　安全性能

4.4.1　带的导电性中要求电阻值不大于 $3\times10^8\Omega$。

4.4.2　带的酒精喷灯燃烧性能应符合下列规定：

a)　6 个具有覆盖层的试样，在移去喷灯后，所有试样的明焰时间的平均值和无焰燃烧的平均值均不得大于 3 s。每个试样的明焰时间和无焰燃烧时间单个值均不得大于 10 s。

b)　9 个剥去覆盖层的试样，在移去喷灯后，所有试样的明焰时间的平均值和无焰燃烧的平均值均不得大于 5 s。每个试样的明焰时间和无焰燃烧时间单个值均不得大于 15 s。

c)　6 个耳胶试样，在移去喷灯后，所有试样的明焰时间的平均值和无焰燃烧的平均值均不得大于 3 s。每个试样的明焰时间和无焰燃烧时间单个值均不得大于 10 s。

4.4.3　带的巷道丙烷燃烧性能应符合下列规定之一：

a)　试样全宽度未烧坏带长度大于 2 250 mm。

b)　试样最大平均温升不大于 90℃，且损失带长度不大于 2 000 mm，且全宽度未烧坏带长度大于 250 mm。

c)　试样最大平均温升不大于 80℃，且损失带长度不大于 2 250 mm，且全宽度未烧坏带长度大于 250 mm。

5　试验方法

5.1　带的尺寸按 GB/T 4490 规定进行测量。

5.2　带的覆盖层和耳胶的拉伸强度和伸长率按 GB/T 528 规定进行试验，采用 2 型哑铃状裁刀切取试样。

5.3　带的覆盖层和耳胶的老化性能按 GB/T 3512 规定进行试验。

5.4　带的硬度按 GB/T 531 规定进行试验。

5.5　带的覆盖层耐磨性能按 GB/T 9867 规定进行试验。

5.6　带的层间粘合强度按 GB/T 6759 规定进行试验。

5.7　带的导电性能按 GB/T 3684 规定进行试验。

5.8　带的喷灯燃烧性能按 GB/T 3685 的 B 法规定进行试验。试样均为距耳槽内侧至少 50 mm 处截取，不含金属横向件的横向试样。试样数量为 6 个全厚度试样和 9 个剥去覆盖层的试样。

5.9　带的丙烷燃烧性能按 GB/T 16412 高能燃烧试验的规定进行试验。

6　检验规则

6.1　在一个生产批次中按 GB/T 7984 规定抽取一定数量的样品进行带的出厂检验，应检验带长度、宽度、覆盖层厚度、覆盖层和耳胶的物理性能(不包括老化性能)、导电性能、酒精喷灯燃烧性能。

6.2　带的覆盖层和耳胶的老化性能试验每半年不得少于一次，带的丙烷燃烧性能试验每一年不得少于一次。

6.3　如转产、转厂、停产和复产、结构或材料或工艺有重大改变、合同规定等需要型式检验。型式检验应检验本标准第4章全部技术内容。

6.4　对第4章检验出现的不合格项目，应在该批带中抽取双倍试样，对不合格项目进行复试，若复试结果有一项不合格，则该批产品为不合格品。

7　标志、包装、贮存和运输

7.1　带的标志按 GB/T 5752 执行，胶带基本性能代号为“S”。

7.2　带在芯轴上卷缠整齐，用覆盖物包扎牢固。

7.3　带的贮存和运输按 HG/T 3056 执行。

中华人民共和国化工行业标准

HG 2194—91

帆布芯输送带布层接头规定

本标准参照采用国际标准 ISO 432—1989《多层芯输送带——结构要求》。

1 主题内容与适用范围

本标准规定了帆布芯输送带带芯布层纵向接头个数和位置及布层横向接头个数和位置。

本标准适用于帆布芯输送带。

2 引用标准

GB 4490 运输带尺寸

3 接头规定

3.1 采用聚酰胺帆布、聚酯帆布做带芯的输送带布层接头的规定。

3.1.1 纵向接头个数按表 1 执行。

表 1

带 宽 度 mm	纵向接头最多个数	
	外层每层	内层每层
300、400、500、600、650	0	1[1)]
800、1 000、1 200	2	2[1)]
1 400、1 600、1 800	3	2[2)]
2 000、2 200、2 400、2 600 2 800、3 000、3 200	4	3[2)]

注：1)如果带芯两外层没有纵向接头，则此数可以加倍。

2) 如果带芯每个外层的纵向接头不多于两个，则此数可以加倍。

3.1.2 纵向接头至带芯边缘的距离不小于 100mm。

3.1.3 不同布层的纵向接头必须错开。相邻布层的纵向接头间距离不小于 100mm。

3.1.4 当输送带宽度允许同一布层有两个或两个以上纵向接头时，各纵向接头间距离不小于 200mm。

3.1.5 横向接头应与带的中心线呈 45°～70°夹角。

3.1.6 每 100m 长度输送带，其外层每层应不超过一个横向接头。

3.1.7 每 100m 长度输送带，其内层每层应不超过两个横向接头。

3.1.8 同一布层上横向接头间距离不小于 2m。

3.1.9 不同布层上横向接头间距离不小于带宽的两倍。

3.2 采用棉帆布、棉-化纤帆布、维纶帆布做带芯的输送带布层接头规定。

3.2.1 纵向接头个数按表 2 执行。

中华人民共和国化学工业部 1991-12-23 批准　　1992-12-01 实施

表 2

带宽度 mm	纵向接头最多个数	
	内层每层	外层每层
300、400、500、600、650	1	2
800、1 000	2	3
1 200、1 400、1 600	3	4
1 800、2 000、2 200、2 400、 2 600、2 800、3 000、3 200	4	5

3.2.2 纵向接头至带芯边缘的距离，外层不小于 100mm，内层不小于 50mm。

3.2.3 不同布层的纵向接头必须错开。相邻布层的纵向接头间距离不小于 50mm。

3.2.4 当输送带宽度允许同一布层有两个或两个以上纵向接头时，各纵向接头间距离外层不小于 200mm，内层不小于 50mm。

3.2.5 横向接头应与带的中心线呈 45°～90°夹角。

3.2.6 每 100m 长度的输送带，其外层每层不超过两个横向接头。

3.2.7 每 100m 长度的输送带，其内层每层不超过三个横向接头。

3.2.8 同一布层上横向接头间距离不小于 1m。

3.2.9 不同布层上横向接头间距离不小于 0.5m。

附加说明：

本标准由中华人民共和国化学工业部科技司提出。

本标准由青岛橡胶工业研究所归口。

本标准由湖北宜昌中南橡胶厂负责起草。

本标准主要起草人李传玺、夏曼玲、张元。

中华人民共和国化工行业标准

HG 2297—92

耐热输送带

本标准参照采用国际标准 ISO 4195/1—1987《输送带耐热性试验方法》及 ISO 4195/2—1988《输送带耐热性规范》。

1 主题内容与适用范围

本标准规定了耐热输送带(以下简称耐热带)的规格型号、技术要求、试验方法、检验规则及标志、贮存和运输。

本标准适用于帆布芯耐热输送带。

2 引用标准

GB 526 织物芯输送带外观质量规定
GB 528 硫化橡胶拉伸性能的测定
GB 1689 硫化橡胶耐磨性能的测定(用阿克隆磨耗机)
GB/T 2941 橡胶试样环境调节和试验的标准温度、湿度及时间
GB 3512 橡胶热空气老化试验方法
GB 3690 平型胶带拉伸性能试验方法
GB 4490 运输带尺寸
GB 5752 输送带标志
GB 6031 硫化橡胶国际硬度的测定(30～85IRHD) 常规试验方法
GB 6757 输送带贮存和搬运通则
GB 6758 帆布芯输送带布层接头规定
GB 6759 输送带的层间粘合强度测定方法
GB 7983 输送带成槽性试验方法
GB 7984 普通用途织物芯输送带

3 规格型号

3.1 规格

耐热带的规格按全厚度拉伸强度和宽度区分。

3.1.1 耐热带的全厚度拉伸强度系列如表 1 所示。

中华人民共和国化学工业部1992-06-01批准 1993-10-01实施

表 1 N/mm

纵向全厚度拉伸强度	横向全厚度拉伸强度
160	63
200	80
250	100
315	125
400	160
500	
600	
630	
800	

注：① 表中数值可按 R_{10}优先数系向高值和低值扩展。

② 对横向拉伸强度的规定不适用于棉帆布芯耐热带，也不适用于 500N/mm 以上拉伸强度规格的耐热带。

3.1.2 耐热带的宽度系列按 GB 4490 执行。

3.2 型号

耐热带按试验温度不同分为三种型号：

1 型：可耐不大于 100℃试验温度，代号 T1；

2 型：可耐不大于 125℃试验温度，代号 T2；

3 型：可耐不大于 150℃试验温度，代号 T3。

4 技术要求

4.1 外观质量

耐热带的外观质量应符合 GB 526 的规定。

4.2 尺寸偏差

耐热带的宽度、长度、总厚度和覆盖层厚度的极限偏差应符合 GB 4490 的规定。

4.3 布层接头

耐热带带芯布层的纵向和横向接头数目及位置应符合 GB 6758 的规定。

4.4 物理性能

4.4.1 覆盖层耐热试验后的物理性能应符合表 2 规定。

表 2

项目			型号		
			1型	2型	3型
			变化范围		
硬度	老化后与老化前之差(IRHD)		20		±20
	老化后的最大值(IRHD)		85		
拉伸强度	性能变化率降低，%	⩽	25	30	40
	老化后的最低值，MPa		12	10	5
扯断伸长率	性能变化率，%	⩽	50		55
	老化后的最低值，%		200		180

4.4.2 覆盖层磨耗量

不同等级的耐热带覆盖层磨耗量应符合表 3 规定。

表 3

cm³

等级 \ 型号 \ 项目	磨耗量		
	1 型	2 型	3 型
一等品	0.8	1.0	
合格品	1.0	1.2	

4.4.3 全厚度拉伸强度和伸长率

4.4.3.1 耐热带的纵向和横向全厚度拉伸强度应符合表 1 的规定。

4.4.3.2 耐热带全厚度纵向伸长率应符合表 4 的规定。

表 4

%

全厚度纵向参考力伸长率	不大于	4
全厚度纵向拉断伸长率	不小于	10

注：参考力等于带的标称纵向全厚度拉伸强度的 10%，乘以试样中部宽度基本值所得的力。

4.4.4 层间粘合强度

按带芯采用不同材质的层间粘合强度不同，将耐热带分为一等品和合格品，见表 5。

表 5

N/mm

项目				布层间	覆盖层与布层间	
					覆盖层厚度 ≤1.5mm	覆盖层厚度 >1.5mm
一等品	化纤长丝织物芯	纵向试样平均值	≥	4.5	3.2	3.5
		纵向试样最低峰值		3.9	2.4	2.9
合格品	棉织物芯	纵向试样平均值	≥	3.0	2.2	2.6
		纵向试样最低峰值		2.0	1.6	2.0
	化纤及其他织物芯	纵向试样平均值	≥	3.2	2.1	2.7
		纵向试样最低峰值		2.7	1.6	2.2

4.5 直线度

耐热带的直线度应符合 GB 7984 的规定。

4.6 成槽度

耐热带的成槽度应符合 GB 7984 的规定。

5 试验方法

5.1 耐热带的尺寸测量，按 GB 4490 执行。

5.2 覆盖层硬度试验，按 GB 6031 执行。

5.3 覆盖层拉伸强度和扯断伸长率试验，按 GB 528 执行，采用 2 型试样。

5.4 覆盖层耐磨耗性能试验，按 GB 3690 执行。

5.5 耐热带的全厚度拉伸强度和伸长率试验，按 GB 3690 执行，对化纤长丝织物芯耐热带推荐采用 B 型试样，对其它织物芯耐热带推荐采用 C 型试样。

5.6 耐热带的层间粘合强度试验，按 GB 6759 执行。

5.7 耐热带的老化性能试验，按附录 A 及 GB 3512 执行。

5.8 耐热带的直线度测量，按 GB 7984 执行。

5.9 耐热带的成槽度测量，按 GB 7983 执行。

6 检验规则

6.1 出厂检验

6.1.1 外观质量和尺寸应逐条检验。

6.1.2 物理性能检验每季度不少于 1 次。

6.2 型式检验

对标准中规定的技术要求全部进行检验。

6.3 判定规则

全部项目都符合一等品要求，则该批产品判为一等品；如有一项性能不符合一等品要求，但仍能达到合格品要求，则该批产品应判为合格品；如有一项性能不符合合格品要求，则允许对该项性能复试一次，仍不合格，则该批产品为不合格品。

7 标志、贮存和运输

7.1 耐热带的标志，按 GB 5752 执行。

7.2 耐热带的贮存和运输，按 GB 6757 执行。

7.3 除有 7.1 的标志内容外，每条耐热带还应有产品名称、标准编号、商标、质量等级等。

附 录 A
输送带耐热性试验方法
（补充件）

A1 主题内容与适用范围

本附录规定了耐热输送带耐热性能试验方法。

本附录只适用于覆盖层厚度大于或等于 4mm 的耐热带。

A2 试验内容

试样在热空气老化前后，测定其覆盖层的国际硬度（IRHD 硬度）；覆盖层的拉伸强度；覆盖层的扯断伸长率。

A3 试验程序

A3.1 试样制备

A3.1.1 热空气老化用试样的制备

试样为正方形，边长为 400mm，取自距带边至少 100mm 具有完整厚度的耐热带。置于符合GB 3512 要求的热空气老化箱中，根据不同的试验温度（100、125、150℃）各老化 168h。

将试样从老化箱中取出，置于室温中冷却 16～144h。

A3.1.2 物理性能用试样的制备

先将经过 A3.1.1 条处理过试样的覆盖层切下，再将两面磨光，处理成 2mm 的薄片，在该薄片上裁取 GB 528 及 GB 6301 所规定的标准试样。并在 23±2℃温度及 60%～70%湿度的环境中放置 24h。

A3.2 试验条件

试验室温度和相对湿度条件，按 GB/T 2941 执行。

A3.3 覆盖层的拉伸强度和扯断伸长率

按 GB 528 执行。采用 2 型试样（狭小平行部分为 4.00±0.10mm）。

A3.4 覆盖层的 IRHD 硬度

按 GB 6301 执行。

A4 试验结果

耐热带覆盖层试样在热空气老化前后，需测定和计算以下三项性能：

a. 老化前后 IRHD 硬度的测定值和变化量；

b. 老化前后拉伸强度的测定值（MPa）和变化率（%）；

c. 老化前后扯断伸长率的测定值（%）和变化率（%）。

A5 试验报告

试验报告应包括下列内容：

a. 耐热带的规格、型号、批号及制造厂名；

b. 试验室温度和相对湿度；

c. 老化条件；

d. 试验结果；

e. 试验过程中的异常现象；

f. 试验日期；

g. 试验者。

附加说明：

本标准由中华人民共和国化学工业部科技司提出。
本标准由青岛橡胶工业研究所归口。
本标准由青岛橡胶工业研究所，沈阳胶带总厂负责起草。
本标准主要起草人张秀香、庄焱、韩德深、丁尚文、宋岩。

中华人民共和国化工行业标准

HG/T 2410—92

输 送 带 取 样

1 主题内容与适用范围

本标准规定了输送带产品试验样品的数量和取样要求。

本标准适用于普通织物芯输送带、一般用途难燃输送带、钢丝绳芯难燃输送带、钢丝绳牵引难燃输送带的产品取样。

2 样品数量

输送带进行成品检验的样品数量，按其月产量的多少应符合下列要求：

2.1 同一品种输送带产量超过 5 000 m 时，以不多于 5 000 m 为一批，从每批中抽取样品进行检验，但当产量超过 20 000 m 以上时允许每周取样不少于 1 次。

2.2 同一品种输送带产量不足 5 000 m 时，以不多于 2 500 m 为 1 批，从每批中抽取样品进行检验，但每月不得少于 1 次。

注：同一品种输送带是指同一种用途、同一种覆盖层强度级及同一种带芯材质的输送带。

3 取样要求

3.1 取样应在成品上进行。生产厂的环形输送带的成品检验，可用同种配方胶料及同一种带芯材质制成的非环形输送带代替。

3.2 取样位置应距带端部 0.5 m 以上。环形带应避开接头部位。

附加说明：

本标准由中华人民共和国化学工业部科技司提出。

本标准由青岛橡胶工业研究所归口。

本标准由青岛第六橡胶厂负责起草。

本标准主要起草人孙秀敏。

自本标准实施之日起，原国家标准 GB 6756—86《输送带取样》作废。

中华人民共和国化学工业部 1992-10-22 批准　　　　1993-07-01 实施

前　言

本标准是对化工行业标准 HG/T 2442—1993《洗衣机 V 带》修订而成。

本标准与 HG/T 2442—1993 的主要技术差异：

——去掉屈挠性能。

——洗衣机 V 带所有尺寸偏差要求较 HG/T 2442—1993 严格。

——增加了线绳粘合强度试验和在专用的疲劳试验机上的疲劳寿命试验的动态性能要求。

本标准自实施之日起，代替 HG/T 2442—1993。

本标准由原国家石油和化学工业局政策法规司提出。

本标准由化学工业胶带标准化技术归口单位归口。

本标准起草单位：河北环宇橡胶厂、青岛橡胶工业研究所。

本标准主要起草人：王化民、高凤仙、韩德深、辛永录。

中华人民共和国化工行业标准

HG/T 2442—2001

洗衣机V带

代替 HG/T 2442—1993

V-belt for clothes washing machine

1 范围

本标准规定了洗衣机V带(以下简称洗V带)的产品分类、要求、试验方法、标志、包装、贮存和运输等。

本标准适用于洗衣机传动用的V带。

2 引用标准

下列标准所包含的条文,通过在本标准中引用而构成为本标准的条文。本标准出版时,所示版本均为有效。所有标准都会被修订,使用本标准的各方应探讨使用下列标准最新版本的可能性。

GB/T 3686—1998 V带拉伸强度和伸长率试验方法

GB/T 3688—1998 V带线绳粘合强度试验方法

GB/T 11544—1997 普通V带和窄V带尺寸(eqv ISO 4184:1992)

GB/T 15328—1994 普通V带疲劳试验方法 无扭矩法

3 分类

3.1 结构

洗V带由包布、顶胶、线绳、底胶组成,见图1。

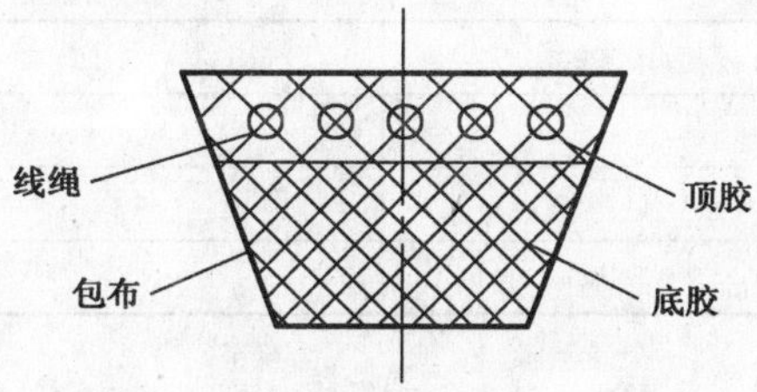

图 1

3.2 型号

按截面尺寸,洗V带分M、Z、SPZ、A四种。

3.3 标志

标志示例:

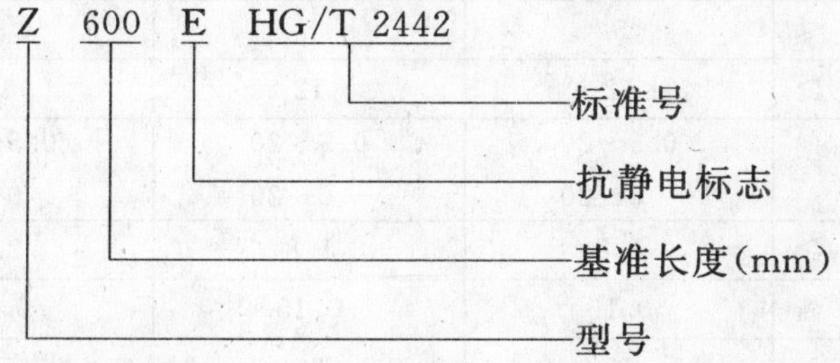

国家经济贸易委员会 2002-01-24 批准 2002-07-01 实施

4 尺寸

4.1 截面尺寸

洗V带截面尺寸见表1和图2。

表1

项目	M	Z	SPZ	A
顶宽 b/mm	10.0±0.3	10.0±0.3	10.0±0.3	13.0±0.4
高度 h/mm	5.5±0.4	6.0±0.4	8.0±0.4	8.0±0.5
楔角 α	40°±1°	40°±1°	40°±1°	40°±1°

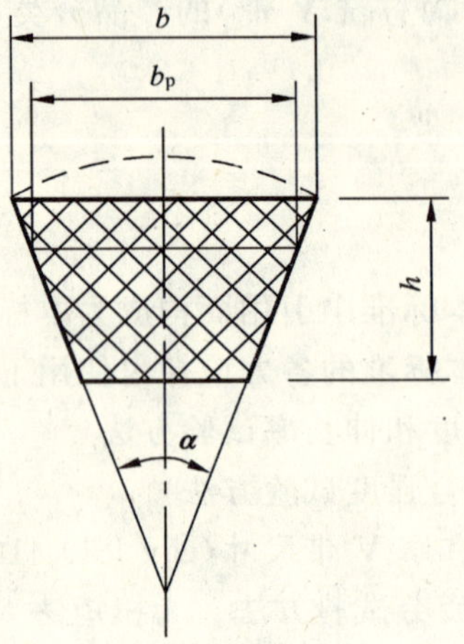

图2

4.2 基准长度

洗V带基准长度极限偏差应符合表2规定。

表2

基准长度(L)/mm	极限偏差/mm
$L \leqslant 600$	±3
$600 < L \leqslant 1\,000$	±4
$1\,000 < L \leqslant 1\,400$	±5

5 性能

洗V带物理机械性能和电性能应符合表3规定。

表3

项目		M	Z	SPZ	A
拉伸强度/kN	≥	1.8	1.8	2.3	2.5
参考力伸长率/%	≤	5	5	5	5
线绳粘合强度/(kN/m)	≥	12	12	12	12
防静电电阻值/MΩ 全自动		0.5～20	0.5～20	0.5～20	0.5～20
双桶		0～20	0～20	0～20	0～20
耐热试验后拉伸强度/kN	≥	1.8	1.8	2.3	2.5
耐水试验后收缩率/%	≤	0.15	0.15	0.15	0.15
疲劳试验寿命/h	≥	50	50	50	50
50 h 疲劳试验后伸长率/%	≤	—	—	—	1.5

6 外观质量

洗 V 带外观质量应符合以下要求：

a）包布无破损，接缝不脱开。

b）没有鼓泡、海绵现象。

7 试验方法

7.1 洗 V 带截面尺寸使用游标卡尺测量，角度用样板测量，基准长度按 GB/T 11544 规定进行检验。

7.2 洗 V 带拉伸强度和参考力伸长率按 GB/T 3686 规定进行检验。

7.3 洗 V 带线绳粘合强度按 GB/T 3688 规定进行检验。

7.4 防静电电阻值用兆欧表测量。V 带平放，两电极相距 100 mm，与 V 带侧面接触后检验。测试条件为温度(25±2)℃，相对湿度(50±5)%。

7.5 耐热试验方法：将 3 条洗 V 带置于 90℃环境中达 96 h 后移至室温环境中达 4 h，测定其拉伸强度。

7.6 耐水试验方法：将 3 条洗 V 带置于 70℃水中达 70 h 后取出并擦干，测定基准长度，将耐水试验前后的基准长度比较，求出其收缩率，结果取最大值。

7.7 疲劳试验寿命按 GB/T 15328 和本标准表 3 进行检验。试验用带轮尺寸、张紧力和转速如图 3 和表 4 所示。

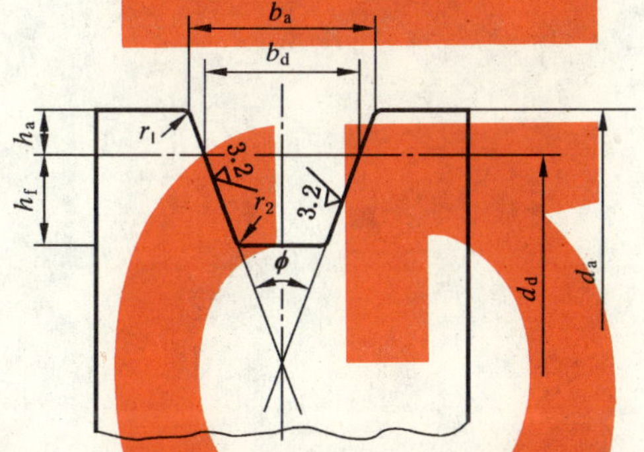

图 3

表 4

mm

型号	基准宽度 b_d	基准直径 d_d	外径 d_a	顶宽 b_a	最小槽深 h_f	槽角 ϕ	槽顶圆角最小半径	张紧力(F) N	h_a	主动轮转速 r/min
M	8.5	56	60.0	9.96	9	32°	0.5～1.0	300	2	3 600±72
Z	8.5	56	60.0	9.96	9	32°	0.5～1.0	300	2	3 600±72
SPZ	8.5	56	60.0	9.96	9	32°	0.5～1.0	500	2	3 600±72
A	11	56	61.5	13.00	11.5	32°	0.5～1.0	500	2.75	3 600±72

8 检验规则

8.1 洗 V 带应逐条进行尺寸、防静电性能和外观质量检测。

8.2 同材质同型号的洗 V 带每周至少抽验一次拉伸强度、伸长率、线绳粘合强度。抽取足够数量的洗 V 带试验，当一条洗 V 带取不出两个试样时，可取三条洗 V 带进行拉伸性能试验。如其中一条带不合格，再取双倍试样对不合格项目进行复验。如其中仍有一条带不符合标准要求，该批产品为不合格。

8.3 耐热试验、耐水试验和疲劳试验仅适用于一等品。

9 标志、包装、贮存、运输

9.1 标志

每条洗 V 带应有水洗不掉的明显标志，包括如下内容：

a）制造厂名（或缩写）和商标。

b）型号、长度。

c）制造年、月。

d）对防静电带加标志 E。

9.2 包装

9.2.1 不同型号、长度的带应分别装箱或用编织带按数量捆扎后装箱。装袋时应尽量不使 V 带扭曲。

9.2.2 包装箱（袋）外应标注型号、长度、数量、制造厂和制造年月。

9.3 贮存和运输

9.3.1 库内贮存温度应为－18℃～40℃，相对湿度应为 50％～70％。

9.3.2 贮存中应避免重压。贮存半年以上的洗 V 带出厂时须抽验质量。

9.3.3 在汽车运输中须防日晒雨淋，并避开影响洗 V 带物理性能的污染物，如酸、碱、油等。

中华人民共和国化工行业标准

HG 2539—93

钢丝绳芯难燃输送带

1 主题内容与适用范围

本标准规定了钢丝绳芯难燃输送带(以下简称带)的产品分类、技术要求、试验方法、检验规则及标志、包装、运输和贮存等。

本标准适用于要求难燃且导静电的场所使用的钢丝绳芯输送带。

2 引用标准

GB/T 528 硫化橡胶和热塑性橡胶拉伸性能的测定
GB/T 3512 橡胶热空气老化试验方法
GB/T 3684 运输带导电性规范和试验方法
GB/T 3685 运输带耐燃性试验方法
GB 4490 运输带尺寸
GB 5752 输送带标志
GB/T 5753 钢丝绳芯输送带覆盖层厚度的测定
GB/T 5754 钢丝绳芯输送带纵向拉伸强度的测定
GB/T 5755 钢丝绳芯输送带钢丝绳粘合强度的测定
GB 6757 输送带贮存和搬运通则
GB/T 7986 输送带滚筒摩擦试验方法
GB 9770 钢丝绳芯输送带
HG/T 2410 输送带取样

3 产品分类

3.1 产品规格

带按纵向拉伸强度、宽度区分规格。

3.1.1 强度规格

带的强度规格用字母“ST”和纵向拉伸强度(N/mm)的标称值表示,其系列见表 1。

3.1.2 宽度规格

带的宽度规格以 mm 为单位表示,其系列见表 1。

3.2 产品类型

带根据物理性能和安全性能分为 1 型和 2 型。

3.3 产品型号

带的型号示例如下:

中华人民共和国化学工业部 1993-09-06 批准　　　　1994-12-01 实施

ST 1000　S　1或2　1000　ϕ4.5-6×6

——上下覆盖层厚度(mm)
——钢丝绳直径(mm)
——宽度规格(mm)
——性能级别
——难燃且导静电字母代号
——强度规格

4 技术要求

4.1 结构与尺寸

带的结构与尺寸如图1和表1。

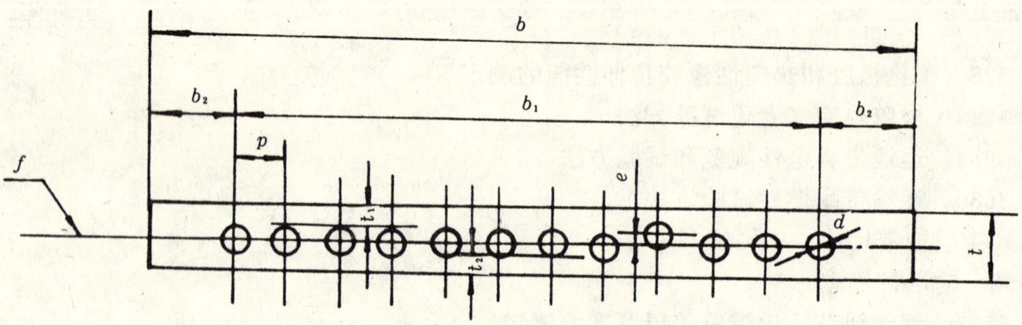

图 1

b—带的宽度；b_1—两端钢丝绳之间的中心距离；b_2—边胶宽度；d—钢丝绳直径；e—钢丝绳在厚度方向的偏心值；f—偏心测定用的基准线；t—带的厚度；t_1—上覆盖层厚度；t_2—下覆盖层厚度；p—钢丝绳间距

表 1

带的强度规格	ST630	ST800	ST1000	ST1250	ST1600	ST2000	ST2500	ST3150	ST4000
纵向拉伸强度,N/mm	630	800	1000	1250	1600	2000	2500	3150	4000
钢丝绳最大公称直径,mm	3.0	3.5	4.0	4.5	5.0	6.0	7.5	8.1	9.1
钢丝绳间距,mm	10	10	12	12	12	12	15	15	17
带的上覆盖层厚度,mm	5	5	6	6	6	8	8	8	8
带的下覆盖层厚度,mm	5	5	6	6	6	6	6	8	8
宽度规格,mm	钢　丝　绳　根　数								
800	75	75	63	63	63	63	50	50	
1000	95	95	79	79	79	79	64	64	56
1200	113	113	94	94	94	94	76	76	68
1400	133	133	111	111	111	111	89	89	79
1600	151	151	126	126	126	126	101	101	91
1800		171	143	143	143	143	114	114	103
2000			159	159	159	159	128	128	114
2200						176	141	141	125

4.2 钢丝绳配置与接头

4.2.1 钢丝绳配置

带芯的左稔钢丝绳和右稔钢丝绳应交替配置,钢丝绳的绳径,绳距和根数应符合表 1 规定。

4.2.2 钢丝绳接头

在带的制造长度内,带芯中钢丝绳的接头应符合如下规定:

4.2.2.1 两边部各一根钢丝绳不得有接头。

4.2.2.2 有接头的钢丝绳根数不得多于总根数的 5%。

4.2.2.3 一根钢丝绳的接头不得多于一处,且应距带端 10m 以上。

4.2.2.4 任意两根钢丝绳的接头,在长度方向上的距离不得小于 10m。

4.3 尺寸偏差

4.3.1 带的长度和宽度偏差应符合 GB 4490 的要求。

4.3.2 覆盖层厚度的极限偏差为－0.5mm

4.3.3 带的厚度最大差值(即最大厚度与最小厚度之差)不得大于平均厚度的 10%。

4.3.4 平均绳距的极限偏差为±3mm,其中 5%的钢丝绳允许超过此极限偏差,但超出量不得大于平均间距的 10%。

4.3.5 带芯钢丝绳在厚度方向的偏心值不得大于 1.5mm。偏心值大于 1.0mm 但不大于 1.5mm 的钢丝绳根数不得超过钢丝绳总根数的 5%。

4.3.6 带的边胶宽度应不小于 10mm。

4.4 物理性能

4.4.1 覆盖层物理性能应符合表 2 规定。

4.4.2 根据带的强度规格和宽度规格,钢丝绳的拉伸强度应符合 GB 9770 规定值。

表 2

项目		指标	
		1 型	2 型
拉伸强度,MPa	≥	12.0	10.0
扯断伸长率,%	≥	300	
老化,70℃×168h	拉伸强度变化率,%	±20	
	扯断伸长率变化率,%	±30	

4.4.3 钢丝绳粘合强度应符合表 3 规定。

4.4.4 老化后钢丝绳粘合强度应不小于表 3 规定值的 85%。

表 3

绳径 d mm	粘合强度,N/mm		绳径 d mm	粘合强度,N/mm	
	1 型	2 型		1 型	2 型
2.6～2.8	51	41	5.6～6.0	83	66
2.9～3.0	54	43	6.1～6.5	88	70
3.1～3.2	56	45	6.6～7.0	93	74
3.3～3.4	58	46	7.1～7.5	98	78
3.5～3.6	60	48	7.6～8.0	103	82
3.7～3.8	62	50	8.1～8.5	108	86
3.9～4.0	64	51	8.6～9.0	113	90
4.1～4.5	69	55	9.1～9.5	118	94
4.6～5.0	74	59	9.6～10.0	123	98
5.1～5.5	78	62			

4.5 安全性能

带的安全性能项目包括导静电、滚筒摩擦、酒精喷灯燃烧和丙烷燃烧器燃烧。安全性能要求应符合表 4 规定。

表 4

<table>
<tr><td colspan="4" rowspan="2">项　　目</td><td colspan="2">指　　标</td></tr>
<tr><td>1 型</td><td>2 型</td></tr>
<tr><td>导静电</td><td colspan="2">带的上、下两面的表面电阻平均值，Ω</td><td>≤</td><td colspan="2">3×10^{8}</td></tr>
<tr><td rowspan="2">滚筒摩擦</td><td colspan="2">滚筒表面温度，℃</td><td>≤</td><td colspan="2">325</td></tr>
<tr><td colspan="5">试样无任何明焰与无焰燃烧</td></tr>
<tr><td rowspan="4">酒精喷灯燃烧</td><td rowspan="2">明　焰</td><td>4 个试样自熄时间平均值，s</td><td>≤</td><td>30</td><td>3</td></tr>
<tr><td>任一个试样自熄时间单个值，s</td><td>≤</td><td>45</td><td>10</td></tr>
<tr><td rowspan="2">无焰燃烧</td><td>4 个试样自熄时间平均值，s</td><td>≤</td><td>120</td><td>—</td></tr>
<tr><td>任一个试样自熄时间单个值，s</td><td>≤</td><td>180</td><td>—</td></tr>
<tr><td>丙烷燃烧器燃烧</td><td colspan="2">全宽未烧坏长度，mm</td><td>≥</td><td colspan="2">250</td></tr>
</table>

4.6　外观质量

带的外观质量应符合 GB 9770 附录 A 的规定。

5　试验方法

5.1　带的覆盖层拉伸性能试验按 GB/T 528 执行，试样尺寸采用 2 型(狭小平行部分宽 4.0±0.1mm)亚铃状裁刀裁切试样

5.2　带的纵向拉伸强度试验，按 GB/T 5754 执行。

5.3　老化前后的钢丝绳粘合强度试验，按 GB/T 5755 执行，其老化条件按该标准中的 3.2.2.2 条执行。

5.4　带的宽度、长度尺寸测量方法，按 GB 4490 执行。

5.5　带的厚度最大差值和覆盖层厚度测量，按 GB/T 5753 执行。

5.6　难燃钢丝绳芯输送带边胶宽度的测量，是在带的断面上测量从靠边胶的钢丝绳中心到带边缘的距离。

5.7　钢丝绳绳距测定按如下规定进行：

a.　在带的任意横截面中部和两边分别测定 10 个连续绳距，并计算得到 3 处的各自平均绳距，再取这 3 个值的平均值作为该带的平均绳距。

b.　统计极限偏差超过±3mm，但超出量不大于 10% 平均绳距的绳距个数，求出该数占钢丝绳总根数的百分比，并以 4.3.4 条要求衡量之。

5.8　钢丝绳在厚度方向的偏心值测定，按 GB 9770 附录 C 执行。

5.9　覆盖层耐老化性能试验，按 GB/T 3512 执行。

5.10　导静电试验按 GB/T 3684 执行。

5.11　酒精喷灯燃烧试验，按 GB/T 3685 执行。试样与火焰呈 90°角，1 型带燃烧时间 60s、2 型带燃烧时间 30s。

5.12　滚筒摩擦试验，按 GB/T 7986 执行。

5.12.1　滚筒正常运转，使拉紧系统对试样施加 343N 的拉紧力，直至试验结束，不再增加拉紧力。

5.12.2　1 型带试验时间 120min，2 型带试验时间 60min。

5.13　丙烷燃烧器燃烧试验，按附录 A 执行。

6 检验规则

6.1 应逐条检验带的外观质量，长度、宽度和边胶宽度。

6.2 输送带取样按 HG/T 2410 执行。

6.3 出厂检验的检验批按 HG/T 2410 执行。

出厂检验项目包括覆盖层的老化前物理性能，钢丝绳的拉伸强度、粘合强度、钢丝绳间距、钢丝绳在厚度方向上的偏心值、导静电、酒精喷灯燃烧和滚筒摩擦试验。

6.4 型式检验每年不少于一次，应符合本标准有要求的全部项目。

6.5 经检验，如有一项性能不符合本标准，应在同批带中另取两倍试样对该项性能进行复试，如复试仍有一个试样结果不符合本标准，则该批产品为不合格品。

7 标志、包装、贮存和搬运

7.1 带的标志按 GB 5752 执行。

7.2 带应卷缠在木芯上或铁芯上，用覆盖物包扎牢固；并附有产品检验合格证。

7.3 带的贮存和搬运按 GB 6757 执行。

附 录 A
输送带丙烷燃烧器燃烧试验方法
（补充件）

A1 主题内容与适用范围

本附录规定了用丙烷燃烧法测定输送带难燃性能的试验方法。

A2 试验装置

A2.1 巷道

呈长方形，截面尺寸为 2m×2m，装有抽风机使巷道内空气流通，用以安放试验台架。

A2.2 试验台架

如图 A1 所示，呈矩形框架结构，由外径 20～25mm 的钢管制成。台架长 2.20m，宽 1.25m，最高点到地面距离为 350mm。在台架两侧的上部有两根角钢，角钢上开有若干槽口，这些槽口用来放置 15 根不锈钢棒，其直径为 10mm，长为 1.4mm。不锈钢棒在槽口内可以自由转动。台架用来放置试样（见图 A1）。

A2.3 燃烧器

如图 A2 所示，以外径 20～25mm 的无缝钢管焊接成的边长为 450mm 的方框，高 220mm。钢管上方开有 52 个直径为 1.5mm±0.1mm 的喷气孔，孔距为 50mm。

A2.4 燃料

为纯度在 95%以上的罐装丙烷气，丙烷气通过一段内径至少 6mm 的高压软管和一个减压阀进入燃烧器。试验前和试验过程中丙烷罐应浸在温度为 25℃±3℃的水中，其浸没高度为罐高的 2/3。

丙烷气流量可通过标准孔板控制，标准孔板厚 1.7mm，孔径 2.5mm，装在燃烧器输入端。孔板前装一个高精度的压力表，也可在减压阀前装一个流量计。

10min 试验时间内，丙烷气的耗量应为 1.30kg±0.05kg。每次试验结束时，所剩丙烷气的重量不得低于装罐时重量的 10%。

A3 试样准备

A3.1 样品

上、下覆盖层厚度相同时，长度不少于 4m。上、下覆盖层厚度不同时，长度不少于 6m。纵向全厚度拉伸强度小于或等于 1 250N/mm 时，宽度为 800mm；纵向全厚度拉伸强度大于 1 250N/mm 时，宽度为 1 000mm。

A3.2 试样

从样品上割取长 2 000mm±10mm，宽为带全宽的试样。上、下覆盖层厚度相同时。试样 2 件；上、下覆盖层厚度不同时，试样 3 件。

A4 试验程序

a. 试验前将试样于 0℃以上的室温中平放 24h 以上，以消除弯曲变形。

b. 将试验台架安放在巷道中央，并使其纵向中心线与巷道的中心线重合。

c. 燃烧器放在巷道中央，并置于试验台架的进风端。其 4 根平行钢管与台架纵向中心线平行，燃烧器顶面到试验台架顶面距离为 130mm±5mm。燃烧器前端横向喷气孔距试验台架前端横边为 50mm，如图 A1 所示。

340±5
170
135
75
1250±5
625
130±5
试件
试件端面与框架齐平
A—A剖面
φ10长1.4 m不锈钢条
试件
50
钢管外径20～26
2200±5
90
气流方向
1100
50
燃烧器不准露出斜撑外面
A
A
25
25
100
2200±5
150×13=1950
5×45
75
R6
12
12
75
25×25角钢

图 A1　支架

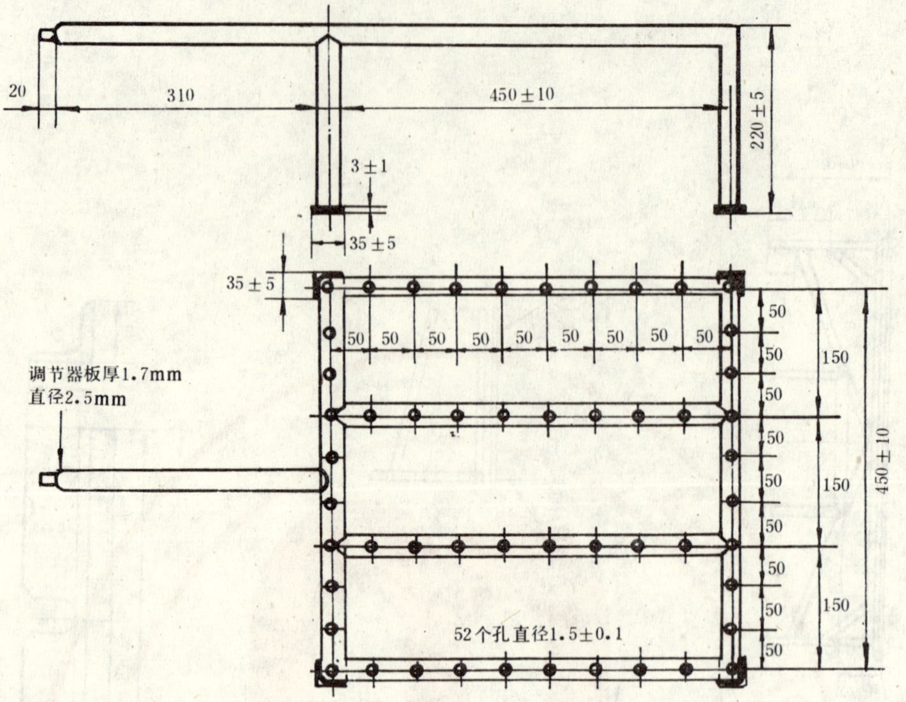

图 A2　丙烷燃烧器

d.　开动抽风机使空气流经试验台架。调节送风量，使在试验台架中心上离试验台架前端 750mm 进风处和离地面 350mm 处的风速为 1.5±0.1m/s。

e.　将试样依次置于试验台架上逐个进行试验。试验时，试样纵向中心线与试验台架中心线重合，并使其一端与试验台架前端齐平。

f.　输送带上、下覆盖层厚度相同时，上下覆盖层分别向下进行试验。输送带上、下覆盖层厚度不同时，先以上、下覆盖层分别向下进行试验，测定值较差的一面再用第 3 个试样重复试验一次。

g.　点燃燃烧器，燃烧 10min 后关闭燃烧器，并将其从试验台架下移开以防熔化和烧焦的物料落在燃烧器上堵塞喷气孔。当所有明焰和无焰燃烧消失后，取下试样测量试样所剩全宽长度。

h.　注意事项

如果试样破坏是由于它本身向燃烧器方向卷曲，则应停止试验，重取试样试验。在试验过程中为防止试样卷曲可用铁丝轻松地捆在试验台架上，但不应捆得过紧，以免妨碍试样在受热过程中发生正常的少量收缩。

A5　试验结果的评定

评定是否烧坏的标准为：

a.　烧坏，包括任何可见的损坏，如发脆、硬化、裂开、气泡及其他原来没有的损坏。

b.　测量前可用干布将试样表面上的烟迹、油污擦去，带表面因燃烧而发现烟灰，沉积或光泽消失现象不应判为烧坏。

c.　各向尺寸不大于 5mm 的气泡或不大于 5mm 其他小损伤处理如下：

烧伤点不超过 5 处的小损伤不算损坏。

相隔 25mm 以上的小损伤也不算损伤。

任何更多的小损伤在试样表面形成直径不超过 50mm 的一个圆，而各组的距离均在 300mm 以上也不算损坏。

d.　试样上、下覆盖层所剩全宽未烧坏长度应如图 A3 中 L 所示，并用钢卷尺沿试样纵方向和试样表面进行测量。

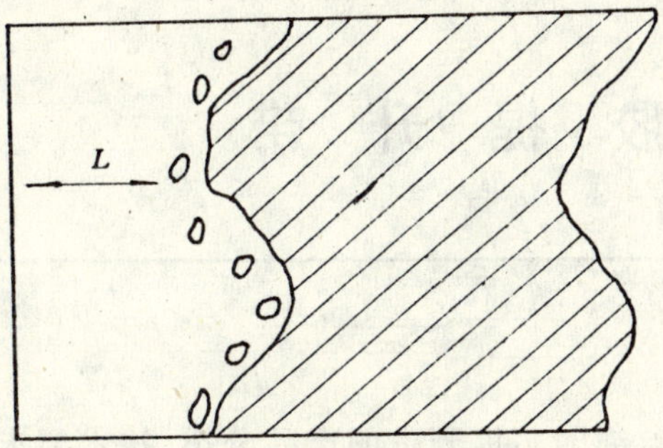

图中○表示试样表面气泡

/// 表示试样烧坏部分

图 A3　试件损坏检验图

A6　试验结果表达

a. 每个试样上、下表面全宽未烧坏长度。

b. 每个试样明焰和无焰燃烧自熄时间。

附加说明：

本标准由化学工业部技术监督司提出。

本标准由青岛橡胶工业研究所归口。

本标准由山东枣庄橡胶厂、青岛橡胶工业研究所负责起草。

本标准主要起草人戴立新、陶大君。

本标准 1 型参照采用澳大利亚标准 AS 1333—88《钢丝绳芯橡胶输送带》。

中华人民共和国化工行业标准

HG/T 2577—94

橡 胶 提 升 带

1 主题内容与适用范围

本标准规定了织物芯和钢丝绳网芯提升带的产品分类、技术要求、试验方法、检验规则及标志、包装、运输、贮存。

本标准适用于胶带斗式提升机用提升带(以下简称带)。

2 引用标准

GB/T 526 织物芯输送带外观质量规定

GB/T 528 硫化橡胶和热塑性橡胶拉伸性能的测定

GB/T 1689 硫化橡胶耐磨性能的测定(用阿克隆磨耗机)

GB/T 3512 橡胶热空气老化试验方法

GB/T 3690 平型胶带拉伸性能试验方法

GB/T 4490 运输带尺寸

GB 5752 输送带标志

GB/T 5753 钢丝绳芯输送带覆盖层厚度的测定

GB/T 5754 钢丝绳芯输送带纵向拉伸强度的测定

GB/T 5755 钢丝绳芯输送带钢丝绳粘合强度的测定

GB/T 6757 输送带贮存和搬运通则

GB/T 6759 输送带的层间粘合强度试验方法

GB/T 9770 钢丝绳芯输送带

HG/T 2194 帆布芯输送带布层接头规定

HG/T 2297 耐热输送带

HG/T 2410 输送带取样

3 产品分类

3.1 结构型式

带的芯体结构分为织物芯和钢丝绳网芯两种。

3.1.1 织物芯带

带的整条带芯可由一层或多层织物按同一结构方式粘合而成,带芯外一般应有覆盖层。在覆盖层和带芯之间可设置由网眼布或帘布构成的补强层。

3.1.2 钢丝绳网芯带

带由芯胶层内纵向排列的一层钢丝绳(以下简称纵向绳)和在覆盖层与芯胶层间横向排列的上、下各一层的纤维绳或钢丝绳构成(以下简称横向绳)。

3.2 产品规格

带的规格按全厚度拉伸强度、宽度和覆盖层物理性能区分。

中华人民共和国化学工业部1994-02-09批准　　1995-01-01实施

3.2.1 织物芯带的纵向全厚度拉伸强度见表 4。以 N/mm 为单位的强度按 R10 优先数系排列。

3.2.2 钢丝绳网芯带的强度规格用字母“ST”和纵向拉伸强度(以 N/mm 为单位)的标称值表示，其系列见表 2。

3.2.3 宽度规格

织物芯带宽度规格按表 1 规定。钢丝绳网芯带宽度规格见表 2。

3.2.4 覆盖层物理性能和级别

按被输送物料的磨损性和载荷分为强烈磨损(D 型)、中度磨损(L 型)及输送高温物料的耐热型(T 型)，性能见表 3。

3.3 标记

3.3.1 织物芯带的型号标记示例：

1000 B 9308 4.5 T×3.0 1000 NN5

- NN5——骨架材质和层数
- 1000——带宽(mm)
- 3.0——下覆盖层厚度(mm)
- T——上覆盖层具有补强层
- 4.5——上覆盖层厚度(mm)
- 9308——生产年月
- B——斗式提升带
- 1000——强度规格(N/mm)

3.3.2 钢丝绳网芯带的型号标记示例：

ST 1000 B 9308 5 T×5 T 1200 ϕ3.5

- ϕ3.5——纵向钢丝绳直径(mm)
- 1200——带宽(mm)
- T——下覆盖层具有补强层
- 5——下覆盖层厚度(mm)
- T——上覆盖层具有补强层
- 5——上覆盖层厚度(mm)
- 9308——生产年月
- B——斗式提升带
- ST 1000——强度规格(N/mm)

4 技术要求

4.1 织物芯带的长度、宽度、厚度和极限偏差

4.1.1 有端带长度极限偏差应为带长的±2.5%、0%。

4.1.2 带的宽度及极限偏差应符合表 1 规定。

表 1

带宽度，mm	极限偏差	每条带的宽度最大差值
150	±6.5mm	不大于 6.5mm
200		
300		
400		
500		

续表 1

带宽度,mm	极限偏差	每条带的宽度最大差值
600	公称宽度的±1%	不大于公称宽度的1%
650		
700		
800		
1 000		
1 200		
1 400		
1 600		

4.1.3 带的覆盖层厚度及极限偏差和带的总厚度及最大差值应符合 GB/T 4490 的规定。

4.2 钢丝绳网芯带的结构与尺寸如图 1 和表 2。

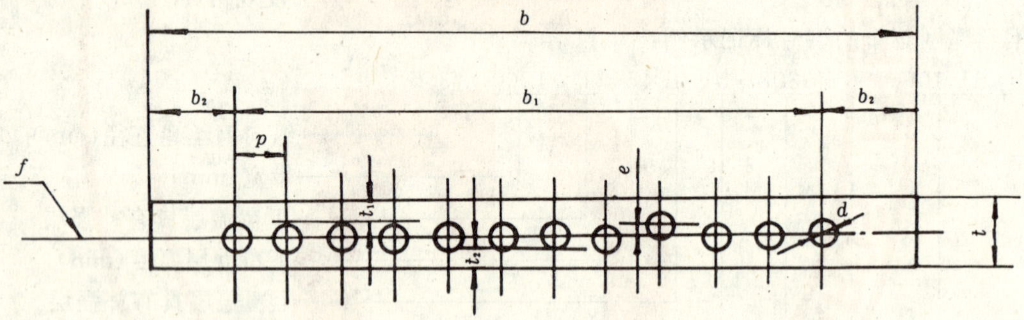

图 1

b—带的宽度;b_1—两端纵向绳之间的中心距离;b_2—边胶宽度;d—纵向绳直径;e—纵向绳在厚度方向的偏心值;f—偏心测定用的基准线;t—带的厚度;t_1—上覆盖层厚度;t_2—下覆盖层厚度;t_3—横向绳与带边距离;t_4—横向绳与纵向绳距离;p—纵向绳间距

表 2

带强度规格 / 项目	ST 630	ST 800	ST 1000	ST 1250	ST 1600	ST 2000	ST 2500
纵向拉伸强度,N/mm	630	800	1 000	1 250	1 600	2 000	2 500
带的上覆盖层厚度,mm	5					6	
带的下覆盖层厚度,mm	5						
单根纵向绳最小破断拉力,N/根	7 490	11 180	11 180	17 940	17 940	31 360	41 740
纵向绳最大公称直径,mm	3.0	3.5	3.5	4.5	4.5	5.6	7.2
纵向绳间距,mm	10.0	10.0	10.0	12.0	10.0	12.0	15.0

续表 2

项目		ST 630	ST 800	ST 1000	ST 1250	ST 1600	ST 2000	ST 2500
带的宽度规格及纵向绳根数	200	17	16	16	14	18	14	—
	250	21	21	21	19	23	19	—
	300	26	25	27	22	27	22	—
	350	31	30	32	26	32	26	—
	400	35	35	36	30	36	30	25
	450	41	41	41	35	41	35	28
	550	50	50	51	43	51	42	34
	600	55	55	56	46	56	46	37
	680	63	63	64	53	64	52	43
	800	75	75	76	63	76	61	51
	850	79	79	80	67	80	66	54
	1 000	95	95	96	79	96	79	64
	1 050	98	98	97	84	97	83	67
	1 200	113	113	116	94	116	94	76
	1 300	123	123	125	105	125	104	83
	1 400	133	133	136	111	136	111	89

注：带的覆盖层厚度包括横向补强层。

4.2.1 纵向绳配置与接头按 GB/T 9770 规定。

4.2.2 钢丝绳网芯带的长度和宽度偏差应符合 GB/T 4490 的规定。

4.2.3 覆盖层厚度的极限偏差为－0.5mm。

4.2.4 带的厚度最大差值(即最大厚度与最小厚度之差)不得大于平均厚度的 10%。

4.2.5 带的边胶宽度应不小于 10mm。

4.2.6 纵向绳平均绳距的极限偏差为±1.5mm，单个绳距偏差大于 1.5mm 但不大于 3.0mm 的纵向绳根数不超过纵向绳总数的 5%。

4.2.7 纵向绳在厚度方向的偏心值不得大于 1.5mm，偏心值大于 1.0mm 但不大于 1.5mm 的纵向绳根数不得超过纵向绳总根数的 5%。

4.3 横向绳的配置与尺寸

4.3.1 横向绳最大公称直径 0.92mm，其中心距与直径之比应为 2～6。

4.3.2 横向绳到带边的距离应为 10～30mm。

4.3.3 横向绳与纵向绳应垂直排列，其距离为 0.5～2mm。

4.4 织物芯带布层接头

带芯布层的纵向和横向接头的数目和位置应符合 HG/T 2194 的要求。

4.5 物理性能

4.5.1 覆盖胶物理性能应符合表 3 规定。

表 3

项目		指标	
		D 型	L 型
拉伸强度,MPa	不小于	18.0	15.0
拉断伸长率,%	不小于	400	350
热空气老化性能(70℃×7d)	拉伸强度变化率,%	−25～25	
	拉断伸长率变化率,%		
磨耗量,cm^3	不大于	0.7	0.8

注:要求特殊用途或输送尖利磨损性物料时,覆盖胶物性由供需双方商定。

耐热型(T 型)带的覆盖胶性能应符合 HG/T 2297 的规定。

4.5.2 织物芯带全厚度拉伸性能:

4.5.2.1 带的纵向拉伸强度应不低于其标称值。拉伸强度规格系列在 500N/mm 以下的横向拉伸强度规定值见表 4,500N/mm 及其以上的横向拉伸强度不作规定。

表 4 N/mm

纵向全厚度拉伸强度规格系列	横向全厚度拉伸强度,不小于
100	40
125	50
160	63
200	80
250	100
315	125
400	160
500	—

注:① 横向拉伸强度的规定不适用于棉帆布芯输送带。

② 表中纵向拉伸强度规格系列中的数值可按 R 10 优先数系向低值扩展。

③ 超出表中规定时,可由供需双方商定。

4.5.2.2 带的全厚度纵向拉断伸长率应不小于 10%,全厚度纵向参考力伸长率应不大于 4%。

注:参考力等于带的标称全厚度纵向拉伸强度的 10%乘以试样中部宽度基本值所得的力。

4.5.3 钢丝绳网芯带的纵向拉伸强度和钢丝绳破断拉力应符合表 2 规定。

4.5.4 织物芯带层间粘合强度应符合表 5 规定。

表 5 N/mm

织物类别与项目			布层间	覆盖层与布层间	
				覆盖层厚度 ≤1.5mm	覆盖层厚度 >1.5mm
100%聚酰胺织物	纵向试样平均值	不小于	5.25	3.15	4.50
	全部纵向试样最低峰值	不小于	3.85	2.40	2.85
其他 100%合成纤维织物	纵向试样平均值	不小于	4.50	3.15	3.50
	全部纵向试样最低峰值	不小于	3.85	2.40	2.85

续表 5

N/mm

织物类别与项目			布层间	覆盖层与布层间	
				覆盖层厚度≤1.5mm	覆盖层厚度>1.5mm
棉纤维帆布	纵向试样平均值	不小于	3.00	2.20	2.60
	全部纵向试样最低峰值	不小于	1.95	1.60	1.95
其他含天然纤维的织物	纵向试样平均值	不小于	3.15	2.35	2.80
	全部纵向试样最低峰值	不小于	2.70	1.60	2.20

4.5.4.1 耐热型织物芯带层间粘合强度应符合 HG/T 2297 的规定。

4.5.5 钢丝绳网芯带覆盖层与横向绳间及横向绳与相邻层间粘合强度均应不低于 12N/mm。

4.5.6 钢丝绳网芯带纵向绳粘合强度应符合表 6 规定。老化后粘合强度应不小于表中规定值的 85%。

表 6

绳径 d,mm	粘合强度,N/cm	绳径 d,mm	粘合强度,N/cm
2.6～2.8	509.9	4.6～5.0	735.5
2.9～3.0	539.4	5.1～5.5	784.5
3.1～3.2	559.0	5.6～6.0	833.6
3.3～3.4	578.6	6.1～6.5	882.6
3.5～3.6	598.2	6.6～7.0	931.6
3.7～3.8	617.8	7.1～7.5	980.7
3.9～4.0	637.4	7.6～8.0	1 029.7
4.1～4.5	686.5	8.1～8.5	1 078.7

4.6 外观质量

4.6.1 织物芯带外观质量应符合 GB/T 526 的规定。

4.6.2 钢丝绳网芯带外观质量应符合 GB/T 9770 的规定。

5 试验方法

5.1 提升带的宽度、长度和织物芯带的覆盖层厚度、带的总厚度测量，按 GB/T 4490 进行。

5.2 钢丝绳网芯带的厚度最大差值和覆盖层厚度测量，按 GB/T 5753 执行。

5.3 钢丝绳网芯带边胶宽度的测定、纵向绳距测定和钢丝绳在厚度方向的偏心值测定，按 GB/T 9770 进行。

5.4 提升带的覆盖层拉伸性能试验，按 GB/T 528 进行。

5.5 覆盖层耐磨性能试验，按 GB/T 1689 进行。

5.6 覆盖层的热老化性能试验，按 GB/T 3512 执行。

5.7 织物芯带的全厚度拉伸性能试验，按 GB/T 3690 执行。

5.8 钢丝绳网芯带的纵向全厚度拉伸性能试验，按 GB/T 5754 进行。

5.9 钢丝绳网芯带的覆盖层与横向绳间及横向绳与相邻层间粘合强度试验，按附录 A 执行。

5.10 织物芯带层间粘合强度试验，按 GB/T 6759 中的 A 法进行。

5.11 钢丝绳网芯带的钢丝绳粘合强度试验，按 GB/T 5755 执行；老化后钢丝绳粘合强度试验，按 GB/T 5755中“热空气加热法”进行。

6 检验规则

6.1 提升带出厂前应逐条检验外观质量、长度、宽度、覆盖层厚度和边胶宽度。

6.2 在一个生产批量中抽取一定数量的样品进行提升带的出厂检验，取样数量和要求按 HG/T 2410 执行。

6.3 出厂检验时，可不进行覆盖层的热老化试验和钢丝绳粘合强度的老化试验。

6.4 型式检验每年不小于一次，应按本标准规定的技术要求全项检验。

6.5 检验中如某项性能不符合标准，应在同批带中另取双倍试样，对不合格项目进行复试。复试后如仍有一个结果不符合标准，则该批或该时期产品为不合格品。

7 标志、包装、运输、贮存

7.1 提升带的标志按 GB 5752 执行。

7.2 提升带应缠卷在芯轴上，用覆盖物捆扎牢固。包装物上应标明产品名称、带长、型号、生产厂名（或注册商标）。

7.3 提升带的运输和贮存按 GB/T 6757 执行。

附　录　A
钢丝绳网芯带的层间粘合强度测定方法
（补充件）

A1　仪器

符合下列要求的拉力试验机：

a.　带有自动记录剥离力的绘图装置；

b.　夹具运行速度可调为 100±10mm/min；

c.　测量误差不大于量程的 1%。

A2　试样

A2.1　在带制成至少 5 天后，离带边不少于 50mm 的部位，与带的轴线平行各切取 2 个试样。

A2.2　试样各面均呈矩形，宽度为 25±0.5mm，长度为 200mm，厚度为带的全厚度。

A2.3　从试样两面用刀紧贴钢丝绳切开一段。其长度应保证试样在夹具中夹持良好。

A3　试验程序

A3.1　试验应在温度 23±2℃的条件下进行。

A3.2　试验剥离长度至少为 100mm。

A3.3　将覆盖胶夹在一个夹具中，将含有钢丝绳的带芯夹在另一个夹具中。

A3.4　开机试验，动夹具运行速度为 100±10mm/min，记录剥离力的曲线。

A4　结果表示

A4.1　根据剥离力曲线，确定中值力，与试样宽度之比称为粘合强度，其单位是 N/mm。

A4.2　层间粘合强度取 2 个试样的粘合强度平均值，数值修约到 0.1N/mm。

附加说明：

本标准由中华人民共和国化学工业部技术监督司提出。

本标准由青岛橡胶工业研究所归口。

本标准由沈阳胶带总厂负责起草。

本标准主要起草人庄焱、刘兴久。

本标准参照采用英国标准 BS 490 Part 2:1975《织物芯橡胶和塑料提升带》。

前言

本标准是根据日本工业标准 JIS K 6373—1989《轻负荷用同步带》制造的，在技术内容上与该日本工业标准的正文部分等效，编写规则上与之不同。JIS K 6373 中的附录《轻负荷用同步带使用方法》未包括在本标准中。

本标准由中华人民共和国化学工业部技术监督司提出。

本标准由青岛橡胶工业研究所归口。

本标准起草单位：青岛橡胶工业研究所、青岛同步带厂、无锡县太湖同步带厂、宁波同步带总厂、上海航头同步带厂。

本标准主要起草人：韩德深、谭志清、吴健新、林齐福、沈玉明。

中华人民共和国化工行业标准

HG/T 2703—1995

小功率梯形齿同步带

1 范围

本标准规定了小功率传动用环状梯形齿同步带(简称同步带)的产品分类、要求、试验方法、检验规则及标志、包装、贮存规则。

本标准适用于MXL和XXL型小功率传动用环状梯形同步带。

2 引用标准

下列标准所包含的条文,通过在本标准中引用而构成为本标准的条文。本标准出版时,所示版本均为有效。所有标准都会被修订,使用本标准的各方应探讨使用下列标准最新版本的可能性。

GB/T 10716—1989 同步带拉伸性能试验方法

GB/T 11616—1989 同步带尺寸(eqv ISO 5296/1,2:1989)

3 分类

3.1 型式

同步带分为以下各种型式:

a) 单面同步带:仅一面有齿的同步带。

b) 双面同步带:两面都有齿的同步带,双面同步带按齿的排列方式又分为对称齿双面同步带和交错齿双面同步带两种型式。

3.2 型号

按齿的节距分为MXL和XXL两种型号,见表1。

表 1

型号	节距	
	mm	in
MXL	2.032	0.080
XXL	3.175	0.125

3.3 规格标记

单面齿小功率同步带的规格标记内容和顺序为长度代号、型号、宽度代号、标准号。

标记示例如下:

124.0 MXL 025 ×××××××

- ××××××× —— 标准号
- 025 —— 宽度代号,表示宽度6.4 mm(0.26 in)
- MXL —— 型号,表示节距为2.032 mm(0.080 in)
- 124.0 —— 长度代号,表示节线长为314.96 mm(12.4 in)

中华人民共和国化学工业部1995-05-05批准　　　　1996-01-01实施

4 要求

4.1 材料和结构

同步带一般使用橡胶做背胶和齿胶。抗拉体所用的芯绳应是玻璃纤维绳、钢丝绳或合成纤维绳等，其捻度要均匀，芯绳应位于节线位置。齿和齿底外表包有橡胶涂覆织物或直接裸露。齿面包布所用的是锦纶布或其他合成纤维布，其经线和纬线的密度要均匀。

梯型齿同步带的结构如图1所示。

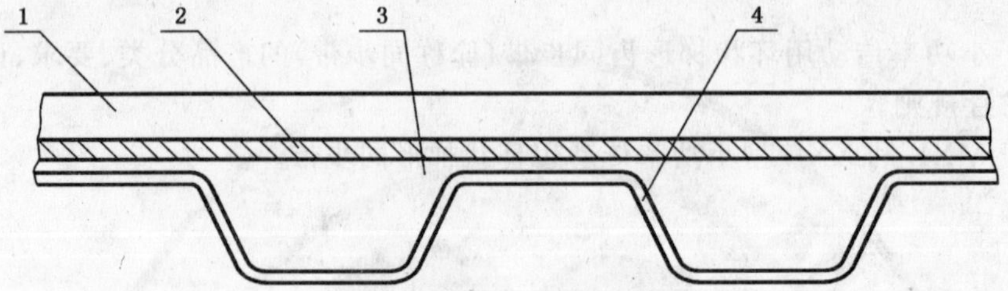

1—背胶； 2—芯绳； 3—齿胶； 4—齿面包布

图 1

4.2 尺寸

同步带的齿形尺寸、长度及其极限偏差、宽度及其极限偏差和高度应符合GB/T 11616的规定。

4.3 物理机械性能

同步带的物理机械性能应符合表2的规定。

表 2

项 目	带 宽,mm		
	3.2	4.8	6.4
全截面拉伸强度,N ≥	118	196	275
参考力伸长率,% ≤	4.0	4.0	4.0
参考力,N	98	157	216

4.4 外观质量

4.4.1 同步带的工作面应具有等间距的饱满梯形齿,包布不得有褶破损等现象。

4.4.2 同步带的背胶和齿胶不得有妨碍使用的气泡、凹坑、裂纹、棉、伤痕等缺陷。

4.4.3 同步带不得有扭曲现象。

5 抽样[1]

5.1 同步带应按本标准4.4规定逐条目测外观质量。

5.2 同步带按批抽样进行尺寸和物理机械性能检验。以同一型号不多于2 000条的同步带为一批,每周产量不足2 000条时,每周至少做一次检验。

5.3 每批同步带至少抽三条用于尺寸检验。

5.4 如果试验有不合格项目时,应在该批同步带中另取双倍试样进行不合格项目的试验。如果复验项目仍有一个不合格,则该批产品为不合格品。

采用说明:

1] 日本工业标准JIS K 6373—1989无此规定。

6 试验方法

6.1 同步带齿形尺寸使用投影仪进行测量，宽度使用准确度为0.02 mm的卡尺进行测量。

6.2 同步带节线长度使用同步带测长机按照GB/T 11616的规定进行测量。

6.3 同步带拉伸强度和参考力伸长率采用非环形试样按照GB/T 10716规定进行试验。

6.3.1 在取自同一批产品的至少两条同步带上，截取250 mm以上的三个试样(带长在250 mm以下时，试样长度取带长)，试样宽度等于带宽。

6.3.2 伸长率测量中的标线距离原则上为100 mm。

6.3.3 试验结果取3个测定值的平均值并修约至整数位。

7 标志、标签、包装、贮运

7.1 标志

同步带必须有水洗不掉的明显标志，标志中应包括以下内容：

a) 制造厂名；

b) 商标；

c) 产品标记。

7.2 标签

标签中包括以下主要内容：

a) 产品名称、型号、商标；

b) 标志；

c) 生产日期；

d) 批号；

e) 制造单位；

f) 产品性能；

g) 使用方法、注意事项。

7.3 包装

根据同步带的型号、长度、宽度、数量、质量、体积，采用适宜的包装箱对产品进行包装，不得使带子受到曲折。包装箱内应附有标签和合格证书。

7.4 贮存和运输

7.4.1 同步带在贮存和运输过程中，应避免阳光直射，防止与酸、碱和油类等接触。

7.4.2 贮存时库房温度应保持在－18℃～＋40℃之间，相对湿度在50％～80％之间。

7.4.3 贮存期间要避免使同步带承受过大重量而变形，也不得使带受到曲折。最好将同步带悬挂在弧形架上或平整地放在货架上。要离开热源1 m以上。

前　言

煤矿井下用织物芯阻燃输送带是一种涉及人身安全的产品。为尽快适应国际贸易、技术和经济交流的需要，本标准等效采用了国外先进的英国国家标准 BS 3289:1990《井下用织物芯输送带(包括难燃性能)》。在所引用的国家标准中《输送带滚筒摩擦试验方法》、《输送带酒精喷灯燃烧性能规范及试验方法》、《输送带丙烷燃烧器燃烧试验方法》三个国家标准都已等效采用了英国国家标准 BS 3289:1990。另外，有部分引用的国家标准，是等效采用国际标准制定的，与英国国家标准也基本一致。而输送带的《平均带厚测量方法》、《覆盖层厚度测量方法》、《粘合强度试验方法》和《撕裂强度试验方法》四项国家标准因与BS 3289:1990 有所差异，本标准未予引用，分别等效采用BS 3289:1990 以附录 A、附录 B、附录 C、附录 D 予以规定。

本标准自实施之日起，代替 HG 4—1619—87。

本标准的附录 A、附录 B、附录 C、附录 D 都是标准的附录。

本标准由中华人民共和国化学工业部技术监督司提出。

本标准由青岛橡胶工业研究所归口。

本标准起草单位：青岛橡胶工业研究所、江苏省煤矿研究所、辽宁阜新橡胶总厂、中国煤炭工业部徐州输送带维修中心。

本标准主要起草人：于冰、韩德深、刘念喜、蔡鹏、李平、辛永录、孙萍。

BS 前言

本标准是在英国橡胶标准政策委员会的指导下制定的。本标准是 BS 3289:1982 的修订本。自本标准发布日起,该版即行撤消。在应用本标准时应注意以下事项:

a) 现行的标题和范围着重强调其适用范围是井下用输送带。

b) 高能丙烷燃烧试验是根据最新煤矿井下安全规程制订的。

制订本标准的目的是使按标准制成的带能满足矿井下各种使用要求,并且具有阻燃性。

与本标准一致并不免除其法律责任。

中华人民共和国化工行业标准

HG 2805—1996

煤矿井下用织物芯阻燃输送带

代替 HG 4—1619—87

1 范围

本标准规定了煤矿井下用织物芯结构的阻燃输送带(以下简称"阻燃带")的物理机械性能、阻燃性能、尺寸、标志、接头、贮存和运输、外观质量及试验方法。

本标准主要适用于煤矿井下织物芯阻燃输送带。

2 引用标准

下列标准所包含的条文,通过在本标准中引用而构成为本标准的条文。本标准出版时,所示版本均为有效,所有标准都会被修订,使用本标准的各方应探讨使用下列标准最新版本的可能性。

GB/T 3684—1983 运输带导电性规范和试验方法(neq ISO 284:1982)

GB/T 3685—1996 输送带酒精喷灯燃烧性能规范和试验方法(eqv ISO 340:1988)

GB/T 3690—1994 织物芯输送带拉伸强度和伸长率测定方法(eqv ISO 283:1990)

GB/T 4490—1994 输送带尺寸(eqv ISO 251:1987 和 ISO 583:1990)

GB/T 5723—1993 硫化橡胶或热塑性橡胶试验用试样和制品尺寸的测定(eqv ISO 4648:1991)

GB 5752—1992 输送带标志(neq ISO 433:1991)

GB/T 6757—1986 输送带贮存和搬运通则(eqv ISO 5285:1978)

GB/T 7986—1987 输送带滚筒摩擦试验方法

GB/T 16412—1996 输送带丙烷燃烧器燃烧试验方法

3 结构

阻燃带以整体织物或多层帆布为带芯,带芯应浸有阻燃化合物并覆以阻燃覆盖层,整条带应固化或硫化为一体。

带的边缘应以阻燃材料完全包覆。边缘覆盖层材料应硫化或固化在覆盖层和织物上,并具有良好的阻燃性。

4 织物

织物要均匀、牢固、无打结、瘤节及捻度不匀等缺陷。

5 物理机械性能

煤矿井下用阻燃带的物理机械性能见表 1。非煤矿井下用阻燃带的物理机械性能见表 2。带的型号是由其纵向拉伸强度来决定的。

中华人民共和国化学工业部 1996-06-07 批准　　1997-01-01 实施

表 1

型　　号	全厚度拉伸强度/(kN/m) ≥		拉断伸长率/% ≥		撕裂强度/kN ≥	厚度/mm ≥
	纵向	横向	纵向	横向		
580	580	245	17	18	1.0	7.5
680	680	265	17	18	1.0	7.5
700	700	265	17	18	1.1	8.0
800*	800	280	15	18	1.1	8.0
875	875	280	15	18	1.2	8.5
1 000*	1 000	300	15	18	1.2	8.5
1 140	1 140	350	15	18	1.6	9.0
1 250*	1 250	350	—	18	1.6	9.0
1 400	1 400	350	—	18	1.6	9.0
1 600*	1 600	—	—	18	—	9.0
1 750	1 750	—	—	18	—	9.0
1 800	1 800	—	—	18	—	9.0
2 000*	2 000	—	—	18	—	9.0
2 100	2 100	—	—	18	—	9.0
2 240	2 240	—	—	18	—	9.0
2 500*	2 500	—	—	18	—	9.0
2 625	2 625	—	—	18	—	—
2 800	2 800	—	—	18	—	—
3 150*	3 150	—	—	18	—	—
3 400	3 400	—	—	18	—	—

注：“*”者为国际标准的R10系列，希望尽量采用此系列规格。

表 2

型　　号	全厚度拉伸强度/(kN/m) ≥		拉断伸长率/% ≥
	纵向	横向	
160	160	63	10
200	200	80	10
250	250	100	10
315	315	125	10
400	400	160	10
500	500	200	10
630	630	250	10
800	800	270	10
1 000	1 000	315	10

表 2(完)

型　　号	全厚度拉伸强度/(kN/m) ≥		拉断伸长率/% ≥
	纵向	横向	
1 250	1 250	—	10
1 600	1 600	—	10
2 000	2 000	—	10
2 500	2 500	—	10

6 长度

阻燃带长度的极限偏差及测量方法按 GB/T 4490 规定进行。

单卷带长度的极限偏差为带长的 $^{+2}_{-0.5}$%，为特定输送机定做的带的长度，不得小于双方协议规定长度。

7 宽度

阻燃带宽度的极限偏差测量方法按 GB/T 4490 规定进行。

带的宽度应符合表 3 的规定。

表 3

宽度/mm	极限偏差	一条带上任意两点的最大宽度差值
300		
400	+10 mm −5 mm	10 mm
450		
500		
600		
650		
750	+2% −1%	2%
800		
900		
1 000		
1 050		
1 200		
1 350		
1 400		
1 500		
1 600		
1 800		
2 500		

8 带的厚度

带的厚度应按附录A和附录B进行测量，厚度值应符合表1规定。测量带的厚度时，任意两次测量值的差值应符合以下规定：

a）平均总厚度不大于10 mm的带，厚度差不大于1 mm；

b）平均总厚度大于10 mm的带，厚度差不大于平均带厚的10%。

9 覆盖层厚度

9.1 覆盖层平均厚度

根据附录B测量和计算的覆盖层平均厚度不得小于双方协议中规定的覆盖层厚度。

9.2 任意点的覆盖层厚度

当按附录B进行测量和计算时，任意测量点的覆盖层厚度不小于覆盖层规定厚度的70%。

9.3 距带边缘25 mm内和12 mm内的覆盖层最小厚度不得小于表4规定值。

表 4

带 宽 mm	覆盖层厚度规定值 mm	覆盖层最小厚度与规定厚度的比率/%	
		距边缘25 mm内	距边缘12 mm内
≤1 350	<1	50	—
>1 350	<1	50	20
≤1 350	≥1	70	—
>1 350	≥1	70	20

9.4 边胶宽度

边胶宽度应不大于9 mm，且要均匀，避免露出带芯。

10 织物接头

10.1 横向接头

10.1.1 整体织物芯带芯体不允许有横向接头。

10.1.2 多层帆布芯带芯体的横向接头与带的纵向轴线的夹角45°～70°。接头间最小间距的要求如下：

a）外层织物接头的间距不得小于100 m，接头应对接紧密且无搭迭现象；

b）同一内层接头的间距不得小于15 m，任何一段200 m的长度上接头数不得大于2个；

c）相邻布层上接头的间距不得小于3 m；

d）不相邻布层上接头的间距不得小于带宽的两倍。

10.2 纵向接头

10.2.1 整体织物芯带的织物不得有纵向接头。

10.2.2 多层织物芯带的织物纵向接头数应符合表5的规定。

表 5[1]

带　宽 W mm	纵向最多接头数	
	外　层	内　层
W≤650	0	2
650<W≤1 200	2	2[1)]
1 200<W≤1 600	3	2[2)]
1 600<W≤2 000	4	3[2)]

1）如带芯两外层没有纵向接头，则此数可以加倍。

2）如带芯每个外层的纵向接头不多于 2 个，则此数可以加倍。

10.3　成品带的带接头

10.3.1　整体带芯输送带不得有带接头。

10.3.2　长 50 m 以下(包括 50 m)的多层带芯输送带不得有带接头，50 m 以上多层带芯输送带允许有一个带接头，但接头到带端的间距不得小于 10 m。

注：生产厂家应提供关于接头位置的数据。

11　外观质量

成卷带在铺开后应基本平直，带的表面及边部不得有鼓泡和影响使用的其他表面缺陷，带芯应由覆盖层完全封闭、以防受潮变质。

12　全厚度拉伸强度和拉断伸长率

阻燃带的全厚度拉伸强度和拉断伸长率的测定方法按 GB/T 3690 进行。试样选择 C 型[2]。

全厚度拉伸强度和伸长率的平均值应符合表 1 和表 2 的规定。

13　粘合强度

阻燃带的粘合强度试验按附录 C 进行。

13.1　覆盖层与带芯粘合强度及带芯内部粘合强度

覆盖层与带芯粘合强度及带芯内部粘合强度应按附录 C 进行试验，其结果不得低于表 6 规定值。

表 6　　kN/m

项　目	覆盖层与带芯间粘合强度	整体带芯的内部粘合强度	布层间粘合强度
两试样平均粘合强度的平均值	4.0	4.0	含棉纤维帆布 4.0 100%合成纤维帆布 4.5
两试样最低粘合强度的较低值	3.25	3.25	3.25

13.2　边胶粘合强度

如需测定边胶粘合强度时，应按附录 C 的规定在拉力试验机上沿与带边平行的方向以不大于

采用说明：

1] 根据国内实际情况，BS 3289 有所不同。

2] BS 3289 中规定 C 型试样的中宽度为 25 mm 和 26 mm，而 ISO 283:1990 中规定为 25^{+1}_{-2} mm。

50 mm/min的速度剥离边胶，以平均剥离力除以带厚的商表示边胶粘合强度，其值不小于 2.6 kN/m。

13.3 标准覆盖层与附加覆盖层的粘合强度

按附录 C 的规定试验并记录附加覆盖层和标准覆盖层之间的粘合强度。

注：附加覆盖层与标准覆盖层间的粘合强度是非标准化的。

14 撕裂强度

成品带的撕裂强度试验方法按附录 D 进行。A 法和 B 法试验的平均值都不得小于表 1 和表 2 规定值。

15 电阻

电阻试验按 GB/T 3684 进行。

阻燃带上、下两面的表面电阻平均值均不得大于 3×10^{8} Ω。

16 阻燃性

16.1 滚筒摩擦试验

阻燃带的滚筒摩擦试验按 GB/T 7986 进行。在每个试样的试验过程中或试样断裂后，试样任何部位均不得出现任何明焰或炽燃现象。每次试验测得的滚筒表面温度不得高于 325℃。

16.2 酒精喷灯燃烧试验

阻燃带的酒精喷灯燃烧试验按 GB/T 3685 的 B 法进行。

阻燃带的酒精喷灯燃烧试验的要求如下：

a）6 个全厚度试样在把喷灯移开后全部明焰或炽燃时间的平均值不得大于 3 s，其中任何单个值不得大于 10 s；

b）剥去覆盖层的两组各九个试样（纵向、横向试样各九个）在把喷灯移开后明焰或炽燃时间的平均值不大于 5 s，其中任何单个值不大于 15 s。

c）在单个全厚度试样平均明焰或炽燃时间的平均值不大于 3 s，而其中某个值大于 10 s 的情况下，应重新取六个试样复试一次。在任意组剥去覆盖层的单个试样平均明焰或炽燃时间的平均值不大于 5 s，而其中单个值大于 15 s 的情况下，应重新取同样九个试样复试一次。

16.3 丙烷燃烧试验

阻燃带的丙烷燃烧试验方法按 GB/T 16412 进行。

阻燃带的丙烷燃烧器燃烧试验方法分为高能燃烧试验方法和一般燃烧试验方法。供需双方根据协议决定所采用的试验方法。1]

判定是否烧坏的标准为：

a）烧坏包括发脆、硬化、裂开、起泡及其他原来没有的缺陷。

b）测量前可用干布将试样表面上的烟迹，油污擦去，带表面因燃烧而发现烟灰，沉积或光泽消失现象不应判为烧坏。

c）各向尺寸不大于 5 mm 的气泡或不大于 5 mm 其他小缺陷处理如下：

① 烧伤点不超过 5 处的小缺陷不算烧坏。

② 距离其他气泡及其他缺陷 50 mm 以外不算烧坏。

③ 任何更多的小缺陷在试样表面形成直径不超过 50 mm 的一个圆，而各组的间距均在 30 mm 以上也不算烧坏。

采用说明：

1] BS 3289 中无一般燃烧试验方法。

d) 试样上、下覆盖层所剩全宽未烧坏长度应如 GB/T 16412 图 3 中 L 所示，并用钢卷尺沿试样纵向表面进行测量。进行高能丙烷燃烧试验时，阻燃带应符合下列条件之一：

① 全宽未烧坏部分长度大于 2 250 mm；

② 最高平均温升值不大于 90℃，烧坏带长不大于 2 000 mm，且剩余全宽未烧坏部分长度大于 250 mm；

③ 最高平均温升不大于 80℃，烧坏带长不大于 2 250 mm，且剩余全宽未烧坏部分长度大于 250 mm。

试验中若发生偶然事件中止试验时，应记录试验经过，

17 抽样1]

17.1 所取样品应能代表整批产品。试样的检测由试验管理部门进行。检验样品应于阻燃带制成后至少 48 h 方可切取。阻燃带的外观质量和规格尺寸应逐条进行检查。

17.2 阻燃带以 8 000 m 为一批，在每批成品中抽取一段进行物理性能和阻燃性能试验。

17.3 检验分为出厂检验和型式检验。一般情况下只需进行出厂检验。

在进行型式检验时，应检验本标准中有要求的全部项目。在进行出厂检验时，只检验宽度、带的总厚度、覆盖层物理性能、全厚度拉伸强度和伸长率、粘合强度、撕裂强度、电阻和酒精喷灯燃烧性能。

17.4 物理机械性能和安全性能试验有一项指标不合格，应在该批产品中另取相同数量试样对不合格项目进行复试，复试后仍有一项指标不合格，则该批产品为不合格品。

18 标志贮存和运输

输送带的标志应执行 GB 5752[2]。若上下覆盖层厚度不一致时，标志应在较厚的一面上。在成卷带的外表面距带端约 1 m 的部位标上生产批号，该批号至少 40 mm 高。标志要足够牢固、在运输、存放和安装过程中不会磨损。

输送带的贮存和运输按 GB/T 6757 进行[3]。

采用说明：

1] BS 3289 在本条中对高能丙烷燃烧试样的取样部分已在 GB/T 16412 中做了详细规定，本条中不再重复。本条新增加了 BS 3289 中没有的产品检验方面的内容。

2] BS 3289 中内容与我国国情不符，且 GB 5752 为强制性标准。

3] BS 3289 无该条内容。

附 录 A
（标准的附录）
平均带厚测量方法

A1 原理

在七个点上测量带厚，且以七个测量结果的平均值作为平均带厚值。

带的厚度和覆盖层厚度在同一试样上测量。

A2 测量工具

采用符合 GB/T 5723 规定的转动指针式厚度计。测足对试样施加的压力为(22±5)kPa。

A3 试样

从全厚度的阻燃带上切取一块矩形试样，长度为 80 mm，宽度为带的全宽。切面与带边成直角，切割边缘要整齐，试片表面要平整。

A4 程序

将试样平放在托台上，必要时用手指压平。让试片在托台两边伸出的端头保持与托台同高，沿图 A1 所示 B—B 线上七个点测量带厚。

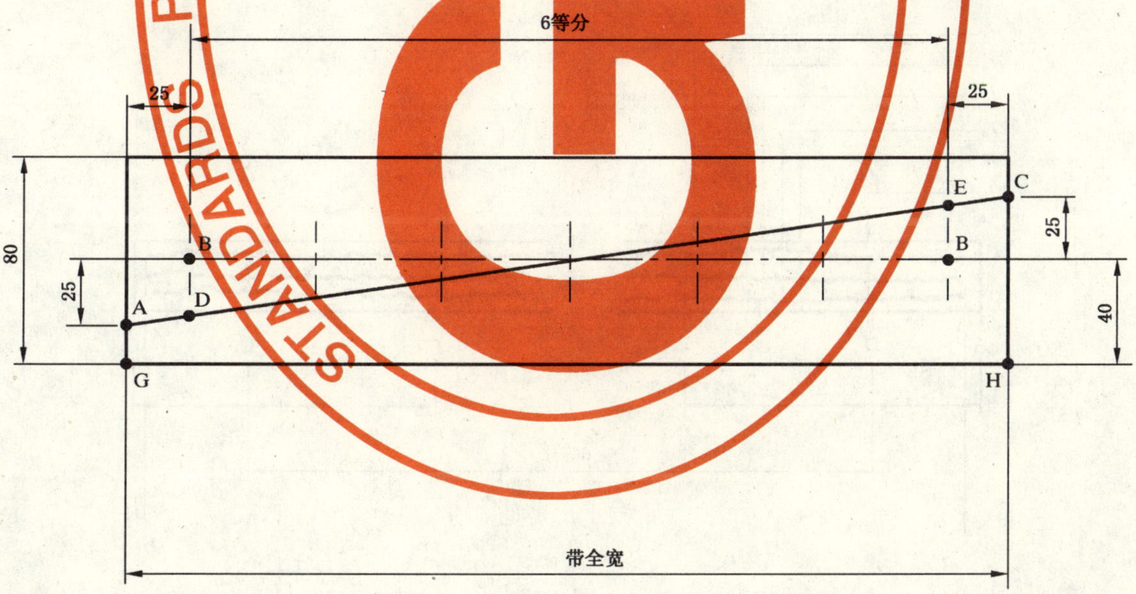

图 A1

A5 结果的计算和表示

记录七个点上各点的带厚度，各测量值均保留到小数点后第二位。计算七个结果的平均值，将其作为平均带厚值(以 mm 为单位)。

附 录 B
（标准的附录）
覆盖层厚度测量方法

B1 原理

在层间未剥离的带的切割边缘上测量上、下覆盖层厚度。

B2 装置

最小分度为 0.1 mm 的光学测微仪。

B3 试样

按附录 A 中 A3 的规定，沿图 A1 所示的 A—C 线切取试样，切面与试样表面成直角。

B4 程序

B4.1 平均覆盖层厚度

注：测量上、下覆盖层平均厚度的程序与此相同。

B4.1.1 对于覆盖层材料直接覆盖在带芯上的带按以下规定（见图 B1）在带表面（上覆盖层）和带芯织物组织表面之间找出七个测量点。

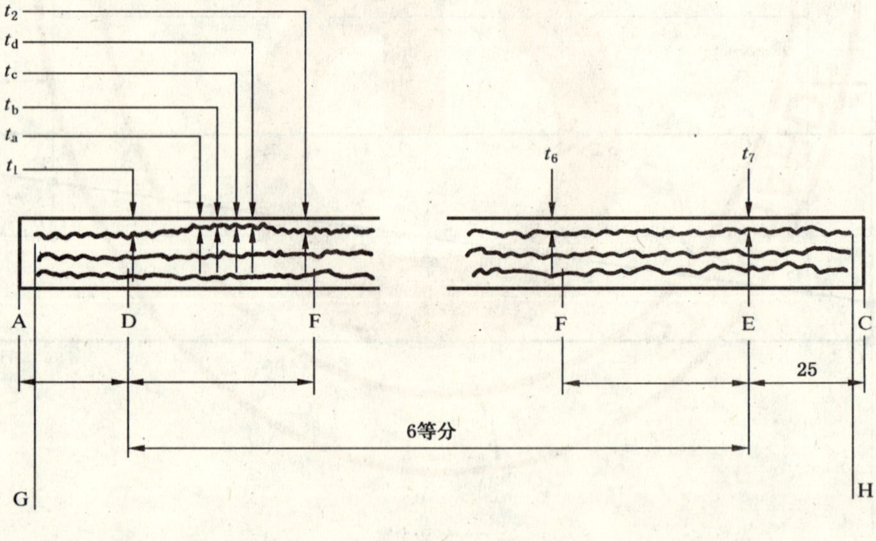

图 B1

a）t_1 和 t_7 是带表面（上覆盖层）到最靠近 D、E 两线上织物波峰间的距离；

注：D 线和 E 线距带的每一边各 25 mm。

b）t_2 和 t_6 是五条 F 线上最接近每一条线的带表面（上覆盖层）到织物波峰间的距离；

注：五条 F 线是贯穿带宽在 D、E 间的等距离线。

B4.1.2 对材料不同但却相容的带，标准上覆盖层材料被固化或硫化在原有的标准覆盖层材料上形成附加覆盖层厚度。按如下规定测量七次（单位：mm），测量带表面（上覆盖层）与附加覆盖层和标准覆盖层材料界面间的距离（见图 B2）。

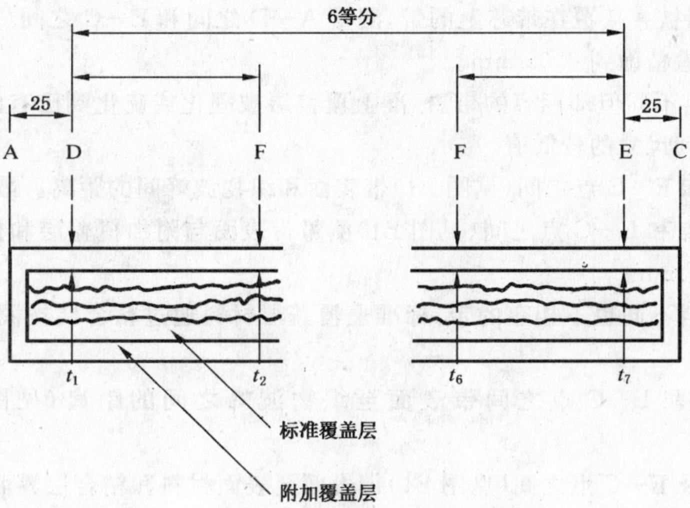

图 B2

a) t_1 和 t_7 是在最接近 D、E 两线中每一处带面和交界面间的距离(交界面是指附加覆盖层和标准覆盖层的交界面);

注:D 线和 E 线距带的每一边 25 mm。

b) t_2 和 t_6 是带表面(上覆盖层)与五条 F 线中最接近每一条上附加覆盖层和标准覆盖层材料界面间的距离。

注:五条 F 线是位于带的全宽上 D、E 间等距离线。

B4.1.3 对材料不同又不相容的带,标准上覆盖层通过粘合层固化到带芯上,按如下规定(见图 B2)测定带表面(上覆盖层)与表面覆盖层材料和粘接层之间界面间的距离,共测七次。

a) t_1 和 t_7 是带表面(上覆盖层)和 D、E 线中每一条上表面材料与粘合层之间界面间的距离;

注:D、E 线各距带边 25 mm。

b) t_2 和 t_6 是带表面(上覆盖层)与五条 F 线中每一条上表面材料和粘合层之间界面间的距离。

注:五条 F 线是贯穿全宽 D 和 E 间的等距离线。

B4.2 局部薄的带覆盖层厚度的测量

注:测量局部薄的上、下覆盖层厚度的程序与此相同。

B4.2.1 如果肉眼能看出某个部位(不包括试样边缘 25 mm 以内)覆盖层明显较薄,应按以下程序测量其厚度。

B4.2.2 对覆盖层材料直接覆在带芯上的带做四次测量。测量较薄范围内四个从带表面(上覆盖层)到相邻织物波峰间的距离,如图 B1 所示的 t_a、t_b、t_c 和 t_d 的位置。

B4.2.3 对材料不同但可相容的带,标准上覆盖层材料被硫化或固化到标准覆盖层材料上做附加覆盖层,记录以下厚度值中较小的值。

a) 带表面与附加覆盖层和标准覆盖层的界面间的最小距离;

b) 带表面与较薄区域内四个相邻织物波峰之间四个距离的平均值。如图 B1 所示的 t_a、t_b、t_c 和 t_d 位置。

B4.2.4 覆盖层材料不同且不相容的带,标准上覆盖层材料通过粘合层固化到带芯上,记录下列值中的较小值。

a) 带表面与表面材料和粘接层之间界面间的最小距离;

b) 带表面至有关区域内四个相邻织物组织点间所测四个距离的平均值。如图 B1 所示的 t_a、t_b、t_c 和 t_d 的位置。

B4.3 在带边缘 25 mm 内和 12mm 内的最小覆盖层厚度

注:测量上、下覆盖层最小厚度的程序与此相同。

B4.3.1 对覆盖层材料被直接覆在带芯上的带，测量 A—D 之间和 E—C 之间（见图 B1）带表面到织物波峰间的最小距离，测量精确到 0.05 mm。

B4.3.2 对覆盖层材料不同但却相容的带，标准上覆盖层被固化或硫化到已有的标准覆盖层上形成附加覆盖层厚度，记录下列尺寸的较低值。

a）测量 A—D 点和 E—C 点之间（见图 B1）带表面和织物波峰间的距离。最小值精确到 0.05 mm。

b）在带的 A—D 点和 E—C 点之间（见图 B1）测量带表面与附加覆盖层和标准覆盖层界面间的距离，最小值精确到 0.05 mm。

B4.3.3 对覆盖层材料不同也不相容的带，标准上覆盖层材料通过粘合层被固化到带芯上，记录下列尺寸的较小值。

a）测量 A—D 点和 E—C 点之间带表面至织物波峰之间的距离（见图 B1），最小值精确到 0.05 mm；

b）测量 A—D 点及 E—C 点之间（见图 B1）带表面至表面材料和粘合层界面间的距离，最小值精确到 0.05 mm。

B4.4 边部覆盖层厚度

注：上、下覆盖层边部厚度的测量程序与此相同。

从带的横截面上（见图 A1 和图 B1）用光学测微仪测量 H—C 和 G—A 之间的距离，测量精确到 0.05 mm。

B5 结果的计算和表达

B5.1 平均覆盖层厚度

按式（B1）计算覆盖层厚度 C（单位用 mm）。

$$C = \frac{t_1 + t_2 + t_3 + t_4 + t_5 + t_6 + t_7}{7} \qquad \cdots\cdots\cdots(B1)$$

式中：C——平均覆盖层厚度，mm；

$t_1 \sim t_7$——已在 B4.1、B4.2 及 B4.3 中定义，mm。

B5.2 局部薄的覆盖层厚度

B5.2.1 记录局部薄的覆盖层厚度 IC 的测量结果，并根据覆盖层类型按 B5.2.2 至 B5.2.4 计算。

B5.2.2 覆盖层材料直接覆到带芯上的带按式（B2）计算 IC。

$$IC = \frac{t_a + t_b + t_c + t_d}{4} \qquad \cdots\cdots\cdots(B2)$$

式中：IC——薄部覆盖层厚度，mm；

$t_a \sim t_b$——符合 B4.2 的定义，mm。

B5.2.3 覆盖层材料不同但相容的带，标准上覆盖层材料被固化或硫化到原有的标准覆盖层材料上形成附加覆盖层厚度 IC。IC 是下列值中的较小者：

a）根据 B5.2.2 计算的结果；

b）带表面与附加覆盖层和标准覆盖层界面间的最小厚度[见 B4.2.3 中 a)]。

B5.2.4 覆盖层材料不同也不相容的带，标准上覆盖层通过粘合层固化到带芯上，其厚度 IC 是以下值中的较小者：

a）根据 B5.2.2 计算的结果；

b）带表面到表面材料和粘接层之间界面的最小厚度[见 B4.2.4 中 a)]。

B5.3 在带边缘 25 mm 内和 12 mm 内的最小覆盖层厚度。

按覆盖层类型根据 B4.3.1 至 B4.3.3 测量的结果，记录在带边缘 25 mm 内和 12 mm 内的最小覆盖层厚度。

B5.4 边胶宽度

记录按 B4.4 测得的两个边胶宽度。

B6 试验报告

试验报告包括以下内容：

a）根据 B5.1 记录的平均覆盖层厚度；

b）根据 B5.2 记录的任意薄的覆盖层厚度；

c）根据 B5.3 记录的距边缘 25 mm 内和 12 mm 内的覆盖层厚度；

d）根据 B5.4 记录的带两边的边胶宽度。

附 录 C
（标准的附录）
粘合强度试验方法

C1 原理

从带的全宽上选择覆盖层完整的试样，并确定以下性能：

a）整体带芯带：

① 从带芯剥离覆盖层所需力；

② 从标准覆盖层剥离任意附加覆盖层所需的力；

③ 分离带芯所需力（见表 6）。

b）多层带芯带：

① 从相邻层剥离覆盖层所需力；

② 层与层间相互剥离所需力；

③ 从标准覆盖层剥离任意附加覆盖层所需力。

注：进行 a）、b）项试验时，无严格定义的"覆盖层"一词包括任何存在的粘合层。

C2 试验装置

所用拉力试验机应带有自动测绘力的装置，其可动夹持器工作速度为 50 mm/min±2.5 mm/min。测量误差不大于量程的 1%。

C3 试样

C3.1 按 C1 进行试验时，每项试验需要两对试样，共 24 个试样。其中 12 个以纵向切割，另 12 个以横向切割。

注：用机械切割或手工切割均可。

C3.2 试样各面均成矩形，宽度为 25 mm±1.0 mm，长度至少为 300 mm，厚度为带的全厚度。切割边缘要整齐。试样在样品上的间距要足够大，力求使其代表整个样品。

C3.3 制成后的试样应置于 23℃±2℃[1]条件下进行至少 2 h 的状态调节。

C4 试验程序

C4.1 试验中如有试片断裂，重新另取试样进行试验。如果重取的试样也发生断裂，从两次试验记录曲线的最高峰取最大值（包括自动记录曲线的初始段在内）。

采用说明：

1] BS 3289 中规定为（20±2）℃。

C4.2 整体带芯带的粘合强度试验

C4.2.1 按如下规定从带芯剥离覆盖层：

a）从试片的一端将带芯与覆盖层剥离约 75 mm，将剥开的端部夹在试验机的上、下夹持器上，启动试验机，使夹持器以 50 mm/min±2.5 mm/min 的速度分离，记录使剥开的部分再剥离 100 mm 所需力的振荡曲线。试验中勿使未剥离部分受夹持；

b）根据 C4.4 确定粘合力的平均值和最小值；

c）对同一试样另一端的另一覆盖层重复 a)和 b)项程序；

d）对同一对试样的另一个试样重复 a)～c)项程序；

e）对另一对试样重复 a)～d)项程序。

C4.2.2 按以下规定进行带芯内部粘合强度试验：

a）从试片一端的带芯中间沿与覆盖层平行的方法切开大约 75 mm（见图 C1）。将剥开的试样两端夹在试验机的夹持器上，使夹持器以 50 mm/min±2.5 mm/min 的速度分离，记录再剥离 100 mm 试样所需力的振荡曲线。试验中勿使未剥离部分受夹持；

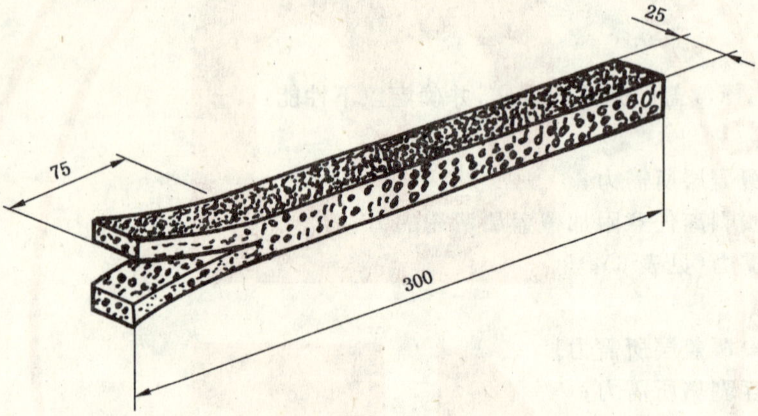

图 C1

b）确定粘合力的平均值和最小值（见 C4.4）；

c）对其余三个试样重复 a)和 b)项程序。

C4.2.3 按以下规定进行标准覆盖层与附加覆盖层间粘合强度试验：

a）从试样的一端将标准覆盖层与附加覆盖层之一切开大约 75 mm，将剥开的试样两端夹在试验机的夹持器上，使夹持器以 50 mm/min±2.5 mm/min 的速度分离，记录再剥离 100 mm 试样所需力的振荡曲线。试验中勿使未剥离部分受夹持；

b）确定粘合力的平均值和最小值（见 C4.4）；

c）对同一试样另一端的另一附加层重复 a)和 b)项程序；

d）对同一对中的第二个试样重复 a)～c)项程序；

e）对另一对试样重复 a)～d)项程序。

C4.3 多层带芯带的粘合强度试验

C4.3.1 按以下规定从相邻层剥离覆盖层；

a）从试样一端将覆盖层与带芯层剥离约 75 mm，将剥开的试样端部夹在试验机的上、下夹持器上，启动试验机，使夹持器以 50 mm/min±2.5 mm/min 的速度分离。记录再剥离 100 mm 所需力的振荡曲线，试验中勿使未剥离部分受夹持；

b）按 C4.4 确定粘合力的平均值和最小值。

C4.3.2 按以下规定进行层与层之间的剥离

a）对同一试样逐层进行上述试验直至中间层。对同一对试样中另一个试样从另一面覆盖层开始重复上述试验；

b）对另三对试样重复a)项程序。

C4.3.3 按C4.2.3的规定进行从标准覆盖层剥离附加覆盖层的试验。

C4.4 确定粘合力的平均值和最小值

将振荡曲线的初始段删去，以相应于试样剥离长度至少75 mm的一段曲线用目测法确定平均粘合力和最低粘合力。若目测法无效或曲线起伏较大时，按如下规定确定粘合力的平均值和最小值(见图C2)。

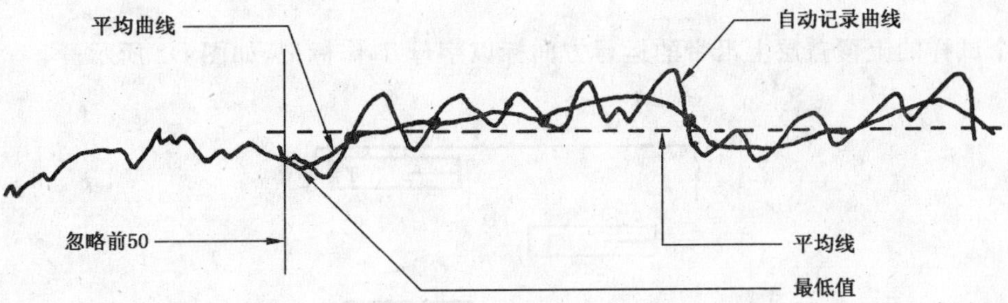

图 C2

a）穿过记录曲线上每一起伏之中点画出一条圆滑的平均曲线，此线代表粘合力曲线；

b）用目测法或适当的面积仪画出一条平行于记录纸横轴的直线来代表粘合力的平均高度。平行线的位置应使其上、下两部分面积相等，此线高度即平均粘合力；

c）粘合力曲线的最低值即最小粘合力。

C5 试验结果表达

C5.1 粘合强度的值应以kN/m表示。每对试样根据C4.2至C4.4记录和确定粘合性能。

C5.2 整体带芯带应包括：覆盖层与带芯之间测得的两个平均粘合力的平均值和两个最低粘合力的较低值；带芯内部粘合力的两个平均值和两个最低值。每对试样取四个值。

C5.3 多层带芯带应包括：覆盖层与帆布层间两个平均粘合力值的平均值和两个最低粘合力值的较低值；帆布层间两个平均粘合力的平均值和两个最小粘合力较低值，多层带芯带的每对试样应记录两个值。

当试样及重取试样都发生断裂时，记录两个试样粘合力的最大值及试验过程。

附 录 D
（标准的附录）
撕裂强度试验方法

D1 原理

用拉力试验机测定使试样上的切口扩展所需要的力。试样的覆盖层应完整。

D2 装置

符合附录C2的拉力试验机。

D3 试样

D3.1 在样品上切取六个全厚度纵向试样，试样为矩形，长度300 mm，宽为50 mm±1 mm，在试样一端沿纵向中心线切开一条与两边平行、长约100 mm的口子，如图D1所示。

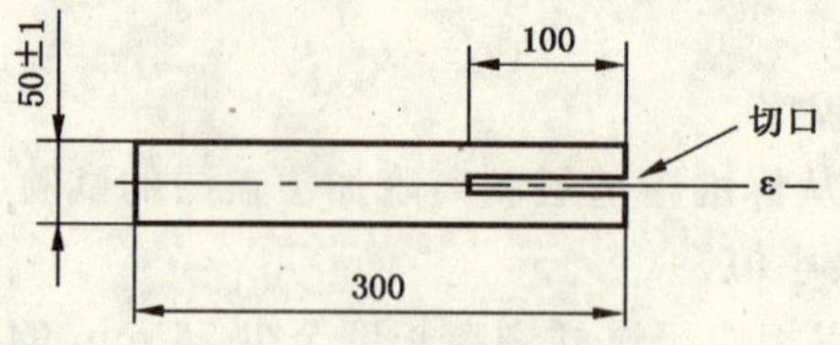

图 D1

D3.2 试样在样品上的距离要尽可能大，力求代表整个样品，其中一个试样距带边的距离应为 12～18 mm。

D3.3 在每个试样的上覆盖层上沿带的运行方向标以字母 T 作标记，如图 D2 所示。

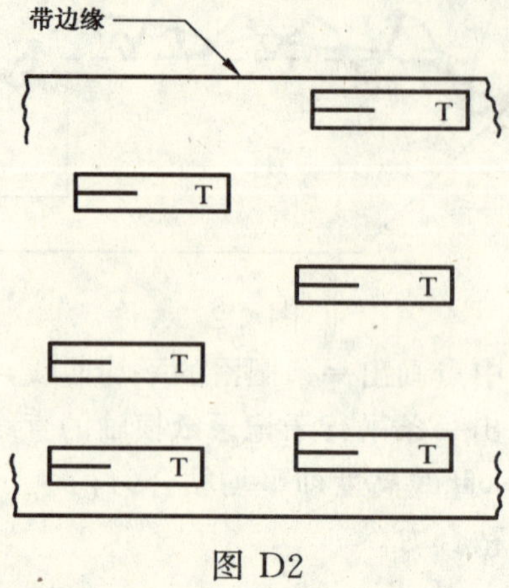

图 D2

D3.4 试样切取后应立即试验，若不能立即试验时则应将其存放在不会受潮的环境中直至试验开始。

D4 试验程序

将试样置于室温下，记录温度和相对湿度。

把试样切口两边夹持在拉力试验机的夹具上，使切口内缘位于夹持器中心线上，切口两边的方向与夹持器的移动方向一致。使夹持器以 50 mm/min±2.5 mm/min 的速度撕裂试样，自动记录使试样切口扩展 100 mm 所形成的振荡曲线。六个试样分别按图 D3 所示的 A 法和 B 法夹持，即三个试样用 A 法夹持，另三个试样用 B 法夹持。

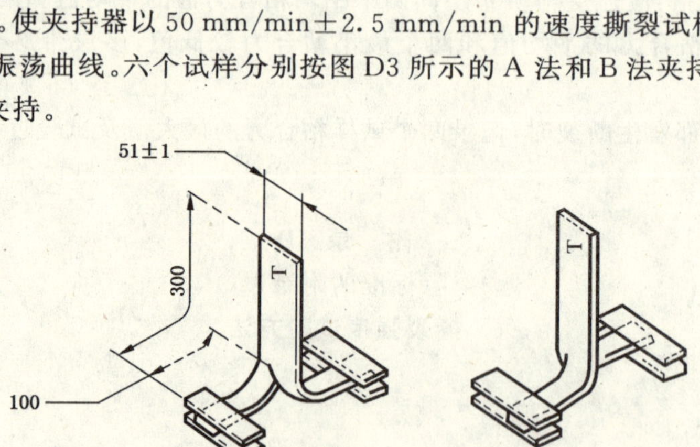

图 D3

将振荡曲线的初始段删去，以试样撕裂长度至少 75 mm 段的曲线用目测法确定平均撕裂力，当有争议或力的曲线波动较大时，按以下规定确定平均撕裂力。

a）通过振荡曲线中间画一条中间曲线，以此作为撕裂力曲线。

b）用目测法或适当的面积仪画出一条平行于自动记录基准直线的直线，平行线的位置应恰好使在此线上、下两部分面积相等，线的高度即为平均撕裂力。

D5 试验结果表述

分别记录六个试样中每一个的平均撕裂力(以 kN 为单位)。撕裂强度等于平均撕裂力。

记录用 A 法夹持的三个试样撕裂强度的平均值和 B 法夹持三个试样的平均值。

如果在标准撕裂发生之前织物已被抽出,则应记录该现象并记录平均撕裂力。

前言

国内轻便输送机胶带生产厂家日渐增加，本标准的制定为具有不同覆盖层、不同芯材的轻型带提供了全行业统一的技术依据。

本标准中织物芯橡胶覆盖层（包括橡塑型）轻型输送带技术内容，等效采用了日本工业标准 JIS K6325—1977(86)《轻便输送机胶带》。塑料型的聚氯乙烯、聚氨酯轻输送带等效采用了 1996 年国际标准草案 ISO/DIS 15147(1996)《切割式轻型输送带的宽度和长度公差》，还参考了 ISO/TC 41/SC3 N807《轻型输送带电阻的测定方法》。导电性等试验方法均按已发布的有关国家标准执行。

本标准由中华人民共和国化学工业部技术监督司提出。

本标准由青岛橡胶工业研究所归口。

本标准起草单位：沈阳长桥胶带有限公司、江阴皮革总厂。

本标准主要起草人：杨莉、周明、庄淼、金刚、宋岩。

中华人民共和国化工行业标准

HG/T 2818—1996

轻 型 输 送 带

1 范围

本标准规定了轻型输送带的产品分类、技术要求、试验方法、检验规则及标志、包装、运输、贮存。

本标准适用于纺织、轻工、食品、电子等行业的轻便输送机用轻型输送带(以下简称轻型带)。

2 引用标准

下列标准所包含的条文,通过在本标准中引用而构成为本标准的条文。本标准出版时,所示版本均为有效。所有标准都会被修订,使用本标准的各方应探讨使用下列标准最新版本的可能性。

GB/T 528—1992 硫化橡胶和热塑性橡胶拉伸性能的测定

GB 1689—1982(1989) 硫化橡胶耐磨性能的测定(用阿克隆磨耗机)

GB/T 3512—1983(1989) 橡胶热空气老化试验方法

GB 3684—1983 运输带导电性规范和试验方法(neq ISO 284:1982)

GB/T 3690—1994 织物芯输送带拉伸强度和伸长率测定方法(eqv ISO 283:1990)

GB/T 4490—1994 输送带尺寸(eqv ISO 251:1987 和 ISO 583:1990)

GB 5752—1992 输送带标志(neq ISO 433:1991)

GB/T 6757—1986 输送带贮存和搬运通则(eqv ISO 5285:1978)

GB/T 6759—1986 输送带的层间粘合强度试验方法

HG/T 2410—1992 输送带取样

3 产品分类

3.1 结构形式

轻型带芯体由棉、尼龙、涤纶等织物构成。带芯外可有覆盖层,也可无覆盖层。覆盖层类型分为橡胶型(包括橡塑型)和塑料型(指以聚氯乙烯、聚氨酯等塑料为覆盖层的类型)。轻型带表面可为光滑的,也可有各种图案的深浅花纹或横向型条、隔板和波纹挡边,传动面还可有纵向定位条。轻型带可以是有包边的,也可是切割式的。

3.2 规格

轻型带的规格按全厚度拉伸强度、宽度和总厚度区分。

3.2.1 带的纵向全厚度拉伸强度规格系列如表 5 所示,按 R10 优先数系排列。

3.2.2 有包边轻型带的宽度规格,按 GB/T 4490 的规定执行。

3.2.3 轻型带的总厚度规格,按表 1 规定执行。

表 1

mm

总厚度	0.5	0.8	1.0	1.3	1.6	2.0	2.5	3.0
	4.0	5.0	5.6	6.3	8.0			
注:超出表中 R10 系列的规格可由供需双方商定。								

中华人民共和国化学工业部 1996-06-28 批准　　　1997-01-01 实施

3.2.4 规格标记

轻型带规格标记的构成和排列如下：

a）纵向全厚度拉伸强度规格，以牛顿每毫米（N/mm）为单位；

b）表示轻型带的字母 Q；

c）生产年和月，分别用两位数字表示；

d）表示橡胶覆盖层字母 R（塑料覆盖层的表示字母为 P）；

e）带标称宽度，以毫米（mm）为单位；

f）骨架层材质及层数，其中材质的表示符号按 GB 5752 规定。

g）带长度以米（m）为单位。

标记示例：

315 Q 9507 R 800 PN2—20

- 20 —— 环型带内周长度
- PN2 —— 骨架层材质和层数
- 800 —— 带宽度规格
- R —— 橡胶覆盖层
- 9507 —— 生产年月
- Q —— 轻型带
- 315 —— 纵向全厚度拉伸强度规格

4 技术要求

4.1 外观质量

4.1.1 覆盖层

轻型带表面不得有任何有害于使用性能的缺陷。

每 3 m 长带面内的深 0.5 mm×长 20 mm×宽 20 mm 以下的明疤或气泡不得多于 2 个。

4.1.2 脱层

轻型带不允许有脱层现象。

4.2 尺寸与尺寸偏差

4.2.1 总厚度及最大差值

轻型带总厚度应符合表 1 规定。在沿横向分布的数点上测得的总厚度最大差值应不大于总厚度平均值的 10%。

4.2.2 宽度和极限偏差

切割式轻型带带宽小于 1 m 时，切割宽度以 50 mm 为增长幅度；带宽大于 1 m 时，以 100 mm 为增长幅度。宽度极限偏差应符合表 2 的规定。

表 2　　mm

带　宽 b	极限偏差
$b \leqslant 200$	±1.0
$200 < b \leqslant 600$	±2.0
$600 < b \leqslant 1\,000$	±4.0
$1\,000 < b \leqslant 2\,000$	±6.0

表 2(完) mm

带　　宽 b	极 限 偏 差
2 000<b≤4 000	±7.0
4 000<b	±8.0
注：橡胶型轻型带宽度小于 600 mm，极限偏差为±3.0 mm。	

4.2.3　长度和极限偏差

4.2.3.1　有端带的测量长度对规定长度的偏差应不大于规定长度的 $^{+2.5\%}_{0}$。

4.2.3.2　环形带的测量长度对规定长度的极限偏差和两边长度差应符合表 3 的规定。

表 3

环形带长度 L,m	极限偏差	两边长度差
L≤2	±10 mm	≤3 mm
2<L≤5	±20 mm	≤5 mm
5<L≤10	±30 mm	≤7 mm
10<L≤20	±40 mm	≤10 mm
20<L≤50	±50 mm	≤15 mm
50<L	±0.3%	≤20 mm

4.2.4　直线度

包边式轻型带的直线度应不大于 25 mm，切割式轻型带的直线度应不大于 10 mm。

注：直线度的含义如下：在轻型带的一个带边上任选两个距离为 a 的点，过两点所连直线到该段带边的最大距离即为带的直线度。当带长度大于 10 m 时，a=5 m，带长度小于 10 m 时，a=4 m。

4.3　物理性能

4.3.1　橡胶型轻型带的覆盖层物理性能应符合表 4 规定。

表 4

项　　目		常温性能	热老化后性能(70℃×96 h)
拉伸强度,MPa	不小于	10	7
拉断伸长率,%	不小于	300	250

4.3.2　全厚度拉伸性能

4.3.2.1　轻型带的纵向拉伸强度应不低于其规格值(见表 5)，横向拉伸强度应不低于其纵向拉伸强度规格值在表 5 中的对应值。

表 5 N/mm

纵向全厚度拉伸强度(规格值)	横向全厚度拉伸强度，不小于
80	30
100	40
125	50
160	63
200	80
250	100
315	125
400	160
注 1　横向拉伸强度的规定不适用于棉帆布芯输送带。 2　表中拉伸强度系列中的数值可按 R10 优先数系向高值和低值扩展。	

4.3.2.2 全厚度纵向拉断伸长率应不小于10%,纵向参考力伸长率应不大于4%。

注：参考力等于全厚度纵向拉伸强度规格值的10%乘以试样中部宽度基本值所得的力。

4.3.3 层间粘合强度符合表6规定。

表6 N/mm

项目		橡胶型(橡塑型)	塑料型
覆盖胶与布层间平均值	不小于	2.0	—
纵向试样布层间平均值	不小于	2.4	3.2
纵向试样布层间最低峰值	不小于	—	2.7

4.3.4 环型轻型带接头强度保持率应不小于80%。

注：接头强度保持率是指接头处纵向全厚度拉伸强度测定值与带的纵向拉伸强度规格值的百分比。

4.3.5 导静电性

轻型带表面电阻值不得大于 $3\times10^{8}\ \Omega$。

注：非导静电场所使用的轻型带可不进行本项试验。

5 试验方法

5.1 轻型带的外观质量,用目测法检验,用卷尺或卡尺测量。

5.2 轻型带的总厚度、宽度和有端带的长度测量,按GB/T 4490执行。

5.3 切割式环型带的内周长度测量方法,将带放平,在不受拉力的情况下用钢尺沿带的内边分段逐次测量,将各段长度相加,减去π与带厚度的乘积。

5.4 覆盖层拉伸性能试验,按GB/T 528执行。

5.5 覆盖层热老化性能试验、按GB/T 3512执行。

5.6 轻型带的全厚度拉伸性能试验,按GB/T 3690执行。

5.7 层间粘合强度试验,按GB/T 6759执行。

5.8 轻型带的接头强度试验,按GB/T 3690执行。

5.9 导静电性试验、按CB 3684执行。

6 检验规则

6.1 轻型带出厂前应逐条检验外观质量、长度、宽度和总厚度。

6.2 在一个生产批量中按HG/T 2410抽样,进行轻型带的出厂检验。出厂检验时,应检验除直线度以外的各项要求。

6.3 型式检验每年应不少于一次,按本标准规定的技术要求全项检测。

6.4 检验中如某项性能不符合标准,应在同批带中另取双倍试样对不合格项目进行复试。复试后如仍有一个结果不符合标准,则该批产品为不合格品。

7 标志、包装、运输、贮存

7.1 轻型带的表面标志,按GB 5752执行。

7.2 轻型带应缠绕成卷,用包装材料捆扎牢固。包装材料上应标明产品名称、规格标记、生产厂名和注册商标。

7.3 轻型带的运输和贮存,按GB/T 6757执行。

前　　言

目前联组窄V带在国内无行业统一产品标准，为了满足产品生产需求，特制定本行业标准。

在标准中，联组窄V带截面基本尺寸等效采用美国工程标准 IP—22—1983《窄V带多带传动规范》。有效长度和制造公差、同组带的配组差、以及中心距变化量等效采用国际标准 ISO 8419—1994《带传动　联组窄V带的有效制长度》。联组窄V带的拉伸性能以单根窄V带的拉伸性能表示，参照采用了日本工业标准 JIS K 6368—1977(85)《窄V带》。联结层物理性能采用拔脱强度试验，这种新的试验方法在附录A中做了详细介绍。

本标准附录A是标准的附录。

本标准由中华人民共和国化学工业部技术监督司提出。

本标准由青岛橡胶工业研究所归口。

本标准起草单位：沈阳长桥胶带有限公司。

本标准主要起草人：王成、刘敏、吴化南、丁季春、安忠成。

中华人民共和国化工行业标准

HG/T 2819—1996

联 组 窄 V 带

1 范围

本标准规定了联组窄V带的产品分类、技术要求、试验方法、检验规则及标志、包装、运输、贮存。

本标准适用于高速及大功率的机械传动用联组窄V带,也适用于一般的动力传动用联组窄V带。

2 引用标准

下列标准所包含的条文,通过在本标准中引用而构成为本标准的条文。本标准出版时,所示版本均为有效。所有标准都会被修订,使用本标准的各方应探讨使用下列标准最新版本的可能性。

GB/T 3686—1983 三角带全截面拉伸性能试验方法

GB/T 12730—1991 窄V带

GB 12732—1991 汽车V带

GB/T 13490—1992 V带均匀性规范和试验方法 中心距变化量法(idt ISO 9608:1988)

3 产品分类

3.1 结构型式

联组窄V带由包布、顶胶、抗拉体、底胶、联结层等部件构成。其抗拉体应为绳芯结构(见图1),也可为帘布结构。

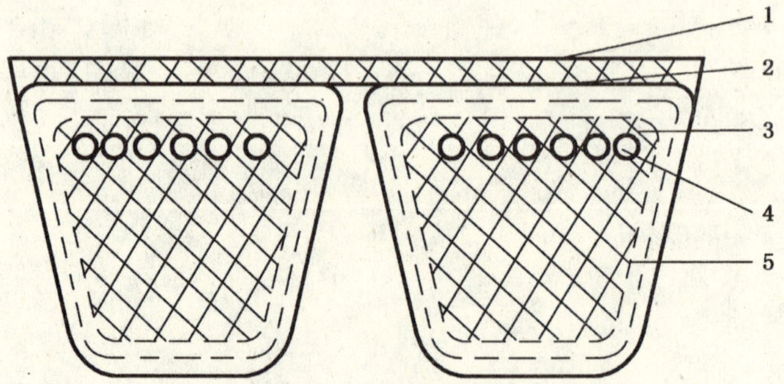

1—联结层; 2—包布; 3—顶胶; 4—抗拉体; 5—底胶

图 1

3.2 规格

3.2.1 截面规格

联组窄V带按截面大小分为9J、15J、20J、25J四种型号。

表1和图2中给出了各型号联组窄V带的截面基本尺寸。

中华人民共和国化学工业部 1996-06-28 批准 1997-01-01 实施

表 1 联组窄 V 带的截面基本尺寸和露出高度

mm

型 号	顶 宽 b_b	带 距 S_g	带高度 h_{bb}	单根带高度 h_b	露出高度 不大于
9J	9.7	10.3	9.7	7.9	5.1
15J	15.7	17.5	15.7	13.5	6.4
20J	20.9	23.4	20.9	—	—
25J	25.4	28.6	25.4	23.0	7.6

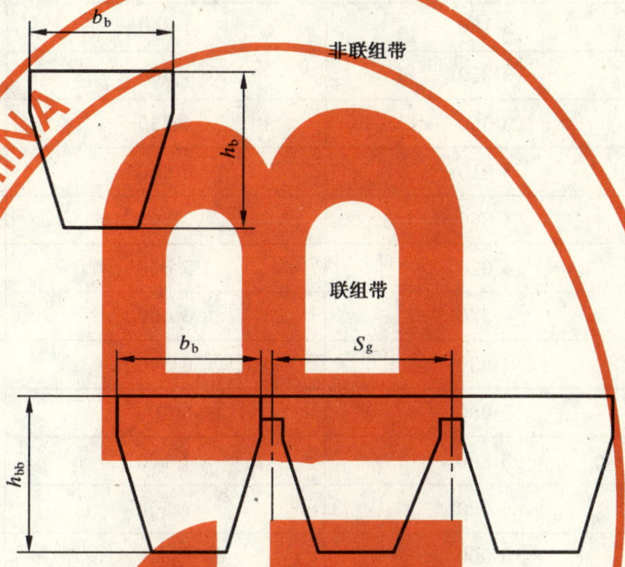

图 2

3.2.2 长度规格

联组窄 V 带的长度以在 5.1 规定的条件下测得的有效长度表示。

有效长度公称值选自 R40 优先数系(见表 2)。

表 2 联组窄 V 带有效长度

mm

型 号			
9J	15J	20J	25J
630	1 270	1 700	2 540
670	1 345	1 800	2 690
710	1 420	1 900	2 840
760	1 525	2 000	3 000
800	1 600	2 120	3 180
850	1 700	2 240	3 350
900	1 800	2 360	3 550
950	1 900	2 500	3 810
1 015	2 030	2 650	4 060
1 080	2 160	2 800	4 320
1 145	2 290	3 000	4 570
1 205	2 410	3 150	4 830

表 2(完) mm

型号			
9J	15J	20J	25J
1 270	2 540	3 350	5 080
1 345	2 690	3 550	5 380
1 420	2 840	3 750	5 690
1 525	3 000	4 000	6 000
1 600	3 180	4 250	6 350
1 700	3 350	4 500	6 730
1 800	3 550	4 750	7 100
1 900	3 810	5 000	7 620
2 030	4 060	5 300	8 000
2 160	4 320	5 600	8 500
2 290	4 570	6 000	9 000
2 410	4 830	6 300	9 500
2 540	5 080	6 700	10 160
2 690	5 380	7 100	10 800
2 840	5 690	7 500	11 430
3 000	6 000	8 000	12 060
3 180	6 350	8 500	12 700
3 350	6 730	9 000	
3 550	7 100	9 500	
	7 620	10 000	
	8 000	10 600	
	8 500		
	9 000		

3.3 规格标记

9J 1 800 ××××

——标准号

——有效长度(mm)

——型号

4 技术要求

4.1 尺寸要求

4.1.1 露出高度

联组窄 V 带截面尺寸的准确性以其在测长机轮槽中的露出高度表示。露出高度应符合表 1 规定。

4.1.2 长度极限偏差

联组窄 V 带有效长度极限偏差应符合表 3 规定。

表 3 联组窄 V 带长度极限偏差 mm

有效长度公称值	极限偏差
≤800	±8
>800~1 000	±10
>1 000~1 250	±13
>1 250~1 600	±16
>1 600~2 000	±20
>2 000~2 500	±25
>2 500~3 150	±32
>3 150~4 000	±40
>4 000~5 000	±50
>5 000~6 300	±63
>6 300~8 000	±80
>8 000~10 000	±100
>10 000	±125

4.1.3 联组窄 V 带的配组差

4.1.3.1 在多条联组窄 V 带用于同一传动时，带长度间的最大差值(即配组差)应符合表 4 规定。

表 4 联组窄 V 带配组差 mm

有效长度公称值	配组差
≤1 345	4
>1 345~2 690	6
>2 690~6 000	10
>6 000~11 430	16
>11 430	24

4.1.4 中心距变化量

各型窄 V 带的中心距变化量应符合表 5 规定。

表 5 中心距变化量 ΔE mm

有效长度公称值	9J、15J、20J	25J
≤1 000	1.2	1.8
>1 000~2 000	1.6	2.2
>2 000~5 000	2.0	3.4
>5 000	2.5	3.4

4.2 外观质量

联组窄 V 带的外观质量应符合表 6 规定。

表 6 联组窄 V 带外观质量要求

序号	缺陷名称	合格品
1	联结层海绵	9J 型不允许有，15J、25J 型允许有一处针眼型蜂窝，其面积不得超过联结层面积的 5%
2	联结层顶面明疤	深度 1 mm 以下的明疤，带长 4 m 以内者允许有 3 处，带长超过 4 m 者允许有 5 处，但明疤总面积不得超过联结层面积的 5%
3	工作面突起	不允许有
4	包布破损	9J 型不允许有，15J、25J 型外包布破损总长度不允许超过带长的 25%，内包布破损不允许有

4.3 性能

4.3.1 联组窄 V 带中单根 V 带的物理性能应符合表 7 规定。

表 7 单根窄 V 带物理性能

型号	拉伸强度/kN ≥	参考力伸长率/% ≤	
		绳芯	帘布芯
9J	2.5	8	10
15J	5.4		
25J	12.7		

4.3.2 联结层粘合性能应符合表 8 规定。

表 8

型号	拔脱强度/kN ≥
9J	1.5
15J	1.7
25J	3.0

4.3.3 联组窄 V 带的耐高低温性能

联组窄 V 带的耐高低温性能应符合以下要求：在经过 100℃±70 h 的高温试验后弯曲不会使 V 带出现裂纹；在经过 −30℃×70 h 的低温试验后的弯曲也不会使 V 带出现裂纹。

5 试验方法

5.1 联组带长度测量

5.1.1 测长试验机

5.1.1.1 基本结构

测长试验机(见图 3)的两个相同带轮安装在水平轴上，其中一个带轮位置固定，另一个可滑动。试验机可按表 10 施加测量力并可测量带轮中心距。

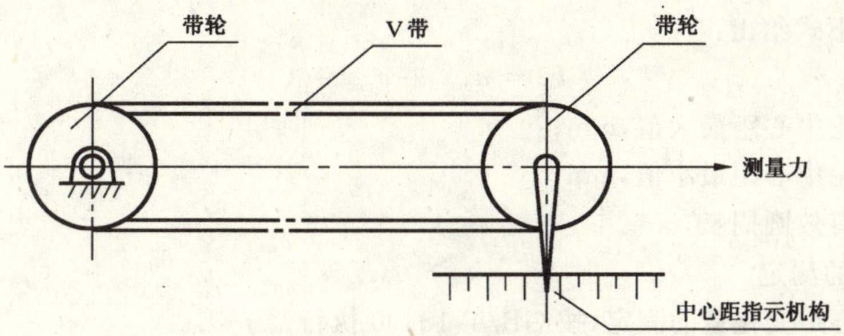

图 3　测长试验机示意图

5.1.1.2　测量用带轮

测量用带轮截面尺寸应符合图 4、图 5 和表 9。

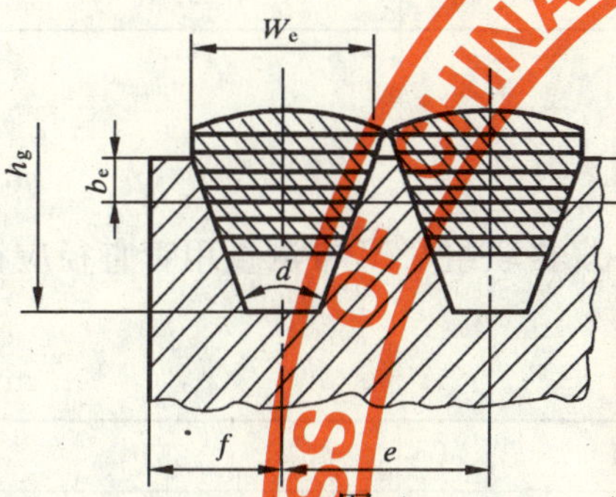

图 4

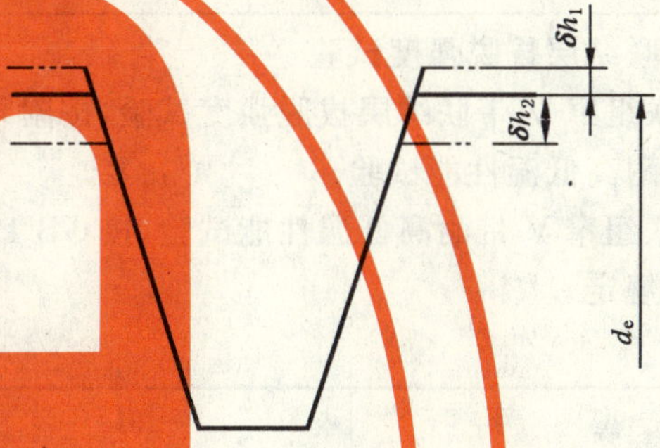

图 5

表 9　测长带轮截面尺寸　　mm

型号	W_e	δh_1	δh_2	b_e	h_g (最小值)	e	e 的极限偏差[1]	e 的累积值极限偏差[2]	f (最小值)
9J	8.9	0.2	0.3	0.6	8.9	10.3	±0.25	±0.5	9
15J	15.2	0.25	0.4	1.3	15.2	17.5	±0.25	±0.5	13
20J	20.9	0.3	0.45	1.8	20.9	24.4	±0.3	±0.6	17
25J	25.4	0.3	0.5	2.5	25.4	28.6	±0.4	±0.8	19

1）该公差适用于两连续槽截面的对称轴之间的距离。

2）同一带轮全部轮槽 e 值之和的极限偏差应不超过本表数值。

5.1.2　测量程序

测量有效长度时，把带安装在测长机的两个带轮上，对滑动轮施加表 10 中给出的测量力。旋转带轮使带转动至少两圈，让带很好地嵌入轮槽。测量两带轮中心距。

表 10　测量参数

型　号	测量带轮有效圆周长 c_e/mm	单根带的测量力/N
9J	300	445
15J	600	1 000
20J	800	1 500
25J	1 000	2 225

有效长度 L_e 由下式给出：

$$L_e = a_{max} + a_{min} + C_e$$

式中：a_{max}——两带轮中心距最大值，mm；

a_{min}——两带轮中心距最小值，mm；

C_e——带轮有效圆周长，mm。

5.2 中心距变化量的测定

各型窄 V 带中心距变化量的测定，按 GB/T 13490 执行。

5.3 单根带拉伸性能测定

联组窄 V 带单根带的全截面拉伸性能测定，按 GB/T 3686 规定执行，参考力见表 11。

表 11

项　目	9J	15J	25J
参考力/kN	1.96	4.31	9.81

5.4 联结层拔脱强度试验

联组窄 V 带联结层拔脱强度试验，按附录 A 进行。

5.5 耐高低温性能试验

联组窄 V 带耐高低温性能试验，按 GB 12732 的规定执行。各规格联组窄 V 带测量用管直径应符合表 12 规定。

表 12　mm

型　号	9J	15J	25J
管棒直径	45	50	65

6 检验规则

6.1 产品应由制造厂的质检部门进行验收。

6.2 产品应逐条进行尺寸和外观质量检查。

6.3 以连续制造的相同规格的不多于 2 000 条联组窄 V 带为一批，在每批产品中抽取足够试样进行各项物理性能检查，但每月至少检验一次。

6.4 若物理性能检验有一项不合格时，应在该批产品中取双倍试样对不合格项目进行复试，如其中一个结果仍不合格，则该批产品为不合格品。

7 标志、包装、运输、贮存

7.1 每条联组窄 V 带应有水洗不掉的明显标志，包括下述内容：

a）制造厂名或商标；

b）规格标记；

c）配组代号。

7.2 联组窄 V 带的包装、运输、贮存，按 GB/T 12730 执行。

附　录　A
（标准的附录）
联结层拔脱强度试验方法

A1　范围

本附录规定了联组窄V带的联结层拔脱强度试验方法。

A2　定义

拔脱强度——试样拉伸至联结层断裂或联结层与带脱开时所承受的拉力。

A3　试验原理

在拉力试验机上，对试样施加不断增大的拉力，直至联结层断裂或联结层与带脱开，记录此时的拉力。

A4　试验仪器

本试验采用符合下列要求的拉力试验机：

a）动夹持器的运动速度应为(100±10)mm/min，运动速度应基本恒定。

b）夹持器应能保证试样固定良好，使试样在试验中既不打滑也不被夹断。

c）试验机精度应保证测量误差不大于被测力的2%或量程的0.4%（取其中较大者）。

A5　试样及其制备

A5.1　试样长度及数量

A5.1.1　从含三条单根带的联组窄V带中切取长400 mm的一段作为试样，试验标距为100 mm，试样数量三个。

A5.2　制备

将试样一端的中间一根V带连同其上方的联结层切下150 mm，将试样另一端的两根外侧V带连同其上方的联结层切下150 mm，如图A1中所示。

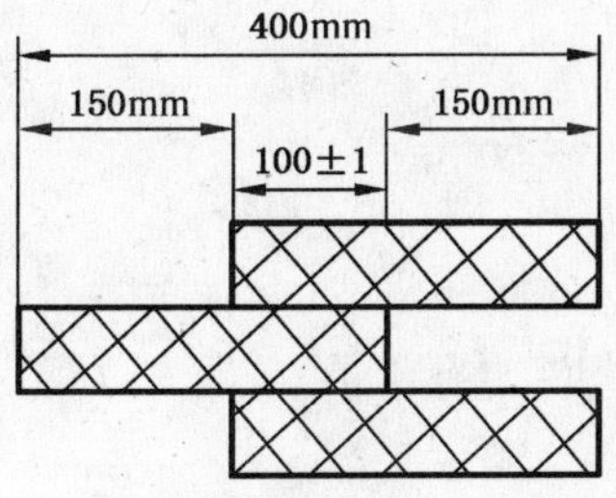

图A1　试样

A6　状态调节和试验条件

A6.1　试样应在制品制造出来至少24 h后切取。试样制备好以后应在试验温度条件下进行16 h以上的状态调节。

A6.2　试验的温度为(23±2)℃。

A7 试验程序

A7.1 将试样的两根外侧V带夹于上夹持器，将中间V带夹于下夹持器。

A7.2 以(100±10)mm/min的速度对试样进行拉拔，直至联结层断裂或与带脱开。记录试验中的最大拉力，作为联结层拔脱强度测定值。

A8 试验结果表示

试验结果以三个试样测定值的算术平均值表示。

A9 试验报告

试验报告包括以下内容：

a) 试验带的品种、规格、生产批号及制造厂名；

b) 试验结果；

c) 状态调节时间；

d) 试验室温度和相对湿度；

e) 试验日期；

f) 试验者。

前　　言

目前，锦纶、涤锦帆布是输送带的主要骨架材料之一，国内外需求量很大，国内生产厂家也不少，但因尚无国标或行标，各自均按企业标准进行生产或销售。这使产品的发展和应用受到一定影响。为促进橡胶工业和纺织工业的发展，扩大化学纤维的应用范围，满足国内外市场的需求，我们制订了“输送带用锦纶和涤锦浸胶帆布”行业标准(以下简称本标准)。

本标准非等效采用了九十年代日本标准，其中干热收缩率指标达到或超过日本标准，并增加了干热收缩率不匀率指标。关于浸胶帆布的断裂强度，优等品达到日本标准；一等品和合格品是结合我国国情制定的，属国内先进水平，锦纶和涤锦浸胶帆布平方米干重偏高，其他均达到日本标准要求。

关于试验方法，我们等效采用了日本标准 JIS L 1096—1990《普通织物试验方法》，并根据我国与日本技术交流资料及我国已发布实施的相关国家标准加以补充。其中粘合强度试验用贴胶配方是在附录 A 中规定。

本标准的附录 A 是标准的附录。

本标准由中华人民共和国化学工业部技术监督司提出。

本标准由青岛橡胶工业研究所归口。

本标准起草单位：青岛第六橡胶厂、安丘涤纶帘帆布厂。

本标准主要起草人：孙连生、周家村、孙秀敏、刘玉栋、周立民。

中华人民共和国化工行业标准

HG/T 2820—1996

输送带用锦纶和涤锦浸胶帆布

1 范围

本标准规定了输送带用锦纶和涤锦浸胶帆布(以下简称为输送带用浸胶帆布)的品种、规格、技术要求、外观质量、试验方法及抽样贮存、运输、包装、标志等。

2 引用标准

下列标准所包含的条文,通过在本标准中引用而构成为本标准的条文,本标准出版时,所示版本均为有效。所有标准都会被修订,使用本标准的各方应探讨使用下列标准最新版本的可能性。

GB/T 6759—1986 输送带的层间粘合强度测定方法

GB/T 2909—1994 橡胶工业用棉帆布

3 产品分类

3.1 品种

a) 锦纶浸胶帆布,代号为“NN”其经向和纬向均为锦纶 6 纤维。

b) 涤锦浸胶帆布,代号“EP”,其经向为(聚酯)纤维,纬向为锦纶 66 纤维。

3.2 规格

a) 按经向断裂强度,输送带用浸胶帆布分为 80、100、125、150、200、250、300、350、400、500、600、630 N/mm等规格。

b) 按宽度,输送带用浸胶帆布分为 800、1 000、1 200、1 400 mm 等规格。

3.3 品种、规格、标记

输送带用帆布的品种规格标记包括下列各项内容:

a) 品种代号;

b) 断裂强度规格;

c) 宽度规格。

标记示例:

NN 200—1 400

——宽度,mm（1 400）

——经向断裂强度,N/mm（200）

——品种代号（NN）

4 技术要求

4.1 物理性能

4.1.1 锦纶浸胶帆布的物理性能应符合表 1 的要求。

4.1.2 涤锦浸胶帆布的物理性能应符合表 2 的要求。

中华人民共和国化学工业部 1996-06-28 批准　　　　1997-01-01 实施

表 1　NN 浸胶帆布规格及性能指标

序号	项　　目	NN 80						NN 100					
		优等品		一等品		合格品		优等品		一等品		合格品	
		经向	纬向	经向	纬向	经向	纬向	经向	纬向	经向	纬向	经向	纬向
1	结构,dtex	930×1	930×1	930×1	930×1	930×1	930×1	1 400×1	930×1	1 400×1	930×1	1 400×1	930×1
2	密度,根/10 cm	175±2	86±2	175±2	86±2	175±2	86±2	130±2	76±2	130±2	76±2	130±2	76±2
3	断裂强度平均值,N/mm　不小于	110	50	105	45	100	45	131	50	126	50	126	50
	断裂强度最低值,N/mm　不小于	95	40	95	40	92	40	116	44	110	40	110	40
4	10%定负荷伸长率,%　不大于	2.5		2.5		2.5		2.5		2.5		2.5	
5	断裂伸长率,%　不大于	20	60	20	60	20	60	20	60	20	60	20	60
6	干热收缩率 (150℃×30 min),%　不大于	5.5	0.5	5.5	0.5	5.5	0.5	5.5	0.5	5.5	0.5	5.5	0.5
7	干热收缩率不匀率,%　不大于	10		10		10		10		10		10	
8	粘合强度,N/mm　不小于	7.8		7.8		7.8		7.8		7.8		7.8	
9	平方米干重,g/m^2	270±15		280±15		290±15		310±15		320±15		330±15	
10	厚度,mm	0.45±0.05						0.50±0.05					
11	宽度,mm	800～1 200±10						800～1 300±10					
12	长度,m/卷	800^{+10}_{0}						800^{+10}_{0}					

表 1(续)

序号	项目		NN 125						NN 150					
			优等品		一等品		合格品		优等品		一等品		合格品	
			经向	纬向	经向	纬向	经向	纬向	经向	纬向	经向	纬向	经向	纬向
1	结构,dtex		1 400×1	1 400×1	1 400×1	1 400×1	1 400×1	1 400×1	1 870×1	1 400×1	1 870×1	1 400×1	1 870×1	1 400×1
2	密度,根/10 cm		150±2	78±2	150±2	78±2	150±2	78±2	135±2	68±2	135±2	68±2	135±2	68±2
3	断裂强度平均值,N/mm	不小于	155	65	150	60	145	60	178	68	175	65	175	60
	断裂强度最低值,N/mm	不小于	120	50	115	45	115	45	150	60	155	55	155	55
4	10%定负荷伸长率,%	不大于	2.5		2.5		2.5		2.5		2.5		2.5	
5	断裂伸长率,%	不大于	20	55	20	55	20	55	20	50	20	50	20	50
6	干热收缩率 (150℃×30 min),%	不大于	5.5	0.5	5.5	0.5	5.5	0.5	5.5	0.5	5.5	0.5	5.5	0.5
7	干热收缩率不匀率,%	不大于	10		10		10		10		10		10	
8	粘合强度,N/mm	不小于	7.8		7.8		7.8		7.8		7.8		7.8	
9	平方米干重,g/m^2		335±20		340±20		345±20		410±20		420±20		430±20	
10	厚度,mm		0.60±0.05						0.65±0.06					
11	宽度,mm		800～1 400±10						800～1 400±10					
12	长度,m/卷		800^{+10}_{0}						800^{+10}_{0}					

表 1(续)

序号	项目		NN 200						NN 250					
			优等品		一等品		合格品		优等品		一等品		合格品	
			经向	纬向	经向	纬向	经向	纬向	经向	纬向	经向	纬向	经向	纬向
1	结构,dtex		1 400×2	1 870×1	1 400×2	1 870×1	1 400×2	1 870×1	1 870×2	1 870×1	1 870×2	1 870×1	1 870×2	1 870×1
2	密度,根/10 cm		120±2	60±2	120±2	60±2	120±2	60±2	110±2	60±2	110±2	60±2	110±2	60±2
3	断裂强度平均值,N/mm	不小于	230	80	226	75	223	70	285	80	280	78	275	75
	断裂强度最低值,N/mm	不小于	215	70	208	65	205	62	251	70	246	68	242	65
4	10%定负荷伸长率,%	不大于	2.5		2.5		2.5		2.5		2.5		2.5	
5	断裂伸长率,%	不大于	25	40	25	40	25	40	25	40	25	40	25	40
6	干热收缩率 (150℃×30 min),%	不大于	5.5	0.5	5.5	0.5	5.5	0.5	5.5	0.5	5.5	0.5	5.5	0.5
7	干热收缩率不匀率,%	不大于	10		10		10		10		10		10	
8	粘合强度,N/mm	不小于	7.8		7.8		7.8		7.8		7.8		7.8	
9	平方米干重,g/m²		500±20		520±20		525±20		560±30		590±30		620±30	
10	厚度,mm		0.85±0.05						1.10±0.10					
11	宽度,mm		800～1 500±10						800～1 500±10					
12	长度,m/卷		400^{+10}_{0}						400^{+10}_{0}					

表 1(续)

序号	项　　目	NN 300						NN 400					
		优等品		一等品		合格品		优等品		一等品		合格品	
		经向	纬向	经向	纬向	经向	纬向	经向	纬向	经向	纬向	经向	纬向
1	结构,dtex	1 400×3	1 400×3	1 400×3	1 400×3	1 400×3	1 400×3	1 870×3	1 400×2	1 870×3	1 400×2	1 870×3	1 400×2
2	密度,根/10 cm	122±2	44±2	122±2	32±2	122±2	32±2	120±2	54±2	120±2	36±2	120±2	36±2
3	断裂强度平均值,N/mm　不小于	378	87	345	85	332	80	470	72	445	70	440	70
	断裂强度最低值,N/mm　不小于	334	76	320	72	310	68	415	62	412	60	410	60
4	10%定负荷伸长率,%　不大于	2.5		2.5		2.5		3.0		3.0		3.0	
5	断裂伸长率,%　不大于	25	40	25	40	25	40	25	40	25	40	25	40
6	干热收缩率 (150℃×30 min),%　不大于	5.5	0.5	5.5	0.5	5.5	0.5	6.0	0.5	6.0	0.5	6.0	0.5
7	干热收缩率不匀率,%　不大于	10		10		10		10		10		10	
8	粘合强度,N/mm　不小于	7.8		7.8		7.8		7.8		7.8		7.8	
9	平方米干重,g/m²	680±30		700±30		710±20		830±40		860±40		880±40	
10	厚度,mm	1.30±0.10						1.35±0.12					
11	宽度,mm	800～1 500±10						800～1 500±10					
12	长度,m/卷	400^{+10}_{0}						400^{+10}_{0}					

表 1(完)

序号	项目		NN 500						NN 630					
			优等品		一等品		合格品		优等品		一等品		合格品	
			经向	纬向	经向	纬向	经向	纬向	经向	纬向	经向	纬向	经向	纬向
1	结构,dtex		1 870×4	1 870×2	1 870×4	1 870×2	1 870×4	1 870×2	1 870/4/2	1 870×2	1 870/4/2	1 870×2	1 870/4/2	1 870×2
2	密度,根/10 cm		120±2	32±2	120±2	32±2	120±2	32±2	80±2	36±2	80±2	36±2	80±2	36±2
3	断裂强度平均值,N/mm	不小于	566	106	555	100	545	95	755	107	730	100	710	96
	断裂强度最低值,N/mm	不小于	510	90	505	86	505	82	666	95	660	90	655	85
4	10%定负荷伸长率,%	不大于	3.0		3.0		3.0		3.0		3.0		3.0	
5	断裂伸长率,%	不大于	25	40	25	40	25	40	25	50	25	50	25	50
6	干热收缩率 (150℃×30 min),%	不大于	6.0	0.5	6.0	0.5	6.0	0.5	6.0	0.5	6.0	0.5	6.0	0.5
7	干热收缩率不匀率,%	不大于	10		10		10		10		10		10	
8	粘合强度,N/mm	不小于	7.8		7.8		7.8		7.8		7.8		7.8	
9	平方米干重,g/m^2		1 200±50		1 250±50		1 300±50		1 450±55		1 500±55		1 550±55	
10	厚度,mm		1.40±0.14						1.56±0.15					
11	宽度,mm		800～1 500±10						800～1 600±10					
12	长度,m/卷		200^{+10}_{0}						200^{+10}_{0}					

表 2 EP 浸胶帆布规格及性能指标

序号	项目		EP 80						EP 100					
			优等品		一等品		合格品		优等品		一等品		合格品	
			经向	纬向	经向	纬向	经向	纬向	经向	纬向	经向	纬向	经向	纬向
1	结构，dtex		1 100×1	930×1	1 100×1	930×1	1 100×1	930×1	1 670×1	1 400×1	1 670×1	1 400×1	1 670×1	1 400×1
2	密度，根/10 cm		170±2	86±2	170±2	86±2	170±2	86±2	140±2	68±2	140±2	68±2	140±2	68±2
3	断裂强度平均值，N/mm	不小于	110	60	105	55	100	50	137	78	132	68	128	60
	断裂强度最低值，N/mm	不小于	95	50	90	45	85	40	118	68	110	58	105	50
4	10%定负荷伸长率，%	不大于	1.5		1.5		1.5		1.5		1.5		1.5	
5	断裂伸长率，%		≥14	≤45	≥14	≤45	≥14	≤45	≥14	≤45	≥14	≤45	≥14	≤45
6	干热收缩率 (150℃×30 min)，%	不大于	5.0	0.5	5.0	0.5	5.0	0.5	5.0	0.5	5.0	0.5	5.0	0.5
7	干热收缩率不匀率，%	不大于	10		10		10		10		10		10	
8	粘合强度，N/mm	不小于	7.8		7.8		7.8		7.8		7.8		7.8	
9	平方米干重，g/m^2		320±20		330±20		330±20		380±20		390±20		400±20	
10	厚度，mm		0.50±0.05						0.60±0.05					
11	宽度，mm		800～1 400±10						800～1 400±10					
12	长度，m/卷		800^{+10}_{0}						800^{+10}_{0}					

表 2(续)

序号	项目	EP 125						EP 150					
		优等品		一等品		合格品		优等品		一等品		合格品	
		经向	纬向	经向	纬向	经向	纬向	经向	纬向	经向	纬向	经向	纬向
1	结构,dtex	1 670×1	1 400×1	1 670×1	1 400×1	1 670×1	1 400×1	1 100×2	1 870×1	1 100×2	1 870×1	1 100×2	1 870×1
2	密度,根/10 cm	170±2	72±2	170±2	72±2	170±2	72±2	166±2	60±2	166±2	60±2	166±2	60±2
3	断裂强度平均值,N/mm 不小于	165	78	160	70	150	62	206	78	200	70	185	70
	断裂强度最低值,N/mm 不小于	141	68	132	55	127	52	176	68	170	60	165	60
4	10%定负荷伸长率,% 不大于	1.5		1.5		1.5		1.5		1.5		1.5	
5	断裂伸长率,%	≥14	≤45	≥14	≤45	≥14	≤45	≥14	≤45	≥14	≤45	≥14	≤45
6	干热收缩率(150℃×30 min),% 不大于	5.0	0.5	5.0	0.5	5.0	0.5	5.0	0.5	5.0	0.5	5.0	0.5
7	干热收缩率不匀率,% 不大于	10		10		10		10		10		10	
8	粘合强度,N/mm 不小于	7.8		7.8		7.8		7.8		7.8		7.8	
9	平方米干重,g/m²	425±20		435±20		445±20		530±20		540±20		550±20	
10	厚度,mm	0.60±0.05						0.70±0.05					
11	宽度,mm	800~1 500±10						800~1 500±10					
12	长度,m/卷	800^{+10}_{0}						800^{+10}_{0}					

表 2(续)

序号	项目		EP 200						EP 250					
			优等品		一等品		合格品		优等品		一等品		合格品	
			经向	纬向	经向	纬向	经向	纬向	经向	纬向	经向	纬向	经向	纬向
1	结构,dtex		1 670×2	1 400×2	1 670×2	1 400×2	1 670×2	1 400×2	1 100×4	1 870×2	1 100×4	1 870×2	1 100×4	1 870×2
2	密度,根/10 cm		130±2	55±2	130±2	55±2	130±2	55±2	120±2	38±2	120±2	38±2	120±2	38±2
3	断裂强度平均值,N/mm	不小于	246	88	240	80	230	75	330	105	310	90	295	85
	断裂强度最低值,N/mm	不小于	220	77	216	72	210	70	282	92	265	85	255	80
4	10%定负荷伸长率,%	不大于	1.5		1.5		1.5		1.5		1.5		1.5	
5	断裂伸长率,%		≥14	≤45	≥14	≤45	≥14	≤45	≥14	≤45	≥14	≤45	≥14	≤45
6	干热收缩率 (150℃×30 min),%	不大于	5.0	0.5	5.0	0.5	5.0	0.5	5.0	0.5	5.0	0.5	5.0	0.5
7	干热收缩率不匀率,%	不大于	10		10		10		10		10		10	
8	粘合强度,N/mm	不小于	7.8		7.8		7.8		7.8		7.8		7.8	
9	平方米干重,g/m²		650±25		660±25		670±25		780±30		790±30		800±30	
10	厚度,mm		0.85±0.05						1.07±0.10					
11	宽度,mm		800～1 500±10						800～1 500±10					
12	长度,m/卷		400^{+10}_{0}						400^{+10}_{0}					

表 2(续)

序号	项目	EP 300						EP 350					
		优等品		一等品		合格品		优等品		一等品		合格品	
		经向	纬向	经向	纬向	经向	纬向	经向	纬向	经向	纬向	经向	纬向
1	结构,dtex	1 100×4	1 400×2	1 100×4	1 400×2	1 100×4	1 400×2	1 670×3	1 400×2	1 670×3	1 400×2	1 670×3	1 400×2
2	密度,根/10 cm	146±2	40±2	146±2	38±2	146±2	38±2	145±2	41±2	145±2	40±2	145±2	40±2
3	断裂强度平均值,N/mm 不小于	343	80	340	80	332	75	400	81	390	75	385	75
	断裂强度最低值,N/mm 不小于	320	70	320	70	315	65	372	70	365	65	360	65
4	10%定负荷伸长率,% 不大于	1.5		1.5		1.5		1.5		1.5		1.5	
5	断裂伸长率,%	≥14	≤35	≥14	≤35	≥14	≤35	≥14	≤35	≥14	≤35	≥14	≤35
6	干热收缩率 (150℃×30 min),% 不大于	5.0	0.5	5.0	0.5	5.0	0.5	5.0	0.5	5.0	0.5	5.0	0.5
7	干热收缩率不匀率,% 不大于	10		10		10		10		10		10	
8	粘合强度,N/mm 不小于	7.8		7.8		7.8		7.8		7.8		7.8	
9	平方米干重,g/m^2	760±30		770±30		780±30		900±35		920±35		930±35	
10	厚度,mm	1.20±0.10						1.26±0.12					
11	宽度,mm	800～1 500±10						800～1 450±10					
12	长度,m/卷	800^{+10}_{0}						400^{+10}_{0}					

表 2(续)

序号	项目		EP 400						EP 500					
			优等品		一等品		合格品		优等品		一等品		合格品	
			经向	纬向	经向	纬向	经向	纬向	经向	纬向	经向	纬向	经向	纬向
1	结构,dtex		1 670×4	1 870×2	1 670×4	1 870×2	1 670×4	1 870×2	1 670×6	1 870×2	1 670×6	1 870×2	1 670×6	1 870×2
2	密度,根/10 cm		125±2	40±2	125±2	40±2	125±2	40±2	104±2	54±2	104±2	54±2	104±2	54±2
3	断裂强度平均值,N/mm	不小于	455	105	450	95	440	90	536	133	532	125	532	120
	断裂强度最低值,N/mm	不小于	426	92	420	85	410	80	520	116	515	106	515	106
4	10%定负荷伸长率,%	不大于	2.0		2.0		2.0		2.5		2.5		2.5	
5	断裂伸长率,%		≥14	≤40	≥14	≤40	≥14	≤40	≥14	≤40	≥14	≤40	≥14	≤40
6	干热收缩率 (150℃×30 min),%	不大于	6.0	0.5	6.0	0.5	6.0	0.5	6.0	0.5	6.0	0.5	6.0	0.5
7	干热收缩率不匀率,%	不大于	10		10		10		10		10		10	
8	粘合强度,N/mm	不小于	7.8		7.8		7.8		7.8		7.8		7.8	
9	平方米干重,g/m²		1 120±40		1 130±40		1 140±40		1 250±50		1 260±50		1 270±50	
10	厚度,mm		1.40±0.10						1.50±0.14					
11	宽度,mm		800～1 600±10						800～1 600±10					
12	长度,m/卷		400^{+10}_{0}						400^{+10}_{0}					

表 2(完)

序号	项目		EP 600					
			优等品		一等品		合格品	
			经向	纬向	经向	纬向	经向	纬向
1	结构,dtex		1 670/4/2	1 870×2	1 670/4/2	1 870×2	1 670/4/2	1 870×2
2	密度,根/10 cm		76±2	54±2	76±2	54±2	76±2	54±2
3	断裂强度平均值,N/mm	不小于	646	134	640	128	640	120
	断裂强度最低值,N/mm	不小于	610	118	605	110	605	105
4	10%定负荷伸长率,%	不大于	2.5		2.5		2.5	
5	断裂伸长率,%		≥14	≤40	≥14	≤40	≥14	≤40
6	干热收缩率 (150℃×30 min),%	不大于	6.0	0.5	6.0	0.5	6.0	0.5
7	干热收缩率不匀率,%	不大于	10		10		10	
8	粘合强度,N/mm	不小于	7.8		7.8		7.8	
9	平方米干重,g/m²		1 500±60		1 510±60		1 520±60	
10	厚度,mm		1.64±0.16					
11	宽度,mm		800～1 600±10					
12	长度,m/卷		400^{+10}_{0}					

4.1.3　本标准表1、表2中输送带用浸胶帆布物理性能中第4、5、6、7、8、9项指标为主要性能指标，其中有一项不符合要求应降等级。

4.2　外观质量

输送带用浸胶帆布外观质量应符合表3要求。

表3　锦纶和涤锦浸胶帆布外观质量要求

疵点名称	优等品	一等品	合格品
损伤性疵点	破洞和撕裂及磨损均不允许有		a）破洞和撕裂均不允许有； b）磨损：面积1～4 cm^2 者每卷不得超过5个
浆斑疵点	a）面积小于1 cm^2 者，每卷不得超过20个； b）面积为1～4 cm^2 者，每卷不得超过10个	a）面积小于1 cm^2 者，每卷不得超过30个； b）面积为1～4 cm^2 者，每卷不得超过15个	a）面积小于1 cm^2 者，每卷不得超过40个； b）面积为1～4 cm^2 者，每卷不得超过20个
浆色不匀	不允许有	每卷不得超过3 m	每卷不得超过10 m
打　裥	不允许有	每卷不得超过2 m	每卷不得超过5 m
缺　纬	不允许有	缺纬1根线，每卷不得超过2次	缺纬1根线，每卷不得超过5次
油经	不允许有	小于0.5 cm且可擦除者，每卷累计长度不得超过0.5 m	小于0.5 cm且可擦除者，每卷累计长度不得超过1 m
油污	不允许有	面积小于1 cm^2 且可擦除者，每卷不得超过10处	面积小于1 cm^2 且可擦除者，每卷不得超过20处
毛边	长度不得超过4 mm		长度不得超过6 mm
布面不平	a）布面应平整，不得出现两边紧中间松或一边紧的现象； b）经线和纬线应保持垂直成90°角		
卷取不平	a）布卷端面单侧凹凸不得超过20 mm； b）布卷端面双侧凹凸不得超过10 mm	a）布卷端面单侧凹凸不得超过25 mm； b）布卷端面双侧凹凸不得超过15 mm	a）布卷端面单侧凹凸不得超过30 mm； b）布卷端面双侧凹凸不得超过20 mm

5　试验方法

5.1　帆布密度测量

按GB/T 2909规定执行。

5.2　宽度测量

按GB/T 2909规定执行。

5.3　厚度测量

在断裂强度试样上没有接头和杂质的部位任选5点，在其上用厚度计测量帆布厚度。测量过程中厚度计上压板对试样施加23.5 kPa的压力，当指针稳定10 s±1 s时读数，测量结果以5点的算术平均值表示(精确至小数点后2位)。

5.4　断裂强度、断裂伸长率及定负荷伸长率试验

5.4.1　试样尺寸及数量

经向和纬向试样数量均为三个、试样毛坯宽度约70 mm，长度为900 mm。试样有效宽度为50 mm，用来测量伸长率的试样标距为200 mm。

5.4.2　试样制备

采用扯边法或剪口法将试样毛坯制备成试样。

5.4.2.1 扯边法

从试样毛坯两纵向边缘扯下根数大致相等的纱线，使试样有效宽度符合5.4.1要求(允许两边各保留四～六根保护线)。

5.4.2.2 剪口法(切条法)

用剪刀在试样毛坯每一纵向边缘(距纵向中心200 mm处)各剪一个斜口，使试样有效宽度符合5.4.1的要求。

注：当某种规格浸胶帆布不适于采用剪口法试验时，才采用扯边法进行试验。

5.4.3 试验仪器

试验仪器宜采用非惯性拉力试验机。

预加张力：规定为标称断裂强度的1%±0.25%，试样标称强度超过200 N者预加张力为14.7 N～24.5 N。

5.4.4 试验程序

在试验机上设定相当于试样纵向标称断裂强度的10%的定负荷，将试样夹持于拉力试验机的上下夹持器上，以(300±10)mm/min的速度对试样进行拉伸，测定试样在定负荷下和试样断裂时的两标线距离(精确至0.1 mm)，并记录试样断裂过程中的最大拉力(精确至N)。

注

1 由于织物与夹持器之间可能存在滑移，因此，允许在夹持器和试样之间垫以摩擦系数大的垫衬物。

2 试验中发生打滑时，应另制试样补作试验，如试样断裂点到夹持器边缘的距离少于或等于10 mm时，也应补作试验。

3 为防止试样在夹持器内滑移，预加张力时应使试样纵向轴线与夹持器运动方向平行。

5.4.5 计算公式

10%定负荷伸长率和断裂伸长率分别按式(1)、式(2)计算：

$$\varepsilon_{10} = \frac{L_1 - L_0}{L_0} \times 100 \quad \cdots\cdots(1)$$

$$\varepsilon_b = \frac{L_2 - L_0}{L_0} \times 100 \quad \cdots\cdots(2)$$

式中：ε_{10}——10%定负荷伸长率，%；

ε_b——断裂伸长率，%；

L_1——试样在10%负荷下的两标线距离，mm；

L_2——试样断裂时的两标线距离，mm；

L_0——试样初始标距，mm。

5.5 粘合强度试验

5.5.1 试样毛坯的制备

将浸胶帆布制成230 mm×150 mm(经×纬)的矩形，在四层或三层帆布的每两层之间夹以厚度符合表4要求的贴胶胶片，然后在外层帆布的外面贴上上下覆盖层、胶片。贴合时胶片的压延方向应与帆布的经向平行。将贴合好的试样毛坯在标准温度(23℃±2℃)下停放2 h以上，然后置于硫化模具中(模腔厚度9.5 mm，压缩比10%～15%)进行硫化，硫化条件为150℃×25 min，硫化平板压力为(2.5±0.05)MPa。

表4 浸胶帆布粘合试样贴胶厚度

帆布断裂强度，N/mm	贴胶厚度，mm
200以下	0.6±0.02
250	0.7±0.02

表 4(续)

帆布断裂强度,N/mm	贴胶厚度,mm
300	0.9±0.02
350	1.0±0.02
400	1.2±0.02
500	1.4±0.02
600～630	1.6±0.02

注

1 NN 浸胶帆布贴胶配方按本标准附录 A 表 A1 执行。

2 EP 浸胶帆布贴胶配方按本标准附录 A 表 A2 执行。

5.5.2 试样的制备

将硫化后的试样毛坯置于标准温度(23℃±2℃)下停放至少 12 h 以后,沿其纵向裁取三个宽 25 mm±0.5 mm、长 200 mm 的矩形试样,并在试样一端帆布层间剥开 30 mm 长的裂口便于夹持。

5.5.3 其余程序按 GB/T 6759 执行。

5.6 干热收缩率和干热收缩率不匀率试验

5.6.1 仪器

a) 恒温烘箱:温度可调为 150℃±2℃;

b) 钢板尺:精度 0.5mm。

5.6.2 试验程序

制取 10 块 150 mm×150 mm 的正方形试样,在试样上距四边各 25 mm 处沿经向和纬向画出 100 mm×100 mm 的正方形线框(见图 1),然后将其置于 150℃烘箱内加热 30 min。取出试样让其在标准室温下冷却 20 min,在正方形线框的经向边线上取均布的五点,在五点处测量线框的纬向宽度,以 10 块试样的共 50 处测量值的平均值作为烘后线框的宽度。采用类似的方法测量烘后线框经向宽度。

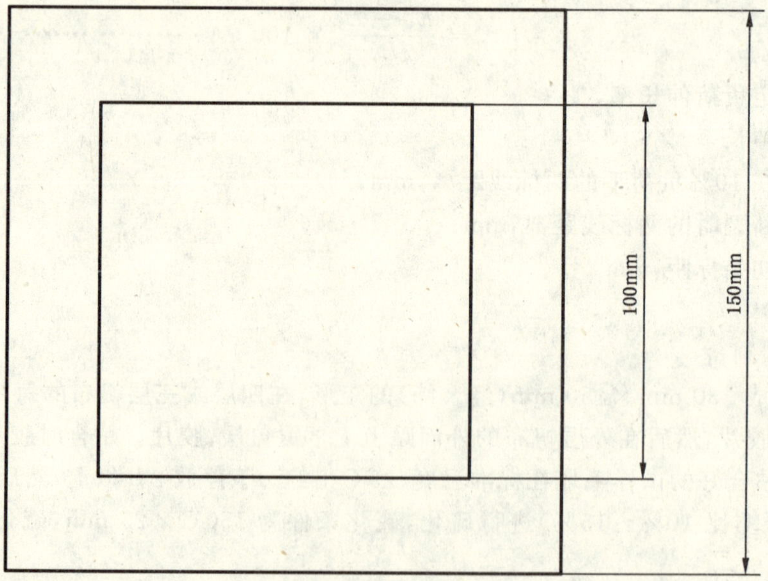

图 1

5.6.3 结果表示

a) 干热收缩率按式(3)计算(精确到小数点后一位):

$$S = \frac{L_1 - L}{L} \times 100 \qquad \cdots\cdots(3)$$

式中：S——干热收缩率，%；

L——试样的烘前线框宽度，mm；

L_1——试样的烘后线框宽度，mm。

经向和纬向干热收缩率应分别计算。

b）干热收缩率不匀率按式(4)计算（精确到小数点后一位）：

$$\Delta S = \frac{2(x_1 - \bar{x})_n}{\bar{x} \cdot N} \times 100 \quad \cdots\cdots (4)$$

式中：ΔS——干热收缩率不均率，%；

x_1——大于平均值的干热收缩率测定值的平均值，%；

$\bar{x}$——全部试样干热收缩率测定值的平均值，%；

n——大于平均值的干热收缩率测定值个数；

N——试样总数。

5.7 平方米干重

5.7.1 试验仪器

a）天平：量程 100 g，精度 0.001 g；

b）钢板尺：精度 0.5 mm。

5.7.2 试样尺寸及数量

试样为边长 250 mm±5 mm 的正方形，数量为三个。

5.7.3 试验程序

将试样置于温度为 105℃±2℃的恒温箱中加热 60 min 后，取出放在干燥器内冷却 10 min，称取其重量即得试样干重 G_{25}（精确至 0.01 g）。

浸胶帆布的平方米干重，按式(5)计算：

$$G_{100} = G_{25} \times 16 \quad \cdots\cdots (5)$$

式中：G_{100}——浸胶帆布平方米干重，g；

G_{25}——试样干重，g。

5.8 试验条件

5.8.1 试验环境为温度 20℃±2℃，相对湿度 65%±2%。

5.8.2 浸胶帆布的断裂强度、断裂伸长率、10%定负荷伸长率、干热收缩率、平方米干重试验的样品需在 5.8.1 环境中进行 12 h～20 h 的状态调节，其他各项试验可不进行这种状态调节。

6 抽样

6.1 生产厂按本标准对输送带用浸胶帆布进行出厂检验，并保证所有出厂的产品符合本标准的技术要求，每批产品应附有质量合格证书和检验单。

6.2 输送带用浸胶帆布以小于或等于 2 000 m 为一批，每批按卷数的 4%进行抽样，但样品卷数不得少于三卷，对每卷样品检验本标准的各项技术要求。其中，外观质量也可在工艺过程中验收。若某项指标不合格，应取双倍试样对不合格项目进行复试。若复试中仍有一个结果不合格，则该批产品为不合格品。

7 包装、标志、贮存和运输

7.1 包装

7.1.1 输送带用浸胶帆布的包装材料和包装方式应保证其质量并宜于贮存和运输。

7.1.2 输送带用浸胶帆布应采用木轴进行卷取，本轴应干燥且无油污。并按下列顺序由内向外进行包装。

a）用牛皮纸及瓦楞堵头、包裹，其两端应放二～四包干燥剂，每包 30 g；

b）用黑色塑料布包裹；

c）用聚丙烯编织布包裹；

d）加木堵头，并用聚丙烯带捆扎。

7.2 标志

每卷输送带用浸胶帆布在外包装上应有下列标志：

a）生产厂家及商标；

b）品种规格标记；

c）生产日期及批号；

d）卷中帆布长度。

7.3 标签

每卷输送带用浸胶帆布中应附有包含以下主要内容的标签：

a）产品名称；

b）品种规格标记；

c）生产日期；

d）批号；

e）制造单位及商标；

f）产品性能、用途及注意事项。

7.4 运输和贮存

7.4.1 运输中应做到轻装、轻卸，以免损伤帆布。

7.4.2 运输和贮存中帆布应保持清洁干燥，不得与各种化工原料及油类混放，也不得直接受雨水浸淋。

7.4.3 贮存中库房应保持通风，避免帆布过热、过潮，库房温度应为 0～30℃，相对湿度应为 30%～45%。帆布不得直接在地面上或室外存放。

7.4.4 帆布在使用前不得随意开启包装材料，必要时开启后应立即包装好。保质贮存期为六个月。

附 录 A
（标准的附录）
输送带用浸胶帆布与橡胶粘合强度试验用贴胶配方

表 A1 锦纶浸胶帆布贴胶配方

原 料	配比，质量份
20号天然生胶	100
N 726 炭黑	40
氧化锌	4.0
硫黄	2.5
硫化促进剂 M	0.8
硬脂酸	2.0
松焦油	3.0
防老剂 A	0.75
防老剂 RD	0.75
合 计	153.8

表 A2 涤锦浸胶帆布贴胶配方

原 料	配比，质量份
20号天然生胶	90.0
丁苯橡胶 SBR 1 500	10.0
硬脂酸	2.0
硫化促进剂 DM	1.2
硫化促进剂 TMTD	0.03
氧化锌	8.0
松焦油	3.0
N326 炭黑	5.0
N660 炭黑	30.0
硫黄	2.5
粘合剂 A	0.8
粘合剂 RS	0.66
防老剂 RD	2.0
合 计	155.19

前　言

本标准优等品和合格品是分别等效采用两个国外先进国家的公司技术要求制定的，其主要技术指标和试验方法与该要求相同，而编写规则上与之不同。附录中的部分试验方法及胶料配方系根据国内目前情况制定。

本标准的附录A、附录B、附录C、附录D、附录E都是标准的附录。

本标准由中华人民共和国化学工业部技术监督司提出。

本标准由青岛橡胶工业研究所归口。

本标准起草单位：青岛橡胶工业研究所、吴江富达工业线绳有限公司、青岛新飞橡胶厂、江苏太仓市橡胶骨架厂。

本标准主要起草人：李健、韩德深、惠康楠、李思宏、王光建。

中华人民共和国化工行业标准

HG/T 2821—1996

V 带和多楔带用浸胶聚酯线绳

1 范围

本标准规定了 V 带和多楔带带芯用浸胶聚酯线绳(简称聚酯线绳)的产品分类、要求、试验方法、检验规则及标志、包装、贮存规则。

本标准适用于作为汽车 V 带、窄 V 带、宽 V 带等 V 带和多楔带产品的带芯材料使用的浸胶聚酯线绳。

2 分类

2.1 型式

V 带和多楔带用浸胶聚酯线绳分为以下两种型式:

a) 硬聚酯线绳:用于切割式 V 带、多楔带。

b) 软聚酯线绳:用于包布式 V 带。

2.2 型号

按线绳用纤维的纤度和线绳结构分为:dtex 1 100×2×3,dtex 1 100×2×5,dtex 1 100×3×3,dtex 1 100×4×3,dtex 1 100×3×5,dtex 1 100×6×3,dtex 1 100×9×3 和 dtex 1 100×12×3 八种型号。

2.3 标记

聚酯线绳的规格标记内容和顺序为软硬线绳代号、纤度代号、线绳结构、标准号。

标记示例如下:

```
F  dtex 1 100 ×6 × 3    ××××××
|       |       |          |
|       |       |          └──── 标准号
|       |       └─────────────── 线绳结构,表示初捻股数为 6 股,复捻为 3 股
|       └─────────────────────── 纤度代号,表示用 1 100 dtex 原丝生产
└─────────────────────────────── 软线绳代号,(硬线绳代号为 S)
```

3 要求

3.1 材料和结构

聚酯线绳采用聚酯长丝经合股加捻成绳、表面浸胶、热处理定型而制成,成品应卷取成筒。其捻度要均匀。

3.2 尺寸

聚酯线绳的直径应符合表 1 的规定。

中华人民共和国化学工业部 1996-06-28 批准　　1997-01-01 实施

表 1

mm

型　　号	软线绳直径	硬线绳直径
dtex 1 100×2×3	1.00±0.10	0.95±0.10
dtex 1 100×3×3	1.15±0.10	1.15±0.10
dtex 1 100×2×5	1.25±0.10	1.22±0.10
dtex 1 100×3×4	1.35±0.10	1.30±0.10
dtex 1 100×3×5	1.50±0.10	—
dtex 1 100×6×3	1.65±0.10	1.62±0.10
dtex 1 100×9×3	2.10±0.10	—
dtex 1 100×12×3	2.40±0.10	—

3.3 物理机械性能

3.3.1 软聚酯线绳优等品的物理机械性能应符合表 2 的规定。

表 2

项　　目		线绳结构							
		2×3	3×3	2×5	4×3	3×5	6×3	9×3	12×3
断裂强力,N	≥	440	640	740	850	1 070	1 280	1 900	2 500
断裂伸长率,%		11.3±1.5	11.7±1.5	11.0±2.0	11.0±1.5	11.0±2.0	11.0±2.0	12.0±2.0	13.0±2.0
200 N 定负荷伸长率,%		4.0±0.7	2.8±0.5	2.0±0.8					
300 N 定负荷伸长率,%					2.8±1.0	2.1±1.0			
500 N 定负荷伸长率,%							3.3±0.8	2.2±0.8	1.6±0.5
定长度质量,g/100 m		74±3.0	110±4.0	121±4.0	145±5.0	178±5.0	216±10.0	327±15.0	433±15.0
干热收缩率(150℃×3 min),%		3.5±0.5	3.3±0.5	3.3±0.5	2.9±0.5	3.2±1.5	3.3±0.5	2.9±0.5	2.3±0.5
粘合强度,N/cm	≥	190	210	240	250	260	250	350	360

3.3.2 硬聚酯线绳优等品的物理机械性能应符合表 3 的规定。

表 3

项　　目		线绳结构		
		2×3	3×3	3×5
断裂强力,N	≥	450	640	1 050
断裂伸长率,%		9.0±1.5	8.5±1.5	11.0±1.5
100 N 定负荷伸长率,%		1.3±0.8	—	—
250 N 定负荷伸长率,%		—	3.0±0.8	—
400 N 定负荷伸长率,%		—	—	3.5±0.8
定长度质量,g/100 m		74.0±4.0	110.0±4.0	196.0±4.0
干热收缩率(150℃×3 min),%		3.0±0.5	3.5±0.5	3.0±0.5
粘合强度,N/cm	≥	250	300	350

3.3.3 软聚酯线绳合格品的物理机械性能应符合表 4 的规定。

表 4

项　目	线绳结构						
	2×3	3×3	2×5	4×3	3×5	6×3	9×3
断裂强力,N　≥	400	595	615	788	925	1 176	1 671
断裂伸长率,%	10.9±2.0	11.6±1.5	12.2±2.0	12.8±1.5	13.0±1.5	12.8±1.5	13.6±1.5
178 N 定负荷伸长率,%	4.0±0.5	—	—	—	—	—	—
198 N 定负荷伸长率,%	—	3.0±0.5	2.8±0.5	—	—	—	—
296 N 定负荷伸长率,%	—	—	—	4.0±0.5	3.5±0.5	—	—
395 N 定负荷伸长率,%	—	—	—	—	—	3.2±0.5	—
494 N 定负荷伸长率,%	—	—	—	—	—	—	3.4±0.5
干热收缩率(150℃×30 min),%	3.0±0.7	3.0±0.7	3.0±0.7	3.0±0.7	3.0±0.7	3.0±0.7	3.0±0.7
粘合强度,N/cm　≥	148	168	174	187	205	224	281

3.3.4　硬聚酯线绳合格品的物理机械性能应符合表 5 的规定。

表 5

项　目	线绳结构				
	2×3	3×3	2×5	4×3	6×3
断裂强力,N　≥	402	610	661	830	1 230
断裂伸长率,%	8.3±1.5	9.1±1.5	9.8±1.5	9.8±1.5	9.2±1.5
178 N 定负荷伸长率,%	3.3±0.5	—	—	—	—
198 N 定负荷伸长率,%	—	2.3±0.5	2.9±0.5	—	—
296 N 定负荷伸长率,%	—	—	—	3.7±0.5	—
395 N 定负荷伸长率,%	—	—	—	—	4.0±0.5
干热收缩率(150℃×30 min),%	4.4±0.5	3.9±0.5	4.5±0.5	4.4±0.5	4.3±0.5
粘合强度,N/cm　≥	227	276	286	316	346

3.4　外观质量

3.4.1　聚酯线绳应无妨碍使用的曲折、退捻、多(少)股、接头过大、接头不牢、背股等缺陷。

3.4.2　聚酯线绳的附胶应均匀,不得有杂质、缺胶等现象。

3.4.3　聚酯线绳筒的卷取应平整、松紧合适,线筒的大小要适合于 V 带成型。

4　抽样

4.1　聚酯线绳应按本标准 3.4 规定,目测检查外观质量。

4.2　聚酯线绳按批抽样进行尺寸和物理机械性能检验。以采用同一批号原料,在同一次浸渍和热处理中生产的不多于 1 000 kg 的同一规格聚酯线绳为一批。每月产量不足 1 000 kg 时,每月至少做一次检验。

4.3　从每批聚酯线绳中抽取五筒作为检验用样品,分别装入黑色聚氯乙烯薄膜袋中(防止光线照射)备检,装袋后只允许在检验时短时间从袋内取出。

4.4　取样和制样时必须戴手套,并防止线绳退捻。

4.5　在对线绳样品的各项性能进行测试前均要在温度 23℃±2℃、相对湿度 60%～75%的条件下进行至少 2 h 的状态调节。

4.6 当某项目试验结果不合格时，应在该批线绳中另取双倍试样进行不合格项目的试验。如果复检项目仍有一个结果不合格，则该批产品为不合格品。

5 试验方法

5.1 聚酯线绳直径，使用压盘式直径测定仪，按附录A进行测量。

5.2 聚酯线绳定长度质量，使用长度测量器和分析天秤，按附录B进行试验。

5.3 聚酯线绳断裂强力和断裂伸长率，使用拉力试验机，按附录C进行试验。

5.4 聚酯线绳干热收缩率，使用干热收缩率检验仪或自动恒温烘箱，按附录D进行试验。

5.5 聚酯线绳粘合强度，使用硫化机、测厚仪和拉力试验机，按附录E进行试验。

6 标志、标签、包装、贮运

6.1 标志

外包装箱上必须有明显标志，标志中应包括以下内容：

a）产品名称；

b）产品规格标记；

c）制造单位；

d）商标；

e）生产日期。

6.2 标签

在标签上说明以下事项：

a）产品名称；

b）规格标记；

c）箱内线绳数量；

d）制造单位；

e）生产日期；

f）使用和贮存注意事项。

6.3 包装

根据聚酯线绳筒的长度、直径、数量、体积和质量，采用适当的包装材料进行外包装。内包装必须用黑色聚氯乙烯袋。包装箱内应附有标签和合格证书。

6.4 贮存和运输

6.4.1 聚酯线绳在贮存和运输过程中，应避免阳光直射，防止与酸、油或对其有害的溶剂接触。

6.4.2 贮存时库房温度应保持在20℃±5℃，相对湿度应保持在60%～70%，从生产之日起到使用不得超过六个月。

6.4.3 贮存期间聚酯线绳要离开热源1 m以上，并避免因聚酯线绳承受过大压力而变形，也不得使其受到曲折。最好使聚酯线绳筒在包装箱内竖立，然后将包装箱放在货架上。

附 录 A
（标准的附录）
聚酯线绳直径测量方法

A1 测量装置

聚酯线绳直径采用测定范围为 0.01～10 mm 的压盘式直径测定仪进行测定。其上压盘直径为 25.22 mm，下落高度为 4 mm，并应能对线绳试样施加 1.7 N 的压力。

A2 试样

从五筒聚酯线绳样品中各截取长 0.5 m 以上的试样 1 个，共 5 个试样。

A3 试验程序

对每个试样在相距 100 mm 以上的两个部位按以下方法测定其直径。

调整直径测定仪的指针使其指示零位，将线绳平放在测定仪的下压盘上，然后使上压盘从大约 4 mm的高度缓缓落下，待指针静止后读出数值。在线绳同一部位旋转 90 度后再测一次。每个测定值保留到小数点后第二位。

A4 试验结果表达

记录所测得的 20 个数值及它们的算术平均值。

附 录 B
（标准的附录）
聚酯线绳定长度质量测量方法

B1 测量装置

采用图 B1 所示的定张力测长器和分析天平进行测量。

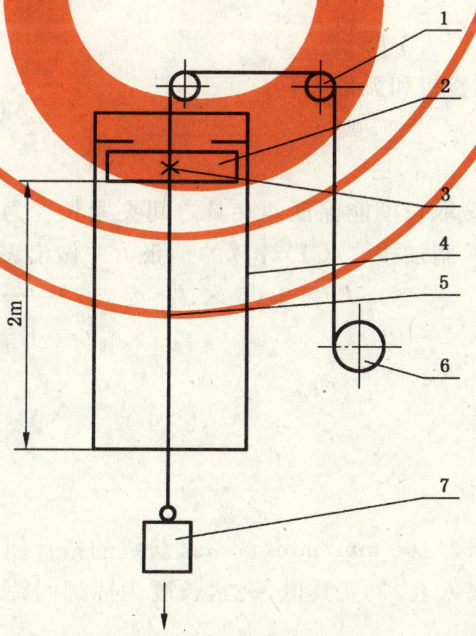

1—滑轮； 2—滑块； 3—压线绳螺丝； 4—框架
5—被量线绳； 6—手轮(滑块升降用)； 7—砝码(张紧力)

图 B1 定张力测长器示意

B2 试样

从五筒聚酯线绳样品中,各截取长2 m以上的试样1个,共5个试样。

B3 试验程序

B3.1 将试样夹在滑块内,利用砝码对试样施加张紧力。张紧力的大小按式(B1)计算:

$$F = 0.05 \times f \cdot n \quad \cdots\cdots\cdots\cdots (B1)$$

式中:F——张紧力,cN;

f——线绳纤维细度,dtex,

n——线绳纤维总根数。

B3.2 线绳拉紧后,将线绳在长度测量计下方标记处剪断,降下活动滑动块将线绳在长度测量计的上方标记处剪断,按上述程序制备5个2 m试样。

B3.3 将5个试样分别称重并记下数值。各测定值均保留到小数点后一位。

B4 试验结果表达

按式(B2)计算定长度质量:

$$G_{100} = G_2 \times 50 \quad \cdots\cdots\cdots\cdots (B2)$$

式中:G_{100}——定长度质量,g/100 m;

G_2——B3.3中的测定值,g/2 m。

记录所测得的5个定长度质量值及他们的算术平均值。

附 录 C
（标准的附录）
聚酯线绳断裂强力和伸长率测量方法

C1 测量装置

采用测定范围合适的拉力试验机和弧形夹具。

C2 试样

从五筒聚酯线绳样品中,各截取长度能保证两夹具之间夹紧长度为802 mm(硬线绳为800 mm)的一段线绳试样2个,共10个试样,施加按式(C1)计算的预张力并做出夹紧长度两端标记。

$$F = 0.05 \times f \cdot n \quad \cdots\cdots\cdots\cdots (C1)$$

式中:F——预张力,cN;

f——线绳纤维细度,dtex;

n——线绳纤维总根数。

C3 试验程序

C3.1 将试验机夹具移动速度调为200 mm/min,调整试验机的指针使其指示值为零。

C3.2 将线绳试样沿夹具弧形夹入上、下夹具内,夹紧长度为标记间距。使用气压夹具时,气压计上的压力应控制在0.5~0.62 MPa。

C3.3 若用电子拉力试验机,设定定负荷伸长率的负荷值后,即可开始自动试验。如果采用不能自动记录试验结果的试验机,则按下述方法进行试验:在试验机上装上记录纸,并将绘图针放置在记录纸零点位置。开机试验，同时自动绘制如图 C1 所示的拉力—应变曲线，直至线绳断裂。

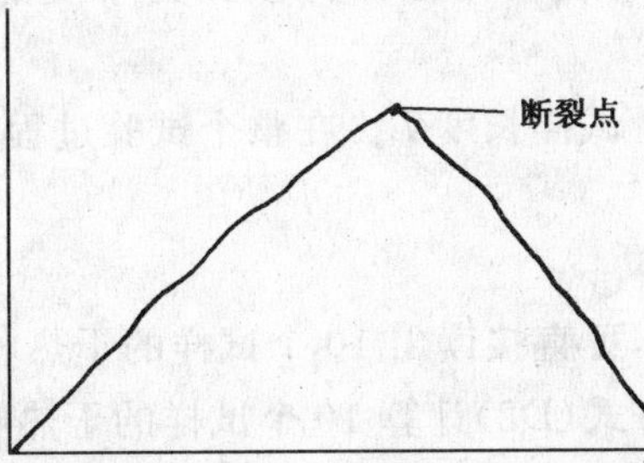

图 C1 拉力—应变

C3.4 如发生线绳在夹具附近(10 mm 以内)断裂的情况，应重复试验，并在检验报告原始记录上记录这一现象，在求平均值时，不应将此值考虑进去。

C4 试验结果表达

根据拉力—应变曲线，记录 10 个试样的断裂强力、断裂伸长率和定负荷伸长率的测定值及他们的算术平均值。有效数字取至小数点后一位。

附 录 D
（标准的附录）
聚酯线绳干热收缩率测量方法

D1 测量装置

采用干热收缩率检验仪或采用自动恒温烘箱及辅助工具进行测量。

D2 试样

从五筒聚酯线绳样品中，各截取 400 mm 以上的试样 2 个，共 10 个试样。

D3 试验程序

D3.1 干热收缩率检验仪法

采用干热收缩率检验仪进行试验时，试验按下述程序进行：

D3.1.1 至少在试验前 30 min 打开仪器升温。将试验温度调为 150℃±1℃，将加热时间调为 3 min(合格品为 30 min)。

D3.1.2 将试样一端夹紧在支架上的夹具内，对试样另一端施加按式(D1)计算的预张力。

$$F = 0.02 \times f \cdot n \quad \cdots\cdots (D1)$$

式中：F——预张力，cN；

f——线绳纤维细度，dtex；

n——线绳纤维总根数。

D3.1.3 把仪器上的指针调为零，把装有试样的支架放入加热箱，当其推到位时将自动启动加热开关和计时器。达到设定时间后自动停止加热。读出此时的收缩率(%)数值。

D3.2 自动恒温烘箱法

采用自动恒温烘箱及辅助工具进行试验时，试验按下述程序进行。

D3.2.1 将试样一端夹入有长度标记的夹具内，另一端按 D3.1 施加预张力，在离夹头 200 mm 处做出标记。

D3.2.2 将试样放入 150℃±3℃的烘箱内在保持预张力不变的情况下恒温加热 3 min(合格品为 30 min)。

D3.2.3 在继续加热的情况下,测量试样长度 L。在整个试验过程中应保持线绳不退捻。

D4 试验结果表达

D4.1 当采用干热收缩率检验仪时,可直接读出 10 个试样的干热收缩率和他们的算术平均值。

D4.2 当采用自动恒温烘箱时,先按式(D2)计算 10 个试样的干热收缩率:

$$S = \frac{200 - L}{200} \times 100 \qquad \cdots\cdots\cdots\cdots\cdots\cdots\cdots\cdots\cdots\cdots(D2)$$

式中:S——干热收缩率,%;

L——试样受热后测量长度,mm。

计算 10 个试样干热收缩率的算术平均值。

D4.3 计算中有效数字均取至小数点后一位。

附 录 E
(标准的附录)
聚酯线绳粘合强度测量方法(T 抽出法)

E1 试验设备

试验设备包括平板硫化机、拉力试验机和厚度测试仪。

E2 试样

从五筒聚酯线绳样品中,各截取长 1 m 以上的试样 4 个,共 20 个试样。

E3 试验程序

E3.1 按线绳粘合强度试验用配方 1(见表 E1)或配方 2(见表 E2)制备混炼胶,两种配方根据线绳使用情况选用。胶料混炼后停放 4 h 再经返炼方可使用。贮存 24 h 后的胶料在使用前须经返炼方可使用,返炼辊温应为 30℃~60℃。

表 E1 线绳粘合强度试验用配方 1

配 合 剂	质 量 份
20 号天然生胶	70
丁苯橡胶 SBR 1 500	30
氧化锌	5
硬酯酸	2
硫化促进剂 DM	1.2
硫化促进剂 TMTD	0.03
沉淀法水合二氧化硅	15
N 762 炭黑	25
N 330 炭黑	15
松焦油	3
粘合剂 A	2.5
粘合剂 RS	3.5
硫磺	2.2
合 计	175.43

表 E2　线绳粘合强度试验用配方 2

配　合　剂	质　量　份
氯丁橡胶 CR 1 212	100
丁二烯橡胶 BR 9 000	3
轻质氧化镁	4
硬酯酸	1
N 762 炭黑	25
N 330 炭黑	15
沉淀法水合二氧化硅	15
粘合剂 A	2.5
粘合剂 RS	3.5
氧化锌	5
合　　计	174.0

E3.2　按模具的宽度用剪刀将胶料剪成条状，所需条状胶料的数量刚好使总高度达到(11±0.5)mm。用厚度测试仪检查条状胶料是否符合上述要求。

E3.3　将半数条状胶料填进下层模具内，将承受着(2.0±0.2)N 张力的线绳试样放进模具中的槽内，再把剩余的条状胶料填进上层模具内。

E3.4　把模具放进经过预热的平板硫化机中进行硫化。对配方 1，硫化条件为(143±1)℃×30 min；对配方 2，硫化条件为(151±1)℃×30 min。

E3.5　硫化后冷却模具，取出模具内的粘合试样，并在 4.6 所述试验室条件下放置 2 h 以上，再将其加工成规定的 T 型(见图 E1)，线绳周围的多余胶料应剪去。然后，用厚度测试仪测量线绳被抽出方向的胶块厚度 d，胶块厚度约为 10 mm。测试值精确到小数点后一位。

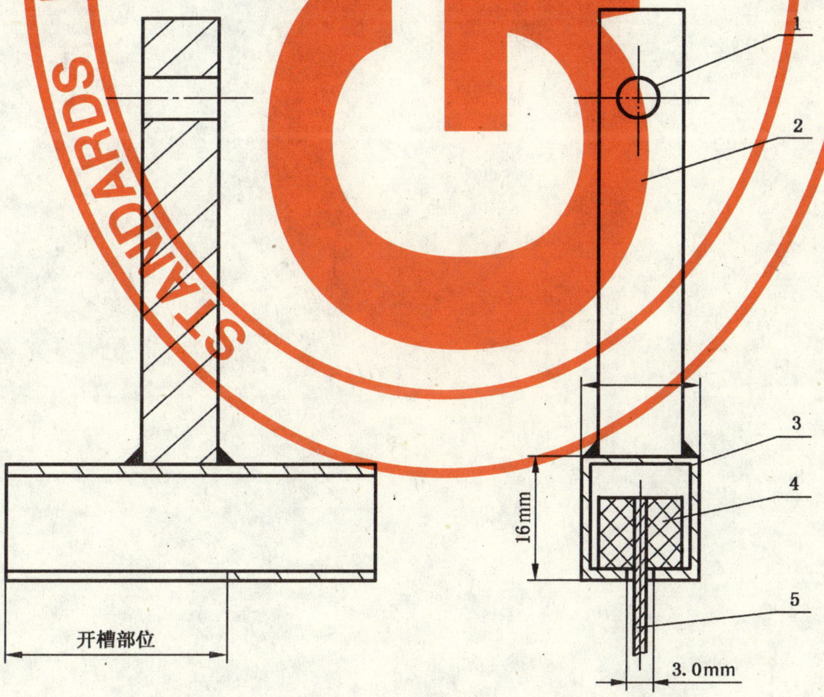

1—连接销孔；2—与拉力试验机上夹具连接的连杆

3—方杆；4—试样胶块部分；5—线绳

图 E1　夹试样胶块部分用的夹具示意

E3.6 按下述程序进行粘合试样的粘合强度试验。将用来夹试样胶块部分的夹具(见图 E1)挂在拉力试验机上端,将用来夹线绳的弧形夹具挂在下端。将试样夹入夹具中,以 200 mm/min 的夹持器移动速度测定将线绳抽出时的拉力,即为抽出力 F。

E4 试验结果表达

记录每个试样的线绳抽出力。有效数字取至小数点后一位。

抽出力 F 与线绳抽出方向胶块厚度测定值之比即为粘合强度,单位为 N/cm。

计算 20 个试样粘合强度的算术平均值。有效数字取至整数位。

前　　言

本标准是在化工行业标准 HG/T 3046—1989《织物芯输送带外观质量规定》的基础上，结合我国现有的实际生产情况修订而成的。

本标准与 HG/T 3046—1989 相比在覆盖层重皮、边胶海绵与扯掉边胶、带面露布纹、压上熟胶边等缺陷的规定上有所加严。

本标准自实施之日起，代替 HG/T 3046—1989。

本标准的附录 A 是提示的附录。

本标准由中华人民共和国原化学工业部技术监督司提出。

本标准由化工部胶带标准化技术归口单位归口。

本标准起草单位：山东枣庄橡胶厂、青岛橡胶工业研究所、浙江天台天龙橡胶有限公司。

本标准主要起草人：王伟勤、辛永录、韩德深、徐和平。

本标准于 1965 年首次发布为国家标准，1989 年进行了修订，1998 年由国家标准调整为推荐性化工行业标准，并重新进行编号。

中华人民共和国化工行业标准

织物芯输送带外观质量规定

HG/T 3046—1999

代替 HG/T 3046—1989

Conveyor belts with fabric carcass—
Specification for appearance quality

1 范围

本标准规定了织物芯输送带(以下简称带)的外观质量要求。还规定了外观缺陷术语及测量方法。

本标准适用于普通用途织物芯橡胶输送带。

本标准不适用于花纹输送带、金属骨架输送带、全塑料覆盖层输送带和整体带芯难燃输送带。

2 外观缺陷规定

2.1 明疤

带表面上的明疤深度大于 1 mm 且面积大于 50 mm^2 时,应一次修理完善(深度不大于 1 mm 时不修理,深度大于 1 mm,面积不大于 50 mm^2 且不露布时也不修理)。

2.2 夹沟与裂口

每卷带长上,夹沟与裂口总累计长度不得超过带长的 3%,单个长度不得大于 1 m,并应一次修理完善(深度不大于 1.5 mm 时不修理,但计入累计长度)。

2.3 带侧凸出

该缺陷应一次修理完善。

2.4 覆盖层脱层

每 100 m^2 覆盖层上,脱层总面积不得超过 1 600 cm^2,并应一次修理完善。

2.5 布层脱层

每 100 m^2 输送带上,脱层总面积不得超过 1 200 cm^2,并应一次修理完善(修理层数不得超过布层总数的 50%)。

2.6 覆盖层重皮

该缺陷不允许有。

2.7 扯掉边胶

该缺陷不允许有。

2.8 带侧露布

该缺陷累计长度不得超过带长的 3%,并应一次修理完善。

2.9 布层横波浪

每 100 m 输送带上横波浪深度不大于 1.5 mm 者,不得超过四处,一处不得超过四个峰。

2.10 布层纵波浪

该缺陷按明疤处理。

2.11 边胶海绵

带两侧该缺陷的累计长度不得超过带长的 3%,并应一次修理完善。

2.12 压上熟胶边

国家石油和化学工业局 1999-04-20 批准　　2000-04-01 实施

每 100 m 输送带上，该缺陷不得超过两处，并一次修理完善（深度不大于 1 mm 时不修理，也不计处数）。

2.13　带面露布纹

该缺陷应一次修理完善。

附 录 A
（提示的附录）
输送带外观缺陷术语定义及测量方法

A1 明疤

a）术语定义：覆盖层表面局部微凹处称为明疤。
b）测量方法：用卡尺或百分表测量其最大深度。

A2 夹沟与裂口

a）术语定义：带两侧出现的沟痕称为夹沟；带两侧出现的缝隙称为裂口。
b）测量方法：用卡尺或百分表测量最大深度，用卷尺测量长度。

A3 带侧凸出

a）术语定义：带两侧局部突起的现象。
b）测量方法：目测或手摸。

A4 覆盖层脱层（或称胶泡）

a）术语定义：覆盖层与布层之间局部脱开的现象。
b）测量方法：用卷尺测量长度和宽度，按式（A1）计算面积。

$$面积 \approx 长 \times 宽 \times 0.7 \quad \cdots\cdots\cdots\cdots（A1）$$

A5 覆盖层重皮

a）术语定义：覆盖层局部分层、互不粘合的现象。
b）测量方法：目测或手摸。

A6 布层脱层（或称布泡）

a）术语定义：布层之间局部脱开的现象。
b）测量方法：目测后用卷尺测量长度和宽度，按式（A1）计算面积。

A7 扯掉边胶

a）术语定义：因流失胶边处理不当或机械损伤造成的边胶脱落现象。
b）测量方法：用卷尺测量长度。

A8 带侧露布

a）术语定义：带两侧露出带芯布层的现象。
b）测量方法：用卷尺测量长度。

A9 带面露布纹

a）术语定义：覆盖层上局部露出织物层或能看出织物组织痕迹的现象。
b）测量方法：用卷尺测量长度和宽度，并按式（A1）计算面积。

A10 布层横波浪

a）术语定义：带芯布层横向上起伏不平呈波浪状的现象。

b）测量方法：用卡尺或百分表测量最大深度。

A11 布层纵波浪

a）术语定义：带芯布从纵向上起伏不平呈波浪状的现象。

b）测量方法：用卡尺或百分表测量最大深度。

A12 边胶海绵

a）术语定义：带两侧边胶出现海绵样微孔群的现象。

b）测量方法：用卷尺测量长度。

A13 压上熟胶边

a）术语定义：已经硫化的胶边又压在带表面上的现象。

b）测量方法：目测或手摸。

中华人民共和国国家标准

UDC 678.4.067
:620.1

GB 6757—86

输送带贮存和搬运通则

Conveyor belts — Guide to storage and handling

本标准对输送带包装、贮存和搬运的最适宜条件规定了一般性原则。

本标准等效采用ＩＳＯ 5285—1978《输送带贮存和搬运导则》。

1 包装

输送带应卷在芯轴上，然后牢固捆扎，并加以遮盖物，或装在方形和桶形板条箱中。

2 贮存

2.1 输送带在贮存时必须符合硫化橡胶贮存的通用规定[1]。

2.2 输送带在贮存和运输中，应保持清洁，避免直接接触臭氧、强光、高温、酸、碱、油类、有机溶剂和金属铜、锰等影响橡胶质量的物质，同时应避免直接受到雨、雪、积水的浸蚀。

2.3 输送带在贮存时须成卷放置，不得折叠。应使带卷的芯轴呈水平方向。放置带卷的地面应平整和干燥。带卷底下垫木材使其离开地面。

3 搬运

3.1 吊车搬运

使用吊车搬运时，最好采用绳索和钢棒起吊。先将一钢棒穿过带卷芯轴孔，并用带有撑杆的绳索吊住钢棒两端将带卷吊起（见图1）。吊运时，应注意勿使绳索损伤带边。

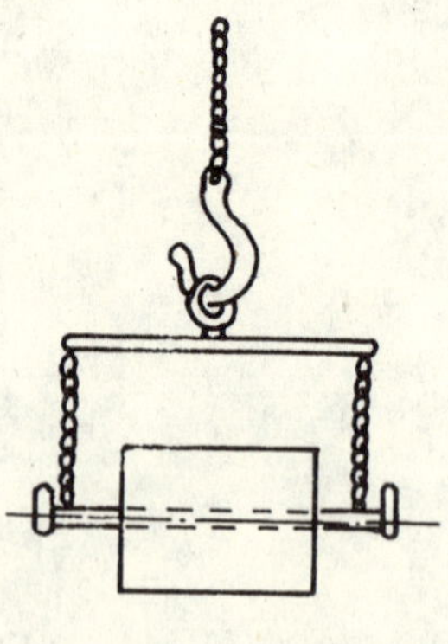

图 1 推荐的起吊方法

采用说明：

1）贮存通则在ＩＳＯ 2230中作了规定。

国家标准局1986-08-26发布　　　　1987-08-01实施

在没有钢棒和撑杆的情况下，亦可将一具有足够强度的织物绳索穿过芯轴孔起吊（见图 2）。

图 2　容许的起吊方法

不得将吊具插入带卷内起吊，这样会损伤带子。不得将绳索绕在带卷上起吊，因为这样可能发生带卷向一边滑脱的危险（见图 3）。

图 3　不容许的起吊方法

3.2　叉车搬运和人力搬运

可以使用具有足够承载能力的叉车搬运，使用时应注意不使带的外圈损伤（见图 4）。

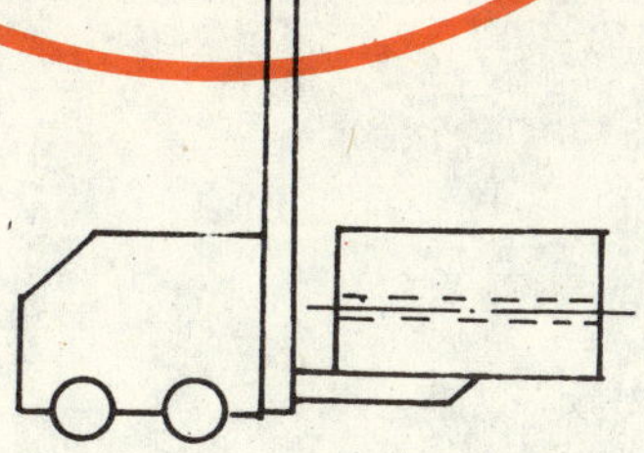

图 4　叉车起吊方法

在没有搬运机械的情况下，如果地面平整不致损伤带子，亦可滚动带卷使之移动。

附加说明：

本标准由中华人民共和国化学工业部提出，由青岛橡胶工业研究所归口。

本标准由青岛橡胶工业研究所负责起草。

本标准主要起草人韩德深、罗光。

备案号:4065—1999
HG/T 3646—1999

前　言

本标准的附录A和附录B都是提示的附录。

本标准由中华人民共和国原化学工业部技术监督司提出。

本标准由化工部胶带标准化技术归口单位归口。

本标准起草单位:阜新橡胶有限责任公司。

本标准主要起草人:金桂菊、韩德深、邢磊、漆宗同、宋静芳。

中华人民共和国化工行业标准

普通用途防撕裂钢丝绳芯输送带

HG/T 3646—1999

Anti-tear steel cord conveyor belt for general use

1 范围

本标准规定了普通用途防撕裂钢丝绳芯输送带(以下简称“防撕裂带”或“带”)的产品分类、技术要求、试验方法和检验规则等内容。

本标准适用于工作温度为－30～＋50℃的防撕裂带。

本标准不适用于耐油、耐热、耐酸碱、难燃、食品输送等特殊用途的输送带。

2 引用标准

下列标准所包含的条文,通过在本标准中引用而构成为本标准的条文。本标准出版时,所示版本均为有效。所有标准都会被修订,使用本标准的各方应探讨使用下列标准最新版本的可能性。

GB/T 528—1992 硫化橡胶和热塑性橡胶拉伸性能的测定

GB/T 2941—1991 橡胶试样环境调节和试验的标准温度、湿度及时间(eqv ISO 471:1983 eqv ISO 1826:1981)

GB/T 3512—1983(1989) 橡胶热空气老化试验方法(neq ISO 188:1976)

GB/T 4490—1994 输送带尺寸(eqv ISO 251:1987 ISO 583:1990)

GB/T 5752—1992 输送带标志(neq ISO 433:1991)

GB/T 5753—1994 钢丝绳芯输送带覆盖层厚度的测定(eqv ISO 7590:1990)

GB/T 5754—1986 钢丝绳芯输送带纵向拉伸强度的测定(neq ISO 7622/2:1984)

GB/T 5755—1986 钢丝绳芯输送带钢丝绳粘合强度的测定(neq ISO 7623:1984)

GB/T 6759—1986 输送带的层间粘合强度测定方法

GB/T 7983—1987 输送带成槽性试验方法

GB/T 9770—1988 钢丝绳芯输送带

GB/T 9867—1988 硫化橡胶耐磨性能的测定(旋转辊筒式磨耗机法)(neq ISO 4649:1985)

HG/T 2410—1992 输送带取样

HG/T 3056—1986 输送带贮存和搬运通则(eqv ISO 5285:1978)

3 定义

本标准采用下列定义。

3.1 缓冲层 breaker

防撕裂带中的一种横向增强体,一般由织物构成。埋设在上覆盖层和(或)下覆盖层中。

3.2 横向件 weft

防撕裂带中的一种横向增强体,一般由横向绳构成,埋设在纵向钢丝绳上面和(或)下面,或者与纵向钢丝绳编织在一起形成网。

国家石油和化学工业局 1999-08-12 批准　　2000-10-01 实施

4 分类

4.1 结构形式

防撕裂带的结构分为加缓冲层作横向增强体和加横向件作横向增强体两种。

4.1.1 缓冲层式防撕裂带以缓冲层(主要是帘布)作为横向增强体。

4.1.2 横向件式防撕裂带以横向绳作为横向增强体。

4.2 产品规格

防撕裂带的产品规格按其纵向拉伸强度、宽度、覆盖层性能及防撕裂性能来分类。

4.2.1 强度规格用字母“St”和纵向拉伸强度(N/mm)的标称值表示,其系列值见表1。

表 1

St630	St800	St1000	St1250	St1600
St2000	St2250	St2500	St2800	St3150
St3500	St4000	St4500	St5000	St5400

4.2.2 防撕裂带的宽度规格系列见表 2。

表 2

500	650	800	1 000	1 200	1 400	1 600	
1 800	2 000	2 200	2 400	2 600	2 800	3 000	3 200

4.2.3 各种强度规格和宽度规格所对应的钢丝绳根数应符合 GB/T 9770 的规定。

4.2.4 防撕裂带的覆盖层性能分为耐划裂型(H)、耐磨损型(D)和一般型(L)三种类型。

4.2.5 防撕裂性能分为 A 型和 B 型两种类型。

4.3 产品标记

缓冲层以字母 S(钢)或 T(化纤)按具体情况表示在上覆盖层厚度或下覆盖层厚度的后面,横向件以字母 S(钢)或 T(化纤)表示在符合“St”后面,以其右下角的 A 或 B 表示防撕裂性能类型。

标记示例:

防撕裂钢丝绳芯输送带:1200St1600/8.0 T_A +6.0 H

- H —— 覆盖层性能类型
- 6.0 —— 下覆盖层厚度
- T_A —— 上覆盖层中有缓冲层
- 8.0 —— 上覆盖层厚度
- 1600 —— 强度规格
- 1200 —— 宽度规格

防撕裂钢丝绳芯输送带,1200St S_A/S_A 1600/8.0+6.0D

- S_A/S_A —— 带芯层的两面都有横向件

5 要求

5.1 防撕裂带结构与尺寸

防撕裂带结构与尺寸见图 1、图 2、图 3 和表 1、表 2。

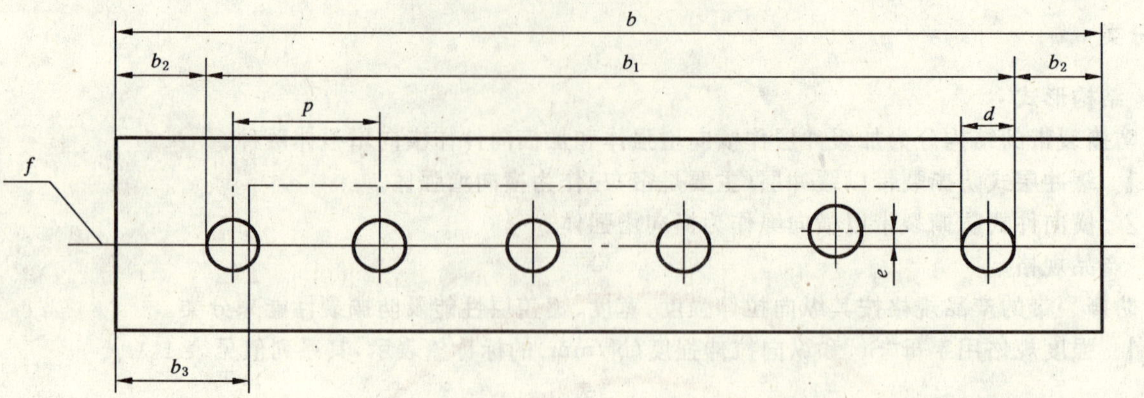

b—带的宽度；b_1—两端边部纵向绳的距离；b_2—边胶宽度；b_3—横向增强体到带边的距离；
d—纵向绳直径；e—纵向绳在厚度方向的偏心值；f—偏心测定用的基准线；p—纵向绳距离

图 1　防撕裂带结构与尺寸

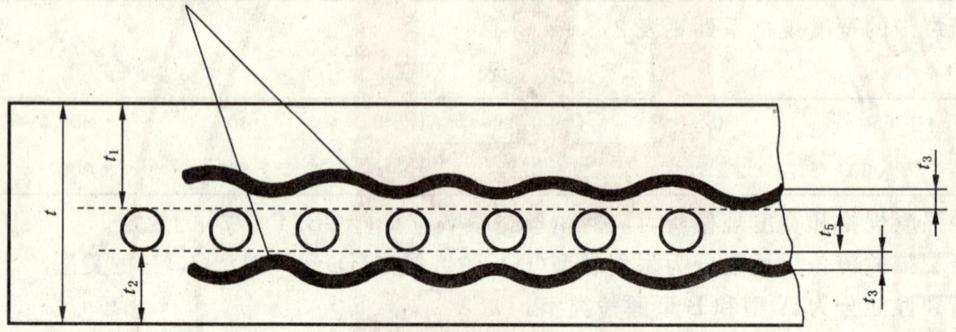

t—带厚；t_1—上覆盖层厚度；t_2—下覆盖层厚度；t_3—缓冲层边缘到纵向钢丝绳的距离；t_5—带芯层厚度（$t_5=d$）

图 2　具有缓冲层的带的断面结构

t_4—横向件到纵向钢丝绳的距离；t_5—带芯层厚度

图 3　具有横向件的带的断面结构

5.2　纵向钢丝绳配置与接头

纵向钢丝绳配置与接头应符合 GB/T 9770 的规定。

5.3　横向增强体配置与尺寸

5.3.1　缓冲层

5.3.1.1　缓冲层到纵向钢丝绳的距离应为 1～2 mm，缓冲层到带边的距离应为 10～50 mm。

5.3.1.2　缓冲层帘线绳的最大公称直径应为 2.5 mm，其中心距与直径之比应为 2～6。

5.3.2　横向件

5.3.2.1 横向件到纵向钢丝绳的距离应不大于1 mm，到带边的距离应为5～25 mm。

5.3.2.2 横向件为钢丝绳时，其最大公称直径为2.5 mm，其中心距应为8～120 mm，且左捻和右捻钢丝绳交替排列。

5.4 尺寸偏差

5.4.1 带的长度和宽度偏差应符合GB/T 4490的要求；钢丝绳中心距和上下偏心值的偏差应符合GB/T 9770要求。

5.4.2 带的厚度偏差只规定下限：公称厚度在20 mm以下者为－1.0 mm，公称厚度超过20 mm者为－1.5mm，带厚度的最大差值（即最大厚度与最小厚度之差）不得大于平均厚度的10%。

注：公称厚度是上覆盖层厚度、下覆盖层厚度及带芯层厚度的总和。

5.5 覆盖层性能

覆盖层的物理性能应符合表3的规定。

表 3

项目		指标		
		H	*D*	*L*
拉伸强度/MPa	不小于	24.0	18.0	15.0
扯断伸长率/%	不小于	450	400	350
老化试验(70℃、7 d)				
拉伸强度变化率/%		±25	±25	±25
扯断伸长率变化率/%		±25	±25	±25
磨耗量/mm^3	不大于	120	100	200

5.6 层间粘合强度

横向增强体与相邻橡胶层之间的粘合强度应不低于10 N/mm。

注：如果横向件与纵向钢丝绳编织在一起，则不进行二者之间粘合强度的试验。

5.7 防撕裂性能

防撕裂性能试验项目包括开裂阻力和击穿冲击强度，其性能应符合表4的规定。

表 4

项目		指标	
		A	*B*
开裂阻力/kN	不小于	3.0	10.0
击穿冲击强度/(N·m)	不小于	400.0	1 000.0

5.8 成槽性

成槽性应符合表5规定，表中数据为采用三等长托辊时的成槽性指标最低值。

表 5

侧辊倾角	成槽性指标(*F*/*L*)
20°	0.08
25°	0.10
30°	0.12
35°	0.14
40°	0.16
45°	0.18
50°	0.20
55°	0.23
60°	0.26

5.9　钢丝绳的拉伸强度、粘合强度和老化后的粘合强度

钢丝绳的拉伸强度、粘合强度和老化后的粘合强度应符合 GB/T 9770 规定。

5.10　外观质量

带的外观质量应符合 GB/T 9770 附录 A 的规定。

6　试验方法

6.1　带的长度和宽度的测量

按 GB/T 4490 执行。

6.2　覆盖层拉伸性能试验

按 GB/T 528 执行。

注：试样尺寸采用 2 型(狭小平行部分宽 4.0 mm±0.1 mm)哑铃状裁刀裁切试样。

6.3　覆盖层耐磨性能试验

按 GB/T 9867 执行。

6.4　覆盖层耐老化性能试验

按 GB/T 3512 执行。

6.5　横向增强体与相邻橡胶层之间的粘合强度试验

按 GB/T 6759 执行。

6.6　钢丝绳的纵向拉伸强度试验

按 GB/T 5754 执行。

6.7　带的成槽性试验

按 GB/T 7983 执行。

6.8　钢丝绳粘合强度试验

按 GB/T 5755 执行。

6.9　带厚度最大差值和覆盖层厚度的测量

按 GB/T 5753 执行。

6.10　钢丝绳距离和上下偏心值的测定

按 GB/T 9770 中附录 B、附录 C 执行。

6.11　带的冲击强度试验

按本标准附录 A 执行。

6.12　带的开裂阻力试验

按本标准附录 B 执行。

7　检验规则

7.1　逐条检验带的外观质量、长度、宽度、厚度和边胶宽度。

7.2　带的取样按 HG/T 2410 执行。

7.3　出厂检验批数量按 HG/T 2410 执行。出厂检验时，应进行覆盖层物理性能(热空气老化试验除外)、钢丝绳中心距和上下偏心值以及钢丝绳拉伸强度和粘合强度、层间粘合强度试验。

7.4　型式检验每年进行一次，应检验本标准规定的全部技术要求内容。

7.5　试验结果如有一项性能不符合标准，应在同批带中另取双倍试样，对不合格项进行复试，复试后如仍有一个试验结果不符合标准，则判定该批产品不合格。

8　标志、包装、运输和贮存

8.1　带的标志按 GB/T 5752 执行。

8.2 带应缠卷在芯轴上，用覆盖物捆扎牢固。包装物上应标示产品名称、标记、规格、带长、生产序号和生产厂名(或注册商标)。

8.3 产品出厂时附有质量检验合格证。

8.4 带的运输和贮存按 HG/T 3056 执行。

附 录 A
（提示的附录）
输送带冲击强度试验方法

A1 范围

本附录规定了用于测定防撕裂带冲击强度的试验方法。

A2 方法提要

使张紧的带样承受由具有不同动能的落锤产生的冲击。测出使带芯破坏或击穿所需的能量。即为带的冲击强度。

A3 装置

A3.1 试验装置为冲击强度试验机。试验机包括用来提供夹持力及张紧力的液压装置、冲击力和张紧力的测量装置及其变化曲线记录装置、带有冲头且具有一定质量的落锤、落锤固定和释放装置、落锤测高装置。

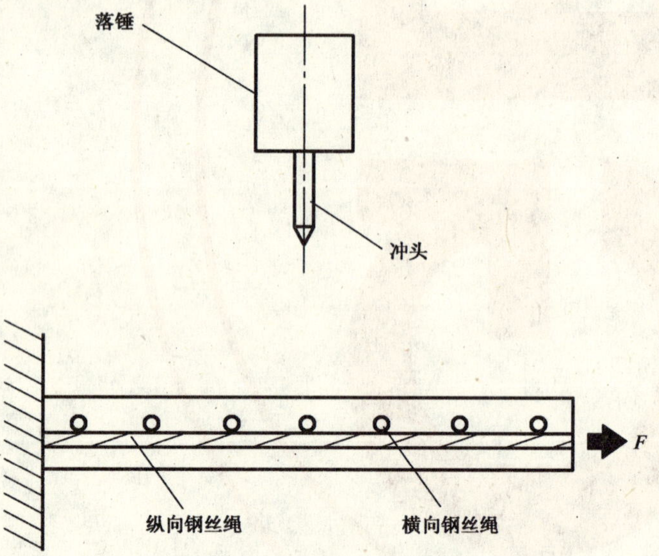

图 A1 试验装置示意图

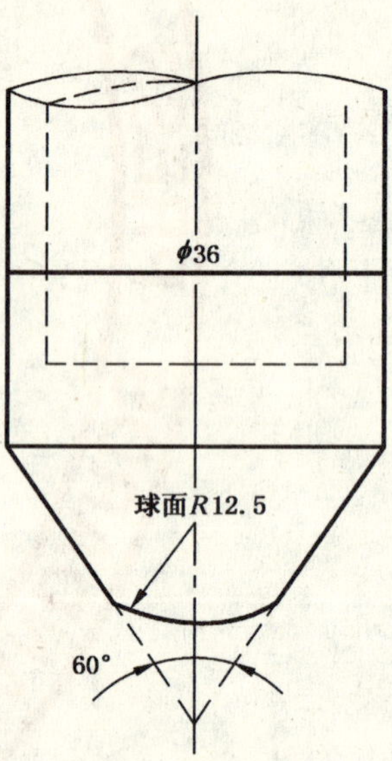

图 A2 冲头

A3.2 试样夹持后的有效试验长度为 400 mm（见图 A1）。

A3.3 落锤质量和高度应确保冲击能量为 100～3000 N·m。对落锤形状不作标准化规定，落锤质量由权威机构进行标定。落锤上所装冲头如图 A2 所示，其直径为 36 mm，前端呈 60°的锥形，锥形前端为 *R*12.5 mm 的球面。

在落锤与冲头之间装有一个具有足够高响应频率的测力传感器，用来测量试样受的冲击力（即冲头所受反作用力）和试样张力的大小及变化。

A3.4 记录装置（存储式移动记录仪或光点式连续线记录仪）应能记录试样受冲击（有时是击穿）时测力装置测得的反作用力和张力的变化。

A4 试样

试样尺寸：长 700 mm，宽 400 mm。试样数量：2 个。

A5 程序

A5.1 准备

将试样夹在夹具中，两夹具之间的长度为 400 mm。以相当于带的拉伸强度 10%的力 F 对试样进行张紧。

确定冲击点，调节试样，以保证试验中落锤冲头恰好落在横向增强体上，同时不得落在纵向钢丝绳上。

A5.2 试验程序

A5.2.1 将落锤固定在适当的高度，使该高度与落锤质量的乘积（即冲击能量）等于一定数值。

首次冲击的冲击能量值（N・m）等于被试带的标称拉伸强度值（N/mm）的 1/2。

A5.2.2 释放落锤以冲击试样，测量和记录冲击力和试样张紧力。

A5.2.3 冲击能量逐次增加 20%（落锤质量不变，增加高度；或高度不变，增加落锤质量），反复进行冲击，直至带芯首次破坏或击穿为止。采用首次破坏还是击穿作为终止指标由有关方面商定。

冲击强度根据带芯被击穿或损坏时落锤的下落高度和质量计算，结果修正到 0.1 N・m。

$$E = 9.81 \times W_b \times H$$

式中：E——冲击强度，N・m；

W_b——落锤质量，kg；

H——下落高度，m。

A6 结果的说明

可通过观察判定试样上是否出现带芯损坏或击穿。在弹性冲击中记录装置记录反作用力的变化如图 A3 所示。当带上未出现可见破坏而发生了带芯破坏时，由力-时间曲线（参见图 A4、图 A5）的严重不连续和急剧下降可对此情况加以确认。

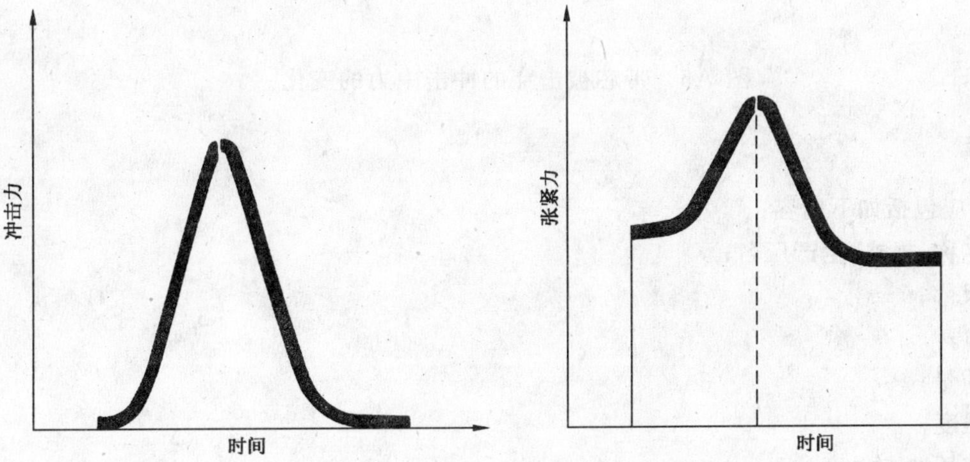

图 A3 弹性冲击中力的变化

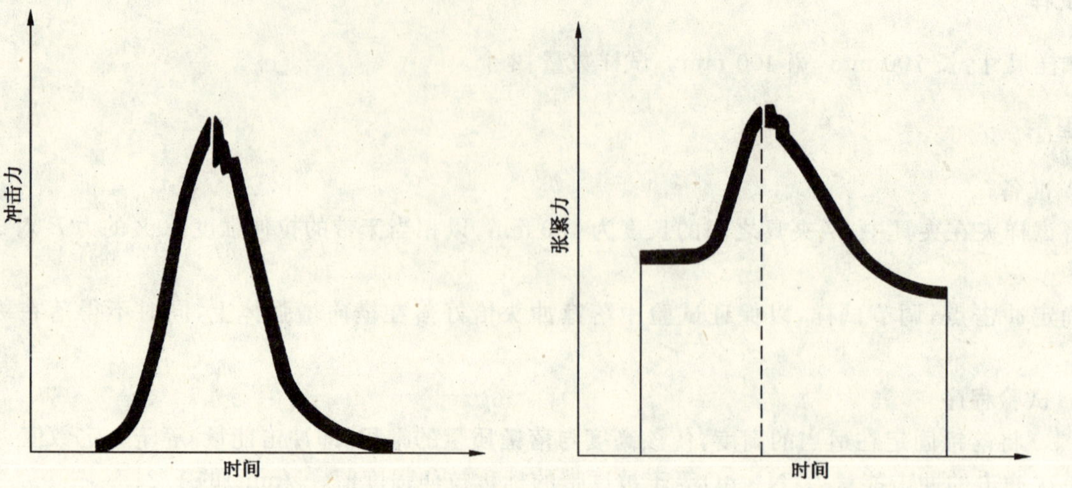

图 A4 带芯有损坏的冲击中力的变化

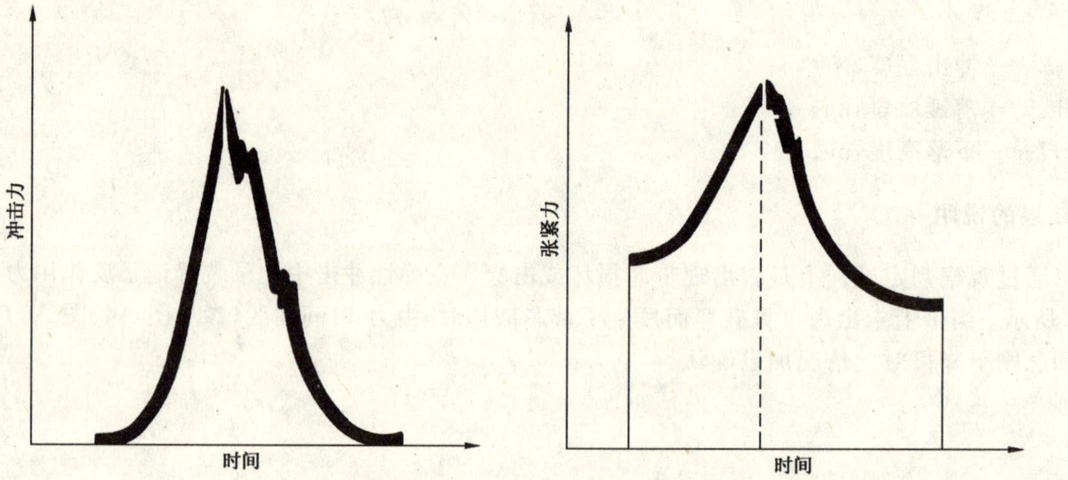

图 A5 带芯被击穿的冲击中力的变化

A7 试验报告

试验报告应包括如下内容：

a）产品名称、规格、生产厂名；

b）试样尺寸；

c）张紧力；

d）落锤质量；

e）冲击强度；

首次破坏冲击强度；

击穿冲击强度；

f）试验日期；

g）试验者；

附 录 B

（提示的附录）

输送带开裂阻力试验方法

B1 范围

本附录规定了防撕裂带开裂阻力的试验方法。

B2 方法提要

用标准刀具对试样进行切割。使试样被切开所需的力平均值，即为开裂阻力。

B3 试样

B3.1 在距带边不小于150 mm的正常部位切取三个试样，试样尺寸为长700 mm，宽400 mm。

B3.2 在试样端部的中央沿纵向钢丝绳方向切割出长约150 mm的预割口（见图B1）。

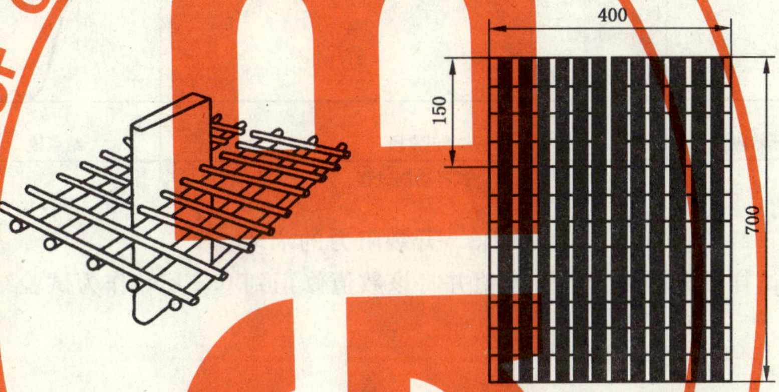

图 B1 试样切割示意图

B4 装置

试验装置为开裂阻力试验机，它配有标准刀具。刀具形状分为A型和B型，其尺寸如图B2所示。

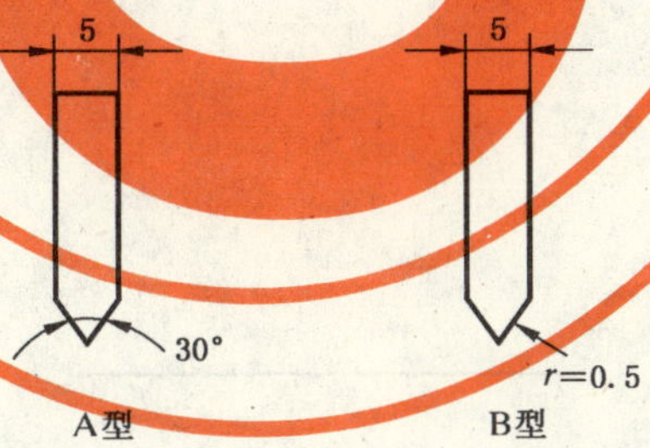

图 B2 刀具

对金属材料做横向增强体的带推荐采用A型刀具，对化纤材料做横向增强体的带推荐采用B型刀具。

B5 程序

B5.1 将试样固定在试验机动夹持器上。

B5.2 将刀具插入预割口内（以刀刃朝向未切割部分一侧）并固定在刀架上。

B5.3 刀架和夹持器以(2.5±0.5)m/s的相对速度运动，使刀具切割试样。

B5.4 记录试验过程中试验机对试样施加的拉力(即开裂阻力)曲线。

B6 结果的说明

B6.1 去掉记录曲线上撕裂开始段和结束段的不平稳区。采用划线法求取曲线中间的正常段的平均开裂阻力 F(kN),即在曲线上划出一条与横轴平行的直线,使正常段曲线在该直线以上的部分与该直线围成的图形的面积等于其在该直线以下部分与该直线围成图形的面积。该直线所代表的力值即平均开裂阻力。见图 B3。

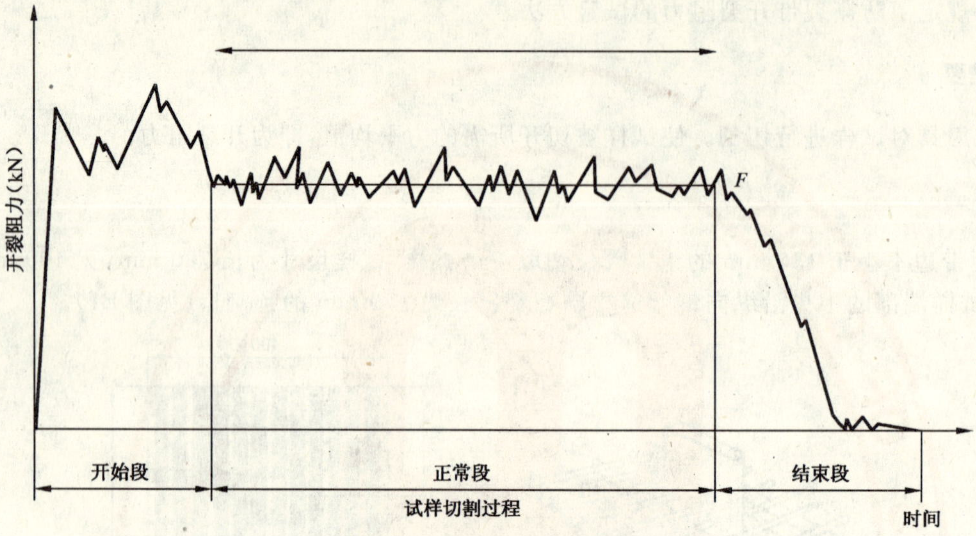

图 B3 开裂阻力的求取

B6.2 计算出 3 个试样的开裂阻力的平均值并将该数值修正到 0.1 kN,作为试验结果。

B7 试验报告

试验报告应包括如下内容:

a) 产品名称、规格、生产厂名;

b) 试样尺寸;

c) 刀具型号;

d) 速度;

e) 开裂阻力试验结果;

f) 试验日期;

g) 试验者。

备案号:4066—1999
HG/T 3647—1999

前　　言

本标准主要要求与GB/T 7984—1987《普通用途织物芯输送带》基本相同,覆盖层增加了耐寒性能要求(拉伸耐寒系数),耐寒性能采用原苏联国家标准ГОСТ 20—1985《织物芯输送带技术条件》。

本标准由中华人民共和国原化学工业部技术监督司提出。

本标准由化工部胶带标准化技术归口单位归口。

本标准起草单位:阜新橡胶有限责任公司、上海新闵橡胶厂。

本标准主要起草人:金桂菊、沙雪梅、陶正官、李桂云、张春蕾。

中华人民共和国化工行业标准

耐 寒 输 送 带

HG/T 3647—1999

Cold resistant conveyor belt

1 范围

本标准规定了耐寒输送带(以下简称“耐寒带”或“带”)的产品分类、技术要求、试验方法、检验规则及标志、包装、运输和贮存。

本标准适用于环境温度为－60℃～＋50℃的织物芯耐寒输送带。

2 引用标准

下列标准所包含的条文,通过在本标准中引用而构成为本标准的条文。本标准出版时,所示版本均为有效。所有标准都会被修订,使用本标准的各方应探讨使用下列标准最新版本的可能性。

GB/T 528—1992 硫化橡胶和热塑性橡胶拉伸性能的测定

GB/T 2941—1991 橡胶试样环境调节和试验的标准温度、湿度及时间(eqv ISO 471:1983 eqv ISO 1826:1981)

GB/T 3512—1983(1989) 橡胶热空气老化试验方法(neq ISO 188:1976)

GB/T 3690—1994 织物芯输送带拉伸强度和伸长率测定方法(eqv ISO 283:1990)

GB/T 4490—1994 输送带尺寸(eqv ISO 251:1987 ISO 583:1990)

GB/T 5752—1992 输送带标志(neq ISO 433:1991)

GB/T 6035—1985 硫化橡胶拉伸耐寒系数的测定

GB/T 6759—1986 输送带的层间粘合强度测定方法

GB/T 7983—1987 输送带成槽性试验方法

GB/T 7984—1987 普通用途织物芯输送带

GB/T 9867—1988 硫化橡胶耐磨性能的测定(旋转辊筒式磨耗机法)(neq ISO 4649:1985)

HG/T 2194—1991 帆布芯输送带布层接头规定

HG/T 2410—1992 输送带取样

HG/T 3046—1989 织物芯输送带外观质量规定

HG/T 3056—1986 输送带贮存和搬运通则(eqv ISO 5285:1978)

3 分类

3.1 结构

耐寒带的带芯由一层或多层帆布贴合而成,带芯外覆以耐寒覆盖胶和边胶。

3.2 规格

耐寒带按其纵向全厚度拉伸强度、宽度和覆盖层性能区分规格。

3.2.1 耐寒带的纵向全厚度拉伸强度规格系列应符合 GB/T 7984 的规定。

3.2.2 耐寒带的宽度规格系列应符合 GB/T 4490 的规定。

国家石油和化学工业局 1999-08-12 批准 2000-10-01 实施

3.2.3 耐寒带根据覆盖层性能分为耐划裂型(H)、耐磨损型(D)和一般型(L)三种类型，根据耐寒性能分为C_1和C_2两种级别。

3.3 产品标记

在覆盖层性能类型的后面加上C_1或C_2表示带的耐寒性能级别。

标记示例：

1 000 LC_2 1 200 EP 5 4.5×1.5

- 4.5×1.5——上、下覆盖层厚度
- 5——带芯层数
- EP——带芯织物材质代号
- 1 200——公称宽度
- LC_2——覆盖层性能代号
- 1 000——纵向全厚度拉伸强度

4 要求

4.1 带的外观质量

带的外观质量应符合 HG/T 3046 的规定。

4.2 尺寸偏差

带的长度、宽度、总厚度和覆盖层厚度偏差应符合 GB/T 4490 的规定。

4.3 布层的纵向和横向接头数目和位置

布层的纵向和横向接头数目和位置应符合 HG/T 2194 的规定。

4.4 物理性能

4.4.1 覆盖层物理性能

覆盖层的物理性能指标应符合表 1 规定。

表 1

项目		指标 H	指标 D	指标 L
拉伸强度/MPa	不小于	24.0	18.0	15.0
扯断伸长率/%	不小于	450	400	350
老化试验(70℃、7 d) 拉伸强度变化率/% 扯断伸长率变化率/%		 ±25 ±25	 ±25 ±25	 ±25 ±25
磨耗量/mm^3	不大于	120	100	200
拉伸耐寒系数 不小于	C_1(−45℃)	0.3		
	C_2(−50℃)	0.2		
注：C_1—使用环境温度为−45℃～+50℃；C_2—使用环境温度为−60℃～+50℃。				

4.4.2 全厚度拉伸强度和伸长率

带的全厚度拉伸强度和伸长率应符合 GB/T 7984 的规定。

4.4.3 层间粘合强度

带的层间粘合强度应符合 GB/T 7984 的规定。

4.5 直线度

带的直线度应符合 GB/T 7984 的规定。

4.6 成槽性

带的成槽性应符合 GB/T 7984 的规定。

5 试验方法

5.1 带的尺寸测量

按 GB/T 4490 执行。

5.2 覆盖层拉伸性能试验

按 GB/T 528 执行。

注：试样尺寸采用 2 型(狭小平行部分宽 4.0 mm±0.1 mm)哑铃状裁刀裁切试样。

5.3 覆盖层耐磨性能试验

按 GB/T 9867 执行。

5.4 覆盖层耐老化性能试验

按 GB/T 3512 执行。

5.5 覆盖层拉伸耐寒系数的测定

按 GB/T 6035 执行，其中试样制备和试验温度选定按如下规定执行。

5.5.1 试样制备

5.5.1.1 带制成 16 h 后，在距带边不小于 100 mm 的正常部位切取 3 个试样，试样尺寸为长 100 mm，宽 20 mm。

5.5.1.2 将试样的覆盖层剥离下来，并在砂轮上打磨至厚度为(2.00±0.30)mm，用 GB/T 528 标准中的 2 型裁刀裁取试样，将 2 型试样两端截去相等长度，使剩余长度为 42 mm。

5.5.1.3 试样的裁切方向应与压延、压出方向一致。

5.5.2 试验温度

根据带的耐寒性能级别，试验温度分别选为－45℃和－50℃。

5.6 带的全厚度拉伸强度和伸长率试验

按 GB/T 3690 执行。

注：对以合成纤维长丝织物为带芯的输送带推荐采用 B 型试样，对以天然纤维织物为带芯的输送带推荐采用 C 型试样。

5.7 层间粘合强度试验

按 GB/T 6759—1986 中的 A 法执行。

5.8 带的直线度测量

按 GB/T 7984 执行。

5.9 带的成槽性试验

按 GB/T 7983 执行。

6 检验规则

6.1 逐条检验带的外观质量和规格尺寸。

6.2 在一个生产批量中抽取一定数量的样品进行带的出厂检验，取样数量和要求按 HG/T 2410 执行。

6.3 出厂检验时，应进行全厚度拉伸强度和伸长率、覆盖层物理性能(拉伸耐寒系数和热空气老化试验除外)、层间粘合强度试验。

6.4 型式检验每半年进行一次，对本标准中规定的技术要求全项检验。

6.5 在物理性能检验中，如某项性能不符合标准时，应在同批带中另取双倍试样对该项性能进行复试，如复试后仍有一个试验结果不符合标准，则判定该批产品为不合格品。

7 标志、包装、贮存和搬运

7.1 带的标志按 GB/T 5752 执行。

7.2 带缠卷在芯轴上，用覆盖物捆扎牢固。包装物上应标示产品名称、标记、带长、生产序号和生产厂名（或注册商标）。

7.3 产品出厂应附有质量检验合格证。

7.4 带的贮存和搬运按 HG/T 3056 执行。

ICS 21.220.10
G 42
备案号：13208—2004

HG

中华人民共和国化工行业标准

HG/T 3714—2003

耐油输送带

Oil resistant conveyor belt

2004-01-09 发布　　2004-05-01 实施

中华人民共和国国家发展和改革委员会　发布

前　言

本标准由中国石油和化学工业协会提出。

本标准由化学工业胶带标准化技术归口单位归口。

本标准起草单位:银河德普胶带有限公司、青岛橡胶工业研究所。

本标准主要起草人:牛宜顺、王伟勤、李健、韩德深、辛永录。

耐油输送带

1 范围

本标准规定了耐油输送带(简称带)的标记、要求、试验方法、检验规则、标志和包装、贮存和运输。

本标准适用于耐油的织物芯输送带(包括包边式和切边式)。

2 规范性引用文件

下列文件中的条款通过本标准的引用而成为本标准的条款。凡是注日期的引用文件,其随后所有的修改单(不包括勘误的内容)或修订版均不适用于本标准,然而,鼓励根据本标准达成协议的各方研究是否可使用这些文件的最新版本。凡是不注日期的引用文件,其最新版本适用于本标准。

GB/T 528　硫化橡胶或热塑性橡胶拉伸应力应变性能的测定(eqv ISO 37:1994)

GB/T 1690　硫化橡胶耐液体的试验方法(neq ISO 1817:1985)

GB/T 2941　橡胶试样环境调节和试验的标准温度、湿度及时间(eqv ISO 471:1983,eqv ISO 1826:1981)

GB/T 3512　硫化橡胶或热塑性橡胶　热空气加速老化和耐热试验(eqv ISO 188:1998)

GB/T 3690　织物芯输送带拉伸强度和伸长率测定方法(eqv ISO 283:1990)

GB/T 4490　输送带尺寸(eqv ISO 251:1987,eqv ISO 583:1990)

GB/T 5752　输送带标志(eqv ISO 433:1991)

GB/T 6759　输送带的层间粘合强度测定方法

GB/T 7983　输送带成槽性试验方法(eqv ISO 703:1986)

GB/T 7984　输送带　具有橡胶或塑料覆盖层的普通用途织物芯输送带

GB/T 9867　硫化橡胶耐磨性能的测定(旋转辊筒式磨耗机法)(neq ISO 4649:1985)

HG/T 3046　织物芯输送带外观质量规定

HG/T 3056　输送带储存和搬运通则(eqv ISO 5285:1978)

3 标记

订货用标记:

HG/T 3714　400　800　NN　6　600　3＋1.5　LO

- LO —— 覆盖层性能等级代号,加“O”表示输送带耐油
- 3＋1.5 —— 上下覆盖层厚度,mm
- 600 —— 纵向全厚度拉伸强度,N/mm
- 6 —— 带芯层数
- NN —— 带芯材质代号
- 800 —— 宽度,mm
- 400 —— 长度,m
- HG/T 3714 —— 标准代号

4 要求

4.1 尺寸偏差

带的长度、宽度、总厚度和覆盖层厚度偏差应符合 GB/T 4490 的规定。

4.2 布层接头

带的布层接头要求应符合 GB/T 7984 中相关规定。

4.3 外观质量

带的外观质量要求应符合 HG/T 3046 的规定。

4.4 物理性能

4.4.1 覆盖层的物理性能

覆盖层的物理性能见表 1，老化试验（70℃×168 h）后，覆盖层的拉伸强度变化率和拉断伸长率变化率的值应不大于老化前测定值的 25%。

表 1

类　型	拉断强度/MPa	拉断伸长率/%	磨耗量/mm^3
LO	≥14.0	≥350	≤200
DO	≥16.0	≥350	≤160
注：LO——一般条件下的耐油输送带；DO——强耐磨损耐油工作条件下的输送带。			

4.4.2 全厚度拉伸强度、伸长率、层间粘合强度、成槽度、直线度

带的全厚度拉伸强度、伸长率、层间粘合强度、成槽度、直线度按照 GB/T 7984 中的规定执行。

4.4.3 耐油性能

带的覆盖层耐油性能见表 2。

表 2

序号	在浸泡液体中试验条件			体积变化率/% ≤	
	GB/T 1690 中油号	浸泡温度/℃	浸泡时间/h	LO	DO
1	2 号油	70±2	70_{-1}^{0}	+20	−5
2	3 号油	70±2	72_{-1}^{0}	+50	+5
3	3 号油	100±2	22±0.25	+50	+5
注：耐油试验做其中一种即可。					

5 试验方法

5.1 带的尺寸测量按 GB/T 4490 规定进行试验。

5.2 带的覆盖层拉伸性能按 GB/T 528 规定进行试验，试样尺寸采用 2 型（狭小平行部分宽 4.0±0.1 mm）哑铃状裁刀裁切试样。

5.3 带的覆盖层耐磨性能按 GB/T 9867 规定进行试验。

5.4 带的覆盖层的热空气加速老化试验按 GB/T 3512 规定进行试验。

5.5 带的全厚度拉伸强度和伸长率按 GB/T 3690 规定进行试验。

注：合成纤维织物做带芯的输送带，推荐采用 B 型试样，含有天然纤维织物做带芯的输送带，推荐采用 C 型试样。

5.6 带的层间粘合强度按 GB/T 6759 中的 A 法规定进行试验。

5.7 带的成槽度按 GB/T 7983 规定进行试验。

5.8 带的直线度按 GB/T 7984 中规定进行试验。

5.9 带的耐油性能按 GB/T 1690 进行体积试验变化百分率。

6 检验规则

6.1 对带进行质量认证和质量仲裁时，应检验第 4 章要求的全部项目。

6.2 按 GB/T 7984 规定的一个生产批量抽取一定数量的样品进行出厂验证，应检验带的长度、宽度、总厚度、全厚度拉伸强度和伸长率、覆盖层物理性能（不包括老化性能）、层间粘合强度、耐油性能。

6.3 对按 6.2 要求检测不合格项目，应在该批带中抽取双倍试样，对不合格项目进行复试，若试验结果中有一项不合格，则该批产品为不合格产品。

7 标志、包装、贮存与运输

7.1 带的标志按 GB/T 5752 规定执行，标志中带的覆盖层性能等级代号后加上耐油符号“O”。

7.2 带在芯轴上卷缠整齐，用覆盖物包扎牢固。

7.3 产品出厂应附有质量检验合格证。

7.4 带的贮存和运输按 HG/T 3056 规定执行。

ICS 21.220.10
G 42
备案号：13209—2004

HG

中华人民共和国化工行业标准

HG/T 3715—2003

双面传动带

Double-sided transmission belts

2004-01-09 发布

2004-05-01 实施

中华人民共和国国家发展和改革委员会　发 布

前　言

本标准的附录 A 为规范性附录。

本标准由中国石油和化学工业协会提出。

本标准由化学工业胶带标准化技术归口单位归口。

本标准负责起草单位：浙江三门县第一同步带厂、青岛橡胶工业研究所、宁波伏龙同步带有限公司。

本标准主要起草人：郑有灿、庞长志、刘从伟、陆红芬、李健、许文娟。

引　言

本标准圆弧齿同步带尺寸系列是依据 ISO 13050:1999《圆弧齿同步带传动系列》。多楔带尺寸是依据 ISO 9982:1998《带传动——工业用多楔带与带轮——PH、PJ、PK、PL 和 PM 型:尺寸》。

双面传动带

1 范围

本标准规定了圆弧齿双面同步带(以下简称双面同步带)和同步-多楔双面传动带(以下简称同步多楔带)的产品分类、要求、试验方法、检验规则、标志、包装、运输和贮存(两种传动带简称“带”)。

本标准适用于粮食、纺织、轻工、化工、机床、橡塑机械双面传递动力用的圆弧齿双面同步带和同步-多楔双面传动带。

2 规范性引用文件

下列文件中的条款通过本标准的引用而成为本标准的条款。凡是注日期的引用文件,其随后所有的修改单(不包括勘误的内容)或修订版均不适用于本标准,然而,鼓励根据本标准达成协议的各方研究是否可使用这些文件的最新版本。凡是不注日期的引用文件,其最新版本适用于本标准。

GB/T 531 橡胶袖珍硬度计压入硬度试验方法(idt ISO 7619:1986)

GB/T 10716 汽车同步带物理性能试验方法(eqv ISO 12046:1995)

GB/T 16588 工业用多楔带及带轮尺寸(PH、PJ、PK、PL 和 PM 型)(eqv ISO 9982:1991)

ISO 13050 圆弧齿同步带传动系列

3 产品分类

3.1 型号

双面同步带的型号有 DH8M、DH14M、DR8M、DR14M、DS8M、DS14M。

同步多楔带是一面为圆弧齿同步带,分别为 H8M、H14M、R8M、R14M、S8M、S14M。另一面为多楔带,分别是 PK 和 PL 型。

3.2 标记

3.2.1 双面同步带有多种型式,目前主要型式是对称圆弧齿双面传动同步带。标记内容和顺序为节线长、型式代号、齿形、节距、宽度。

示例:

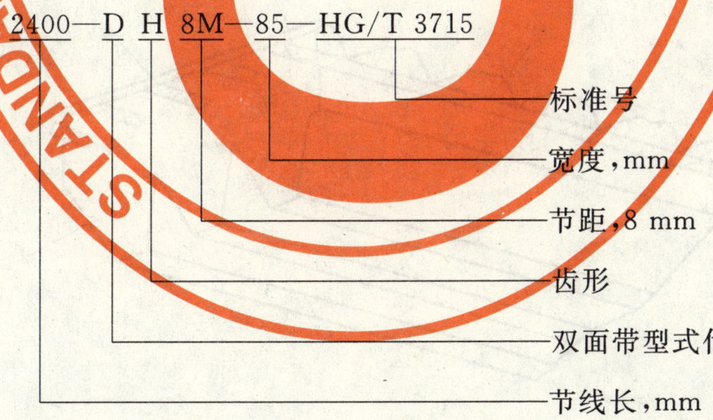

3.2.2 同步多楔带按楔型和齿形分类。本标准中的楔型有 PK 型和 PL 型两种。齿形有 H 形、R 形和 S 形三种。同步多楔带的标记内容和顺序为有效长度、齿形、节距、带宽、楔数、楔型。

示例:

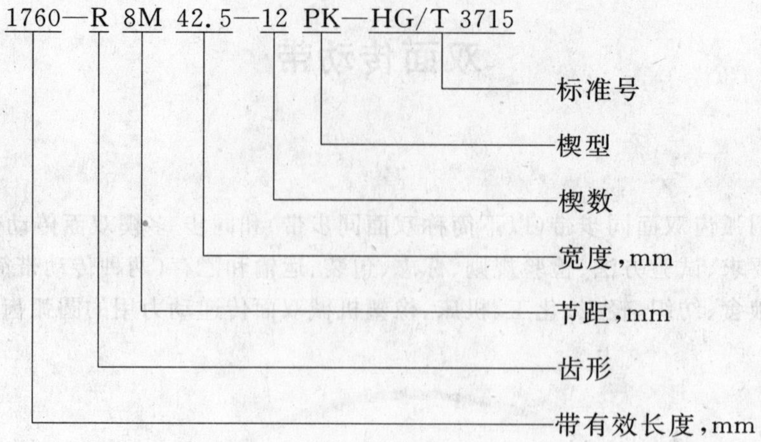

3.3 结构

3.3.1 双面同步带由齿面包布、带齿、芯绳组成,结构如图1所示。

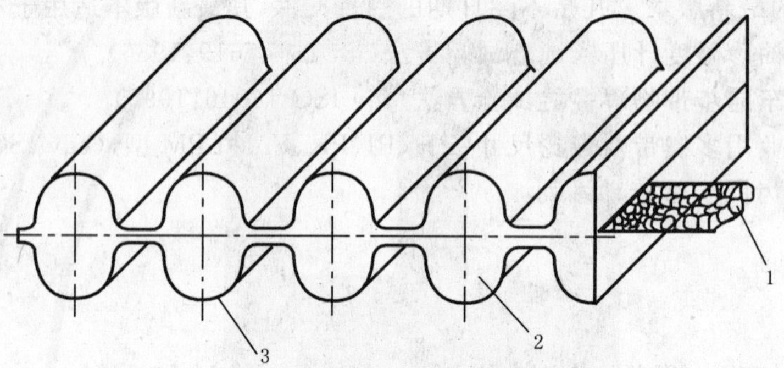

1——芯绳;

2——带齿;

3——齿面包布。

图1 双面同步带的结构各部名称

3.3.2 同步多楔带由带齿、带楔、芯绳和齿面包布组成,结构如图2所示。

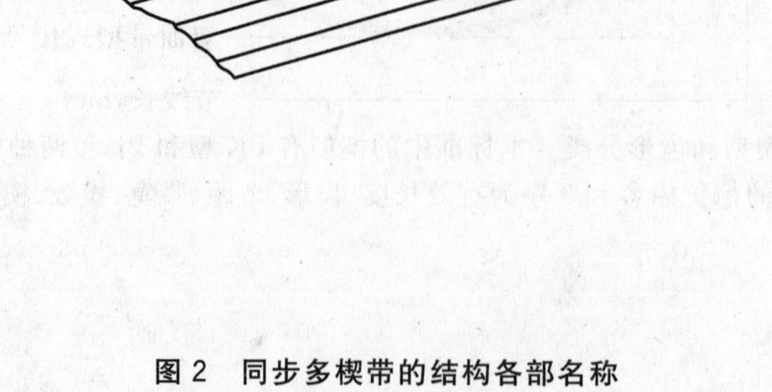

1——芯绳;

2——带楔;

3——带齿;

4——齿面包布。

图2 同步多楔带的结构各部名称

3.4 材料

带齿和带楔分别用相应的橡胶配方，带齿和带楔排列分布要均匀。芯绳采用玻璃纤维线绳或芳纶纤维线绳，其捻度应均匀一致。齿面包布采用耐磨尼龙布，织物的经向和纬向的密度应均匀。

3.5 尺寸

3.5.1 同步多楔带带齿尺寸

同步多楔带圆弧齿带齿公称尺寸如图3、图4、图5和表1所示。

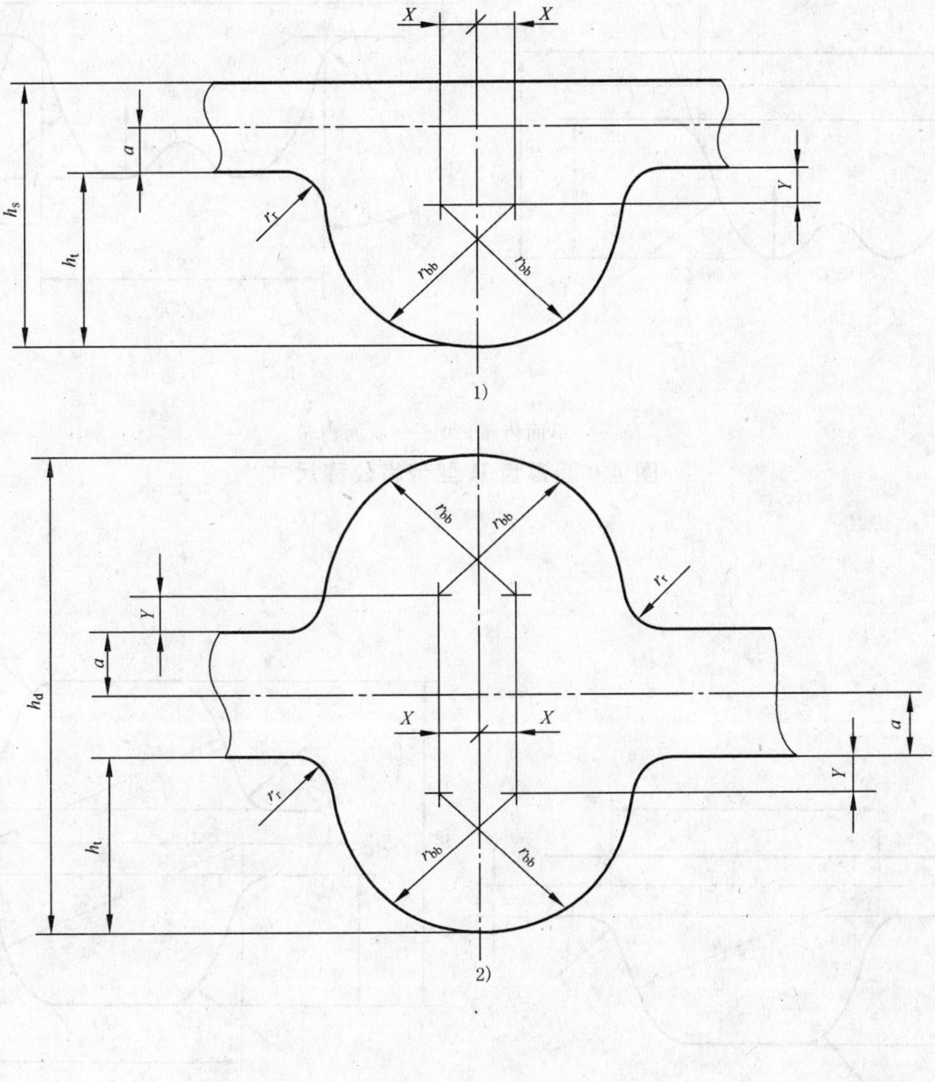

1)——单面齿带；2)——双面齿带。

图3 圆弧齿H型带齿公称尺寸

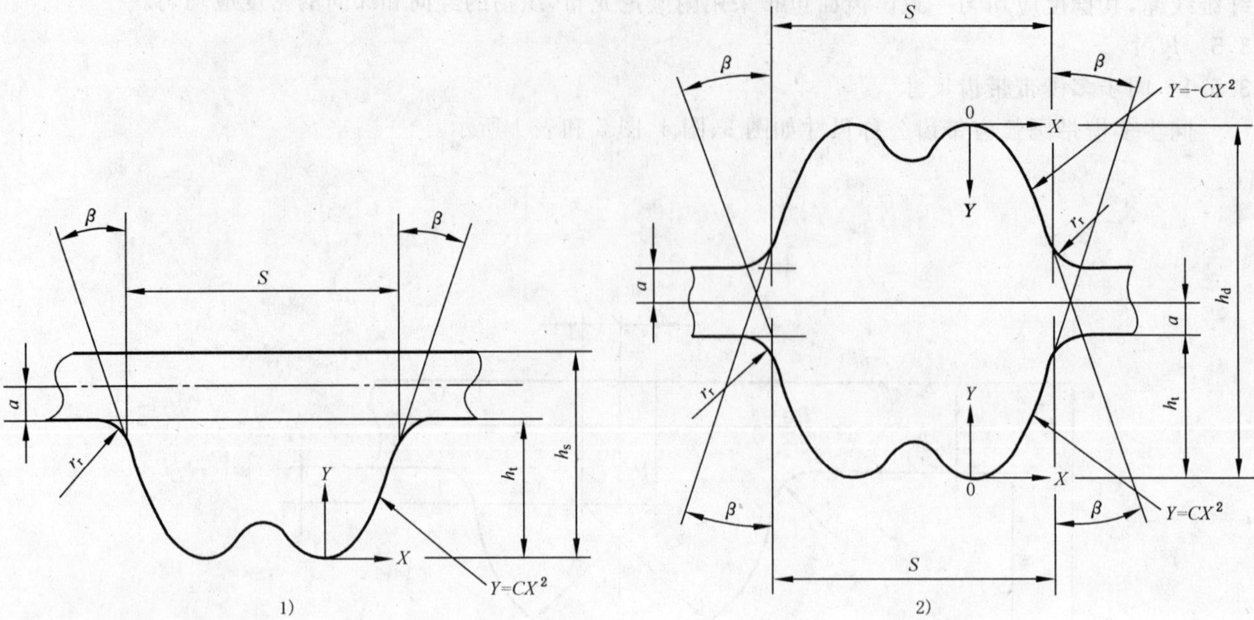

1)——单面齿带;2)——双面齿带。

图 4 圆弧齿 R 型带齿公称尺寸

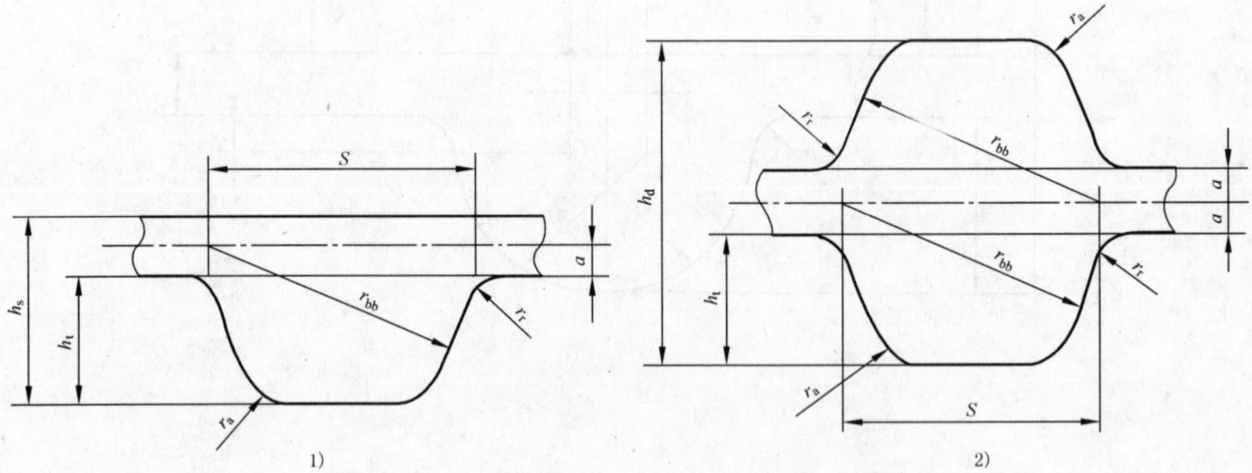

1)——单面齿带;2)——双面齿带。

图 5 圆弧齿 S 型带齿公称尺寸

表 1 圆弧齿带齿公称尺寸

单位为毫米

名称	代号	型											号
		H8M	DH8M	H14M	DH14M	R8M	DR8M	R14M	DR14M	S8M	DS8M	S14M	DS14M
齿节距	p_b	8	8	14	14	8	8	14	14	8	8	14	14
齿高	h_t	3.38	3.38	6.02	6.02	3.2	3.2	6	6	3.05	3.05	5.3	5.3
齿形角	β					16°	16°	16°	16°				
齿宽	S					5.5	5.5	9.5	9.5	5.2	5.2	9.1	9.1
齿心横坐标	X(参考值)	0.089	0.089	0.152	0.152								
齿心纵坐标	Y(参考值)	0.787	0.787	1.470	1.470								
齿半径	r_{bb}	2.59	2.59	4.55	4.55					5.2	5.2	9.1	9.1
齿根圆角半径	r_r	0.76	0.76	1.35	1.35	1	1	1.75	1.75	0.8	0.8	1.4	1.4
齿顶圆角半径	r_a									0.8	0.8	1.4	1.4
节线差	a	0.686	0.686	1.397	1.397	0.686	0.686	1.397	1.397	0.686	0.686	1.397	1.397
常数	C					1.228	1.228	0.643	0.643				
单面同步带高度	h_s	6		10		5.4		9.7		5.3		10.2	
双面同步带高度	h_d		8.1		14.8		7.8		14.5		7.5		13.4

3.5.2 带楔尺寸

同步多楔带的带楔横截面尺寸如图 6 和表 2 所示。

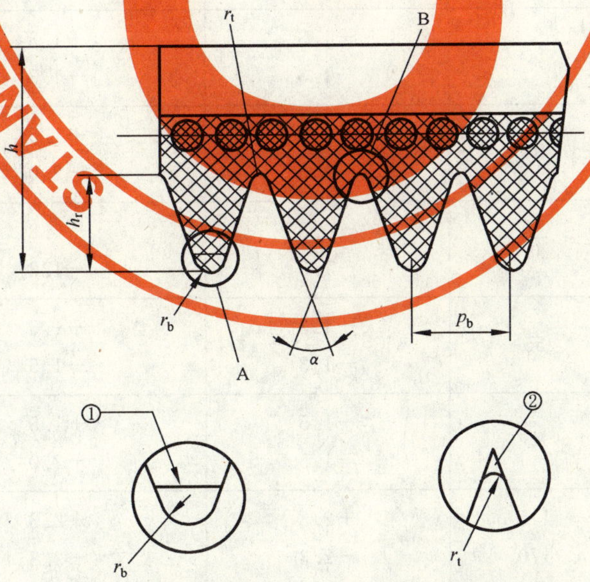

A 部（带楔顶）放大　　　B 部（带槽底）放大

①——带亦可选用平的楔顶轮廓线；②——带的楔底轮廓线可位于该区的任何部位。

图 6 带楔横截面

表 2 同步多楔带带楔横截面尺寸

单位为毫米

名称	代号	型号	
		PK	PL
楔距	p_b	3.56	4.7
楔顶圆弧半径(最小值)	r_b	0.5	0.4
楔底圆弧半径(最大值)	r_t	0.25	0.4
楔角	α	40°	40°
楔高(参考值)	h_r	2～3	3.5
带高(参考值)[a]	h	7.8	11

[a] 对应 8M 齿的带高。

3.5.3 双面同步带带齿公称尺寸

双面同步带带齿公称尺寸如图 3、图 4、图 5 及表 1 所示。

3.5.4 带的宽度和长度

带的节线长度及其极限偏差按附录 A 规定执行。

带的宽度及其极限偏差如表 3 和表 4 所示。

表 3 带的宽度及其极限偏差

单位为毫米

型号	带的宽度	极限偏差		
		节线长度≤840	840＜节线长度≤1680	节线长度＞1680
H8M R8M DH8M DR8M	20 30	+0.8 −0.8	+0.8 −1.3	+0.8 −1.3
	50	+1.3 −1.3	+1.3 −1.3	+1.3 −1.5
	85	+1.5 −1.5	+1.5 −2.0	+2 −2
H14M R14M DH14M DR14M	40	+0.8 −1.3	+0.8 −1.3	+1.3 −1.5
	55	+1.3 −1.3	+1.5 −1.5	+1.5 −1.5
	85	+1.5 −1.5	+1.5 −2.0	+2 −2
	115 170	+2.3 −2.3	+2.3 −2.8	+2.3 −3.3

表 4　带的宽度及其极限偏差

单位为毫米

型　号	带的宽度	极　限　偏　差		
		节线长度≤840	840＜节线长度≤1680	节线长度＞1680
S8M DS8M	15 25 40	+0.8 −0.8	+0.8 −1.3	+0.8 −1.3
	60	+1.3 −1.5	+1.5 −1.5	+1.5 −2.0
S14M	40	+0.8 −1.3	+0.8 −1.3	+1.3 −1.5
	60	+1.3 −1.5	+1.5 −1.5	+1.5 −2.0
DS14M	80 100	+1.5 −1.5	+1.5 −2.0	+2 −2
	120	+2.3 −2.3	+2.3 −2.8	+2.3 −3.3

4　要求

4.1　外观质量

4.1.1　带的外观应光滑平整，无扭曲、变形、破布、异物等缺陷。

4.1.2　不允许有海绵体、欠硫和裂纹等现象。

气泡和气孔有下列情形之一的为不合格品：

a)　三个以上气泡或气孔。

b)　一个气泡或气孔的直径在 0.8 mm 以上。

c)　一个齿的两侧均有气孔。

4.1.3　双面同步带的内外表面具有等间距的饱满圆弧齿，不得有齿不对称的质量缺陷。

4.1.4　包布打折宽度不允许超过 5 mm，长度不允许超过 50 mm。

4.2　物理性能

带的物理性能应符合表 5 的规定。

表 5　带的物理性能

项　　目		供货状态下	耐高温试验后(125±2)℃×70 h
带齿硬度(邵尔 A)		74±5	变化范围 0～+10
拉伸强度/(N/mm)	≥	360	360
拉断伸长率/%	≤	4	4
齿体剪切强度/(N/mm)	≥	70	70
齿体包布粘合强度/(N/mm)	≥	6	3.5
芯绳粘合强度/N	≥	800	800
注：以上指标为 8M 带，14M 带由供需双方商定。			

4.3 耐低温性能

带经过耐低温试验后，不得出现裂纹和其他缺陷。

4.4 耐高温性能

带经过耐高温试验后，其物理性能见表 5。

5 试验方法

5.1 带的截面尺寸用游标卡尺和标准样板或用投影法进行检验。

5.2 双面同步带的节线长按 ISO 13050 进行测量。同步多楔带的有效长度按 GB/T 16588 规定进行测量。

5.3 带齿硬度的测量是从样带上切上长度大于 100 mm 的一段带，用符合 GB/T 531 的邵尔 A 硬度计进行试验。将试样侧立于硬试验台或玻璃板上，用硬度计测量齿胶硬度。测量时压针应压在齿胶上，不能压在包布上或线绳上。试样上每个齿只准测量一次硬度，共测五个齿(点)，计算五个不同齿的硬度测定值的平均值并加以修约到整数位。

5.4 带的拉断伸长率的测量是在试样中间画两条与带宽方向平行的间距约为 100 mm 的标线并测定两标线的间距(简称“标距”)，以(50±5)mm/min 的夹持器分离速度对试样施加拉力，当试样断裂时测量标距。

拉断伸长率按式(1)计算：

$$E_s = \frac{100(L_s - L_0)}{L_0} \qquad (1)$$

式中：

E_s——拉断伸长率，以百分数(%)表示；

L_0——试验前的标距；

L_s——试样断裂时的标距。

以两个位断伸长率的较大值作为试验结果，精确至规定值最低位的下一位。

5.5 带的拉伸强度按 GB/T 10716 规定进行试验，试验结果最低有效数位为十位。

5.6 带的齿体剪切强度按 GB/T 10716 规定进行试验，取其两面齿体剪切强度最低值。

5.7 带的包布粘合强度按 GB/T 10716 规定进行试验，试验结果最低有效数位为十分位。

5.8 带的芯绳粘合强度按 GB/T 10716 规定进行试验。

5.9 带的耐高温性能按 GB/T 10716 规定进行试验。

5.10 带的耐低温性能按 GB/T 10716 规定进行试验。

6 检验规则

6.1 带应由制造厂质检部门检验合格并出具合格证方能出厂。

6.2 每条带应按 4.1 逐条进行外观质量检验。

6.3 带每批不足 300 条时，每批带应抽出三条进行截面尺寸检验，每条带测量点不得少于四个，被测量点须沿带圆周均匀分布。月产量不足 300 条的每月检验一次。

6.4 带每批不足 500 条时，每批带应抽出三条进行 4.2 供货状态下的物理性能检验(抽 8M 带)，季产量不足 500 条的，每季度检验一次。

6.5 带的耐高温性能、耐低温性能试验每半年至少进行一次。

6.6 在 4.2、4.3、4.4 所述的各项试验中有不合格项目时，应在该批带中另取双倍试样，对不合格项目进行复试，若试验结果中有一项仍不合格，则该批产品为不合格品。

7 标志、包装、贮运

7.1 每条带应有水洗不掉的明显标志，包括以下内容标记、生产厂家及商标、制造年月或代号。

7.2 根据带的规格型号，分别采用箱包装，不得重压。包装箱内应附有合格证和装箱单，箱外应印有标志、数量、制造单位、生产日期、使用禁忌等。

7.3 在运输和贮存过程中，带应避免阳光直射、雨雪浸淋、防止与酸、碱、油类等影响橡胶产品质量的物质接触。贮存时库房内应保持在－15℃～＋40℃之间，相对湿度不大于80％，存放时应平放，不得积压堆放。应远离热源1 m以外，距地面10 cm以上。

附 录 A
（规范性附录）
带节线长度及其极限偏差

带节线长度及其极限偏差见表 A.1。

表 A.1 公称节线长度及其极限偏差 单位为毫米

带的设计长度	节线长度	极限偏差				公称长度的带齿数目	
		8M	14M	D8M	D14M	8M	14M
480	480	±0.51		+1.02/−0.76		60	
560	560	±0.61		+1.22/−0.91		70	
640	640	±0.61		+1.22/−0.91		80	
720	720	±0.61		+1.22/−0.91		90	
800	800	±0.66		+1.32/−0.99		100	
880	880	±0.66		+1.32/−0.99		110	
960	960	±0.66		+1.32/−0.99		120	
966	966		±0.66		+1.32/−0.99		69
1 040	1 040	±0.76		+1.52/−1.14		130	
1 120	1 120	±0.76		+1.52/−1.14		140	
1 190	1 190		±0.76		+1.52/−1.14		85
1 200	1 200	±0.76		+1.52/−1.14		150	
1 280	1 280	±0.81		+1.62/−1.21		160	
1 400	1 400		±0.81		+1.62/−1.21		100
1 440	1 440	±0.81		+1.62/−1.21		180	
1 600	1 600	±0.86		+1.73/−1.29		200	
1 610	1 610		±0.86		+1.73/−1.29		115
1 760	1 760	±0.86		+1.73/−1.29		220	
1 778	1 778		±0.91		+1.82/−1.36		127
1 800	1 800	±0.91		+1.82/−1.36		225	
1 890	1 890		±0.91		+1.82/−1.36		135
2 000	2 000	±0.91		+1.82/−1.36		250	
2 100	2 100		±0.97		+1.94/−1.45		150
2 310	2 310		±1.02		+2.04/−1.53		165
2 400	2 400	±1.02		+2.04/−1.53		300	
2 450	2 450		±1.02		+2.04/−1.53		175
2 590	2 590		±1.07		+2.14/−1.60		185
2 600	2 600	±1.07		+2.14/−1.60		325	
2 800	2 800	±1.12	±1.12	+2.24/−1.68	+2.24/−1.68	350	200
3 150	3 150		±1.17		+2.34/−1.75		225
3 360	3 360		±1.22		+2.44/−1.83		240
3 500	3 500		±1.22		+2.44/−1.83		250
3 600	3 600	±1.28		+2.56/−1.92		450	
3 850	3 850		±1.32		+2.64/−1.98		275
4 326	4 326		±1.42		+2.84/−2.13		309
4 400	4 400	±1.42		+2.84/−2.13		550	
4 578	4 578		±1.46		+2.92/−2.19		327
4 956	4 956		±1.52		+3.04/−2.28		354
5 320	5 320		±1.58		+3.16/−2.37		380
5 740	5 740		±1.70		+3.40/−2.55		410
6 160	6 160		±1.82		+3.64/−2.73		440
6 860	6 860		±2.00		+4.00/−3.00		490

ICS 83.140.01
G 42
备案号:15068—2005

HG

中华人民共和国化工行业标准

HG/T 3745—2004

联组普通V带

Joined classical V-belts

2004-12-14发布 2005-06-01实施

中华人民共和国国家发展和改革委员会 发布

前　言

本标准由中国石油和化学工业协会提出。

本标准由化学工业胶带标准化技术归口单位归口。

本标准起草单位：青岛橡胶工业研究所、贵州大众橡胶有限公司、浙江东南橡胶机带有限公司、山东省莱州市橡塑厂。

本标准主要起草人：李春玲、刘从伟、宋惠颜、马文康、徐锦诚、韩德深。

联组普通 V 带

1 范围

本标准规定了联组普通 V 带(以下简称联组带)的产品分类、要求、试验方法、检验规则、标志、包装、运输和贮存。

本标准适用于一般机械传动装置用的联组普通 V 带。

2 规范性引用文件

下列文件中的条款通过本标准的引用而成为本标准的条款。凡是注日期的引用文件,其随后所有的修改单(不包括勘误的内容)或修订版均不适用于本标准,然而,鼓励根据本标准达成协议的各方研究是否可使用这些文件的最新版本。凡是不注日期的引用文件,其最新版本适用于本标准。

GB/T 1171　一般用普通 V 带

GB/T 3686　V 带拉伸强度和伸长率试验方法

GB/T 3688　V 带线绳粘合强度试验方法

GB/T 17197　带传动　联组普通 V 带轮(有效宽度制)(GB/T 17197—1997,eqv ISO 5291:1993)

HG/T 2819　联组窄 V 带

3 产品分类

3.1 结构型式

联组带由联结层、包布、顶胶、芯绳、底胶等部件构成(见图 1)。

1——联结层;

2——包布;

3——顶胶;

4——芯绳;

5——底胶。

图 1　联组普通 V 带结构

3.2 截面规格

联组带按截面尺寸分为 AJ、BJ、CJ、DJ 四种型号。表 1 和图 2 中给出了各型号联组带的截面基本尺寸。

表 1　联组普通 V 带的截面基本尺寸　　　单位为毫米

型　号	顶　宽 W	带　距 e	单根带高度 T_b	带高度 T_{bb}
AJ	13	15.88	8	10
BJ	16	19.05	10	13
CJ	22	25.40	13	17
DJ	32	36.53	19	21

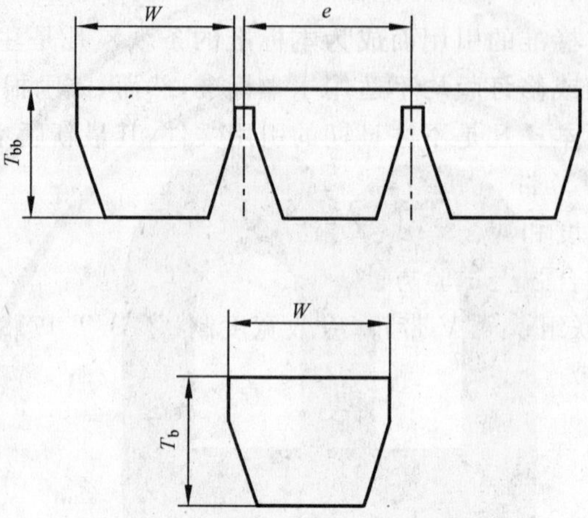

1——联组带；

2——单根 V 带。

图 2　V 带的截面

3.3　标记

联组带标记内容和顺序为型号、有效长度、标准编号。示例如下：

示例：BJ　1400　HG/T ××××

- HG/T ××××——标准编号
- 1400——有效长度，mm
- BJ——型号

4　要求

4.1　外观质量

联组带的外观质量应符合表 2 的规定。

表 2　联组带外观质量要求

序号	缺陷名称	要　　求
1	联结层海绵	允许有一处针眼型蜂窝，其面积不得超过联结层面积的 5%
2	联结层顶面明疤	深度 1 mm 以下的明疤，带长 4 m 以内者允许有三处，带长超过 4 m 者允许有五处，但明疤总面积不得超过联结层面积的 5%
3	工作面突起	不允许有
4	包布破损	外包布破损长度不允许超过带长的 25%，内包布破损不允许有

4.2 尺寸

联组带的截面尺寸的准确性通过在测长机上按表4规定的测量力测量V带在轮槽中的露出高度f(见图3),表4中给出V带露出高度规定值。

联组带的有效长度通过在测长机上按表4规定的测量力测量所得。有效长度及其极限偏差由供需双方商定。

4.3 物理性能

联组带的物理性能应符合表3的规定。

表3 联组带的物理性能

型号	单根普通V带物理性能			联结层拔脱强度/(kN/m) ≥
	拉伸强度/kN ≥	参考力伸长率/% ≤	线绳黏合强度/(kN/m) ≥	
AJ	2.4	7	12	1.6
BJ	3.5	7	12	1.7
CJ	5.9	8	18	2.0
DJ	10.8	8	22	3.0

5 试验方法

5.1 尺寸测量方法

5.1.1 测量装置

测量装置为普通V带测长机。测长机包括两个相同的测量带轮、测量力施加机构和中心距测量机构(见图3)。联组普通V带用带轮AJ、BJ、CJ、DJ型轮槽截面(有效制)尺寸按GB/T 17197规定进行制造。

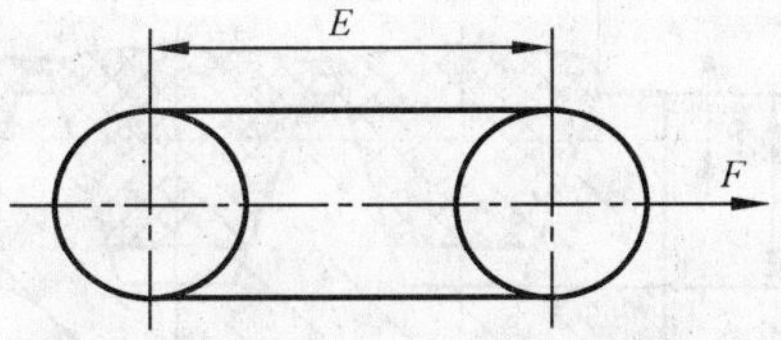

E——两带轮中心距;

F——测量力。

图3 V带测长装置示意图

两个测量带轮中,一个带轮中心位置固定,另一个带轮可沿两轮中心连线移动。带轮尺寸如表4和图4所示。

表 4　测量带轮、检验圆柱(或球)尺寸及测量力

参数名称	符　号	单　位	不同型号的参数值			
			AJ	BJ	CJ	DJ
有效直径	d_e	mm	95.5±0.1	143.2±0.1	222.8±0.1	318.3±0.1
有效圆周长	C_e	mm	300.0	450.0	700.0	1000.0
槽角	α	(°)	34	34	34	36
槽顶宽	W_e	mm	13.0	16.5	22.4	32.8
	b_e	mm	1.5	2	3	4.5
检验圆柱(或球)直径	d	mm	$11.6_{-0.043}^{0}$	$14.7_{-0.043}^{0}$	$20_{-0.052}^{0}$	$28.5_{-0.052}^{0}$
圆整过的修正值	$2h_s$	mm	9	11	15	20
槽间距	e	mm	15.88	19.05	25.4	36.53
e 的极限偏差[a]		mm	±0.3	±0.4	±0.5	±0.6
e 的累计值极限偏差[b]		mm	±0.6	±0.8	±1	±1.2
轮槽与端面距离	f[c] 最小值	mm	9	15	16	23
最小槽深	h_g	mm	12	14	19	26
单根普通 V 带测量力	F	N	300	450	850	1800
最大露出高度		mm	+4.5	+4.5	+4.5	+4.5

[a] 该公差适用于两相邻槽截面中心线之间的距离。
[b] 同一带轮全部轮槽 e 值之和的极限偏差不超过本栏数值。
[c] 在考虑带轮对中性时,需检验 f 值。

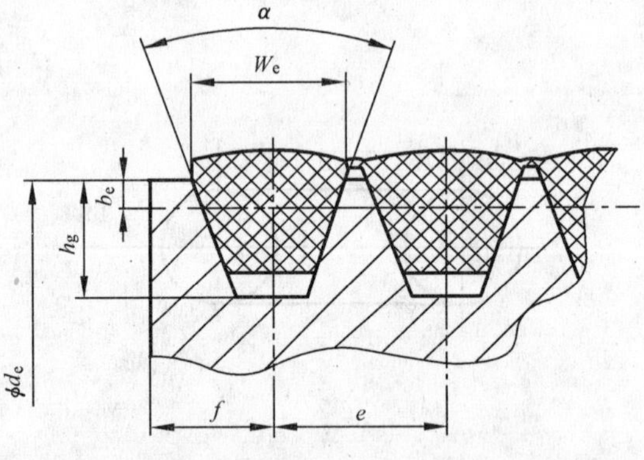

图 4　联组带测量带轮参数及测量力

5.1.2　长度测量方法

将被测量联组带安装在测长机两带轮的轮槽中,通过可移动带轮对带施加表 4 所示的测量力,将带转动至少两圈,使之与带良好贴合,在继续转动中测量两轮的最大中心距和最小中心距。

联组带的有效长度按下式计算:

$$L_e = E_{max} + E_{min} + C_e$$

式中:

L_e——联组带的有效长度,单位为毫米(mm);

C_e——测量带轮有效圆周长(见表 4),单位为毫米(mm);

E_{max}——两带轮的最大中心距，单位为毫米(mm)；

E_{min}——两带轮的最小中心距，单位为毫米(mm)。

5.1.3 露出高度测量方法

将被测量V带安装在测长机两轮槽中，通过可移动带轮对带施加表4所示的测量力。将带转动至少两圈，使之与V带良好贴合，待其停稳后，在V带与带轮任意接触弧带顶宽中央部位测量V带在轮槽中的露出高度(见图4)。但注意不应在V带上布层接头和商标部位测量。取测量三点的平均值，作为露出高度测量结果。

5.2 单根V带拉伸性能试验

联组带切下的单根普通V带拉伸强度和参考力伸长率按GB/T 3686规定进行试验。参考力见表5。

表5 参考力

型 号	AJ	BJ	CJ	DJ
参考力/kN	1.4	2.4	3.9	7.8

5.3 单根V带线绳黏合强度试验

联组带切下的单根普通V带线绳黏合强度按GB/T 3688规定进行试验。

5.4 联结层拔脱强度试验

联组带联结层拔脱强度按HG/T 2819规定进行试验。

6 检验规则

6.1 联组带应逐条进行尺寸和外观质量检验。

6.2 以连续制造相同规格的不多于2 000条联组带为一批，在每批产品中，抽取足够试样进行各项物理性能检查，但每月至少检验一次。

6.3 若物理性能检验有一项不合格时，应在该批产品中取双倍试样对不合格项目进行复试，如其中一个仍不合格，则该批产品为不合格品。

7 标志、包装、运输和贮存

7.1 每条联组带应有水洗不掉的明显标志，包括以下内容：

a) 标记；

b) 生产企业或商标；

c) 制造年月或代号。

7.2 联组带的包装、运输和贮存按GB/T 1171规定进行。

ICS 59.100.10
Q 36
备案号:16311—2005

HG

中华人民共和国化工行业标准

HG/T 3781—2005

同步带用浸胶玻璃纤维绳

Rubber impregnated fiberglass cord for synchronous belt

2005-07-10 发布　　2006-01-01 实施

中华人民共和国国家发展和改革委员会　发　布

前　言

本标准的附录 A、附录 B、附录 C、附录 D、附录 E 为规范性附录。

本标准由中国石油和化学工业协会提出。

本标准由化学工业胶带标准化技术归口单位归口。

本标准起草单位：中材科技股份有限公司、宁波伏龙同步带有限公司、青岛橡胶工业研究所。

本标准主要起草人：沈怡、陆红芬、吴娜、辛永录、韩德深。

同步带用浸胶玻璃纤维绳

1 范围

本标准规定了同步带用浸胶玻璃纤维绳(以下简称玻纤绳)的规格、要求、试验方法、检验规则、标志、包装、运输和贮存。

本标准适用于作为传动用同步带产品骨架材料的浸胶玻璃纤维绳。

2 规范性引用文件

下列文件中的条款通过本标准的引用而成为本标准的条款。凡是注日期的引用文件,其随后所有的修改单(不包括勘误的内容)或修订版均不适用于本标准,然而,鼓励根据本标准达成协议的各方研究是否可使用这些文件的最新版本。凡是不注日期的引用文件,其最新版本适用于本标准。

GB/T 3185 氧化锌(间接法)

GB 3778 橡胶用炭黑

GB/T 8659 丁二烯橡胶(BR)9000

GB/T 8826 防老剂 RD

GB/T 9013 工业硬脂酸

GB/T 11408 硫化促进剂 DM

GB/T 14647 氯丁橡胶 CR121

HG/T 2573 工业氧化镁

3 型号

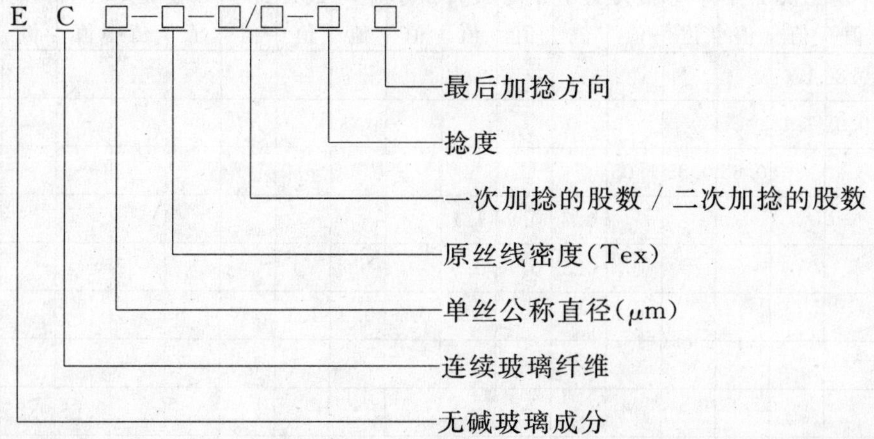

示例:EC9-137-1/11 83 Z 表示无碱连续玻璃纤维,单丝直径为 9 μm,原丝线密度为 137Tex,一次加捻的股数为 1 股,二次加捻的股数为 11 股,捻度为 83 捻,最后加捻方向为 Z 向的玻璃纤维绳。

4 要求

4.1 物理化学性能

玻纤绳的物理化学性能应符合表 1 和表 2 规定。

表 1　玻纤绳的物理化学性能

型号	直径 mm			线密度 Tex			断裂强力 N		捻度 捻/m			可燃物含量 %			断裂伸长率 %			粘合强度 N/cm	
	最小值	平均值	最大值	最小值	平均值	最大值	最小值	平均值	最小值	平均值	最大值	最小值	平均值	最大值	最小值	平均值	最大值	最小值	平均值
EC9-68-1/2-135S&Z	0.16	0.23	0.30	120	135	150	70	90	120	135	150	16	19	22	1.8	2.6	3.4	70	80
EC9-68-1/3-98S&Z	0.26	0.34	0.42	150	168	186	80	120	87	98	110	16	20	24	1.7	2.5	3.3	80	90
EC9-137-1/2-142S&Z	0.36	0.45	0.53	240	270	300	130	180	130	142	154	16	19	22	1.8	2.6	3.4	110	140
EC9-137-1/3-142S&Z	0.47	0.55	0.63	370	400	430	210	260	130	142	154	16	18.5	21	2.0	2.8	3.6	160	220
EC9-137-1/4-142S&Z	0.55	0.63	0.71	490	520	550	250	330	130	142	154	15	18	21	2.0	2.8	3.6	160	240
EC9-137-1/7-83S&Z	0.70	0.80	0.90	740	800	860	400	450	71	83	95	16	18.5	21	2.1	2.8	3.5	160	230
EC9-137-1/9-83S&Z	0.98	1.05	1.12	1255	1350	1445	600	650	71	83	95	16	18.5	21	2.1	2.8	3.5	220	320
EC9-137-1/11-83S&Z	1.12	1.20	1.28	1700	1775	1850	800	950	71	83	95	16	18.5	21	2.4	3.1	3.8	270	380
EC9-137-1/12-83S&Z	1.15	1.25	1.35	1830	1910	1990	850	1000	71	83	95	16	18.5	21	2.1	2.8	3.5	270	380
EC9-204-3/4-39S&Z	1.55	1.75	1.95	3000	3150	3300	1200	1400	28	39	51	15	17.5	20	2.2	3.2	4.2	270	430
EC9-204-3/5-39S&Z	1.80	1.95	2.10	3300	3600	3900	1800	2100	28	39	51	15	17.5	20	2.4	3.1	3.8	320	370
EC9-204-3/8-39S&Z	2.30	2.45	2.60	5500	6000	6500	2400	2900	28	39	51	15	17.5	20	2.4	3.1	3.8	360	380
EC9-204-3/10-39S&Z	2.70	3.00	3.30	8800	9600	10400	3500	3900	28	39	51	16	18.5	21	2.5	3.5	4.5	370	520

表 2　玻纤绳的负荷伸长率

型号	30N负荷伸长率/%			60N负荷伸长率/%			90N负荷伸长率/%			150N负荷伸长率/%			200N负荷伸长率/%			300N负荷伸长率/%		
	最小值	平均值	最大值	最小值	平均值	最大值	最小值	平均值	最大值	最小值	平均值	最大值	最小值	平均值	最大值	最小值	平均值	最大值
EC9-68-1/2-135S&Z	0.6	0.8	1.0															
EC9-68-1/3-98S&Z	0.7	0.9	1.1															
EC9-137-1/2-142S&Z				0.65	0.85	1.05												
EC9-137-1/3-142S&Z							0.7	0.9	1.1									
EC9-137-1/4-142S&Z							0.5	0.7	0.9									
EC9-137-1/7-83S&Z										0.7	0.9	1.1						
EC9-137-1/9-83S&Z													0.5	0.7	0.9			
EC9-137-1/11-83S&Z																0.65	0.85	1.05
EC9-137-1/12-83S&Z																0.6	0.8	1.0

型号	500N负荷伸长率/%			1 000N负荷伸长率/%		
	最小值	平均值	最大值	最小值	平均值	最大值
EC9-204-3/4-39S&Z	0.5	0.85	1.2			
EC9-204-3/5-39S&Z	0.5	0.7	0.9			
EC9-204-3/8-39S&Z				0.5	0.85	1.2
EC9-204-3/10-39S&Z				0.65	1.0	1.35

4.1.1 玻纤绳产品捻向分S捻向和Z捻向。

4.1.2 特殊型号或特殊用途的产品理化性能指标由供需双方协商解决。

4.2 外观质量

玻纤绳外观质量规定如下：

a) 玻纤绳浸胶均匀，不得出现缺胶、露出白丝、色差等现象。

b) 玻纤绳不得出现多股、缺股、磨损、碰伤、油污等现象。

c) 整卷玻纤绳内不得出现整根玻纤绳结头。

d) 筒中玻纤绳排列平整，松紧合适。

5 试验方法

5.1 试验室环境中温度为(25±3)℃，相对湿度(60±5)%。

5.2 外观质量采用目测方法进行检验。

5.3 直径按附录A的规定进行试验。

5.4 线密度和可燃物含量按附录B的规定进行试验。

5.5 断裂强力和断裂伸长率按附录C的规定进行试验。

5.6 捻度按附录D的规定进行试验。

5.7 粘合强度按附录E的规定进行试验。

6 检验规则

6.1 玻纤绳产品按批抽样进行表1和表2中的各项物理化学性能检验。同一型号、同一生产工艺、同一批原材料生产的玻纤绳以不多于500 kg为一批，每月产量不足500 kg时，每月至少做一次检验。

6.2 从每批玻纤绳中抽取五筒作为检验用样品，分别装入黑色包装袋中(防止光线照射)备检。装袋后只允许在检验时短时间从袋内取出。

6.3 玻纤绳产品的外观质量应逐筒进行检验。

6.4 检验中如有不合格项目时，应在同批次产品中另取双倍试样进行不合格项目检验。如复检项目仍有一个结果不合格，则该批次产品判定为不合格。

7 标志、包装、运输、贮存

7.1 标志

7.1.1 每卷玻纤绳上应附有产品生产标签，内容包括：

a) 产品名称；

b) 产品型号；

c) 产品批号或编号；

d) 净重；

e) 生产日期。

7.1.2 产品包装箱上应标有以下内容：

a) 产品名称；

b) 产品型号；

c) 产品批号或编号；

d) 净重；

e) 生产日期；

f) 执行标准；

g) 生产厂家名称。

7.2 包装

每卷玻纤绳必须装入防止光线照射的包装袋中，袋口必须扎紧或进行密封处理，包装箱内应附有产品合格证。

7.3 运输和贮存

7.3.1 玻纤绳产品在运输和贮存过程中，应避免阳光直射，远离热源，防止与酸、油或其他有害的溶剂接触。

7.3.2 玻纤绳产品贮存时，库房应保持干燥、阴凉、黑暗，温度应保持在(20±5)℃，相对湿度应保持在50%～60%。

7.3.3 在保证7.2、7.3.1、7.3.2包装、运输及贮存条件下，玻纤绳产品自生产之日起有效贮存期为六个月。

附 录 A
(规范性附录)
玻纤绳直径试验方法

A.1 目的

本方法通过采用测厚计确定玻纤绳的直径。

A.2 装置

测厚计，测定范围为0.01 mm～10 mm，分度值为0.01 mm，直径为6 mm的扁平圆形测足，对玻纤绳施加的压力为(10±2)kPa，确保测厚计上下端面间无测量物时仪表读数为零。

A.3 试样

从五筒玻纤绳样品中以水平状态径向各截取长度在0.5 m以上的试样一个，共五个试样。被抽取的试样不得出现纠缠结点和障碍点隐患(如单股线接头等)，并使试样保持绷紧状态，防止玻纤绳变松或退捻。

A.4 程序

A.4.1 调整测厚计指针使其指示零位，将玻纤绳试样平放在测厚计的下基准面，使测厚计下基准面中心位置与玻纤绳试样水平接触。

A.4.2 立即松开上基准面的压力使其与下基准面上的玻纤绳接触，注意上基准面不能自由下落而应保证慢慢地向下基准面施加压力，待测厚计指针静止后读出数值。

A.4.3 对每个试样在相距100 mm以上的三个部位测量其直径。

A.5 结果计算

记录所测得的15个数值及它们的算术平均值，并找出全部测量值的最大值和最小值，有效数字取至小数点后两位。

附 录 B
（规范性附录）
玻纤绳线密度和可燃物含量试验方法

B.1 目的

为确定玻纤绳的线密度和玻纤绳上的橡胶涂覆量。

B.2 装置

试验装置要求如下：

a） 1 m长钢板尺。

b） 分度值为1 mg的实验室天平。

c） 温度能控制在(625±25)℃的马弗炉。

d） 不锈钢丝网篮。

e） 不锈钢夹钳：用于夹持不锈钢丝网篮。

f） 干燥器：内装合适的干燥剂，如硅胶、氯化钙、五氧化二磷等。

B.3 试样

从五筒玻纤绳样品中以水平状态径向各截取长度在1 m以上的试样一个，共五个试样。被抽取的试样不得出现纠缠结点和障碍点隐患（如单股线接头等），并使试样保持绷紧状态，防止玻纤绳变松或退捻。

B.4 程序

B.4.1 将试样保持绷紧状态，精确量取1 m并切断。

B.4.2 将试样紧缠成纤维束，并放在天平上称重(W_1)，记录数值，以确定线密度。

B.4.3 将纤维束放入不锈钢丝网篮中，并放入已达到设定温度(625±25)℃的马弗炉中灼烧15 min。

B.4.4 取出不锈钢丝网篮放入干燥器中，冷却到室温为止。

B.4.5 将冷却后的试样称重(W_2)，以确定可燃物含量。

B.5 结果计算

$$线密度(\mathrm{Tex})=W_1\times 1\,000$$

$$可燃物含量(\%)=\frac{W_1-W_2}{W_1}\times 100\%$$

式中：

W_1——玻纤绳原始质量，单位为克(g)；

W_2——玻纤绳灼烧后质量，单位为克(g)。

记录所测得的5个数值及它们的算术平均值，并找出全部测量值的最大值和最小值，有效数字取至小数点后一位。

附 录 C
（规范性附录）
玻纤绳断裂强力和伸长率试验方法

C.1 目的

通过算出在作为结果而产生的伸长上所施加的负荷确定玻纤绳的断裂强力、定负荷伸长率和断裂伸长率。

C.2 装置

电子拉力试验机、气压夹具或轮式夹具、大变形夹持器。

C.3 试样

从五筒玻纤绳样品中以水平状态径向各截取长度能保证两夹具之间加紧长度为500 mm的试样两个，共十个试样。被抽取的试样不得出现纠缠结点和障碍点隐患（如单股线接头等），并使试样保持绷紧状态，防止玻纤绳变松或退捻。

C.4 程序

C.4.1 将试验机夹具移动速度调为200mm/min，试验机断裂强力数据清零。

C.4.2 将试样绕入上下夹具（见图C.1）内并夹紧，玻纤绳标记间距离为500 mm。试用气压夹具时，气压计上的压力应控制在0.50MPa～0.62MPa；对试样施加其断裂强力值的1%作为预张力；使用大变形夹持器测试玻纤绳伸长率时，大变形夹持器两夹头间距为50mm。

单位为毫米

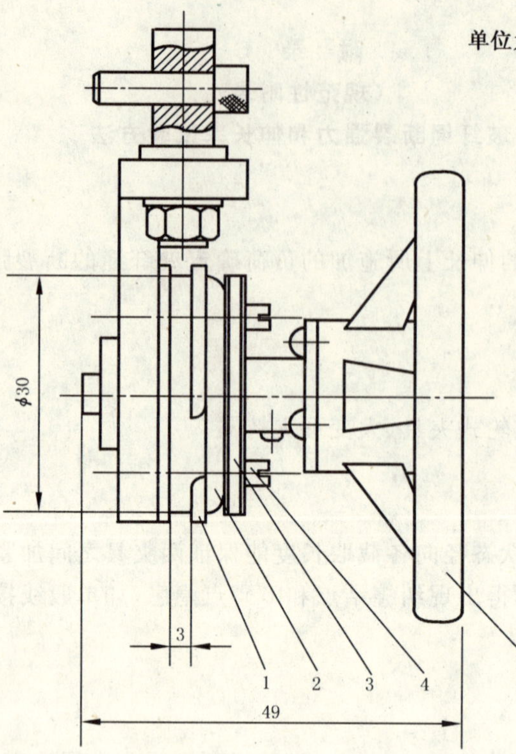

1——铜轮；
2——橡胶垫；
3——钢垫；
4——导向栓；
5——手轮。

图 C.1 轮式夹具示意

C.4.3 启动开关开始自动试验，直至试样断裂。

C.4.4 如发生试样在夹具附近（10mm 以内）断裂和试样在夹具中打滑现象，应重复试验，并在检验报告原始记录上记录这一现象，在求平均值时，不应将此值考虑进去。

C.5 结果计算

记录所测得的 10 个试样的断裂强力值、定负荷伸长率和断裂伸长率值，并找出全部测量值的最大值和最小值，计算 10 个试样测量值的算术平均值，有效数字取至小数点后一位。

附 录 D
（规范性附录）
玻纤绳捻度试验方法

D.1 目的

本方法通过计算绕轴单位玻纤绳长度上的转数确定玻纤绳的捻度。

D.2 装置

试验装置要求如下：

a） 捻度试验机（电动或手动）。

b） 解剖针。

c） 可转动轴心的组件夹具。

D.3 试样

从五筒玻纤绳样品中以水平状态径向各截取长度在 0.5m 以上的试样一个，共五个试样。被抽取的试样不得出现纠缠结点和障碍点隐患（如单股线接头等），并使试样保持绷紧状态，防止玻纤绳变松或退捻。

D.4 程序

D.4.1 将试样放在可转动轴心的组件夹具上。

D.4.2 为确保试样捻度测试的准确性，至少将试样拉开 3m～5m，但不断开，让试样继续受到组件的拉力，以免捻度损失。

D.4.3 将试样拉到试验机转动抓手上，夹紧并剪掉多余部分。

D.4.4 将试样另一端牢牢固定在张紧装置的定位臂上，保证试样在转动抓手到定位臂间距离为 500 mm，用 305 g 质量将试样绷紧。

D.4.5 根据玻纤绳的不同捻向以解捻的方式消除捻度，直至捻度全部消除。

D.4.6 从计数器中读出消除捻度所需的转数 N。

D.5 结果计算

$$捻度(捻/m)=N\times 2$$

记录所测得的 5 个数值及它们的算术平均值，并找出全部测量值的最大值和最小值，有效数字取至整数位。

附 录 E
（规范性附录）
玻纤绳粘合强度试验方法(T 抽出法)

E.1 目的

通过运用“T 试验法”以确定玻纤绳与橡胶混合物的粘合性。

E.2 装置

试验装置要求如下：

a) 平板硫化机。

b) 电子或机械拉力试验机。

c) 橡胶塑料测厚仪。

E.3 试样

从五筒玻纤绳样品中以水平状态径向各截取长度在 1 m 以上的试样四个，共二十个试样。被抽取的试样不得出现纠缠结点和障碍点隐患(如单股线接头等)，并使试样保持绷紧状态，防止玻纤绳变松或退捻。

E.4 程序

E.4.1 按玻纤绳粘合强度试验用配方(见表 E.1)制备混炼胶。

表 E.1 玻纤绳粘合强度试验用配方

配　方	质 量 份	采 用 标 准
氯丁橡胶 CR1212	100	GB/T 14647
丁二烯橡胶(BR)9000	3	GB/T 8659
N774 炭黑	25	GB 3778
N330 炭黑	30	GB 3778
防老剂 RD	1.5	GB/T 8826
硬脂酸	1	GB/T 9013
促进剂 DM	1	GB/T 11408
氧化镁(一级)	4	HG/T 2573
氧化锌(一级)	5	GB/T 3185
合计	170.5	

E.4.2 制备混炼胶时的加料顺序为：氯丁塑炼胶(丁二烯橡胶)→氧化镁→防老剂 RD→促进剂 DM→硬脂酸→炭黑→氧化锌。

E.4.3 胶料混炼后停放 4h 再经返炼方可使用。贮存 24 h 后的胶料在使用前须经返炼方可使用，返炼辊温应为 30℃～60℃。

E.4.4 按模具的宽度用剪刀将胶料剪成条状，所需条状胶料的数量刚好使总高度达到(11±0.5)mm。用橡胶厚度仪检查条状胶料是否符合上述要求。

E.4.5 将半数条状胶料填进下层模具，将承受着(2.0±0.2)N 张力的玻纤绳试样放进模具中的槽内，再把剩余胶料填进上层模具内。

E.4.6 将模具放进已预热的平板硫化机中进行硫化，硫化平板压力为15MPa，(152±2)℃×30min。

E.4.7 硫化后冷却模具，取出模具内的粘合试样，在实验室条件下放置24 h，将其加工成规定的T形，玻纤绳周围多余的胶料应剪去，然后用厚度仪测量玻纤绳被抽出方向的胶块厚度(单位为cm)，胶块厚度约为10mm，测试值精确到小数点后一位。

E.4.8 按下述程序进行粘合试样的粘合强度试验。

将用来夹试样胶块部分的夹具(见图E.1)挂在拉力试验机上端，将用来夹玻纤绳的夹具挂在下端，将试样夹入夹具中，以200 mm/min的夹具移动速度测定，将玻纤绳抽出时的拉力即为抽出力(*F*)。

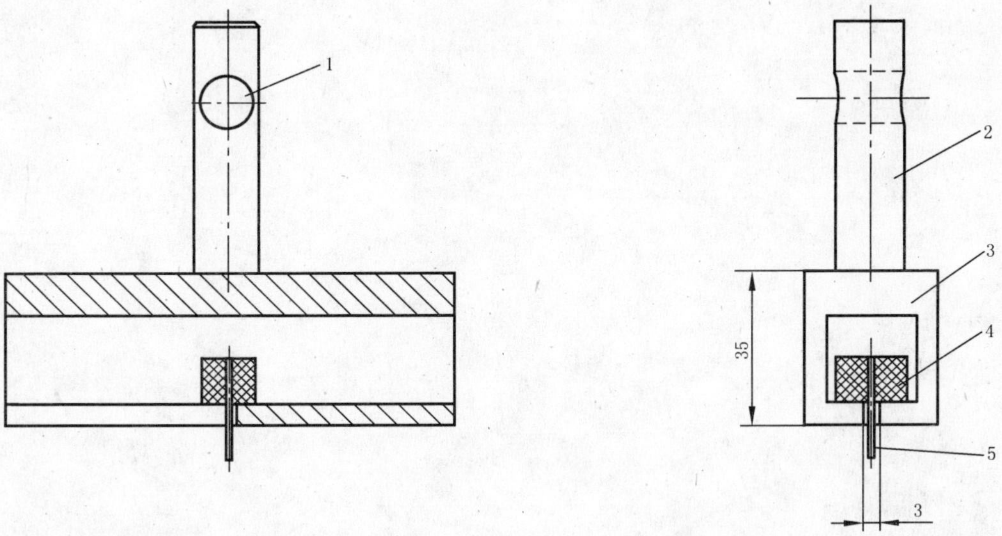

1——连接销孔；

2——与拉力实验机夹具相连接之连杆；

3——托块；

4——胶块试样；

5——玻纤绳。

图E.1 粘合强度试验用夹具示意

E.5 结果计算

E.5.1 抽出力(*F*)与玻纤绳抽出方向胶块厚度测定值之比即为粘合强度，单位为N/cm。

E.5.2 记录每个试样的抽出力值并计算20个试样粘合强度的算术平均值同时找出全部测量值的最大值和最小值，有效数字取至整数位。

ICS 53.040.20
G 42
备案号：16312—2005

HG

中华人民共和国化工行业标准

HG/T 3782—2005

耐酸碱输送带

Acid-Alkaline resistant conveyor belts

2005-07-10 发布　　　　2006-01-01 实施

中华人民共和国国家发展和改革委员会　　发布

前 言

本标准由中国石油和化学工业协会提出。

本标准由化学工业胶带标准化技术归口单位归口。

本标准起草单位:浙江双箭橡胶股份有限公司、青岛橡胶工业研究所。

本标准主要起草人:沈会民、朱汉华、辛永录、韩德深。

耐酸碱输送带

1 范围

本标准规定了耐酸碱输送带的产品分类、技术要求、试验方法、验收规则、标志、包装、运输与贮存等要求。

本标准适用于常温下输送具有酸性或碱性的块状、粒状、粉状或成件物品的织物芯耐酸碱输送带(以下简称带)。

2 规范性引用文件

下列文件中的条款,通过本标准的引用而成为本标准的条款。凡是注日期的引用文件,其随后所有的修改单(不包括勘误的内容)或修订版均不适用于本标准,然而,鼓励根据本标准达成协议的各方研究是否可使用这些文件的最新版本。凡是不注日期的引用文件,其最新版本适用于本标准。

GB/T 528 硫化橡胶或热塑性橡胶拉伸应力应变性能的测定(GB/T 528—1998,eqv ISO 37:1994)

GB/T 531 橡胶袖珍硬度计压入硬度试验方法(GB/T 531—1999,eqv ISO 7619:1986)

GB/T 1690 硫化橡胶耐液体试验方法(GB/T 1690—1992,eqv ISO 1817:1985)

GB/T 3512 硫化橡胶或热塑性橡胶 热空气加速老化和耐热试验(GB/T 3512—2001,eqv ISO 188:1998)

GB/T 3690 织物芯输送带拉伸强度和伸长率测定方法(GB/T 3690—1994,eqv ISO 283:1990)

GB/T 4490 输送带尺寸(GB/T 4490—1994,eqv ISO 251:1987 和 ISO 583:1990)

GB/T 5752 输送带标志(GB/T 5752—2002,eqv ISO 433:1991)

GB/T 6759 织物芯输送带的层间粘合强度试验方法(GB/T 6759—2002,ISO 252-1:1999,IDT)

GB/T 7762 硫化橡胶或热塑性橡胶耐臭氧龟裂 静态拉伸试验法(GB/T 7762—203,ISO 1431-1:1989,MOD)

GB/T 7983 输送带成槽性试验方法(GB/T 7983—1987,eqv ISO/DP 703:1986)

GB/T 7984 输送带 具有橡胶或塑料覆盖层的普通用途织物芯输送带(GB/T 7984—2001,eqv ISO/FDIS 14890:1999)

GB/T 9867 硫化橡胶耐磨性能的测定(旋转辊筒磨耗机法)(GB/T 9867—1988,neq ISO 4649:1985)

HG/T 2194 帆布芯输送带布层接头规定

HG/T 3046 织物芯输送带外观质量规定

HG/T 3056 输送带贮存和搬运通则(HG/T 3056—1986,eqv ISO 5285:1978)

3 产品分类

3.1 规格

带的规格按全厚度拉伸强度和宽度区分。

3.1.1 带的全厚度拉伸强度规格按 GB/T 7984 执行。

3.1.2 带的宽度规格系列按 GB/T 4490 执行。

3.2 标记

示例

HG/T ×××× 300 1000 EP 4 800 4.5+3 A_1

- A_1 —— 耐酸碱性能类别
- 4.5+3 —— 上、下覆盖层厚度，mm
- 800 —— 纵向全厚度拉伸强度等级，N/mm
- 4 —— 带芯层数
- EP —— 带芯材质代号
- 1000 —— 宽度，mm
- 300 —— 长度，m
- HG/T ×××× —— 标准编号

4 技术要求

4.1 外观质量

带的外观质量要求应符合 HG/T 3046 的要求。

4.2 尺寸偏差

带的宽度、长度、总厚度和覆盖层厚度的偏差应符合 GB/T 4490 的要求。

4.3 布层接头

带的多层带芯布层纵向和横向接头的数目和位置应符合 HG/T 2194 的要求。

4.4 物理性能

4.4.1 覆盖层的物理性能

4.4.1.1 带的覆盖层物理性能见表 1。

热空气加速老化试验条件：70℃×96 h。

表 1 覆盖层的物理性能

项　　目	拉伸强度/MPa ≥	拉断伸长率/% ≥	磨耗量/mm^3 ≤	硬度/(°) $^{+10}_{-5}$
老化前性能	14.0	400	250	60
老化后性能	12.0	340	—	65

注：当覆盖层厚度为 0.8mm～1.6mm 时，试样厚度可以是切出的最大厚度，此时，拉伸强度和拉断伸长率允许比表中值低 15%以内。

4.4.1.2 试验条件：臭氧浓度$(50\pm5)\times10^{-8}$（体积分数）、温度(40 ± 2)℃、伸长率(20 ± 2)%、时间 15 h。

臭氧老化试验结果应无龟裂。

4.4.1.3 覆盖层耐酸碱性能要求见表 2。

表 2 覆盖层耐酸碱性能

类　别	浸泡溶液	浓　　度	浸泡条件 温度×时间	浸泡前后性能变化率	
				体积膨胀率	强度变化率
A_1	盐酸（HCl）	18%	50℃×96 h	+10%以下	−10%以内
A_2	硫酸（H_2SO_4）	50%	50℃×96 h	+10%以下	−10%以内
A_3	氢氧化钠（NaOH）	48%	50℃×96 h	+10%以下	−10%以内

4.4.2 全厚度拉伸强度和伸长率要求

按 GB/T 7984 标准要求执行。

4.4.3 层间粘合强度

按 GB/T 7984 标准要求执行。

4.4.4 带的成槽性要求

按 GB/T 7984 标准要求执行。

4.4.5 带的直线度要求

按 GB/T 7984 标准要求执行。

5 试验方法

5.1 带的尺寸按 GB/T 4490 规定进行测量。

5.2 带的覆盖层拉伸性能按 GB/T 528 规定进行试验，试样尺寸采用 2 型哑铃状裁切试样。

5.3 带的覆盖层耐磨性能按 GB/T 9867 规定进行试验。

5.4 带的覆盖层硬度测量按 GB/T 531 规定进行试验。

5.5 带的全厚度拉伸强度和伸长率按 GB/T 3690 规定进行试验。

5.6 带的层间粘合强度按 GB/T 6759 规定进行试验。

5.7 带的成槽性按 GB/T 7983 规定进行试验。

5.8 带的覆盖层老化性能按 GB/T 3512 规定进行试验。

5.9 带的覆盖胶耐液体试验按 GB/T 1690 规定进行试验。

5.10 带的覆盖胶臭氧老化试验按 GB/T 7762 规定进行试验。

5.11 带的直线度测定按 GB/T 7984 规定进行试验。

6 检验规则

6.1 对带进行质量认证和质量仲裁时，应检验 4 技术要求中的全部项目。

6.2 在一个生产批中按表 3 的规定抽取一定数量的样品进行带的出厂检验，应检验带的长度、宽度、总厚度、全厚度拉伸强度和伸长率、覆盖层物理性能（不包括老化性能、臭氧老化性能）、层间粘合强度和耐酸碱性能。

表 3 取样数量

带长度/m	样品数量/个
≤500	1
501～1 000	2
1 001～2 000	3
2 001～3 000	4
3 001～5 000	5
5 001～7 000	6
7 001～10 000	7

6.3 对检验不合格项目，应在该批带中抽取双倍试样对不合格项目进行复试，若试验结果有一项不合格，则该批产品为不合格品。

7 标志、包装、运输与贮存

7.1 带的标志按 GB/T 5752 规定执行。

7.2 带的贮存和运输按 HG/T 3056 规定执行。

7.3 带在芯轴上卷缠整齐，用覆盖物包扎牢固。

7.4 产品出厂时应附有质量检验合格证。

中华人民共和国国家标准

GB 3687—89

V带的层间粘合强度测定方法

代替 GB 3687—83

V-belts—Determination of ply adhesion

本标准参照采用国际标准ISO 36—1985《硫化橡胶与织物粘合强度的测定》。

1 主题内容与适用范围

本标准规定了用剥离法测定V带抗拉层间粘合强度和包布层间粘合强度的方法。

本标准适用于C、D、E型及其他类似的帘布结构的V带

2 引用标准

GB 2941 橡胶试样停放和试验的标准温度、湿度及时间

3 定义

a. 剥离力：在剥离试验中，将试样相邻两层剥离开所需要的力。

b. 层间粘合强度：剥离力与试样宽度之比。

c. 峰点：记录曲线上各极大值所处的位置。

d. 完整曲线：记录曲线上从第一峰点到最末峰点之间的部分。

4 试验原理

在拉力试验机上以一定速度在试样粘合层间进行一定长度的剥离，利用自动记录的剥离力曲线计算层间粘合强度。

5 试验仪器

本试验采用符合下列要求的拉力试验机：

a. 动夹持器的工作速度应为50±10mm/min，运动速度应基本恒定；

b. 带有自动记录剥离力的绘图装置；

c. 测量误差不大于量程的1%；

d. 测力部分应是非惯性的（如电子式的）。当使用惯性试验机时，被测力应在量程的15%～85%范围内。

6 试样及其制备

6.1 尺寸与数量

6.1.1 试样应为矩形，宽度为10±0.2mm，长度以能够提供不小于100mm的剥离长度为准。

6.1.2 每个试验层间制取两个试样。四层及四层以下取一个试验层间的试样，五层以上取两个试验层间的试样。

6.2 制备

6.2.1 在试验样品上按6.1.1条的长度要求切成段。

6.2.2 将每段的顶胶及底胶割掉，但首末两层应附有相当于一层布厚度的胶层或包布。

6.2.3 按6.1.1条的宽度要求切成矩形试样，三层的取首层，四层的取中间层，五层以上的分别取与

中华人民共和国化学工业部1989-03-06批准　　1989-12-01实施

首层层间及末层层间相邻的两个层间，以四层一组对中间层进行剥离。

6.2.4 按6.1.1条的长度及宽度要求切取工作面包布试样。

6.2.5 在试样一端的被试层间预先剥开长约30mm的口，此端作为夹持端头。

6.2.6 若帘布层次错位位移量超过两根线或出现其他无法裁切的情况时，试样作废，应另取试样。

6.2.7 在每个试样上标明布层序号，以靠近底胶的布层为最末层。

7 试验条件

试样停放条件、试验温度及相对湿度按GB 2941执行。

8 试验程序

8.1 将试样两个夹持端头分别夹在上下两夹持器内，上下两个端头的中心线应重合，且与力的方向一致。

8.2 起动试验机，对试样进行连续剥离，从而得到一段表示100mm剥离长度上的剥离力曲线。

9 试验结果

9.1 结果计算

9.1.1 平均剥离力的确定

9.1.1.1 A法

在记录曲线上标出9条与时间轴垂直的直线，它们把完整曲线在该轴上的投影（图1中AB线段）分为10等份。标出分别与这9条直线最接近的9个峰点。根据峰点位置的高低，找出9个峰值的中值，作为平均剥离力。

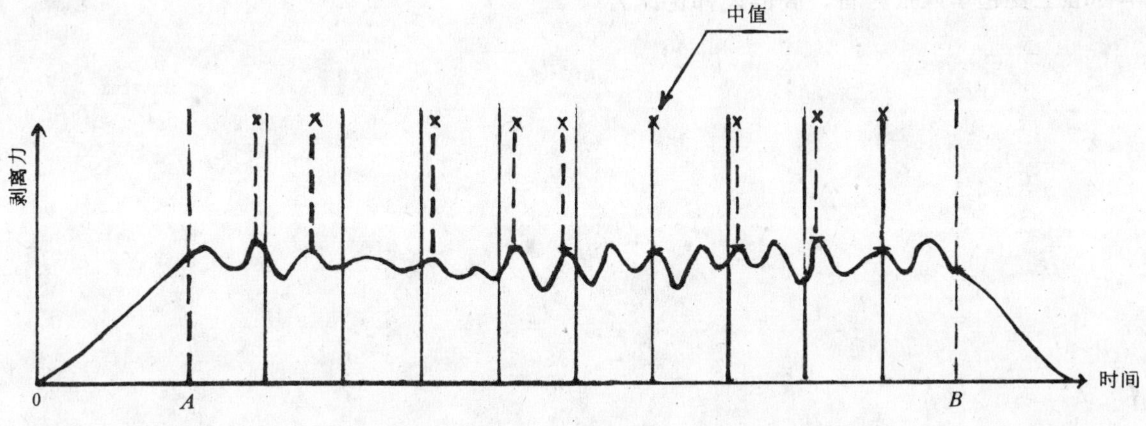

当上述9条直线中某条附近的曲线较平坦，以至该直线到最近峰点的距离也大于相邻直线间距的二分之一时，取该直线与曲线的交点对应的纵坐标就作为求中值的9个峰点之一（见图 ）。

9.1.1.2 B法

在剥离力记录曲线图上划一条与时间轴平行的直线，它与试样的剥离力曲线一起围成两个封闭曲线，用目测方法使直线两侧的封闭曲线面积相差在10％之内，以该直线的纵坐标作为平均剥离力。

在仲裁、评比及鉴定时，应当采用A法进行计算。

9.1.2 层间粘合强度计算

层间粘合强度按下式计算：

$$\sigma = \frac{F}{b}$$

式中：σ ——层间粘合强度，N/mm；

F——平均剥离力，N；

b——试样宽度，mm。

9.2 结果表示

试验结果包括

a. 试验层间的两个试样层间粘合强度的平均值。

b. 试验层间的两个试样层间粘合强度平均值的最低值。

10 试验报告

试验报告包括下列内容：

a. 试验带的品种、规格、批号及制造厂名；

b. 试验室温度和相对湿度；

c. 试验结果；

d. 停放时间；

e. 试验日期；

f. 试验者。

附加说明：

本标准由青岛橡胶工业研究所归口。

本标准由青岛橡胶工业研究所负责起草。

本标准主要起草人张秀香、高群、韩德深。